电介质与标度数学理论

李景德 著

科学出版社

北京

内 容 简 介

本书讨论了我国学者近三十年对电介质的实验和理论研究中逐步形成标度的要领和使用标度的数学方法．标度方法成为研究历史记忆效应、疲劳和老化的有力手段．书中比较了新世纪在国外才引起广泛关注的时间标度微积分，结合有关的主要结果和公式，说明了标度不仅涉及连续和断续统一分析，还涉及数学的其他分支的发展和应用．同时讨论了用标度数学改写统计力学基本原理的意义，以及标度数学和量子力学、宇宙学的关系．介绍了时间标度的相关实验方法．

全书共分为八章，主要阐述了介电极化的连续与断续数学分析、时间标度上的铁电动力学、统一分析中的 δ 微积分、统一分析中的统计热力学、统一分析的动力学方程、统一分析和量子化、电介质的时间标度实验研究以及域和标度的意义等内容．

本书适用于材料专业、物理学和数学专业本科以上的读者使用．

图书在版编目(CIP)数据

电介质与标度数学理论/李景德著.—北京:科学出版社,2015.2
ISBN 978-7-03-043271-1

Ⅰ.①电… Ⅱ.①李… Ⅲ.①电介质-研究 ②标度性-研究 Ⅳ.①O48 ②O414.2

中国版本图书馆 CIP 数据核字(2015)第 025498 号

责任编辑:罗 吉 昌 盛 / 责任校对:邹慧卿
责任印制:徐晓晨 / 封面设计:迷底书装

科 学 出 版 社 出版

北京东黄城根北街 16 号
邮政编码:100717
http://www.sciencep.com

北京中石油彩色印刷有限责任公司 印刷
科学出版社发行 各地新华书店经销
*
2015 年 2 月第 一 版 开本:B5(720×1000)
2015 年 2 月第一次印刷 印张:18 1/4
字数:355 000

定价:69.00 元

(如有印装质量问题,我社负责调换)

前　　言

作者的《电介质理论》在 2003 年已由科学出版社出版,现在这本书可以作为该书的下册或续集,两本书总结了我国学者近三十年来在凝聚态物理方面以电介质为例研究的部分成果.

前一本书从历史角度分析了各方面的凝聚态理论用于电介质时遇到的不可克服的困难,发现这是来自凝聚态物质所具有的多级结构,而传统的许多物理公式只适用于其中理想的一级结构.例如,样品的外形尺寸就是高级结构.因此,凭数学技巧建立了自由边界有限尺寸晶体的原子振动理论,以取代传统的晶格动力学,新理论说明了晶体中热运动的基元不是所谓的声子而是简谐子.简谐子软模给出的铁电相变是具有畴结构的多畴晶体,畴就是二级结构,一级结构提供的效应称为快效应,二级和更高级结构提供的为慢效应,慢效应不遵从许多熟知的物理学原理.为研究慢效应,凭特殊的程序设计系列的新实验方法,提供了研究各级结构运动的有力手段.实验证明了新理论预言的介电弛豫响应时间和样品尺寸关系的公式,参考历史上相近的方法,书中称这些方法为"时域"方法.

2003 年 8 月 13 日《参考消息》译载了英国《新科学家》周刊作者 Spedding 的一篇关于时间标度微积分的文章.作者才知道国外数学家的工作,为了与严格的数学定义一致,《电介质理论》中除有关历史的介绍外,"时域"二字应改为时间标度,现在这本书进一步从电介质和物理学角度讨论标度和时间标度问题.

1988 年,Hilger 的数学博士论文提出了将连续分析和断续分析统一起来的理论,但是没有引起注意.1997 年 Bohner 发现了 Hilger 的工作,做了发展和推广.在传染病毒流行和预测、人类生活习惯的养成、股票市场的估算、发动机油耗量的计算等方面的成功应用,时间标度微积分才引起国内外广泛注意.但历史证明,数学只有和物理学结合起来,两者才有生命力.

Hilger 和 Bohner 从纯数学定义:"实数集的非空闭子集"称为时间标度.但这个定义没有涉及时间的意思,从物理学标准应只称之为标度.标度用来描述不同的物理量,才出现时间标度、空间标度和其他各种标度,而且标度的意义在数学上不必要只限用于微积分(分析数学),也应允许用于代数、抽象代数、几何和拓扑学等数学的其他分支而成为标度数学.

物理学中实验能确认的数、变量、函数,在历史上都不自觉地定义在实数域上,而其中许多情况下只能定义在标度上,标度不一定能构成"域".数学上域的许多性质并非物理学所要求.因此,传统数学方法给出的物理公式中必然出现一些由域的性质附加的而物理学中不存在的内容．同时，还必然失去数学上域的性质不允许而物理上本该存在的结果．《电介质理论》关于传统晶格动力学的讨论中提及许多失去了的振动模和附加了许多伪振动模，就是例子．作者虽未意识到数学上定义新名词的必要，但实际上已经用了标度数学方法，才能写出近邻三体和四体相互作用公式．这是应用定义于域的函数的传统晶格动力学所不可能做到的．

经典物理学和微积分是同时协力建立起来的，其结果造成了产业革命，量子力学和抽象数学也是协同发展而成的，其结果产生了今天的科学技术硕果．本书的写作希望有助于物理学和数学形成第三次协同发展，书中的第 1 章和第 2 章继续讨论《电介质理论》提出的慢极化效应．侧重从实验角度提出标度和时间标度的数学概念，给出标度微积分在实验物理学中应用的常见例子，在标度而不是在实数域上定义的各种函数成为研究历史记忆效应和铁电反转疲劳的唯一方法．

在标度微积分中，Hilger 和 Bohner 侧重讨论右微商（Δ 导数），但在时间标度微积分中，物理学的因果律只允许使用左微商（δ 导数）．因此，第 3 章用严格的数学方法推导出了常用的 δ 微积分公式，在实数域定义的函数右微商和左微商必须相等才能认为存在微商．但定义在标度上的左右微商一般地并不相等．对于时间标度，时间反演时左右微商互换．故动力学方程对时间反演不变的结果是应用实数域描述物理定律时"域"的数学性质外加给物理学的．若使用时间标度微积分，这种不变性就不一定存在了．故数学的发展将严重影响物理学，现代的物理学经常将时间反演不变当作物理定律来应用，本章对此作了否定的论断．

标度微积分也可以称为统一分析，因这时允许函数的自变量可以连续地或断续地变化，第 4 章讨论了自变量的两种变化方式对统计热力学的影响．统计热力学中的自变量往往不是时间而是坐标和动量，从而出现空间标度和动量标度，以简谐子的统计问题为例，证明了各态经历假说是严格正确的．而且还可计算出各态经历一次所花的时间，这个悬案的解决，是标度数学对基础物理的重要贡献．

第 5 章以时间标度为例，进一步讨论了一阶和二阶标度微分方程．从解标度微分方程定义了广义指数和广义三角函数，给出一些具体的例子的图像，预期在物理学家熟悉了这些广义函数之后将会出现很多应用．只在标度偶尔成为稠密数集时这些广义函数才过渡为普通的指数函数和三角函数，因此，标度数学发展并提供了许多可资应用的函数．虚数是不可测量的，本章还介绍了用广义虚数说明等式

$$+i\infty = -i\infty$$

的意义．正因为虚数不能测量，所以这个等式并不违背各种实验测量结果．在这一章还介绍了广义双曲线函数、广义拉普拉斯变换和广义卷积．

第 6 章讨论的范围大为放宽了，其中许多结果只能作为有待证实的有趣推论．普朗克常量 h 是由宏观实验首先发现的，频率为 ν 的光子能量为 $h\nu$．本章由宏

观实验推出时间有一个最小间隔 T_p. 而空间距离有一个最小间隔 $\lambda_p = cT_p$, c 为真空中的光速, 历史上称 T_p 为普朗克时间, λ_p 为普朗克长度. 若时空以 T_p 和 λ_p 为单位, 则许多函数严格地只能定义在离散的整数标度上. 这一章还讨论了电磁波频率的高限 $1/T_p$ 和低限, 即使频率 ν 的光子数为零, 电磁波还有零光子能 ($h\nu/2$), 所有可能频率的零光子能总和将提供反引力质量.

第 7 章系统介绍了作者的团队近三十年来用于由时间标度定义的种种物理效应的测量方法, 和专门为此而研制的特殊仪器设备, 这些方法可以检出在工频以下经典物理中频域概念出现的越来越严重的原则性错误, 说明对于凝聚态材料的物性参数来说, "零"频率本身就是一个不存在的奇异点.

最后的第 8 章说明不在实数域上而在标度上研究物理学的广泛意义. 指出数学家只注意"数"在描述"量"方面的意义. 举出例子说明"数"在描述"序"方面也有深刻意义, 但具体的问题尚待研究. 序只能定义在标度上, 不能定义在域上.

感谢《电介质理论》一书的合作者陈敏和沈韩给予的帮助和支持, 他们对全书所作的校订保证了本书的顺利出版.

目　　录

第1章 介电极化的连续与断续数学分析

1.1 引　言

《电介质理论》一书归纳了大量实验结果,指出凝聚态电介质中普遍存在历史记忆效应. 这是物理学发展中碰到的新问题. 当涉及这个问题时,熟知的各种实验方法思想、理论概念原理乃至数学描述逻辑,都显得无能为力[1]. 现在面临的是根据所提出的新实验方法,讨论适用于研究历史记忆效应的数学原理. 只有找到了数学手段,才能探讨有关的物理规律.

电介质的基本概念是认为电位移 D 和外力电场 E 之间有关系

$$D=\varepsilon\varepsilon_0 E \tag{1-1}$$

相对介电常量 $\varepsilon\neq 1$ 的物质称为电介质,只有真空才有 $\varepsilon=1$. 具体测量中可将电介质填充于两平行电极之间. 设电极直径为 ϕ,其间距为 l_0,在两电极上加外电压 U,可观察到电极有电荷 Q 流出,而

$$Q=\varepsilon C_0 U, \qquad C_0=\pi\phi^2\varepsilon_0/4l \tag{1-2}$$

Q 和 U 是直接测量的量. 注意式(1-2)和式(1-1)并不等价. 因为由式(1-2)过渡到式(1-1)必须附加一些假设条件. 例如,设电介质的结构必须是宏观均匀的,而这对于凝聚态电介质一般都是不成立的. 因此,我们将从更基本的式(1-2)出发. 实验研究的是一个电容器,$Q=\varepsilon C_0$. 电偶极矩端面的电荷称为极化电荷. 观测到的 Q 称为屏蔽电荷,屏蔽电荷存在于电极还是存在于电介质表面这是传统讨论的老问题. 但是,若电极与介质表面具有欧姆接触,则 Q 存在于电极或介质表面是等价的. 因此,可以认为 Q 存在于介质表面,这可使问题大为简化. 因为屏蔽电荷和极化电荷总是反号相等,故无论 U 为任何值,电介质的总电偶极矩均为零. 这时引入极化强度 P 和电位移 D 的概念都成为不必要.

热力学理论要求式(1-1)和式(1-2)描述的是平衡态规律. 但是,热力学本身不能说明什么时间 t 的体系才能建立平衡态. 对于凝聚态电介质,实验证明即使令电容器两电极短路使 $U=0$,仍可在很长时间内观察到 $I=dQ/dt\neq 0$,这种现象称为慢效应. 在介电、压电和热释电现象中都可以观察到慢效应,慢效应广泛存在于各种液态、固态、单晶、陶瓷、无机和有机电介质[1]. 慢效应电流 $I(t)$ 的变化规律和样品数秒、数分钟、数小时、数天乃至更长时间以前经历过的外加作用有关. 严格地说,慢效应和体系的全部热力学史有关,而且还和样品的形状尺寸有关. 慢效应把样品的历史记忆下来了,这是历史记忆效应的一种表现. 慢效应不遵从熟知

的各种物理规律. 为区别起见,符合一般物理规律的效应称为快效应[1].

为解释这些效应,需将宏观物质结构分级描述. 结构粒子的理想规则排列为一级结构,一级结构的拓扑形变为二级结构,多个二级结构的聚集方式为三级结构,类似地,可定义更高级结构. 定义可适用于无机物、有机物和生命物质. 高于一级的结构称为高级结构. 一级结构的运动提供快效应,高级结构的运动提供慢效应. 高级结构有无限多种平衡态和亚稳态,这是历史记忆效应的基础[1].

铁电体的畴花样是二级结构. 样品的不同电畴中电位移矢量可以不同,使体系不是宏观均匀的. 故式(1-1)失去意义而只能从式(1-2)出发研究凝聚态电介质. 样品的形状和尺寸无非是高级结构的一种表征,故实验观察到的慢效应与之有关[1,2,3]. 电介质物理的基本问题成为在已知 $U(t)$ 作用下研究的变化规律 $Q(t)$. 这时式(1-2)不再正确. 只有在 $U(t)=U_s$ 为恒定值时式(1-2)才可正确地改为

$$Q_s=C_sU_s, \quad C_s=\varepsilon_sC_0 \tag{1-3}$$

C_s 为静态电容,ε_s 为静态介电常量,Q_s 为平衡态电荷. 研究快效应的时间尺度范围小于 10^{-4} s,这时慢效应可忽略. 研究慢效应的时间尺度范围为 $10^{-4}\sim10^5$ s,这时快和慢极化效应都要分开考虑.

材料或器件的老化和疲劳在技术应用中已被熟知. 这是另外两种历史记忆效应:老化记忆了体系自然放置的历史,疲劳记忆了体系经受外加作用的历史. 直到近年,才出现对部分特殊电介质的疲劳效应的初步定量研究[4]. 研究老化和疲劳的时间的尺度范围大于 10^5 s. 这时,式(1-3)中的 ε_s 也将与时间 t 有关. 可见历史记忆效应是十分复杂的问题.

近年出现的形状记忆合金为历史记忆效应提供了重要的技术应用[5]. 但一般作者仍只局限于参照电介质的平衡态热力学方法从理论上研究形状记忆. 因此,虽可找到一些定性结果,但定量上不能和实验一致[6]. 形状记忆合金通过马氏体的高级结构提供历史记忆效应.

生命物质的自组装能力需凭 DNA 的历史记忆效应,属数字式,而慢极化、老化和疲劳的历史记忆效应属模拟式.

可见历史记忆效应是广泛存在的重要问题,其复杂性要求有合适的新的数学描述方法出现.

1.2　动力学方程

在非相对论问题中,时间变量 t 和其他物理变量相比具有特殊意义. 不管测量者的希望如何,t 总要由小至大地不断变化下去,故可称为主动有变量. 物理学是由力学开始发展起来的,力学的基本问题是在给定外力 $x(t)$ 的条件下研究物体的位移 $y(t)$. 力学原理可归结为 $y(t)$ 决定的方程

$$f(t, y, dy/dt, d^2y/dt^2, \cdots, d^r y/dt^r) = 0 \qquad (1\text{-}4)$$

其中, r 为正整数. 式(1-4)称为动力学方程. 经典力学的公理认为, 只要 $t=0$ 的初条件已知, 则 $t \geqslant 0$ 的 $y(t)$ 可唯一地完全由式(1-4)决定; 而不需知道 $t<0$ 的历史情况. 电磁学和统计热力学是参照力学的方法建立起来的, 力和位移被推广为广义力和广义位移. 因此, 现有物理学原理作为公理决定了 $t<0$ 的历史条件不会改变 $t \geqslant 0$ 的动力学规律. 或者说, 作为公理假设了 $t=0$ 的初条件足以包括了 $t \leqslant 0$ 的全部历史. 故这种理论不能用来描述初条件相同而历史条件不同的历史记忆效应.

在宏观均匀的固态电介质中[7], 电场 E、温度 T、应力 X 等被视为广义力, 可称为作用; 而电位移 D、熵 σ、应变 S 等被视为广义位移, 可称之为响应. 这时式(1-1)~式(1-3)均成立, 而式(1-1)和式(1-2)是等价的, 因此, 也可以用 Q 代替 D 为广义位移, 用 U 代替 E 为广义力. 历史条件定量地描述为 $t<0$ 时的 $U(t)$、$Q(t)$、$X(t)$、$S(t)$、$T(t)$ 和 $\sigma(t)$. 初条件指 $(U, Q; X, S; T, \sigma)$ 及其对 t 的微商在 $t=0$ 时的取值. 历史条件可称为 $t<0$ 时的热力学路径. 有无穷多种路径可以到达 $t=0$ 时给定的 $(U, Q; \cdots, \sigma)$ 值. 在数学上, 作用为自变量, 响应为作用的函数.

具有高级结构的体系一般不是宏观均匀的. 但若高级结构是完全随机的, 则可近似认为体系是宏观均匀的. 高级结构完全随机分布的态称为原始态. 实验证明, 凝聚态电介质从原始态出发, 热力学路径相同的测量结果是可以重现的[8,9]. 体系 $t=0$ 的初态不一定是原始态. 因此, 在前述动力学公理中, 更严格地应该用原始态代替初态. 这样, $t=0$ 的时间原点就必须取在原始态而不能随意将时间原点平移; 也不能将 t 作反演变换. 这时 $t>t_0>0$ 的动力学结果就能描述 $0 \leqslant t \leqslant t_0$ 的历史. 注意初条件不一定是原始态, 可以视 $t=t_0$ 的态为初条件, 由 $t=0$ 出发有许多不同的热力学路径可以达到 $t=t_0$ 时相同的初条件, 在动力学理论中, 只能用 $t=t_0$ 时的有限个参数值来描述初条件.

时间的平移和反演对称是统计物理中的常用基本假设. 原始态概念的引入使这种假设不再成立, 从而许多有关的理论结果也就不再完全正确. 下面举出一动力学问题的例子.

在一个充满介质的电容器上加外电压 $U(t)$,

$$U(t) = \begin{cases} 0, & t \leqslant 0 \\ U_2, & t>0 \end{cases} \qquad (1\text{-}5)$$

测出流过电路的电荷 $Q(t)$, 它可写为($t \geqslant 0$ 时)

$$Q(t) = Q_s[1 - F_r(t)], \quad Q_s = \varepsilon_s C_0 U_s$$

$$F_r(0) = 1, \quad F_r = 0(\infty) \qquad (1\text{-}6)$$

若外加电压改为

$$U(t)=\begin{cases}U_2, & t\leqslant 0 \\ 0, & t>0\end{cases} \qquad (1\text{-}7)$$

则 $t\geqslant 0$ 时流过电路的电荷可写为(设电路电阻为零)

$$Q(t)=Q_s[1-F_f(t)], \qquad Q_s=\varepsilon_s C_0 U_s$$

$$F_f(0)=1, \quad F_f=0(\infty) \qquad (1\text{-}8)$$

以时间的平移和反演对称为公理的统计理论证明[1],

$$F_r(t)=F_f(t)=F(t) \qquad (1\text{-}9)$$

并且 $F(t)$ 在区间 $0\leqslant t\leqslant\infty$ 是单调下降的函数. 从而,可以严格证明通过傅里叶变换给出复介电常量

$$\varepsilon(\omega)=\varepsilon'-\mathrm{i}\varepsilon''=\varepsilon_h+(\varepsilon_s-\varepsilon_h)\int_0^\infty\left[-\frac{\partial}{\partial t}F(t)\right]\mathrm{e}^{-\mathrm{i}\omega t}\partial t \qquad (1\text{-}10)$$

ω 为用来测量复 $\varepsilon(\omega)$ 的交流电压的角频率,$F(t)$ 称为衰减函数,ε_h 称为高频(红外或光频)介电常量.

　　从而,近百余年来都把介电极化动力学问题等价为复介电谱 $\varepsilon'(\omega)$ 和 $\varepsilon''(\omega)$ 的研究. 直接的介电极化动力学长期被忽视了. 事实上,在 $t>10^{-4}$s(不高于声频段)范围,至今还未找到一个固体或液体电介质样品具有 $F_r(t)=F_f(t)$ 的性质[10]. 一般说来,式(1-9)的理论结果是错误的.

　　高级结构的存在使体系可以不均匀,故要用式(1-2)代替式(1-1). 高级结构的运动较慢,故 $t<10^{-4}$s 时一级结构运动提供的快效应占主要地位,式(1-9)和式(1-10)等熟知物理学原理得以成立. $t>10^{-4}$s 时,高级结构运动提供的慢效应越来越成为主要的. 这时式(1-1)和式(1-2)都可以成为不正确,而要用式(1-3)代之. 在研究慢极化效应时,式(1-3)的 ε_s 被视为和时间 t 无关的常数. 但当 $t>10^{-4}$s 时,ε_s 可以随时间 t 变化而出现疲劳或老化. 高级结构的存在和运动使得要在广阔时间尺度范围研究极化的动力学,成为十分困难的问题.

1.3　连续和重复测量

　　物理学是严格定量的科学,物理规律必须在实验中能够重现,故要考虑重复测量. 此外,为得到 Q 随 U 变化的规律,需使 $U(t)$ 在连续变化中作测量,Q 和 U 的关系一般还可以是非线性的. 式(1-5)和式(1-7)中的 $U(t)$ 在 $t>0$ 时是不变的. 下面将考虑在 $t>0$ 时 U 随 t 线性地变化的最简单情况. 若 $U(t)$ 不是线性的,则问题更为复杂.

　　设样品直径为 Φ,厚为 l,底面有金属电极,上电极直径 $\phi<\Phi$,这样可减少表面

漏电的影响. 考虑到高级结构的存在, 样品的底表面和上表面的性质可能并不相同. 在样品组成的电容 C 上加外电压 $U(t)$ 如图 1.1(a) 所示. 三角波电压示于图 1.1(b), 峰值为 $\pm U_p$, 周期为 τ, 设只作 $m/2$ 个周期的测量, m 为偶数. 将 $U(t)$ 分解为 $U_+(t)$ 和 $U_-(t)$, 如图 1.1(c) 和 (d) 所示. $U_+(t)$ 和 $U_-(t)$ 在各自出现的区间都是线性的. 用 $U_+(t)$ 测量底表面释放正电荷的规律; 用 $U_-(t)$ 测量上表面释放正电荷的规律. 两种测量结果可能不同, 必须分开讨论. 底面释放的电荷记为 Q_+, 上面释放的电荷记为 Q_-. 电流底面和上面释放的电荷流动方向相反.

$$I = \frac{dQ}{dt}, \qquad I_\pm = \frac{dQ_\pm}{dt} \qquad (1\text{-}11)$$

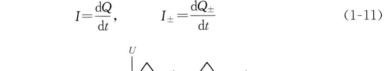

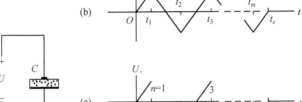

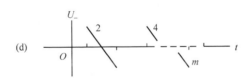

图 1.1　三角波电压

可用双通道同步采样方法测出 Q_+ 和 U_+ 或 Q_- 和 U_-, 得到实验函数关系 $Q_+(U_+)$ 或 $Q_-(U_-)$. 记 $t_0 = 0$, 在区间 $t_{n-1} \leqslant t \leqslant t_n$ 的结果称为第 n 支. $Q_+(U_+)$ 只定义于区间

$$t_0 \leqslant t \leqslant t_1, \quad t_2 \leqslant t \leqslant t_3, \quad \cdots, \quad t_m \leqslant t \leqslant t_e \qquad (1\text{-}12)$$

记此区间的 t 的集合为 m_+. $Q_-(U_-)$ 只定义于区间

$$t_1 \leqslant t \leqslant t_2, \quad t_3 \leqslant t \leqslant t_4, \quad \cdots, \quad t_{m-1} \leqslant t \leqslant t_m \qquad (1\text{-}13)$$

记此区间的 t 的集合为 m_-. 记集合

$$m = \{t \mid t_0 \leqslant t \leqslant t_e\} = m_+ \bigcup m_- \qquad (1\text{-}14)$$

交集

$$m_+ \bigcap m_- = \{t \mid t = t_1, t_2, \cdots, t_m\} \qquad (1\text{-}15)$$

测量实际上只在集合 m 上作出. 图 1.1(b) 在 $t<0$ 和 $t>t_e$ 的 $U=0$ 上的粗黑线只表示此时样品短路放置. 实际上此时并不存在外电压 $U(t)$, 也不能说明此时外电

路有无电流.

其他各种传统理论中考虑的极化我们都称为快效应. 当只有快极化而认为慢极化效应可以忽略时(如气体),第 n 和 $(n+2)$ 支的测量结果重合,并且在 $t<0$ 和 $t>t_e$ 时 $I=0$. 但当存在慢效应时,这个结论不再正确. 集合 m 上的测量结果一般地还和 $t<0$ 时样品所经历的历史有关,尽管 $t=0$ 时可以有相同的初条件 $I=0$ 和 $Q=0$. 只有 $t=0$ 时的初条件为原始态,m 上的测量才可重现. 但慢效应使得小 n 时的第 n 和 $(n+2)$ 支结果不能重合,只有在 $n\geqslant10$ 时这两支结果才逐渐趋向重合[11].

因此,作为动力学问题,不存在式(1-2)的 $Q(U)$ 确定关系. 在研究慢效应时要将函数关系写为 $U(t)$ 或 $Q(U,t)$,而 $U=U(t)$ 为已知. 在图 1.1 形式的电压 $U(t)$ 作用下,为得到完整的可以重现的 $Q(t)$,$t=0$ 的初态必须为原始态,而且应取 $m\geqslant10$,这时,表征体系性质的是集合 m_+ 上的 $Q_+(t)$ 和 m_- 上的 $Q_-(t)$. 电介质的极化动力学性质不能只用少数几个物性参数来描述. 在图 1.1 中,

$$m=1,2,\cdots,(m+1)$$

m 为偶数. 只研究慢极化效应时,可取 $10<m<100$. 这时,用 $Q_+(U_+)$ 和 $Q_-(U_-)$ 描述的第 n 和第 $(n+2)$ 支测量结果随 n 增大至接近 m 而变得可足够近似地认为不变. 但较小的 n 和 $(n+2)$ 支并不相同.

m 是人为设定的,也可取为 10^{10} 或更大. 这时若设偶数 $m_0\ll m$,则第 $n(>10)$ 和 $(n+m_0)$ 支的差别随 m_0 增大而渐显著. 例如,对于铁电体,当 $m_0>10^3$ 时出现显著的极化疲劳现象.

若取不太大的 m 作完图 1.1 的测量后设法恢复 $t=0$ 时的原始态,将样品自然放置若干月或若干年,再作图 1.1 的测量时可观察到老化引起 $Q_\pm(U_\pm)$ 的改变. 故图 1.1 的方法可用于研究电介质的慢极化、疲劳和老化等效应. 如何在集合 $m_\pm$ 上描述函数 $Q_\pm(U_\pm)$,是数学方法上先要解决的问题,在作纯数学的考虑前,还要对被研究的电介质作一些说明.

在图 1.1 中由底面流出的正电荷 Q_+ 将由外电路流至上电极,成为上表面的屏蔽电荷. 由上面流出的正电荷 Q_- 将成为底面的屏蔽电荷. 非极性电介质的表面在原始态中没有屏蔽电荷,这里指的是极化的原始态. 铁电体的原始态中,相对的上、下表面有相等的正屏蔽电荷 $\pi\phi^2 P_s/4$,P_s 为自发极化强度. 此外,还要求原始态铁电体的电畴有随机分布,驻极体不是热平衡态,其两表面的屏蔽电荷反号相等. 将屏蔽电荷看成驻极体组成的一部分时,它就成为总电偶极矩为零的亚稳态. 驻极体的原始态只存在于驻极前的非极性态,原始态应是平衡态.

1.4 连续数学分析的局限性

在历史上,物理和数学常互为促进地一起发展. Newton(牛顿)和 Leibniz(莱

布尼茨)同时发现了微积分,其运算技巧约在 1665 年已初步完整,使得物理学第一部经典专著,牛顿的《自然哲学的数学原理》得以在 1686 年出现. 其主要内容为利用微积分从行星运动三定律证明引力定律. 并反过来从引力定律证明行星运动三定律. 这是典型的动力学问题,时间 t 被认为在 $-\infty \leqslant t \leqslant +\infty$ 可以连续变化. 但当时的微积分只凭直观方法建立,有的定理证明在数学逻辑上甚至是错误的. 有关数学问题存在了二百多年而得不到解决,直至技术应用上积累的疑问越来越多非解决不可,Cauchy(1789~1857)和 Weierstrass(1815~1897)等才找到 $\varepsilon\delta$ 语言将微积分重新建立在严密的连续数学分析基础上,连续分析、群论和非欧几何成为 19 世纪的数学三大发现,为 20 世纪物理和技术上的重大成就作了充分准备.

设 x 为有序变量,函数 $y(x)$ 在 $x=c$ 点及左($x \leqslant c$)右($x \geqslant c$)近旁都有意义. 对于任意给出的 $\varepsilon > 0$ 若总有一个 $\delta > 0$ 使在 $|x-c| < \delta$ 时 $|y(x)-y(c)| < \varepsilon$,则称 $y(x)$ 在 c 点连续. 定义在 c 点及左近旁的 $y(x)$ 若对任意给出的 $\varepsilon > 0$ 总有 $\delta > 0$ 使 $c-x < \delta$ 时 $|y(x)-y(c)| < \varepsilon$,则称 $y(x)$ 在 c 点左连续. 定义在 c 及右近旁的 $y(x)$ 若对任意给出的 $\delta > 0$ 使 $x-c < \delta$ 时 $|y(x)-y(c)| < \varepsilon$,则称 $y(x)$ 在 c 点右连续. $y(x)$ 在 $x=c$ 点连续意味着在 c 点既右连续又左连续,上面的定义假设了自变量 x 属于实数集.

应用上面的 $\varepsilon\delta$ 语言,若 $y(x)$ 在 $x=c$ 点连续,并且极限

$$\lim_{\Delta x \to 0} \frac{\Delta y}{\Delta x} = \lim_{\Delta x \to 0} \frac{y(c+\Delta x)-y(c)}{\Delta x} \tag{1-16}$$

唯一地存在,记为 $y'(c)$,则称 $y'(c)$ 为 $y(x)$ 在 $x=c$ 点的微商. 注意式(1-16)中的 Δx 可以是正的,也可以是负的. 若 $y(x)$ 在 $x=c$ 点左连续,则可限制 Δx 为负,用式(1-16)定义 c 点的左微商. 若 $y(x)$ 在 $x=c$ 点右连续,则可限制 Δx 为正,用式(1-16)定义 c 点的右微商. $y(x)$ 在 c 点存在微商 $y'(c)$ 意味着 c 点的左右微商均等于 $y'(c)$. 图 1.1(b)的函数 $U(t)$ 在 $t=t_n(n=1,2,\cdots,m)$ 上既有左微商又有右微商,但左右微商均不相等,故这些点上没有微商. 若 $U(t)$ 定义在式(1-14)的集合 m 上,则 $t=t_0=0$ 只有右微商而无左微商,而 $t=t_e$ 点只有左微商而无右微商. 故 $t=t_0$ 和 $t=t_e$ 点都不存在微商.

将 $U(t)$ 和 $Q(t)$ 定在集合 m 上表明 $t < t_0$ 是没有意义的,因为此时样品 C 甚至可能还没有制造出来,脱离物质的时间失去意义. 在 m 上定义的 t 还表明 $t > t_e$ 也是没有意义的,因为此时样品 C 甚至可能被损坏而不存在. 在式(1-12)的集合 m_+ 上定义的 t 还表明在

$$t_1 \leqslant t \leqslant t_2, \quad t_3 \leqslant t \leqslant t_4, \quad \cdots, \quad t_{m-1} \leqslant t \leqslant t_m$$

时 t 没有意义. 在 m_- 上定义的 t 出现类似情况.

在式(1-12)的集合 m_+ 上定义的 t,在开区间

$$(t_0, t_1), (t_2, t_3), \cdots, (t_m, t_e)$$

是连续的 . $t_0=0$ 为右连续的，但 $t<t_0$ 给出的集合为空集，故 t_0 点为左空的 . 空集不需讨论 . m_+ 中的 t_1 点为左连续的；但 $t>t_1$ 非空，故称 t_1 为右断续的 . m_+ 中的 t_2 点为右连续而左断续的，t_e 点为左连续而右空的 . 类似地式(1-13)集合 m_- 上定义的 t 也出现断续的情况 . 连续数学分析没有讨论断续问题 . 但研究历史记忆效应出现了断续的数学分析问题 .

生命科学中也出现断续数学分析问题，有些种属的昆虫在冬季全部死去 . 这时，其数量 $Q=0$，若视 Q 为时间 t 的连续函数，则此时 Q 及其对 t 的任意次微商均为零 . 根据连续数学分析的定理，由此可解出在 $-\infty\leqslant t\leqslant+\infty$ 时均有 $Q\equiv0$. 这是不对的 . 昆虫死去前留下的卵在冬季孵化或休眠，到以后的季节，卵可凭其中DNA 的历史记忆效应孵化成虫使 $Q>0$. 故不能视 $Q(t)$ 为区间 $-\infty\leqslant t\leqslant+\infty$ 的连续函数 . 函数 $Q(t)$ 中定义 t 的集合必出现断续，使冬季的 t 不必属于这个集合，从而必须采用断续的数学分析 .

1988 年，Hilger 在他的博士论文中最先提出了处理断续分析的 Δ 微商方法，建立了时间标度微积分 . 后来 Bohner 和 Peterson 对时间标度微积分作了发展，并指出其在生命科学中的重要应用，从而引起了广泛注意 . 后面将从物理测量角度对 Δ 微商补充提出 δ 微商 . 从而构成了完整的连续和断续统一分析的数学方法，这种方法适合于描述历史记忆效应 .

1.5　时　间　标　度

Hilger 从纯数学角度提出一些新概念[12,13] . 他把实数集合的任意非空闭子集称为时间标度(time scale) . 下面是时间标度的一些例子：

全部实数组成的集合，记为 R；

全部整数组成的集合，记为 $Y=\{0,\pm1,\pm2,\cdots\}$；

全部自然数组成的集合，记为 $N=\{1,2,3,\cdots\}$；

全部非负整数集合，$N_0=\{0,1,2,\cdots\}$；

闭区间 $0\leqslant t\leqslant1$ 中 t 值组成的集合[0,1]；

并集[0,1]∪[2,3]；并集[0,1]∪N；

下面的一些集合都不是时间标度：

有理数集合 Q；

复数集合 e；

在实数集中除去有理数的差集 R/Q，即无理数集；

半开区间 $0<t\leqslant1$ 的 t 组成集合(0,1]；

0～1 之间的开区间(0,1)；并集[0,1]∪(2,3).

式(1-12)～式(1-14)定义的 m_+、m_- 和 m 都是时间标度，图 1.1 定义的

$$T_m = \{\, t_0, t_1, t_2, \cdots, t_m, t_e \}$$

和
$$n_m = \{0, 1, 2, \cdots, m, (m+1)\}$$

也是时间标度. 根据图 1.1 的规定,用设定的 τ 值,即可由 n_m 得出 T_m.

一个数集上若定义有某种运算,不管运算封闭与否,均可称之为数系. 正整数系对减法不封闭,故可扩充为整数系. 整数系仍对除法不封闭,故可扩充为有理数系,有理数系对四则运算都封闭了,但它不连续. 再扩充为实数系就可封闭而连续了,连续要求对极限运算为封闭的.

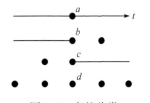

图 1.2　点的分类

时间 t 是有序变量,一个 t 值可用坐标轴上的一个点代表. 图 1.2 给出了 $t = a, b, c, d$ 四种不同的点,可以按照稠密性分类.

a 点为左稠密右稠密,b 点为左稠密右散布(scattered),c 点为左散布右稠密,d 点为左散布右散布,亦可称 d 点为孤立(isolated).

对于数集 X,若存在数 A 使对任意 $x \in X$,有 $x \leqslant A$,则 A 称为 X 的上界. 若 X 有一个上界,则必有许多个上界,其中最小的一个上界 a 称为上确界(supremum),记为

$$\sup X = a$$

若存在数 B 使对任意 $x \in X$,有 $x \geqslant B$,则 B 称为 X 的下界. 许多下界中最大的一个为 b,则 b 称为 X 的下确界(infinum),记为

$$\inf X = b$$

对于时间标度 τ,定义前跃算符(forward jump operator)σ 为

$$\sigma(t) = \inf\{s : s, t \in \tau; s > t\} \tag{1-17}$$

定义后跃算符(backward jump operator)ρ 为

$$\rho(t) = \sup\{s : s, t \in \tau; s < t\} \tag{1-18}$$

定义前跃距(Hilger 称为 graininess[12,13],译为粒度. 为区别于后面的后跃距,这里改称为前跃距)函数

$$\mu(t) = \sigma(t) - t, t \in \tau, \qquad 0 \leqslant \mu(t) \leqslant \infty \tag{1-19}$$

定义后跃距函数

$$\nu(t) = t - \rho(t), t \in \tau, \qquad 0 \leqslant \nu(t) \leqslant \infty \tag{1-20}$$

对于图 1.2 中不同的点,有

$$a, \qquad \rho(t) = t = \sigma(t)$$
$$b, \qquad \rho(t) = t, \quad t < \sigma(t)$$
$$c, \qquad \rho(t) < t, \quad t = \sigma(t)$$
$$d, \qquad \rho(t) < t < \sigma(t)$$

对于时间标度 $t \in [a, b]$,在 $t = a$ 时不存在 $\rho(t)$,在 $t = b$ 时不存在 $\sigma(t)$.

当 $\tau=R$ 时，$\rho(t)=t=\sigma(t)$，$\mu(t)=\nu(t)=0$. 这就是连续数学分析的情况；这时不需定义 σ,ρ,μ,ν 等概念. 在时间标度中定义这些概念就可适应图 1.1 中有些 t 值可能没有意义的更一般的情况. 下面利用这些新概念讨论更一般的微分.

1.6　Δ 微 商

设时间 t 只在时间标度 τ 上有意义，$f(t)$ 为 τ 上的实函数. 若存在唯一的 $f^{\Delta}(t)$，对任给 $\varepsilon>0$ 可找到某个 $\delta>0$，构成 t 的邻域

$$\nu=(t-\delta,t+\delta)\bigcap\tau \tag{1-21}$$

使得对全部 $s\in\nu$ 有

$$|[f(\sigma(t))-f(s)]-f^{\Delta}(t)[\sigma(t)-s]|\leqslant\varepsilon|\sigma(t)-s| \tag{1-22}$$

则称 $f^{\Delta}(t)$ 为 $f(t)$ 在 t 点上的 Δ 微商，或称 Δ 导数. 根据定义，在 $\sigma(t)>t$，$\mu(t)>0$ 时可写

$$f^{\Delta}(t)=\frac{f(\sigma(t))-f(t)}{\mu(t)}$$

$$f^{\Delta}(t)=[f(\sigma(t))-f(t)]=\mu(t)f^{\Delta}(t) \tag{1-23}$$

而在 t 点为右稠密时，$\sigma(t)=t$，$\mu(t)=0$，用极限写为

$$f^{\Delta}(t)=\lim_{s\to t^{+}}\frac{f(s)-f(t)}{s-t}=f'(t)=\frac{\mathrm{d}f(t)}{\mathrm{d}t}$$

$$\mathrm{d}f(t)=f'(t)\mathrm{d}t=\Delta f(t),\qquad s>t \tag{1-24}$$

式(1-24)表明此时 Δ 微商就是普通的右微商. 若 t 点为连续，且在 t 上的左右微商相等，则 Δ 微商的定义和普通微商一致，故 Δ 微商是普通微商的广义形式.

为说明这种广义微商的意义，考虑定义在公式(1-14)的 m 上的图 1.1(b)形式的函数 $U(t)$. 根据普通微商的定义，$U(t)$ 在 $\{t_0=0,t_1,t_2,\cdots,t_m,t_e\}$ 上没有微商，而

$$(t_0,t_1),(t_2,t_3),\cdots,(t_m,t_e)\text{上有}U'(t)=4U_{\mathrm{p}}/\tau \tag{1-25}$$

$$(t_1,t_2),(t_3,t_4),\cdots,(t_{m-1},t_m)\text{上有}U'(t)=-4U_{\mathrm{p}}/\tau$$

根据 Δ 微商的定义，$U(t)$ 只在 t_e 点上无 Δ 微商，而

$$(t_0,t_1),(t_2,t_3),\cdots,(t_m,t_e)\text{上有}U^{\Delta}(t)=4U_{\mathrm{p}}/\tau \tag{1-26}$$

$$(t_1,t_2),(t_3,t_4),\cdots,(t_{m-1},t_m)\text{上有}U^{\Delta}(t)=-4U_{\mathrm{p}}/\tau$$

可见当 $U'(t)$ 存在时它与 $U^{\Delta}(t)$ 无区别，但 $U'(t)$ 不存在的许多点上，$U^{\Delta}(t)$ 补充了微商的定义.

记数集 $m^k=\{t:t_0\leqslant t<t_e\}$，差集

$$m\backslash m^k=\{t_e\}$$

定义在时间标度 m 上的 $U(t)$ 只在数集 m^k 上有 Δ 微商. 在式(1-14)定义的 m 中，$t>t_e$ 的子集为空集. 故式(1-17)给出的 $\sigma(t_e)$ 不存在，从而式(1-22)定义的 $f^{\Delta}(t_e)$

也不存在.

对于式(1-12)定义的数集 $m_+ = \{\, t_1, t_3, \cdots, t_{m-1}\}$ 点上的 $U_+(t)$ 不存在普通的右微商. 但根据式(1-23),这些点都存在 Δ 微商. 例如

$$U_+^{\Delta}(t_1) = \frac{U_+(t_2) - U_+(t_1)}{t_2 - t_1} = -4\,\frac{U_{\mathrm{p}}}{\tau} \tag{1-27}$$

而且 $U_+^{\Delta}(t_1) = U_+^{\Delta}(t_3) = \cdots = U_+^{\Delta}(t_{m-1})$. 类似地,对于 m_- 有

$$U_-^{\Delta}(t_2) = U_-^{\Delta}(t_4) = \cdots = U_-^{\Delta}(t_{m-2}) = +4U_{\mathrm{p}}/\tau \tag{1-28}$$

m_- 上定义的 $U_-(t)$ 只在 t_m 一个点上没有 Δ 微商.

下面给出定义在时间标度上的一些函数的 Δ 微商公式[13]. 记自变量为 t, α 为常数, $m = 1, 2, 3, \cdots$.

$$\alpha^{\Delta} = 0, \quad t^{\Delta} = 1, \quad (t^2)^{\Delta} = t + \sigma(t)$$

$$(1/t)^{\Delta} = -1/t\sigma(t)$$

$$(f+g)^{\Delta} = f^{\Delta} + g^{\Delta}, \quad (\alpha f)^{\Delta} = \alpha f^{\Delta}$$

$$(fg)^{\Delta} = f^{\Delta}(t)g(t) + f(\sigma(t))\,g^{\Delta}(t) = f^{\Delta}(t)g(\sigma(t)) + f(t)\,g^{\Delta}(t)$$

$$(1/f)^{\Delta} = -f^{\Delta}(t)/\,f(t)\,f(\sigma(t))$$

$$(f/g)^{\Delta} = [f^{\Delta}(t)\,g(t) - f(t)\,g^{\Delta}(t)]/\,g(t)\,g(\sigma(t))$$

$$(XYZ)^{\Delta} = X^{\Delta}YZ + X^{\sigma}Y^{\Delta}Z + X^{\sigma}Y^{\sigma}Z^{\Delta},\text{其中 } X = X(t), X^{\sigma} = X(\sigma(t))$$

$$(f^2)^{\Delta} = (f + f^{\sigma})\,f^{\Delta}$$

$$[(t-\alpha)^m]^{\Delta} = \sum_{\nu=0}^{m-1} [\sigma(t) - \alpha]^{\nu}\,(t-\alpha)^{m-1-\nu}$$

$$[1/(t-\alpha)^m]^{\Delta} = \sum_{\nu=0}^{m-1} 1/[\sigma(t) - \alpha]^{m-1-\nu}\,(t-\alpha)^{\nu+1},\text{其中设 }(t-\alpha)[\sigma(t)-\alpha] \neq 0$$

$$f^{\Delta\Delta} = (f^{\Delta})^{\Delta} = f^{\Delta^2}, \quad f^{\Delta^0} = f$$

$$\sigma^2(t) = \sigma(\sigma(t)), \quad \rho^2(t) = \rho(\rho(t))$$

$$\sigma(t) = \rho(t) = t \tag{1-29}$$

在连续的 t 值上,式(1-29)变为普通微商的公式.

由式(1-23)定义的 $\Delta f(t)$ 称为 Δ 微分. 时间标度上定义的 Δ 微分及其逆运算一起,合称为时间标度微积分[12,13]. 在讨论时间标度上的积分时,还要引入右稠密连续(right dense continuous)的新概念.

1.7 δ 微商

上面定义的 Δ 微商是右微商,类似地,可以用右微商定义 δ 微商. Δ 和 δ 微商

及微分的逆运算,完整地组成了时间标度上的数学分析,即连续和断续统一的数学分析.

自变量 t 定义在时间标度 τ 上,$f(t)$ 为 τ 上的实函数. 若唯一存在实数 $f^\delta(t)$,对任意 $\varepsilon>0$ 可找到某个 $\delta>0$ 构成式(1-21)所示的 t 的邻域 ν,使全部 $s\in\nu$ 有

$$\left|\left[\,f(s)-f(\rho(t))\right]-f^\delta(t)\left[\,s-\rho(t)\right]\right|\leqslant\varepsilon\,|\,s-\rho(t)\,| \tag{1-30}$$

则称 $f^\delta(t)$ 为 $f(t)$ 在 t 点上的 δ 微商,或称 δ 导数. 当 t 为左散布时,$\rho(t)<t$,$\nu(t)=t-\rho(t)>0$,可写为

$$f^\delta(t)=\frac{f(t)-f(\rho(t))}{\nu(t)}$$

$$\delta f(t)=f(t)-f(\rho(t))=\nu(t)f^\delta(t) \tag{1-31}$$

当 t 为左稠密时,$\rho(t)=t$,$\nu(t)=0$,可写为极限

$$f^\delta(t)=\lim_{s\to t-}\frac{f(t)-f(s)}{t-s}=f'(t)=\frac{\mathrm{d}f(t)}{\mathrm{d}t}$$

$$\mathrm{d}f(t)=f'(t)\mathrm{d}t, \quad s<t \tag{1-32}$$

这时 δ 微商成为普通的左微商. 若 $f(t)$ 在 t 点上连续,且左右微商相等,则 δ 微商或 Δ 微商均和普通微商定义一致. $f(t)$ 在 t 点连续的必要条件为 t 点有左稠密和右稠密.

由式(1-14)定义的 m 上的图 1.1(b)的函数 $U(t)$,可得 δ 微商

$$(t_0,t_1],(t_2,t_3],\cdots,(t_m,t_e]\text{上有}U^\delta(t)=4U_\mathrm{p}/\tau \tag{1-33}$$

$$(t_1,t_2],(t_3,t_4],\cdots,(t_{m-1},t_m]\text{上有}U^\delta(t)=-4U_\mathrm{p}/\tau$$

M 上定义的 $U(t)$ 在 $t=t_0=0$ 一个点上没有 δ 微商. 记差集

$$m\backslash m_k=\{\,t_0\} \tag{1-34}$$

$U(t)$ 只在集数 m_k 上有 δ 微商,比较式(1-25)、式(1-26)和式(1-33)可见普通微商、Δ 微商和 δ 微商三者的异同.

图 1.3 示出定义在 m 上的 $U(t)$ 和定义在 m_+ 之上的 $U_+(t)$ 的三种微商. 其中,空点为曲线的开端,黑点为闭端或孤立点. 可见,Δ 和 δ 微商无非是用不同的方法补充普通微商定义的不足,使在连续数学分析的不够严密之处变得更为严密. Hilger 称普通微积分加上 Δ 微商及其逆运算为时间标度微商积分,再加上 δ 微商及其逆运算,才能称为时间标度分析.

图 1.3 清楚地表明 δ 微商和 Δ 微商的区别. 对于特定问题,只有其中之一适用,Hilger 等没有意识到数学定义和物理要求的适用性问题,因此,忽视了 δ 微商. 事实上,存在选择用 Δ 或 δ 微商的问题,在图 1.1 的测量中,通常测的是电流 $I(t)=\mathrm{d}Q(t)/\mathrm{d}t$,在测出 $I(t_e)$ 后,利用一个脉冲触发电路以除去 $U(t)$ 终止测量,测量只在 m 上进行. 故 $t=t_e$ 的左微商 $\mathrm{d}Q/\mathrm{d}t$ 和 $\mathrm{d}U/\mathrm{d}t$ 是确定的. 若在时间标度 m 上采用右微商,就无法描述这个终点时刻的测量结果,又例如 $U(t)$ 线性地增加到

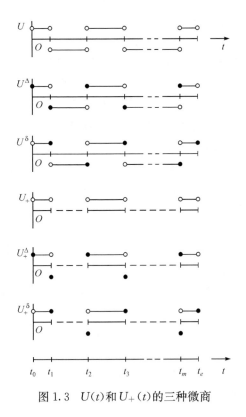

图 1.3　$U(t)$ 和 $U_+(t)$ 的三种微商

达 t_1，测出 $I(t_1)$ 后，用脉冲触发 $U(t)$ 使之改变随 t 线性地减小，脉冲的宽度在技术上不可能精确为零．而在脉冲宽度时间内不可能作任何测量．故技术决定了 $t=t_1$ 点上可测出左微商而不能测出 U 和 Q 的右微商．因此，讨论图 1.1 规定的测量只能用 δ 微商而不能用 Δ 微商．

　　时间标度上的 Δ 微积分已系统建立了起来[13]．在时间标度上再建立 δ 微积分原则上并无困难，可以预期，时间标度分析方法在研究历史记忆效应中将是有力工具．但是，Hilger 提出的数学理论较为艰深，不易为技术工作者和物理学家所掌握．因此，下面只对普通的微积分作简单的补充，用不同的方法先介绍 δ 微积分的技术应用．这种简化方法的特点是将连续变量和断续变量分开，连续时用式(1-32)定义，断续时用式(1-31)的定义，图 1.1 中将时间标度数集 m 写成 m_+ 或 m_- 的并集，就为 δ 微积分的这种简化提供了方便．

1.8　固体的快效应

　　固体样品都可做成图 1.1(a)形状，设 $l \ll \phi < \Phi$，故被测量的样品可视为具有直

径 ϕ. 快效应包括其他著作中提及的电导、顺电性和非铁磁性,图 1.4(a~c)为电导性的 $I(U)$ 关系,其中,(a)为线性电导;(b)为上表面与底表面性质相同时的非线性电导;(c)为只有一个表面出现阻挡层的电导. 快电导效应的 $I(U)$ 关系和 n 无关. 早期,曾认为交流电导和角频率 ω 无关;故一直不存在电导谱的问题. 电导谱最先在快离子导体的研究中引起注意[14,15],在 $PbMoO_4$ 和 $PbWO_4$ 单晶的离子导电中,也出现了电导和 ω 有关的问题[16]. 快离子导体是晶格的规则性要受到较大破坏的异常固体[14]. 因此,其电导是高级结构运动的贡献,可以预期,除已被详细研究过的快电导效应外,还会出现未被研究过的快离子导体的慢电导效应.

图 1.4(d~f)为顺电性的快极化曲线,箭头指示时间 t 增大的方向,空点代表曲线的开端,黑点代表闭端,这里用了 δ 微商的左微商定义,$I=dQ/dt$. 图 1.4(d)为线性情况,(e)和(f)为非线性情况. 快极化的特点为当 $n>1$ 时全部奇 n 支重合,全部偶 n 支重合. 一般顺电样品上表面和底表面性质相同,故奇和偶支在 (U, I) 平面上有原点对称,从而只需研究数集 m_+(或 m_-)上的函数,即可得到 $m = m_+ \bigcup m_-$ 上的全部结果. 例如,在 $Q=CU$ 中 C 为常数时,对 $n=3$ 支取 $(t_2 + t_3)/2$ 为 t 的原点,则有

$$U=(4 U_p/\tau)t$$
$$I=dQ/dt=4C U_p/\tau \tag{1-35}$$

这就是图 1.4(d)奇的 $(n+1)$ 的情况. 对于顺电性中的慢极化效应[1],n 不同的奇数支不一定重合,n 不同的偶数支也不一定重合[11]. 这时就必须引入时间标度,并用图 1.1 定度 n.

铁电性不存在快效应,只出现慢效应,当铁电样品两个表面性质相同时,图 1.1 的测量给出的结果示于图 1.4(g);可以称之为微分电滞回线[1]. 当 $n>10$ 时,奇的第 $(n+1)$ 和 $(n+3)$ 逐渐趋向重合,偶的第 n 和 $(n+2)$ 支也渐趋重合. 这时,奇支和偶支近似有原点对称.

注意图 1.4(d~g)的奇支和偶支是彼此分开互不连接的. 因此,需分别定义 m_+ 来描述奇支,定义 m_- 来描述偶支.

近年来,对同时具有铁电和铁磁性的固体出现很大兴趣[17]. 原则上铁磁性应表现为慢效应,因为磁畴的运动属高级结构的运动. 但铁磁性来自电子的自旋,电子自旋反向运动很快,故可预期很难将这种慢效应从相关的快效应中分出来,有关问题尚待研究. 铁电铁磁材料的特点是它具有很大的相对导磁系数 μ,在图 1.1(a)的样品中,由上电极经样品流向底电极的传导电流和位移电流将在样品内形成共轴的圆形磁力线,大的 μ 使磁力线对样品提供了不可忽视的电感 L. 因为样品是电介质,在图 1.1 的测量中出现的电流很小,约 $10^{-6} \sim 10^{-12} A$. 故电流产生的磁场强度很小,上述 μ 值应为零场导磁系数,在铁氧体物理中称为起始导磁系数,被视为常数. 故此类样品在图 1.1(a)中表现为具有线性电感 L.

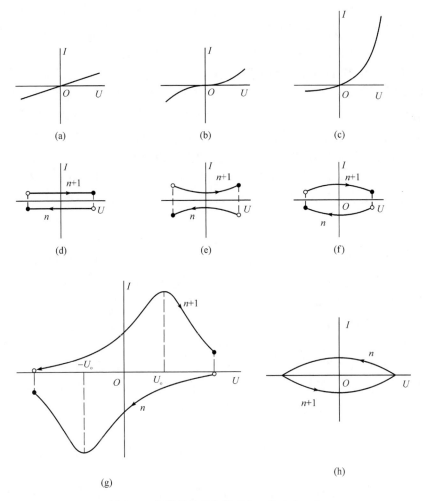

图 1.4　电流 I 的奇和偶支 $(n = 2, 4, 6, \cdots)$

当图 1.1(a)的样品为纯线性电感 L 时,其快效应很容易计算. 例如,对于奇的 $n = 3$ 支,类似于式(1-35)取 $(t_2 + t_3)/2$ 为 t 的原点.

$$\frac{\mathrm{d}I}{\mathrm{d}t} = U(t)/L = \frac{4U_p}{L\tau}t \tag{1-36}$$

因为 $t = \pm\tau/4$ 时 $I = 0$,故对奇支有

$$I = \frac{2U_p}{L\tau}t^2 - I_p, \qquad I_p = U_p\tau/8L \tag{1-37}$$

对于偶的 $n = 4$ 支,取 $(t_3 + t_4)/2$ 为 t 的原点,类似地,有

$$I = I_p - \frac{2U_p}{L\tau}t^2 \tag{1-38}$$

I_p 为 I 的峰值. 图 1.4(h) 为式 (1-37) 和式 (1-38) 的计算结果, $I(U)$ 关系表现为由两段抛物线组成的闭合图形. 注意指示 t 增大方向的箭头为逆时针的, 而图 1.4(d~g) 电容性的 $I(U)$ 曲线中, t 的增大方向为顺时针的.

图 1.1(a) 的样品可以出现电阻 R、电容 C、电感 L 三个分量, R 和 C 是并联的. 两者产生的电流可以叠加. RC 和 L 是串联的, 两者的电压之和才是 $U(t)$. 前面没有提及 $n=1$ 支 $I(U)$ 曲线. 此支的 $I(t)$ 关系受 L 和 C 的快弛豫效应的影响很大. 但当 $\tau > 10^{-3}$ s 时, 快弛豫效应对 $n>1$ 各支的影响可以忽略. 在三角波作用下, $n=1$ 支的快弛豫规律尚待研究. 慢弛豫效应更会改变 $n=1,2,3,\cdots$ 各支曲线的形状, 慢效应其实就是慢弛豫效应. 它使测量得到的图 1.1 中的 $I(U)$ 关系需写成函数 $I(n,U)$; $-U_p \leqslant U \leqslant U_p$, $n=1,2,\cdots,(m+1)$, 就是说, 实验要求建立时间标度 n_m 的子集

$$n_{km} = \{n \,|\, n=1,2,\cdots,(m+1)\}$$

的概念. I 随 n 的变化记录了历史, 要用断续数学分析方法, I 随 U 的变化反映了体系对外作用的响应, 可用连续数学分析方法, δ 微积分统一了两种方法.

作为动力学问题, 可从头描述如下, 图 1.1 在 m 上定义了广义力 $U(t)$, 要在 m 上找到广义位移 $Q(t)$, 实验测的是

$$I(t) = Q^\delta(t) \tag{1-39}$$

在将 $U(t)$ 反解 $t(U)$ 关系代入式 (1-39) 左边时, 我们将结果写为 $I(n,U)$, 从而将连续和断续变量分开. 余下的问题是如何由 $I(n,U)$ 计算 $Q(t)$. 我们在后面将用物理思考协助解决过分抽象艰深的 δ 微积分问题.

1.9　电介质的平衡态和动力学描述方法*

下面先介绍时间标度概念在实验方法中的应用, 以后再讨论如何用 δ 微积分处理电介质物理中出现的新问题.

平衡态热力学方法在描述电介质性质方面取得了重大成功, 但对进一步提出问题就无能为力了. 例如, 热力学方法研究的是宏观均匀系, 只有体系宏观地处处都有相同性质, 才能用式 (1-1) 定义一个与空间位置无关的 ε. 但是, 即使样品体内处处均匀, 它总要有外表面, 表面的性质可以改变样品的介电行为. 表面属于体系的高级结构, 图 1.5(c) 和 (d) 示出了 $Bi_{0.8}La_{0.2}FeO_3$ 的 $Q(u)$ 电滞回线. 薄膜样品的上电极都是 Ag, 但 (c) 的底电极用了 $ITO^{[19]}$, 而 (d) 的底电极为 Pt. 由回线形状可看出图 1.5(c) 样品的允定自发极化是由上电极指向底电极, 而 (d) 的自发极化是由底电极指向上电极, 上电极和底电极材料相同, 但经过人工极化的铁电体通常都出现类似形状的回线. 图 1.5 用 $Q(U)$ 代替 $D(E)$ 来描述铁电性, $Q(U)$ 关系还适用于描述体内不均匀的电介质.

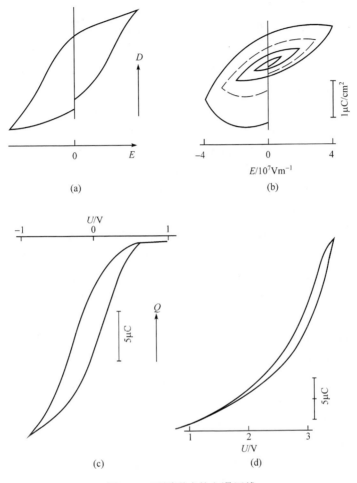

图 1.5 不同形式的电滞回线

Devonshire 的热力学理论成功地解释了电滞回线[18],但不能进一步说明图 1.5(c)和(d)形状的回线,这是由于空间的高级结构带来的新问题.

再从时间考虑,图 1.5(c)和(d)给出的回线是闭合曲线. 这要在加上图 1.5 的外电压后,经历许多个周期的时间后才能得出. 当图 1.1 中 $t_0=0$ 而 t 不够大时,得到的单个周期的回线是不闭合曲线,早在四十多年前,Jaffe 就指出了单个周期的回线是不闭合的. 近年出现于文献中的不闭合回线越来越多[20],甚至已公认根据不闭合回线来定义表征铁电极化疲劳[21,22]的材料参数. 一般地,单个周期的回线如图 1.5(a)所示[20,21];文献上还出现了有趣的图 1.5(b)形式的电滞螺线. 平衡态热力学理论不能说明回线的不闭合,以及由不闭合到闭合的过程. 这是典型的动力学问题,所涉及的是高级结构的运动. 因此,我们面临的是有限尺寸固体存在的进一步的时空性质问题.

介电极化动力学问题可归结为在图 1.1 设定的电压 $U(t)$ 作用下,由实验或理论找到 $Q(t)$ 关系. 也可代替图 1.1 而设[11]

$$U=0, \qquad t<0$$

$$U=U_{\mathrm{p}}\sin\left(\frac{2\pi t}{\tau}\right), \qquad t\geqslant 0 \tag{1-40}$$

但图 1.1 的线性电压更便于直接从 $Q(t)$ 函数得到 Q 随 U 变化的物理规律. 若在不太长和不太短的时间内得到的 $Q(u)$ 关系近似不变,则可称体系处于动态状态. "不太长"的规定排除了统计热力学中常用的令 $t\to\infty$ 的方法. 当 t 太长时体系会出现老化和疲劳,这是缓慢的高级结构运动产生的历史记忆效应. 样品与电极界面的高级结构造成的历史记忆效应已实际观察到[21].

为了要得到可重视的 $Q(t)$ 关系,主动自变量的 t 的原点只能取在原始态. 因此,严格说来,$t<0$ 的问题是不存在的. 这有点像宇宙问题中的时间,$t=0$ 点不能任意选取,而且凭现代的知识,还不能推知 $0<t<10^{-4}$ s 的情况. 在我们定义的时间标度中,物理量在 $t=0$ 点不存在 δ 微商. 动力学问题只能在 $0<t\leqslant t_e$ 半开区间研究.

作为动力学最简单例子,在线性电介质的式(1-2)中,ε 不能视为常数,当 $U(t)$ 为图 1.1 形式时,应写为介电常数

$$\varepsilon=\varepsilon(n,t-t_{n-1}) \tag{1-41}$$

当 τ 较小时,n 不变的 ε 随 $(t-t_{n-1})$ 变化描述了快极化弛豫规律. 而当 $(t-t_{n-1})$ 固定时,ε 随 n 变化在不太大($<10^3$)时描述慢极化弛豫规律;n 很大($>10^3$)时则描述老化和疲劳. 可见,时间标度上的 δ 微积分把介电极化、快弛豫、慢弛豫、老化和疲劳等同一个样品的各种相关效应作了统一描述.

1.10　δ 微积分的实验数字计算

时间标度上的 δ 微积分是从实验结果的数据处理中发展起来的. 图 1.6 是 PZT 陶瓷的实验结果. 样品 $l=0.10$ mm,上电极 $\phi=3.0$ mm. 在 $t<0$ 时用峰值为 300 V 的 50 Hz 正弦电压作用约 5 min,再将正弦电压缓慢地连续地减小至零. 这个退极化过程使样品在 $t=0$ 时为极化的原始态.

三角波电压 $U(t)$ 峰值 $U_{\mathrm{p}}=300$ V,$\tau=20$ s,样品温度为 27 ℃. 在图 1.1(a)中测量电流 $I(t)$ 用的是补偿式皮安计,动态内阻可以忽略(<1kΩ). 其灵敏度可达 1pA,用 X-Y 记录仪直接描出了图 1.6 中的各曲线. 曲线上的数字标明了 n 值,$n=4$ 至 $n=10$ 支在图中没有标出. 图中的黑点为样品漏电导贡献的电流 I_σ. 记录仪描出的图形在 $U=\pm U_{\mathrm{p}}$ 处出现平行于纵坐标轴的直线段连接奇和偶 n 支. 此时

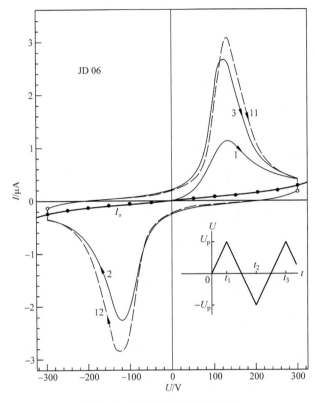

图 1.6　微分回线的允定过程

出现的 I 的多值化在物理上是不可能的. 因此, 用 δ 微商处理了样品的电容性贡献的电流

$$I_C = I - I_\sigma = \overset{\delta}{Q}(t) \tag{1-42}$$

图中的空点代表了曲线的开端. 第 $n=1$ 支在 $t=0$ 上的 $I_C(t)$ 也是开端. 但 $t=0$ 上还有 $I_\sigma=0$ 的一个黑点, 故此处的黑点和空点都没有画出.

　　实验定义在时间标度 m 上, 出现在 m_+ 上的奇 n 支和 m_- 上的偶 n 支完全分开. 图中箭头指示了 t 增大的方向. 因为 U 随 t 线性变化, 将 U 轴作线性变换就可得到 t 轴. 图中的 JD06 是样品的代号. 用不同样品作类似于图 1.6 的实验, 只要用了前述退极化方法建立 $Q(t=0)=0$ 的原始态, 实验得到的 $\overset{\delta}{Q}(t)$ 结果可以重现. $Q(t=0)=0$ 是初条件, 指从 $t=0$ 起计算 $Q(t)$. 不作上述退极化处理也可取 $Q(t=0)$ 为初条件, 但这个初条件不是原始态, 由此得到的 $\overset{\delta}{Q}(t)$ 不能重现, 其中记忆了 $t<0$ 时的热力学史.

　　由此可见, 在数学上引入时间标度和 δ 微商的概念, 才能把实验结果叙述的严密清楚, 这时, m 的第 n 个子集记为 m_n, 而式(1-42)可写为

$$I_C(n,t-t_{n-1}) = Q^\delta(n,t-t_{n-1}) \tag{1-43}$$

式(1-43)定义在数集 m_{kn} 上.

$$m_n = \{t \mid t_{n-1} \leqslant t \leqslant t_n\}$$
$$m_{kn} = \{t \mid t_{n-1} < t \leqslant t_n\} = m_n \setminus \{t_{n-1}\} \tag{1-44}$$

而 $Q(n,t-t_{n-1})$ 定义在 m_n 上,当 n 不变时,Q 是闭区间 $[t_{n-1},t_n]$ 上 t 的连续函数,可用普通微积分方法处理.

根据式(1-42),$I_C(n,t-t_{n-1})$ 是图 1.6 中第 n 支曲线上的 I 值减去同 t 值时的 I_σ. 对于 $n=1$,由实验 $I_C(n,t-t_{n-1})$ 得到 $Q(1,t)$ 的数字计算法可如下进行,取很小的 s,例如取 $s = \tau \times 10^{-3}$ 或更小,则 δ 微商 $Q^\delta(1,t)$ 在闭区间 $[s,t_1]$ 存在并已测出,它变为普通微商,故可用普通积分数字计算法得到

$$\int_s^t I_C(1,t)\mathrm{d}t = Q(1,t) - Q(1,s) \tag{1-45}$$

因为 $Q(1,t)$ 在闭区间 $[0,t_1]$ 为连续函数,故

$$\lim_{s \to 0^+} Q(1,s) = 0 \tag{1-46}$$

这是初条件所设定的. 故只要取 $0 < s \ll t_1$,式(1-45)的计算结果就是 $Q(1,t)$. 因为 $Q^\delta(1,t)$ 在 $t=0$ 上不存在,普通积分的式(1-45)不允许取 $s=0$,这里用电荷不灭的物理思考代替了 δ 微积分的数学证明. 记 $Q(1,t) = Q_1$,它成为计算第 $n=2$ 支 $Q(2,t-t_1)$ 的初条件. 即当 $t=t_1$ 时,$Q(2,t-t_1) = Q_1$. 记 $t = t_n$ 时,

$$Q(n,t-t_{n-1}) = Q_n, \quad n = 1,2,\cdots \tag{1-47}$$

由初条件规定 $Q_0 = 0$,则数集

$$\{Q_0, Q_1, Q_2, Q_m, Q_{m+1}\}$$

成了时间标度 n_m 上定义的函数. 由图 1.6 经上述方法计算得到的一些 Q 随 U 变化曲线示于图 1.7. 所得到的不是回线,而是螺线(spiral). 电滞回线是习惯使用的近似概念.

实验测出式(1-42)的 t 的函数 $I_C(t)$,在闭区间 $[s,t_e]$ 只存在有限个孤立点上出现有限的跃变,其中 $0 < s \ll t_1$. 其实,即使不引入时间标度的概念,在连续分析中就可证明 $I_C(t)$ 在区间 $[s,t_e]$ 是可积的. 只要令 $s \to 0^+$,就可得到区间 $[0,t_e]$ 的连续积分函数 $Q(t)$,对于 $t_n \leqslant t \leqslant t_{n+1}$,

$$Q(t) = Q_n + \int_{t_n^+}^t I_C(t)\mathrm{d}t, \quad n = 0,1,2,\cdots,m+1$$
$$Q_{n+1} = Q_n + \int_{t_n^+}^{t_{n+1}} I_C(t)\mathrm{d}t \tag{1-48}$$

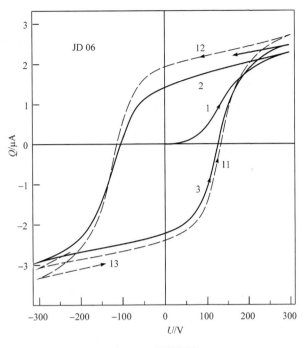

图 1.7　电滞螺线

其中,$Q(0)=Q_0=0$ 由初条件决定,在此基础上若再定义时间标度 $n_m=\{n\,|\,n=0,$ $1,2,\cdots,(m+1)\}$,则 Q_n 是定义在 n_m 上的函数. 仍可根据式(1-31)将 Q_n 对 n 求 δ 微商.

在时间标度 n_m 中,

$$\begin{aligned}
\sigma(n) &= n+1 \\
\mu(n) &= 1, \qquad n \in n_m{}^k \\
\rho(n) &= n-1 \\
\nu(n) &= 1, \qquad n \in n_m{}^k
\end{aligned} \tag{1-49}$$

故 n_m 上定义的 Q_n 有 δ 微商,

$$\delta Q_n = \nu(n)Q_n{}^\delta = Q_n - Q_{n-1} = \int_{t_{n-1}^+}^{t_n} I_C(t)\,\mathrm{d}t \tag{1-50}$$

当 $Q(t)$ 不定义在 m 上,而是定义在 m_+ 上,在式(1-11)中记为 Q_+;或是定义在 m_- 上,在式(1-11)中记为 Q_-,这时,式(1-49)和式(1-50)仍成立. 因此,上面以实验数据处理为例介绍的处理 δ 微积分的方法,无非是将连续变量分开处理.

介电极化的普遍问题为在已知 $Q(t)$ 条件下,由原始态出发找寻 $Q(t)$ 满足的动力学方程

$$f(t, Q, Q^\delta, Q^{\delta\delta}, \cdots, Q^{\delta^r}) = 0 \tag{1-51}$$

式(1-51)用 δ 微商代替了式(1-4)中的普通微商,这样的问题是现有电介质理论的发展,也是电介质理论最终要解决的问题.

1.11　纯铁电微分回线

我们将以铁电性为例讨论 δ 微积分的应用,用图 1.1 方法测得的样品的各种效应对电流 I 的贡献已示于图 1.4. 直接测得的是总电流 I,一般地其中包括电导的贡献 I_σ、顺电性贡献 I_1 和铁电性贡献 I_F.

$$I = I_\sigma + I_1 + I_F \tag{1-52}$$

I_F 随 U 的变化曲线称为纯铁电微分回线.

图 1.8 为在图 1.1 三角波作用下由 X-Y 记录仪描出的总电流曲线,三角波 $U_p = 1 \text{ kV}, \tau = 20 \text{ s}$,样品为 $\text{Pb}(\text{Zr}_{0.48}\text{Ti}_{0.52})\text{O}_3(\text{PZT})$ 陶瓷,$l = 0.20 \text{ mm}, \phi = 2.0$ mm,底电极为烧银,上电极为溅射金. 100 kHz 时测得 $C_h = 78.7 \text{ pF}$. 测量前用 50 Hz 正弦电压退极化,以得到 $t = 0$ 时的原始态,加上三角波经 10 倍周期后已建立了稳定循环,微分回线的奇和偶数支有中心对称,图 1.8 是 $n > 20$ 的结果.

将测出的曲线用参数拟合,很容易从式(1-52)的 I 中分出 I_σ、I_1 和 I_F. 图中点线连接的空点为电导的贡献.

$$
\begin{aligned}
I_\sigma &= \sigma_1 U + \sigma_3 U^3 + \sigma_5 U^5 \\
1/\sigma_1 &= 2.14 \times 10^{10} \text{ } \Omega \\
\sigma_3 &= -1.10 \times 10^{-16} \text{ } \Omega^{-1} \cdot \text{V}^{-2} \\
\sigma_5 &= 3.05 \times 10^{-23} \text{ } \Omega^{-1} \cdot \text{V}^{-4}
\end{aligned}
\tag{1-53}
$$

图中短划线为 $(I_\sigma + I_1)$,由实验给出的为低频电容 C_1.

$$I_1 = \pm 4 C_1 U_p / \tau, \qquad C_1 = 423 \text{ pF} \tag{1-54}$$

由式(1-52)~(1-54)可得纯铁电的 I_F 微分回线的奇数支示于图 1.8(b). 因为奇偶 n 支有中心对称,故偶 n 支没有画出.

记 $I_F = \mathrm{d}Q/\mathrm{d}t$. 图 1.8(b)的纯铁电微分回线可写为几个高斯函数之和[1]. 数据拟合给出

$$
\frac{\mathrm{d}Q}{\mathrm{d}U} = \frac{\tau}{4U_p} \frac{\mathrm{d}Q}{\mathrm{d}t} = 2Q_s \sum_{\alpha=1}^{r} \frac{A_\alpha}{\sqrt{2\pi}\Delta_\alpha} \exp\left[-\frac{(U - U_\alpha)^2}{2\Delta_\alpha^2}\right]
$$
$$
\sum A_\alpha = 1 \tag{1-55}
$$

式(1-55)中由实验数据给出 $r = 2$,

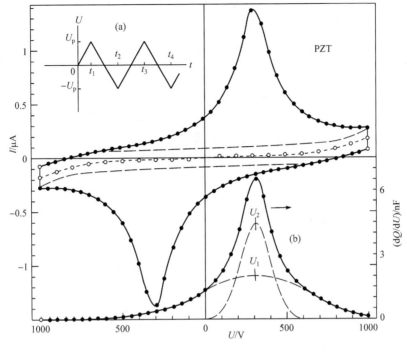

图 1.8　微分回线谱分析

$$U_1 = 300 \text{ V}, \quad \sqrt{2}\Delta_1 = 457 \text{ V}, \quad A_1 = 0.614$$
$$U_2 = 305 \text{ V}, \quad \sqrt{2}\Delta_2 = 135 \text{ V}, \quad A_2 = 0.386$$
$$2Q_s = 2.64 \text{ μC} \tag{1-56}$$

图 1.8(b)中黑点是实验结果,黑线是式(1-55)、式(1-56)的理论结果,短划线是式(1-55)中分出的两个项所给出.

由纯铁电微分回线谱分析中给出式(1-55)中的两个项是有意义的,样品的 Zr/Ti 比为 48/52,正是在准同型相界附近,相界的富 Zr 一边为三方相,铁电体只有 180°畴,富 Ti 一边为四方相,可以有 180°和 90°畴,180°畴的反向不出现内应变,90°畴改向要发生内应变,故四方相的激活能分布宽度 $\Delta^{[1]}$ 应比三方相的大,就是说 (U_1, Δ_1, A_1) 项应为四方相的贡献,而 (U_2, Δ_2, A_2) 项为三方相的贡献. $U_1 \approx U_2$ 说明了样品存在准同型相界,而 $A_1 > A_2$ 说明四方相成分较高.

由微分回线分析的式(1-54)中给出的 C_l 比频域测出的 C_h 大五倍,故 C_l 大致相当于(1/20) Hz 的低频电容,但 C_l 不是低频电容. 习惯已公认了频域,高频、低频等要以正弦波为基础,实验用的是三角波,C_l 根据式(1-35)定义,严格地说,正弦波电容是个复数,三角波电容是个实数.

式(1-14)未分出顺电和铁电贡献,电容性电流

$$I_C = I_1 + I_F \tag{1-57}$$

由样品中的位移电流提供，如果称图 1.4(g) 为铁电微分回线，也可称图 1.4(d～f) 为顺电微分回线，实验中图 1.4 的顺电和铁电微分回线总是混在一起的，每支回线的起始端都出现 I 的跃变．图 1.6 的第 $n=1$ 支在 $t=0(U=0)$ 的起点上，I 不出现明显的跃变．故不能将 I_1 分出来，有关问题在后面还要讨论．

　　正弦波和三角波电压都是交流电压．通常的交流电路理论建立在复数域上，正确地应称为正弦电路理论，三角波电路理论建立在实数域上，这是未经研究的新问题．技术应用的历史偏爱正弦波电路原理，但它只适用于快效应而不适于慢效应，三角波电路理论将同时适用于快和慢效应，它和极化动力学密切联系．

　　图 1.8 样品的温度为 27.5 ℃，因为两个高斯峰的位置 U_1 和 U_2 很近，故其和给出的黑线仍表现为单峰．

1.12　初条件和原始态的区别

　　在连续数学分析中，求解式(1-4)的动力学方程出现 r 个积分常数．若某时刻 $t=t_0$ 时 r 个积分常数为已知，则式(1-4)完全和唯一地确定了 $t \geqslant t_0$ 时的 $y(t)$ 函数关系，数学上称此 r 个常数为初条件．对于电介质，广义位移 Q 代替了式(1-4)中的 y，在 $t=t_0$ 时能用有限的 r 个常数描述的态称为初态，物理上的初态在数学上称为初条件．

　　Hilger 从纯数学定义出发建立 Δ 微积分时继承了上述公理，只将式(1-4)中的 $\mathrm{d}y/\mathrm{d}t$ 改写为 $y^{\Delta}(t)$[13]．我们从物理出发建立 δ 微积分时，不能认为从 r 个常数描述的初态就可由式(1-51)完全和唯一地确定时间 $t \geqslant t_0$ 的 $Q(t)$．因为 1.1 节和 1.2 节已指出，当存在历史记忆效应时，对于已知的 $U(t)$，只能从原始态出发，$Q(t)$ 才能唯一确定．初态不一定是原始态，将时间标度中的连续和断续变量分析，就可以解决这个问题．下面以实验为例说明初态和原始态的区别．

　　式(1-55)是 Q 的一阶微分方程，按传统公理，初态只有用 $t=t_0$ 时的一个常数 $Q(t_0)$ 来表征．对于图 1.9 中的测量，PZT 样品作出来后虽经交流电容的测量，但未经足以改变其高级结构的强外加作用，测量前又经 50 Hz 交流电压退极化处理．故 $t_0=0$ 时的态可认为是原始态．若认为 Q 是流过电路的电荷，则初条件为 $Q(t=0)=0$．若指定 Q 为与上电极相邻样品表面的屏蔽电荷，则

$$Q(t=0) = Q_s$$
$$2Q_s = \pi \phi^2 P_s / 4 \tag{1-58}$$

P_s 为陶瓷的饱和极化强度，在退极化状态，直径为 ϕ 的上下两个表面都各有正屏蔽电荷 Q_s．图 1.8 的 $n>20$ 的微分回线具有单峰特征，对于较小的 n，虽然曲线不

能重合,但单峰特征不变.

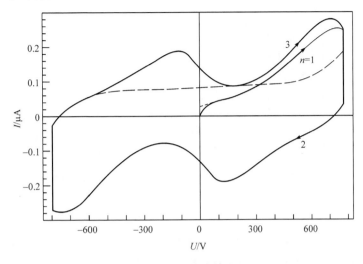

图 1.9　快弛豫效应

　　在作完图 1.8 的测量后,样品中出现剩余极化,若再用正弦电压退极化后,用图 1.1 的 $U(t)$ 作重复测量($m \leqslant 26$),得到可以重现 $Q(t)$ 结果,说明测量没有改变样品的性质,而且可用正弦波退极化使样品回到原始态. 除了用正弦波之外,还可能有第二种退极化方法,就是将样品升温至高于居里点的顺电相,再冷却回室温铁电相. 在作完几次图 1.8 中的测量,由 $Q(t)$ 的重现性确认 $t=0$ 时为可恢复原始态后,本拟试用第二种退极化方法,但却得出意外的结果.

　　新的退极化过程为用银板将样品夹紧,以免温度变化产生的热释电电压破坏样品,经 2.5 小时由室温加热至 500 ℃,保温半小时再自然冷却回室温,然后再次用图 1.1 的 $U(t)$ 作测量,得到的一些结果示于图 1.9 和图 1.10,现在的测量中 $U(t)$ 和初态均相同于图 1.8,但结果不能重现,说明图 1.8 的初态是原始态,图 1.9 和图 1.10 的初态不是原始态. 原始态不能用有限个参数来描述,而要凭实验的重现性来确认.

　　但是,完成图 1.9 和图 1.10 的测量后,经正弦电压退极化后重新作测量,得到的是重现图 1.9 和图 1.10 的结果;而不能回到图 1.8 的结果. 因此,可以称图 1.9 和图 1.10 的初态为第二个原始态. 但只有图 1.8 的初态作为第一个原始态才是真正的原始态,此样品的高级结构未经显著变化,第二个原始态则记忆了热处理退极化的历史,历史记忆效应可依据断续变量 n 逐帧地显现出来,因此,图 1.6 和图 1.7 的每一个 n 值的一条曲线,都可视为一帧历史记忆效应,记忆了从初态或原始态出发的历史.

　　图 1.9 中 $n=1$ 支微分回线不能解,因为其中混有快极化弛豫效应,如果不存

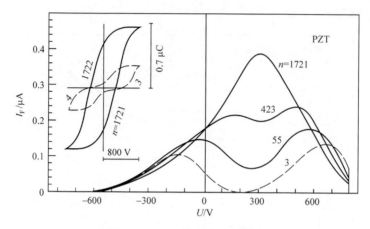

图 1.10　PZT 的历史记忆效应

在快弛豫,$n=1$ 的黑线在 $U=0$ 正侧将如点线所示.在 $U=0(t=0)$ 上应出现一个 I 由零到某个正值的跃变,黑线和点线之差描述了快极化弛豫效应,其规律尚待研究,图 1.9 的短划线为 I 中的 $(I_\sigma + I_1)$,利用式 (1-52) 得到的纯铁电 I_F 示于图 1.10. 图中还给出了不同 n 值的 I_F,将 $n=1721$ 和 $n=1722$ 支 I_F 对 t 积分得到的接近闭合的电滞回线示于图 1.10 的套图,图中还示出了 $n=3$ 和 $n=4$ 支不闭合的回线,表现为双回线. 热力学唯象理论认为只在居里温度附近的铁电体才会出现双回线[18]. 图 1.10 的 PZT 在远离居里点的 27.5 ℃ 也出现了双回线.

可以用 1.11 节的方法对图 1.9 和图 1.10 的测量结果解谱,得到

$$I_\sigma = \sigma_1 U + \sigma_3 U^3 + \sigma_5 U^5 \tag{1-59}$$

设 $\sigma_p = I_p / U_p$,$U = U_p = 800$ V 时实验给出 $\sigma_1 = 1.87 \times 10^{-11}$ Ω^{-1} 和 $C_1 = 469$ pF 均不随 n 而变. 这时,式 (1-55) 中有 $r=4$ 个项,一些参数值随 n 的变化示于图 1.11.

注意到 $n>200$ 时 $A_1 = A_3 = 0$,而当 n 很大时 I_F 曲线单峰化后 $\Delta_2 > \Delta_4$. 故在图 1.8 的测量中也可统一令 $r=4$,只有 $A_1 = A_3 = 0$,这时式 (1-52) 中的 $\alpha = 1$ 应改为 $\alpha = 2$,而 $\alpha = 2$ 应改为 $\alpha = 4$. 于是,式 (1-52)、式 (1-54)、式 (1-55)、式 (1-59) 统一描述了样品的性质. 如果严格规定第一个原始态为真正原始态,对它的测量在 $t = t_0 = 0$ 开始,图 1.1 中 t_e 为 t_{m+1}. 由第二个原始态用图 1.1 电压开始测量时刻改记为 $t = t_0 = t_{m+2}$;随后的 $(t_1, t_2, \cdots)$ 改记为 $(t_{m+3}, t_{m+4}, \cdots)$,从而,只需取 t_n 中的

$$n = 0, 1, 2, \cdots, m, m+2, m+3, \cdots$$

并认为 $(\sigma_1, \sigma_p, Q_s, A_\alpha, \Delta_\alpha, U_\alpha)$ 都是 n 的函数,则式 (1-52)、式 (1-54)、式 (1-55)、式 (1-59) 就可以描述历史记忆效应.

总结说来,若要求式 (1-51) 的动力学方程能够描述历史记忆效应,则 Q 必须还是时间标度 n_0 上的函数,$n \in n_0$,n 是时序,只能继续变化.

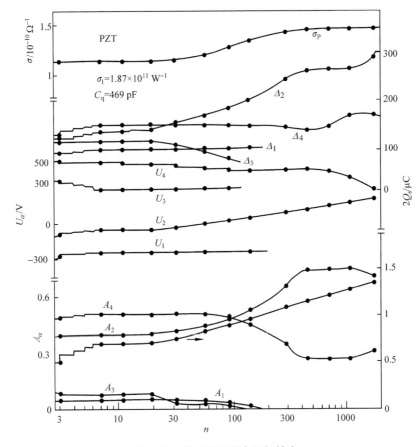

图 1.11　铁电性的历史记忆效应

　　图 1.11 示出的各参数随 n 的变化可分三阶段,当 $n \leqslant 7$ 时,I_F 随 U 变化趋向于相对稳定的曲线,在此表现为双峰. 单峰微分回线 $n \leqslant 7$ 时也有类似现象,称为随机记忆效应,参见图 1.6. 当 $7 < n < 1000(\ln n \leqslant 7)$ 时微分回线通过拓扑形变由双峰过渡到单峰,反映了高级结构在 $U(t)$ 作用下的运动,称为短期记忆效应. $\ln n > 7$ 时 Q_s 随 $\ln n$ 线性增大,但最后将趋向稳定值而达不到原始态的式(1-56)的值,热处理使 Q_s 显著减小,表明有些电畴被钉扎住而不能随 $U(t)$ 改变取向,样品在溅射电极供图 1.8 测量前,两个表面都经过抛光,溅射电极金属只可能处于陶瓷表面以外,但经热处理退极化作完图 1.9~图 1.11 的测量后小心磨去上电极,凭肉眼就可看见电极金属已向陶瓷内部作不规则分布针状的扩散,深入陶瓷体内约 10 μm. 这些针状金属对电畴形成针扎效,这区别于 Colla 等[22]看见过的另一种界面效应. 记录了热处理退极化过程的历史效应. $\ln n > 7$ 时出现的是长期记忆效应. 此时非线性电导 σ_p 超过线性电导已近一个数量级,非线性电导联系着缺陷的

运动. σ_p 的增大表明高级结构有较大变化.

图 1.11 没有给出 $n=1$ 和 $n=2$ 时的参数,因为顺电性 I_l 中的慢极化弛豫效应未能分出,慢弛豫可出现在 $n<7$ 的各支. 但 $n>2$ 时可将其略去,$n\leqslant 2$ 则不可忽略,在三角波中顺电性的快和慢弛豫规律均有待研究.

1.13　极化疲劳中的时间标度

前面举出的实验例子说明了用图 1.1 的三角波电压研究电介质极化动力学的优点. 第一,它能分出电导、顺电极化、顺电性的快和慢弛豫效应. 第二,它能分出不同机构对铁电性的贡献. 第三,说明了铁电微分回线在 $n>7$ 时才开始趋向稳定. 而 $n<10^3$ 时,这种测量对样品的影响可在实验完成后用正弦电压退极化方法使之回到 $t=t_0$ 的初态,而不论这个初态是否为原始态. 第四,它可直接用于详尽地分析极化疲劳中各种有关参数的变化.

近年,技术上应用铁电极化反转寄存数据,引起了对极化疲劳研究的兴趣. 铁电疲劳实验研究可用三角波、方波或正弦电压,每个周期极化反转两次. 经 N 次反转后测量电滞回线,凭不闭合电滞回线定义一些参数. 研究这些参数随 N 变化的规律[21],以提出模型作理论研究[24].

用图 1.1 方法研究疲劳简单多了,只要令 $m=10^{10}$ 或更大,对必要的 n 值作出图 1.9 形式的曲线而不必中断 $U(t)$. 经谱分析即可将图 1.11 的结果扩展至 $n=m$. 这时,n 便是文献中的 N,在用方波或正弦波实现 N 次反转后,仍可用图 1.1 的方法分析有关参数. 这时可规定一个 n 值,因为参数不仅和 N 有关,还和 n 有关. 在中断 N 的变化作图 1.1 测量时,只要 m 值不太大,测量完成后用正弦电压退极化使样品回到测量前的状态. 结果,n 值并不会改变 N 值. 这样的实验研究不仅比文献上的方法[21]严格,而且能得到更多的有用结果.

当不需作类似于图 1.11 中的全面谱分析时,可以由微分回线定义一些简化参数来表征铁电极化反转疲劳. 图 1.9 类型微分回线出现双峰的材料不宜用于数据寄存,一般出现的是图 1.6 类型的单峰微分回线,对于奇 n 支,类似于图 1.8,很容易分出式(1-52)中的 I_l 和 I_σ. $U=U_p$ 时的 I_σ 记为 I_m. $I_F(U)$ 的峰值位置记为 $U=U_0$,记 $I_F(U_0)=I_0$. 当 $I_F(U)$ 下降至 $I_0/2$ 时峰的宽度记为 2δ,当式(1-55)中只有 $r=1$ 个高斯项时,

$$U_0=U_\alpha,\quad \delta=1.174\,\Delta_\alpha \tag{1-60}$$

图 1.12 是 $Ba_{0.99}Sr_{0.01}TiO_3$ 陶瓷的一些测量结果.

样品厚 $l=0.15$ mm,上下面均溅射 Au 电极. 上电极直径 $\phi=2.0$ mm. 用占空比为 1/2,幅值 ±110 V,周期 2 ms 的方波电压加于样品. 令极化反转 N 次后除去方波,用图 1.1 电压作测量. 规定 $m=22$,取第 $n=21$ 支微分回线作数据分析.

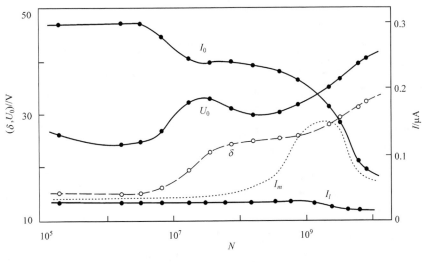

图 1.12　铁电极化疲劳

当 $N=0$ 时测量给出

$$I_F = I_1 \exp\left[-\frac{(U-U_1)^2}{2\Delta_1^2}\right] + I_2 \exp\left[-\frac{(U-U_2)^2}{2\Delta_2^2}\right]$$

$$I_1 = 0.19 \ \mu A, \quad I_2 = 0.104 \ \mu A \tag{1-61}$$

$$\Delta_1 = 21.2 \ V, \quad \Delta_2 = 70.1 \ V$$

$$U_1 = 15.0 \ V, \quad U_2 = 37.5 \ V$$

因为 $U_1 < U_2$，故式(1-55)中 $\alpha=1$ 项为 $180°$ 畴的贡献. 因为 Δ_2 很大,故两个项叠加给出的仍是单峰,图 1.12 只用了简化的表征.

从图 1.12 的 I_0 和 U_0 曲线的变化可看出疲劳可分两阶段,第一阶段出现于 $N=10^7$ 附近,第二阶段在 $N>10^9$. U_0 接近但不等于矫顽电压. 式(1-55)表明 $2Q_s$ 除以上电极面积便是电滞回线高 P_s. 文献上都用 P_s 表征极化疲劳[21]. 图 1.12 在 $N=6\times10^9$ 附近,I_σ、δ 值仍因 δ 增大而保持可观的值,即 P_s 减小的疲劳现象尚不显著. 但此时铁电反转的讯号 I_0 已减小到接近电导讯号 I_m,材料已根本不能用于铁电反转器件. 图 1.12 将 P_s 中含有的 I_σ 和 δ 分开了.

微分回线谱分析进一步表明,第一阶段的疲劳是 $180°$ 畴引起的. 其表现为式(1-61)中 I_1 的显著减小,有些 $180°$ 畴被样品与电极之间的界面钉扎而不能反向. 第二阶段疲劳为 $90°$ 畴所引起,其表现为式(1-61)中 I_2 的显著减小,这时的钉扎效应主要来自陶瓷的晶粒,类似于图 1.11,图 1.12 中的 I_m 主要是与缺陷运动有关的非线性电导的贡献,其中的线性电导的贡献很小. 在 $N=10^9$ 附近 I_m 出现显著的峰值. 说明 $N>10^9$ 时剧烈的缺陷运动引起了 $90°$ 畴的钉扎效应. 相应的 $N>10^9$ 时顺电性的 I_l 略为减小. 表明此前缺陷在外场作用下只能作微小的位移提供位移电流,使 I_l 较大. 此后这些缺陷在外场作用下可以发生迁移运动提供传导电流,使 I_m 增大而 I_l 减小.

在图 1.1 的测量中,规定了初态为原始态或退极化态. 如果不规定取 $n=21$, $m=22$ 的测量结果来给出 $(I_a, \triangle_a, U_a, I_0, \delta, U_0)$ 随 N 的变化,则图 1.12 表征老化的曲线将不一样. 表征老化的变量

$$N \in \{0, 1, 2, \cdots\}$$

n_0 为时间标度. 在 $N=0$ 时测出这些参数后,它们是不存在对 N 的微商的. 要测出它们在 $N=0$ 和 $N=1$ 时的值,才能给出它们在 $N=1$ 上的微商. 因此,必须定义左微商的 δ 微商,而不能用右微商的 $\triangle$ 微商. 研究这些参数随 N 的变化规律,只能用断续的数学分析,将连续与断续分析统一起来的 $\triangle$ 和 δ 微积分,是物理学和科学技术发展的需要.

相比文献上对疲劳的研究,上述方法还有一个重大改进,规定用 $n=21(m=22)$ 支微分回线给出疲劳参数,研究的是底表面激发正电荷(上表面激发负电荷)的疲劳规律. 若改为用 $n=20$ 支给出各参数,则是研究上表面激发正屏蔽电荷(底表面激发负屏蔽电荷)的疲劳规律. 用于数据寄存的铁电器件,底表面和上表面的电极工艺常不相同. 将两个表面的疲劳规律分开研究,在技术应用上有重要意义.

1.14　隐性和显性老化

一个铁电体,在零外场和自由条件下,远离居里点只经历不大的室温起伏,因长期放置而发生性质变化的现象称为老化(aging),或称自然老化. 用附加的外作用加速的老化,称为人工老化. 下面介绍 TGS 单晶的老化,样品厚 $l=0.50$ mm, 面积 $A=43$ mm², 两面溅射金电极. 放在干燥箱内经历了 18 年. 在此期间除偶尔取出在室温作极化反转的简单测量外,未经其他物理作用,故其性质的变化就是自然老化.

用图 1.1 方法对样品作测量,$\tau=20$ s, $U_p=45$ V 得到的结果示于图 1.13. 图中把铁电的 I_F 和非铁电的 $I_N = I_\sigma + I_l$ 分开了,当 $10 \leqslant n \leqslant 100$ 时,实验曲线是稳定的. 实验可观察到叠加在 I_F 上的不规则的不大的 Barkhausen 脉冲,作图时将这些小脉冲平均掉了,将图 1.13(b) 的 I_F 曲线积分,得到图 1.13(c) 的具有不大内偏场的电滞回线[18]. I_N 曲线表明样品的电导和顺电性都是线性的;I_F 曲线很接近于高斯线型[1],即式(1-55)只有 $r=1$ 个项. 图 1.13 和 18 年前的测量相比,并无显著变化. 但下面将证明它已老化,故称之为隐性老化.

TGS 的居里点为 49 ℃,若将它由室温加热至 62 ℃ 的顺电相恒温半小时,再冷却回室温,这样的处理应不会改变其铁电性质. 但上述样品经图 1.13 的测量后再作这种处理,性质就完全变了,隐性老化变得显性了.

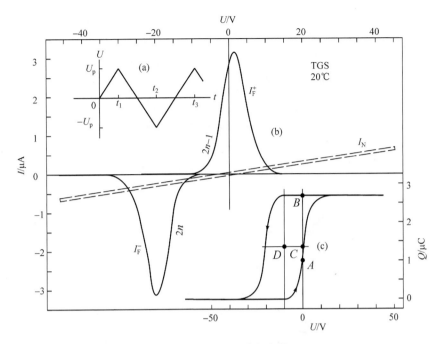

图 1.13　TGS 的隐性老化

因为样品有内偏场,作图 1.1 测量方法前不能用正弦交变电压退极化. 故在作图 1.1 式重复测量时,若取开始时刻为 $t=0$,则前一次测量终止时刻记为 $t=t_b$(<0),规定 $m=24$,因为这时 $n \leqslant m$ 的微分回线已趋向稳定. 图 1.14(a)是重复测量用的三角波电压;(b)是 $n=22$ 和 $n=23$ 的结果,非铁电 I_N 已被分开. 若取 $t_b=$ 12 min,得到的 $n=1 \sim 4$ 支微分回线示于图 1.14(c). 若取 $Q(t=0)=0$,则将四支微分回线对 t 积分得到图 1.14(d),第 3 和第 4 支电滞回线已组成接近闭合的曲线. 图 1.14 和图 1.13 显示了重大差别.

若取 $t_b=0$,则 $n=1$ 支微分回线和图 1.14(b)的 $n=23$ 支曲线中 $U \geqslant 0$ 的部分大致重合. 当($-t_b$)越大时图 1.14(c)中 $n=1$ 支曲线越向横坐标靠近. 当($-t_b$)足够大时,这支曲线下降到成为横坐标上的一段(扣除 I_N 后). 因为图 1.14(d)的 $n=3$ 支和 $n=4$ 支回线定性地类似于图 1.13(c). 可以借助于后者说明 t_b 值变化时出现的情况. $t=t_b$ 时图 1.13 的回线到达图中的 A 点. 若 $t_b=0$ 则回线由 A 点沿箭头方向继续循环下去. 若 $t_b<0$,则在 $t_b<t<0$ 时 $U=0$,体系状态由 A 点经 D 点向 B 点变化,($-t_b$)足够大时状态到达 B 点,给出 $dQ/dU=0$,预期对于无内偏场样品,与 A 点相应的是剩余极化强度;在零外场下它将缓慢地减小,乃至达到零,这是平衡态热力学所不能解释的,表现为剩余极化态的老化.

图 1.14 结果定量重现性不够好,说明老化的显性化还在进行. 样品再自然放

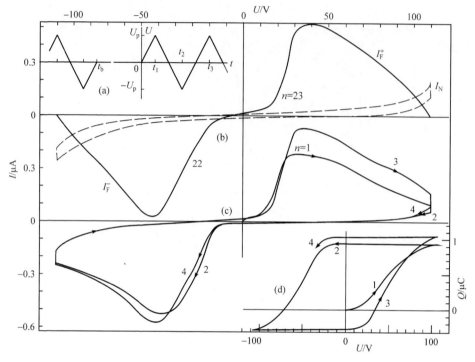

图 1.14　TGS 的显性老化

置 14 天后,显性老化达到稳定. 这时,微分回线恢复图 1.13 的高斯线型,用 $\tau=20$ s,$U_p=100$ V 测得的结果和图 1.13 比较如下:

参数	老化前	老化后
U_0^+/V	1.5	41
$I_0^+/\mu V$	3.2	2.9
$2\delta^+/V$	7.5	13.5
U_0^-/V	19	−51
$I_0^-/\mu V$	−3.2	−2.6
$2\delta^-/V$	7.5	15

上面用了 1.13 节的简化参数表征,正号为奇支,负号为偶支.

　　实验结果可用如下解释,晶片两面有金电极覆盖,空气中的水分子不易透过,但水分子可被吸附在四周边界面,使晶片侧面产生大量缺陷. 这对体积铁电性影响不大,但形成了图 1.13(b) 的显著的表面电导,显性化的热处理使晶片侧表面的缺陷向体内扩散,图 1.14(b) 电导因少了表面电导而减小,但扩散至体内的缺陷妨碍了电畴在外场作用下的反转. 故老化后微分回线峰位 $|U_0^\pm|$ 明显变大,而线宽 $2\delta^\pm$ 明显变宽. 图 1.14 是缺陷由侧表面向体内扩散

过程中的表现. 在隐性老化情况下, 水分子只是吸附在侧表面, 热处理促使晶片侧表面层与吸附的水分子发生化学反应而产生缺陷. 材料的老化常伴随着某种化学作用. 根据上面的数据, TGS 老化后可反转的自发极化强度约减小 20%. 微分回线的峰高 $|I_0{}^{\pm}|$ 在老化前后变化不大是因为测量用了不同的 U_p, 参见式(1-61)和式(1-55), 这里 $r=1$.

比较图 1.13(c)和图 1.14(d), 在数学上可作有趣的讨论. 在将图 1.13(b)的两支稳定微分回线 $I_F=\mathrm{d}Q/\mathrm{d}t$ 作积分时, 可以先任选一个初条件得到(c)中的图形, 再凭图形对称性定出 C 点, 由 CD 水平线定出原点 D, 图 1.14(d)的积分在数学上要严格得多, 明确地选定真正的初条件, $t=0$ 时样品表面释放的电荷 $Q=0$. 但是, 传统偏爱图 1.13(c)而不用图 1.14(d)的原点选择方法, 因为好像由前者立刻可以转换到极化强度 P 随电场 E 变化的回线, 而后者不能作这种转换, 其实, 图 1.14(d)才是正确的. 因为 Q 代表的是可反向的极化强度, 若上表面钉扎住不能反向的电畴比底表面多, 则样品的平均极化强度 $P(E)$ 的原点就不再在图 1.13(d)的 D 点.

1.15 铁电铁磁性

成分为 $Bi_{0.8}La_{0.2}FeO_3$ 的陶瓷兼具有铁电和铁磁性, 这种材料简记为 BLF. 样品以玻璃为基底. 在玻璃上做有 ITO 电极[19], 再用 Sol-gel 方法制成 BLF 薄膜, 上电极为 Ag, $\phi=2.0$ mm, 形成 Ag/BLF/ITO/glass 样品, 图 1.15 为在不同温度下测得的 $I(U)$ 稳定微分回线.

用图 1.4 的理想图形的组合, 可以说明图 1.15 的各种结果. 样品 BLF 的上界面和底界面会出现耗尽层, 电极 Ag 和 ITO 都是导体, 耗尽层只能出现于 BLF 的表面层, 当温度为 23 ℃时, 耗尽层的电阻很大, 电压降都消耗在耗尽层上, 没有足够的电场使 BLF 内的电矩反向. 或者说, 没有足够的电压激发 BLF 的表面层屏蔽电荷. 故此时 $I_F=0$, $I=I_\sigma+I_1$, I_σ 表现出微弱的非线性, 这是耗尽层所引起.

温度升高时, 耗尽层电阻逐渐变小, BLF 的表面逐渐出现较大的电压来激发屏蔽电荷, 在 $(I_\sigma+I_1)$ 上叠加了非零的 I_F. 在 104 ℃, $U>0.7$ V 时样品显示纯电阻性, 这时, 底表面没有更多的正屏蔽电荷可供激发, 再次出现 $I_F=0$, 温度为 120 ℃时, 在 $U>0.65$ V 的回线出现箭头的逆时针前进方向. 根据图 1.4(h), 样品出现电感性. 这时, 电流 I 足够地大, 可以通过式(1-36)提供不容忽略的电感压降 $L\mathrm{d}I/\mathrm{d}t$. 这时 $I_F=0$, 提供 I_1 的顺电电容 C_l 和提供 I_σ 的电阻 R 并联, 再和电感 L 串联. 用正弦电路的术语可表达为在 104 ℃, $U>0.7$ V 时, I_1 的容抗和 L 的感抗恰好抵消, 故电路出现纯电阻性, 但这只能是定性合理的, 精确地还需作三角波电路分析. 电抗的概念在三角波电路中并不正确, 当温度升至 130 ℃, $U<0$ 时的 $|I|$

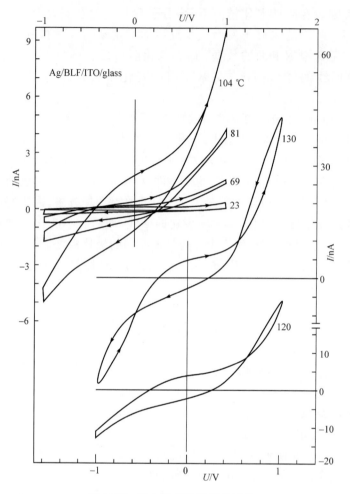

图 1.15　铁电铁磁体的微分回线

也足够大;故负电压端也出现电感性,即曲线按时间 t 逆时针前进.

　　当 $U_p = 1$ V 时,0.65 V$\leqslant U \leqslant 1$ V 的样品在 110 ℃上都显出纯电阻性,在此温度上定出 I_o 随 U 变化关系,就可以得出 I-I_o 微分回线,将它积分得到的电滞回线示于图 $1.5(c)$.按照传统电滞回线的概念,图 $1.5(c)$ 的纵坐标是无法确定原点的.但是,若取 0.65 V$\leqslant U \leqslant 1$ V 时 $Q = 0$,因为 Q 是从底表面激发走的电荷,$(-Q)$ 便是底表面可供激发的正电荷的增加量.

　　用正弦电路的术语可定性地说,图 $1.5(c)$ 在电压为 -1 V$\leqslant U < 0.65$ V 时电感 L 抵消不完顺电性电容 C_1.故图中回线在此范围包含了顺电和铁电的贡献.

第 2 章　时间标度上的铁电动力学

2.1　长周期动力学方程

下面先以铁电动力学为例说明 δ 微积分的一种简化计算方法,以后再讨论 δ 微积分的纯数学普遍理论. 在 1.3 节定义的时间标度归纳如下:

$$m^+ = \{t \mid t_0 \leqslant t \leqslant t_1,\ t_2 \leqslant t \leqslant t_3,\cdots,t_m \leqslant t \leqslant t_e\}$$
$$m^- = \{t \mid t_1 \leqslant t \leqslant t_2,\ t_3 \leqslant t \leqslant t_4,\cdots,t_{m-1} \leqslant t \leqslant t_m\}$$
$$m = \{t \mid t_0 \leqslant t \leqslant t_e\} = m^+ \bigcup m^- \tag{2-1}$$
$$\tau_m = \{t_0,t_1,t_2,\cdots,t_m,t_e\} = (m^+ \bigcap m^-) \bigcup \{t_0,t_e\}$$
$$n_m = \{0,1,2,\cdots,m,m+1\}$$

对于定义在图 2.1(a)的三角波电压 $U(t)$,峰值为 U_p,周期为 $\tau,t \in m$,规定 m 为偶数,只要 τ 和 U_p 为已知,即可由 $t \in m^+$ 或 $t \in m^-$ 确定 U,并由 $n \in n_m$ 确定 $t_n \in \tau_m$.

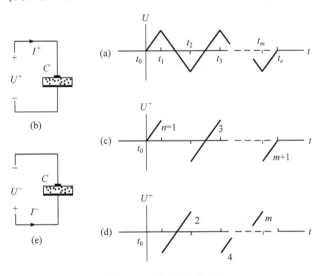

图 2.1　$U^{\pm}(t)$ 的定义

为便于叙述,将图 1.1(c)和(d)在 m^+ 和 m^- 上定义的电压 $U_{\pm}$ 改为图 2.1(c)和(d),即

$$U^+(t) = U(t),\quad 若 t \in m^+$$
$$U^-(t) = -U(t),\quad 若 t \in m^- \tag{2-2}$$

因此,除 $n=1$ 和 $n=m+1$ 支电压之外,用 n 标记的各支电压 $U^{\pm}(t)$ 的图形相同,只是 t 的原点作了平移. 图 2.1(c)和(d)定出的物理意义参见(b)和(e),相应地电流的 $I^{\pm}$ 正向也作了新的规定,$U^{\pm}$ 激发的屏蔽电荷记为 $Q^{\pm}$.

$$I^{\pm}=\mathrm{d}\,Q^{\pm}/\mathrm{d}t,\quad t\in m_k^{\pm} \tag{2-3}$$

$$m_k^{+}=m^{+}\backslash\{\,t_0\,\},\quad m_k^{-}=m^{-}\backslash\{\,t_1\,\}$$

$Q(t)$ 定义在 m 上,因为 $\mathrm{d}Q/\mathrm{d}t$ 在 τ_m 上出现不确定值,$\mathrm{d}U/\mathrm{d}t$ 在 τ_m 上也出现不确定值. 改为在 $m^{\pm}$ 上定义 $U^{\pm}$ 和 $Q^{\pm}$,这种不确定性消除,从而在已知 $U^{\pm}(t)$ 条件下可用 δ 微积分研究 $Q^{\pm}(t)$ 所满足的动力学方程,以后如无特别声明,均用以上规定的符号记法.

为使问题简化,设样品中的顺电性贡献的电流 I_l 和电导电流 I_o 均可忽略. 只考虑纯铁电性贡献的 $I_F=I$. 此外,还要引进一个新概念. 当三角波的周期 τ 足够长时,外电压可以激发的屏蔽电荷均未得以完全激发,这样的 τ 称为长周期. 一般情况下,外电压升至某值时它能激发的电荷的实施激发需要时间. 具体表现为电滞回线及微分回线随 τ 而变. 当 τ 增大到回线稳定时,就是长周期,回线随 τ 变化的现象已众所周知,但这是更进一步的十分复杂的动力学问题,留待以后再作讨论.

在长周期的假设条件下,铁电动力学方程可写为

$$\frac{\mathrm{d}Q^{\pm}}{\mathrm{d}t}=\frac{\mathrm{d}Q^{\pm}}{\mathrm{d}U^{\pm}}\cdot\frac{\mathrm{d}U^{\pm}}{\mathrm{d}t}=\frac{4U_{\mathrm{p}}}{t}\frac{\mathrm{d}Q^{\pm}}{\mathrm{d}U^{\pm}}=I^{\pm} \tag{2-4}$$

按图 2.1 将 $U^{\pm}$、$Q^{\pm}$、$I^{\pm}$ 标为第 n 支,奇 n 取正号,偶 n 取负号. 式(2-4)可分别写出 $m+1$ 个方程,

$$\frac{\mathrm{d}Q^{\pm}(n,t)}{\mathrm{d}t}=\frac{4U_{\mathrm{p}}}{\tau}\cdot\frac{\mathrm{d}Q^{\pm}(n,t)}{\mathrm{d}U^{\pm}(n,t)},\quad t_{n-1}<t\leqslant t_n \tag{2-5}$$

其中,$n\in n_m,t_{m+1}=t_e$. 式(2-5)将断续变量 n 和连续变量 t 分开. 在 t 的定义区间,$Q^{\pm}$ 和 $U^{\pm}$ 均为连续,故可用普通微积分方法处理.

在式(2-5)右边的微商中,$U^{\pm}$ 为自变量,故 $\mathrm{d}U^{\pm}(n,t)$ 可写为 $\mathrm{d}U^{\pm}$,而 $\mathrm{d}Q^{\pm}(n,t)$ 应为 $U^{\pm}$ 的函数,故写为 $\mathrm{d}Q^{\pm}(n,t;U^{\pm})$. 在长周期的情况下,后者不显含 t,故可写为 $\mathrm{d}Q^{\pm}(n,U^{\pm})$,或简单地写为 $\mathrm{d}Q^{\pm}(n,U^{\pm})$. 因此,式(2-5)可写为

$$\frac{\mathrm{d}Q^{\pm}(n;U^{\pm})}{\mathrm{d}t}=\frac{4U_{\mathrm{p}}}{\tau}\cdot\frac{\mathrm{d}Q^{\pm}(n;U^{\pm})}{\mathrm{d}U^{\pm}} \tag{2-6}$$

记 Q_n^{+} 为 $t=t_n$ 时下表面上可激发的正电荷,Q_n^{-} 为 $t=t_n$ 时上表面可激发的正电荷. 电荷不灭要求

$$Q_n^{+}+Q_n^{-}=2\pi\phi^2 P_{\mathrm{s}}/4=2Q_{\mathrm{s}} \tag{2-7}$$

ϕ 为上电极直径，P_s 为饱和极化强度．在退极化状态，上表面和底表面均各有正屏蔽电荷 Q_s，从纯理论考虑，可写

$$dQ^{\pm}(n,U^{\pm}) = Q_{n-1}^{\pm}(U^{\pm}) = dU^{\pm} \tag{2-8}$$

$Q_{n-1}^{\pm}$ 为第 n 支开始时刻相应表面上可激发的正电荷，$f^{\pm}(U^{\pm})$ 为该表面激发正电荷所需跨越的位垒分布函数[1]．而

$$\int_{-\infty}^{+\infty} f^{\pm}(U^{\pm})dU^{\pm} = 1 \tag{2-9}$$

式(2-6)～(2-9)完整地给出了铁电极化动力学方程．其中，利用长周期的假设，在式(2-8)中实现了连续和断续变量的分离，函数 Q_n^+ 定义在 n_m 上．

其实，$dQ^{\pm}(n,U^{\pm})/dU^{\pm}$ 在奇 n 时上附标为正号，在偶 n 时取负号，给出的就是第 n 支微分回线．

从微观理论计算位垒分布函数 $f(U)$ 是十分复杂的问题，影响因素很多，但是在最复杂的极端情况，反而容易使用统计方法，这时可认为各种影响位垒高度的作用都是随机的，从而给出随机规律的高斯分布函数

$$f^{\pm}(U^{\pm}) = \frac{1}{\sqrt{2\pi}\Delta_\alpha^{\pm}}\exp\left[-\frac{(U^{\pm}-U_\alpha^{\pm})^2}{(\sqrt{2}\Delta_\alpha^{\pm})^2}\right] \tag{2-10}$$

当样品中出现 $r(=1,2,3,4$ 等小整数$)$ 种不同的铁电机构时，可以写

$$f^{\pm}(U^{\pm}) = \sum_{\alpha=1}^{r} \frac{A_\alpha}{\sqrt{2\pi}\Delta_\alpha^{\pm}}\exp\left[-\frac{(U^{\pm}-U_\alpha^{\pm})^2}{(\sqrt{2}\Delta_\alpha^{\pm})^2}\right]$$

$$\sum A_\alpha = 1 \tag{2-11}$$

在式(1-55)、式(1-61)和图 1.11 的实验结果中，已碰到式(2-11)的情况，在图 1.13 的 TGS 实验结果中，则出现式(2-10)的情况．当样品的上表面和底表面性质完全相同时，应有

$$f^{\pm}(U^{\pm}) = f(U^{\pm}) \tag{2-12}$$

图 1.8 的实验结果就是式(2-12)的情况．

2.2　屏蔽电荷的微观态

《电介质理论》在 297～298 页和 313～319 页，已将平衡态介电极化的屏蔽概念讲得很清楚[1]．在图 2.2(a)中，黑点代表电子组成的极化子，空点代表空穴组成的极化子，它们就是极化强度 P 的屏蔽电荷．位于 C 和 C' 能级上的偶极化子产生的极化强度等于 $(-P)$．故若将屏蔽电荷看成电介质的一部分时，体系的总电偶极

矩永远等于零,图 2.2(a)代表 P 的箭头所指的表面上的极化正电荷,和能级 C 上的负极化子组成极化子激子. 类似地,长箭头尾部的负极化电荷和能级 C' 上的正极化子组成另一种极化子激子. 因此,可以将 P 理解为单位表面积上极化子激子数目乘以电子电荷绝对值,而不必引进极化强度的概念.

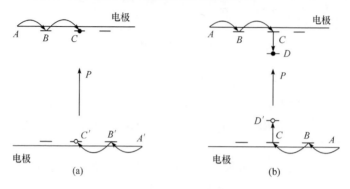

图 2.2　极化电荷和屏蔽电荷

图 2.2 表示电子和空穴的能级,在电极上的电子和空穴能量为零,若一个电极上有一个负电荷而另一电极上出现一个正电荷,两者将通过外电路中和而产生电流. 若体系因存在缺陷而形成陷阱能级 D 和 D',则图 2.2(a)的介电极化图像变为(b). 两种极化态的允定都靠外电压来维持. 极化动力学研究的是在图 2.2(a)中外电压加上后,电子由电极上的 A 沿箭头跳到能级 B,再跳到 C 的过程,相应地空穴由电极上的 A' 跳到 B',再跳到 C'. 这种跳跃要跨过位垒. 外电压除去后,电子和空穴沿箭头反方向跳回电极. 上述正反方向的跳跃过程都需要热运动起伏能量的激发以跨过位垒,这是快极化弛豫的图像,缺陷可以形成浅陷阱能级,如图 2.2(b)的 D 和 D',被陷阱俘获的屏蔽电荷被热运动激活所需时间更长,缺陷的运动涉及体系的高级结构,从而形成慢极化效应[1,10]. 图 2.2(a)的极化子能级则由一级结构决定,故快极化遵从一般的物理规律,每个表面上都既有负极化子能级;又有正极化子能级. 若 D 和 D' 是深陷阱能级,则图 2.2(b)描述了驻极体的情况. 以上是顺电生的极化屏蔽图像.

在铁电体中,图 2.2 的极化状态的稳定性由体系的一级结构来维持,不需外加电压,外电压只能使上表面和底表面的极化子激子状态互换,对于在外电路中形成电流来说,电极向介质表面注入一个电子等效于取走一个空穴,注入一个空穴等效于取走一个电子. 故式(2-7)中一个表面上可供激发的正屏蔽电荷为 $2Q_s$,P_s 为饱和极化强度. 铁电体中的电畴尺寸和畴花样等二级结构、晶粒尺寸和晶界等三级结构,都会影响极化子能级深度,图 2.2 的极化子能级深度大致相等,只是顺电相情况在铁电体表面不同位置上,如 B 和 C 或 B' 和 C',能级的深度一般并不相等. 故由不同位置激活一个正电荷所需跨越的位垒出现一个分布函数 $f^{\pm}$. 由 B 到 C

或 B' 到 C' 的跳越运动与电极面平行,并不会在外电路中形成电流,但需花费时间.这种跳越已直接在实验中观察到[1].对于形成一个允定的分布函数 $f^{\pm}$,热运动激活的这种跳越是很重要的.长周期 τ 的假设,既要保证外电压足以激发的正电荷够时间完全离开一个表,也要保证另一表面上的正电荷能建立允定的 $f^{\pm}$.当铁电体中有缺陷形成图 2.2(b) 中的深陷阱能级 D 或 D' 时这个缺陷便钉扎住一个微畴使之不能因外电压的作用而改变方向.故若记自发极化强度为 P_{sp},则总有 $P_s \leqslant P_{sp}$. 在老化和疲劳中,变化的是 P_s 而不是 P_{sp}.

2.3　零外场铁电动力学

在式(2-2)~式(2-9)的动力学方程中的 $f^{\pm}(U^{\pm})$ 和 Q_s 为已知,并且图 2.2 的能级结构也为已知的情况下,如何确定图 2.3 开始测量 $t=t_0$ 时两个电极上的可激发正电荷 $Q_0^{\pm}$ 呢? 这不是传统的统计热力学可以解决的,而是一个典型的铁电动力学问题.

为简单起见,设式(2-10)为

$$f^{\pm}(U^{\pm}) = \frac{1}{\sqrt{2\pi}\Delta} \exp\left[-\frac{(U^{\pm}-U_\alpha^{\pm})^2}{(\sqrt{2}\Delta)^2}\right] \tag{2-13}$$

即设 $\Delta^+ = \Delta^- = \Delta$,分布函数中只有一个高斯项的情况.若在 $t \leqslant t_a \leqslant t_0$ 时样品已经历过许多个周期的 $U_p \gg U_0^{\pm}$ 的测量,图 2.3(a) 在 $t=t_a$ 时的终态可以计算出来.

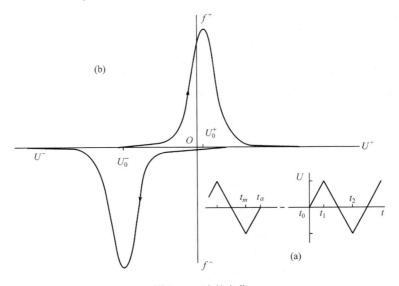

图 2.3　$f^{\pm}$ 的变化

　　图 2.3(b)作了函数 $f^{\pm}(U^{\pm})$. 根据图 2.1 的规定,(U^{+},f^{+}) 和 (U^{-},f^{-}) 有共同原点,但正向相反,此外,还假设了 $U_0^{-}>U_0^{+}>0$. 在长周期假设下,因为 $t=t_m$ 时 $U>U_p>U_0^{-}$,故由图 2.3(b)可知上表面的可激发正电荷已全部被激发. 由式(2-7)得到

$$Q_m^{-}=0, \qquad Q_m^{+}=2Q_s \tag{2-14}$$

由式(2-8)得到在 $t_m<t\leqslant t_a$ 期间有

$$\mathrm{d}Q^{-}=0$$
$$\mathrm{d}Q^{+}=2\,Q_s\,f^{+}(U^{+})\mathrm{d}Q^{+} \tag{2-15}$$

将 $\mathrm{d}Q^{+}$ 对 U^{+} 积分得到底电极激发出来的正电荷为

$$Q^{\pm}=2Q_s\int_{-U_p}^{U^{+}}\frac{1}{\sqrt{2\pi}}\exp\left[-\frac{(U^{+}-U_0^{+})^2}{(\sqrt{2}\Delta)^2}\right]\mathrm{d}U^{+}$$

若有条件 $U_p\gg U_0$,上式可写为

$$Q^{\pm}=Q_s\int_{-\infty}^{U^{+}}\frac{2}{\sqrt{\pi}}\exp\left[-\left(\frac{U^{+}}{\sqrt{2}\Delta}-\frac{U_0^{+}}{\sqrt{2}\Delta}\right)\right]\mathrm{d}\left(\frac{U^{+}}{\sqrt{2}\Delta}\right)$$
$$=Q_s\,\mathrm{erfc}\left[-\frac{U^{+}}{\sqrt{2}\Delta}+\frac{U_0^{+}}{\sqrt{2}\Delta}\right], \quad -U_p\leqslant U^{+}\leqslant 0 \tag{2-16}$$

其中

$$\mathrm{erf}(x)=\int_0^x\frac{2}{\sqrt{\pi}}\mathrm{e}^{-x^2}\,\mathrm{d}x=1-\mathrm{erfc}(x) \tag{2-17}$$

为误差函数,$\mathrm{erfc}(x)$ 为误差余函数,$\mathrm{erf}(+\infty)=1$. 当 $t=t_a$ 时,$U^{\pm}=0$,上电极接受下电极激发出来的 Q^{+} 而有正屏蔽电荷 $Q_a^{-}=Q^{+}$. 由式(2-16)有

$$Q_a^{-}=Q_s\,\mathrm{erfc}(U_0^{+}/\sqrt{2}\Delta) \tag{2-18}$$

$t=t_a$ 时下电极留下未被激发的具有较高位垒的电荷为

$$Q_a^{+}=2Q_s-Q_a^{-}=[2-\mathrm{erfc}(U_0^{+}/\sqrt{2}\Delta)]$$
$$Q_a^{+}=Q_s[1+\mathrm{erf}(U_0^{+}/\sqrt{2}\Delta)] \tag{2-19}$$

　　在图 2.3(a)中 $t_a\leqslant t\leqslant t_0$ 时均有 $U^{\pm}=0$. 根据长周期的假设,在 $t_a\leqslant t\leqslant t_a+\tau/2$ 期间,两表面上的正屏蔽电荷 $Q_a^{\pm}$ 可重新建立 $f^{\pm}$ 的分布. 故在 $(t_a+\tau/2)\leqslant t\leqslant t_0$ 期间将有电荷 Q^{+} 从底电极激发出来,类似于式(2-16)有

$$Q^{+}=(Q_a^{-}/2)\,\mathrm{erfc}(U_0^{-}/\sqrt{2}\Delta) \tag{2-20}$$

$$Q^- = (Q_\mathrm{s}/2)\operatorname{erfc}(U_0^+/\sqrt{2}\Delta)\operatorname{erfc}(U_0^-/\sqrt{2}\Delta) \tag{2-21}$$

只要 $(t_0-t_a)>(\tau/2)$，式(2-20)和式(2-21)均成立.

比较图 2.3(b)和图 1.13(b)，其实，两张图在实验误差许可范围内是重合的，只是坐标的标注方法不同，而 I 和 $f^\pm$ 成比例. 图 2.3(b)的 $f^\pm$ 曲线到达的 A 点，相应于图 1.13(c)的电滞回线到达的 A 点. 式(2-20)中 $\operatorname{erfc}(U_0^+/\sqrt{2}\Delta)$ 为图 2.3(b)纵坐标以左 $(U^+<0)$ f^+ 曲线和横坐标之间面积的两倍，式(2-21)中的 $\operatorname{erfc}(U_0^-/\sqrt{2}\Delta)$ 为图 2.3(b)纵坐标以右 $(U^-<0)$ f^- 曲线和横坐标之间面积的两倍，图 2.3(b)表明其随小到几乎可以忽略不计. 故 $(t_a+\tau/2)<t\leqslant t_0$ 期间总有 $Q^+>Q^-$. 就是说应在此期间总有净正电荷从底电极流向上电极，相应地，图 1.13(c)的状态由 A 点沿纵坐标经 D 点向 B 点运动.

上面从动力学角度定性说明了实验观察到的现象. 定量的动力学问题还有待实验和理论研究，这关系到在不同外场下可激发电荷的跃迁概率，动力学理论将可给出电滞回线和微分回线随 τ 和 U_p 的变化关系，这些都是铁电理论未能解决的问题.

一个最简单的特例是 $f^+=f^-=f$ 中只含有一个高斯项，并且 $\Delta^+=\Delta^-=\Delta$ 和 $U_0^+=U_0^-=U_0$. 当 $t<t_0$ 时用交流电将样品退极化，使 $t=t_0$ 时上下表面都有可供激发电荷 $Q_0^+=Q_\mathrm{s}$，并且电荷已建立了稳定的分布. 若 $t>t_0$ 时外电压 $U\equiv0$，记样品所要求的长周期为 τ，则在 $t=t_0+\tau$ 时上电极被零场激发的正电荷 Q^+ 和底电极激发的电荷 Q^- 为

$$Q^+ = Q^- = (Q_\mathrm{s}/2)\operatorname{erfc}(U_0/\sqrt{2}\Delta)\neq0$$

但在 $t_0<t\leqslant(t_a+\tau)$ 期间的平均电流

$$\bar{I} = \frac{1}{\tau}\int_{t_0}^{t_0+\tau} I(t)\mathrm{d}t = 0 \tag{2-22}$$

$I(t)\neq0$ 表现为铁电噪声，可以预期跃迁概率和噪声频谱有关. 在居里点高温侧只有顺电噪声. 居里点低温侧又增加了噪声，在铁电相变中，噪声电平应有突变.

2.4　铁电原始态

极化原始态的概念是从顺电性研究中归纳出来的. 对于复杂的铁电体应有所补充. 将 2.3 节讨论的条件放宽，就可找到对应的补充.

当随机分布函数中只有一个高斯项时，式(2-13)一般地应为

$$f^\pm(U^\pm) = \frac{1}{\sqrt{2\pi}\Delta^\pm}\exp\left[-\frac{(U^\pm-U_\alpha^\pm)^2}{(\sqrt{2}\Delta^\pm)^2}\right] \tag{2-23}$$

记时间 $t_a+\tau\leqslant t_b$, $t_b+\tau\leqslant t_0$. 设在 $t=t_a$ 时体系经历了某种外加作用,使底电极有电荷 $Q_a{}^+$,上电极有电荷 $Q_a{}^-$. $t_a<t\leqslant t_a+\tau$ 期间体系因热运动使 $Q_a{}^+$ 建立了分布 $f^{\pm}(U^{\pm})$. 在 $t_a\leqslant t\leqslant t_0$ 期间令 $U^{\pm}=0$,则在 $t_a+\tau<t\leqslant t_b$ 期间由两个电极流出的电荷为

$$Q^{\pm}=(Q_a{}^{\pm}/2)\,\mathrm{erfc}(U_0{}^{\pm}/\sqrt{2}\Delta^{\pm}) \tag{2-24}$$

从而改变了两电极相邻表面上的正电荷数值,但是,激发 $Q^{\pm}$ 需要时间. 实际激发的电荷只能不超过式(2-24)的值,设 $t=t_b$ 时上电极电荷改变为 $Q_b{}^-$,下电极改变为 $Q_b{}^+$. 在 $t_b<t\leqslant t_b+\tau/2$ 期间,$Q_b{}^{\pm}$ 又建立了 $f^{\pm}(U^{\pm})$ 的分布. 在 $t_b+\tau/2<t\leqslant t_0$ 期间由两表面通过电极流出的正电荷为

$$Q^{\pm}=(Q_b{}^{\pm}/2)\,\mathrm{erfc}(U_0{}^{\pm}/\sqrt{2}\Delta^{\pm}) \tag{2-25}$$

如果

$$Q_b{}^+\,\mathrm{erfc}(U_0{}^+/\sqrt{2}\Delta^+)=Q_b{}^-\,\mathrm{erfc}(U_0{}^-/\sqrt{2}\Delta^-) \tag{2-26}$$

则在 $t_b<t\leqslant t_0$ 期间,两个表面上的电荷 $Q_b{}^+$ 和 $Q_b{}^-$ 都保持各自不变,即 $Q_0{}^{\pm}=Q_b{}^{\pm}$,这意味着一种动态平衡. 在图 1.13(c)中相当于状态由 A 点沿纵坐标移动至接近而非完全到达 B 点.

原始态必须是平衡态,故 $t=t_0$ 时为原始态的必要条件为两表面的正屏蔽电荷 $Q_0{}^{\pm}$ 有关系

$$Q_0{}^+\,\mathrm{erfc}(U_0{}^+/\sqrt{2}\Delta^+)=Q_0{}^-\,\mathrm{erfc}(U_0{}^-/\sqrt{2}\Delta^-)$$
$$Q_0{}^++Q_0{}^-=2Q_s \tag{2-27}$$

当 $U_0{}^+=U_0{}^-$,$\Delta^+=\Delta^-$ 或 $(U_0{}^+/\Delta^+)=(U_0{}^-/\Delta^-)$ 时,$Q_0{}^++Q_0{}^-=Q_s$,这就是退极化态. 在更一般情况下 $f^{\pm}(U^{\pm})$ 可展开为数目不多的几个高斯项之和,式(2-27)的原始态条件可写为

$$Q_0^+\int_{-\infty}^0 f^+(U^+)\mathrm{d}U^+=Q_0^-\int_{-\infty}^0 f^-(U^-)\mathrm{d}U^-$$
$$Q_0^++Q_0^-=2Q_s \tag{2-28}$$

严格地说,真正的原始态还应增加一个条件,即

$$P_s=P_{sp},\quad Q_s=Q_{sp}=(\pi\phi^2 P_{sp})/4 \tag{2-29}$$

在不涉及疲劳和老化问题时,P_s 和 Q_s 为常数,式(2-28)所决定的态可视为准原始态.

图 2.4 给出误差函数曲线,一些数据的精确值为

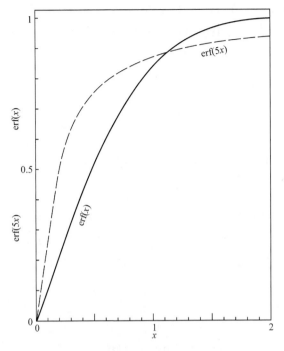

图 2.4　误差函数

x	$\mathrm{erf}(x)$	x	$\mathrm{erf}(x)$
0	0	1.5000	0.96611
0.10000	0.11246	2.0000	0.99532
0.20000	0.22270	2.5000	0.99959
0.30000	0.32863	3.0000	0.99998
0.40000	0.42839	∞	1.00000

在 x 很小时,$\mathrm{erf}(x)$接近成比例地变化,$x>1.5$ 时,$\mathrm{erf}(x)$迅速趋向于 1.

2.5　理论电滞螺线

　　从去极化态出发测出的电滞回线实际上是图 1.7 所示的螺线. 这是一个典型的动力学问题,下面作具体的理论计算. 先要说明的是,实验中的 $Q(U)$关系是底电极流到上电极的电荷 Q 随外电压 U 的变化关系,Q 不是电极上的屏蔽电荷量.

　　设 $t=t_0$ 时样品已退极化,加上图 2.1 形式的三角波电压 $U(t)$,周期为 τ,峰值为 U_p,退极化初条件给出 $t=t_0$ 时两表面上的正屏蔽电荷为

$$Q_0{}^{\pm}=Q_s \qquad (2\text{-}30)$$

在最简单情况下,可设式(2-23)中有

$$\Delta^{\pm}=\Delta>0, \quad U_0^{\pm}=U_0>0, \quad f^{\pm}(U^{\pm})=f(U^{\pm})>0 \tag{2-31}$$

在 $t_0<t\leqslant t_1$ 期间,电荷经过电极流至上表面,设 τ 为长周期,则由式(2-16)可得第 $n=1$ 支曲线

$$Q^+(1;U^+)=(Q_s/2)\left[\mathrm{erfc}\left(\frac{U_0}{\sqrt{2}\Delta}-\frac{U^+}{\sqrt{2}\Delta}\right)-\mathrm{erfc}\left(\frac{U_0}{\sqrt{2}\Delta}\right)\right]$$

$$Q^+(1;U^+)=\frac{Q_s}{2}\left[\mathrm{erf}\left(\frac{U_0}{\sqrt{2}\Delta}\right)-\mathrm{erf}\left(\frac{U_0}{\sqrt{2}\Delta}-\frac{U^+}{\sqrt{2}\Delta}\right)\right] \tag{2-32}$$

注意式(2-17)中的被积分函数为偶函数,按定义

$$\mathrm{erf}(-x)=\int_0^{-x}\mathrm{e}^{-x^2}\mathrm{d}x=-\int_0^{-x}\mathrm{e}^{-x^2}\mathrm{d}(-x)=\mathrm{erf}(x) \tag{2-33}$$

故式(2-32)适用于 $Q^+\leqslant U_0$ 和 $U^+>0$. 式(2-32)中出现的 $Q^+(n,U^+)$ 用了式(2-6)的记法,$t=t_1$ 时下表面电荷减至 Q_1^-,上表面增至 Q_1^+.

$$Q_1^+=Q_s-Q^+(1;U_p), \quad Q_1^-=Q_s+Q^+(1;U_p)$$

$$Q^+(1;U_p)=\frac{Q_s}{2}\left[\mathrm{erf}\left(\frac{U_0}{\sqrt{2}\Delta}\right)-\mathrm{erf}\left(\frac{U_0}{\sqrt{2}\Delta}-\frac{U_p}{\sqrt{2}\Delta}\right)\right] \tag{2-34}$$

在 $t_1<t\leqslant t_2$ 期间,因为 $t=t_1$ 时较浅位垒上的全部电荷 $Q^+(1,U^+)$ 已由底表面流走,而且此后电压 U 又下降,故不再有电荷由底表面激发. 此时,底表面进行的过程是一方面靠热运动恢复其中电荷的按位垒高的分布 f,另一方面同时接受上表面激发而来的电荷. 类似于式(2-16)可得 $n=2$ 支曲线

$$Q^-(2;U^-)=\frac{Q_1^-}{2}\left[\mathrm{erf}\left(\frac{U_0+U_p}{\sqrt{2}\Delta}\right)-\mathrm{erf}\left(\frac{U_0-U_p}{\sqrt{2}\Delta}\right)\right] \tag{2-35}$$

$t=t_2$ 时上表面电荷减少至 Q_2^-,底表面增至 Q_2^+,

$$Q_2^+=Q_1^++Q^-(2;U_p), \quad Q_2^-=Q_1^-+Q^-(2;U_p)$$

$$Q^-(2;U_p)=\frac{Q_1^-}{2}\left[\mathrm{erf}\left(\frac{U_0+U_p}{\sqrt{2}\Delta}\right)-\mathrm{erf}\left(\frac{U_0-U_p}{\sqrt{2}\Delta}\right)\right] \tag{2-36}$$

类似地在 $t_2<t\leqslant t_3$ 期间,由底表面流出的正电荷 $Q^+(3,U^+)$ 组成的第 $n=3$ 支曲线为

$$Q^+(3;U^+)=\frac{Q_2^+}{2}\left[\mathrm{erf}\left(\frac{U_0+U_p}{\sqrt{2}\Delta}\right)-\mathrm{erf}\left(\frac{U_0-U^+}{\sqrt{2}\Delta}\right)\right] \tag{2-37}$$

$t=t_3$ 时底表面电荷减少至 Q_3^+,上表面增至 Q_3^-,

$$Q_3^+=Q_2^+-Q^+(3;U_p), \quad Q_3^-=Q_2^-+Q^+(3;U_p)$$

$$Q^+(3;U_p)=\frac{Q_2^+}{2}\left[\mathrm{erf}\left(\frac{U_0+U_p}{\sqrt{2}\Delta}\right)-\mathrm{erf}\left(\frac{U_0-U_p}{\sqrt{2}\Delta}\right)\right] \tag{2-38}$$

$t_3<t\leqslant t_4$ 期间得到的 $n=4$ 支曲线为

$$Q^-(4;U^-)=\frac{Q_3^-}{2}\left[\operatorname{erf}\left(\frac{U_0+U_p}{\sqrt{2}\Delta}\right)-\operatorname{erf}\left(\frac{U_0-U^-}{\sqrt{2}\Delta}\right)\right]$$

$$Q_4^+=Q_3^++Q^-(4;U_p),\quad Q_4^-=Q_3^--Q^-(4;U_p)\qquad(2\text{-}39)$$

类似地可得到 $n>4$ 支曲线.

令 $(U_0/\sqrt{2}\Delta)=1$, $(U_p/\sqrt{2}\Delta)=1.2$,计算得到小 n 的几支回线示于图 2.5,和实验观察到的一样,动力学理论给出的不是闭合的回线,而是不闭合的螺线,记

$$a=\frac{1}{2}\left[\operatorname{erf}\left(\frac{U_0}{\sqrt{2}\Delta}\right)-\operatorname{erf}\left(\frac{U_0-U_p}{\sqrt{2}\Delta}\right)\right]$$

$$b=\frac{1}{2}\left[\operatorname{erf}\left(\frac{U_0+U_p}{\sqrt{2}\Delta}\right)-\operatorname{erf}\left(\frac{U_0-U_p}{\sqrt{2}\Delta}\right)\right]$$

$$Q^+(1,U_p)=aQ_s,\qquad Q_1^-=Q_s+aQ_s$$

$$Q^-(2,U_p)=bQ_1^-,\qquad Q_2^+=Q_1^++bQ_1^-$$

$$Q^+(3,U_p)=bQ_2^+,\qquad Q_3^-=Q_2^-+bQ_2^+$$

$$Q^-(4,U_p)=bQ_3^-,\qquad Q_4^+=Q_3^++bQ_3^-$$

$$\cdots\cdots$$

$$Q_n^++Q_n^-=2Q_s,\quad n=0,1,2,\cdots\qquad(2\text{-}40)$$

注意 $Q^+(2n+1;U^+)$ 只定义在时间标度

$$m^+=\{t\mid\ t_0\leqslant t\leqslant t_1,t_2\leqslant t\leqslant t_3,\cdots,t_m\leqslant t\leqslant t_\rho\}$$

而 $Q^-(2n;U^-)$ 只定义在时间标度

$$m^-=\{t\mid\ t_1\leqslant t\leqslant t_2,t_2\leqslant t\leqslant t_4,\cdots,t_{m-1}\leqslant t\leqslant t_m\}$$

对于偶数 n, $Q^+(n;U^+)$ 没有意义,对于奇数 n, $Q^-(n;U^-)$ 也没有意义. 用图 2.5 的 U_0 和 U_p 值计算得到的一些结果为

n	$Q^+(n;U_p)/Q_s$	n	$Q^-(n;U_p)/Q_s$
1	0.53270	2	0.93559
3	0.85635	4	0.88722
5	0.87519	6	0.87988
7	0.87805	8	0.87876
9	0.87849	10	0.87859
11	0.87855	12	0.87857

可见 $n>10$ 时,第 n 和 $n+1$ 支回线的高度已足够精确地相等. 这就是一般实验中看到的闭合的回线. 动力学要研究的是螺线由不闭合到闭合的变化规律.

在图 2.5 中, $n=1$ 时只有半支回线,对于 $n>1$,不同 n 值的回线总高度不同,但形状相似. 仅从形状看来,图 2.5 的回线形状似已近饱和,但只要增大 U_p 值,回线总高度还会增加,当 $(U_p/\sqrt{2}\Delta)>3$ 时,回线总高度稳定值趋向于 $2Q_s$.

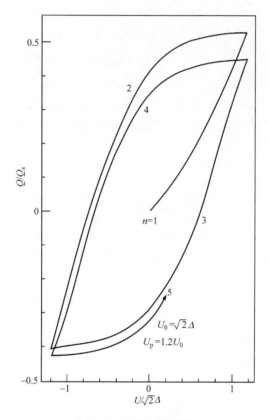

图 2.5　理论电滞螺线

2.6　屏蔽电荷的浅陷阱俘获

由式(2-40)可以解出

$$Q^+(1,U_\mathrm{p})/Q_\mathrm{s}=a$$
$$Q^-(2,U_\mathrm{p})/Q_\mathrm{s}=(1+a)b$$
$$Q^+(3,U_\mathrm{p})/Q_\mathrm{s}=(1-a)b+(1+a)b^2 \tag{2-41}$$
$$Q^-(4,U_\mathrm{p})/Q_\mathrm{s}=(1+a)b-2ab^2+(1+a)b^3$$
$$……$$

$Q^\pm(n;U_\mathrm{p})$ 就是第 n 支回线的高度, n 为奇数时上附标取正号, 偶数 n 时取负号. 实验给出的经常是类似于图 1.7 的情况, 即

$$Q^-(2,U_\mathrm{p})<Q^+(3,U_\mathrm{p})<Q^-(4,U_\mathrm{p})<\cdots \tag{2-42}$$

但理论给出的图 2.5 却是

$$Q^-(2,U_\mathrm{p})/Q_\mathrm{s}>Q^+(3,U_\mathrm{p})/Q_\mathrm{s}<Q^-(4,U_\mathrm{p})/Q_\mathrm{s}$$

利用式(2-41)直接计算可以证明,若 Q_s 为与 n 无关的常数,则不可能出现

$$Q^-(2,U_p)<Q^+(3,U_p)<Q^-(4,U_p)$$

的情况.

为了说明式(2-42)的实验结果,必须认为 $Q_s=Q_s(n)$ 是随 n 增大而增加. 2.2 节已指出: $P_s\leqslant P_{sp}$, P_{sp} 为由体系一级结构完全决定了的自发极化强度,乘以上电极面积,便得到 $Q_s\leqslant Q_{sp}$. 对于多晶样品,还应计算晶粒取向的平均,在老化和疲劳中,缺陷的移动形成了图 2.2(b)中 D 和 D' 的深陷阱,俘获了部分屏蔽电荷 Q_{sp} . 被深陷阱俘获的这些电荷不能被外场激发,故留在极化子能级上的可激发电荷 Q_s 减少.

未经老化和疲劳处理的样品中不存在此种深陷阱,但样品中某些局部位置上的缺陷可以形成浅陷阱能级,被浅陷阱俘获的电荷不能简单地直接被外场激发. 故在三角波电压加上时,留在极化子能级上的 Q_s 显著少于 Q_{sp} . 但这些浅能级上的电荷可在热运动起伏能量和外场的联合作用下被激发回到极化子能级,使 Q_s 逐步增大,直至等于或接近值 Q_{sp} ,这就解释了 Q_s 随 n 增大的原因.

在顺电性样品中也存在类似浅陷阱能级,导致了慢极化效应. 铁电体中浅陷阱形成的 Q_s ,也可以说是一种慢效应. 当 n 为固定时,时间持续不超过 $(\tau/2)$,在此短时间内, $Q_s(n)$ 可近似为常数.

极化子能级存在于晶体中的每一个晶胞,浅陷阱只存在于缺陷所在的某些局部位置. 从另一表面激发而来的电荷一般落入极化子能级,它要被浅陷阱俘获,需经图 2.2 由 B 至 C 或由 B' 至 C' 之类的跳跃运动以靠近某些局部位置. 这需花时间,当 τ 不太长时,电荷未被俘获,又被下一周期的电压激发走了. 故在三角波电压加上后,已在极化子能级上的电荷极少机会被俘获,而原来被俘获了的电荷,又逐渐被激发到极化子能级.

铁电动力学是个复杂问题,上面只在 n 变化不大时成立. 这时,浅陷阱被认为不因外加三角波而发生变化. 当 n 足够大时,出现陷阱能级或极化子能级的变化,情况需另作讨论. 从实验结果来说,一般情况下 $10<n<1000$ 时 $f^\pm(U^\pm)$ 不变而 Q_s 达到稳定值,但 $n>10^{30}$ 时 $f^\pm(U^\pm)$ 发生显著变化. 同时, Q_s 随 $\log n$ 线性地增大,图 1.9~图 1.11 的测量结果,在测完后将样品自由放置若干小时再测,是可以重现的. 但测完后放置时间不够长就再测,则不能重现小 n 时的双峰,而简单地仍保持为单峰,PZT 中有三方和四方两个相,上述变化关系到在自由和三角波外电压作用的不同条件下,两个相的出现尺寸和分布方式的不同.

可见铁电动力学的研究,有助于从宏观实验结果分析出有益的关于微观结构的信息.

2.7　δ微积分的物理意义

从纯数学讨论 δ 微积分是十分抽象和艰深的问题,但根据 2.1 节至 2.6 节的具体物理问题来介绍一些时间标度上的 δ 微积分概念,却是意义十分具体和容易理解的问题. 我们参照 1.4 节提及的普通微积分和连续数学分析发展的历史经验,先从物理问题讨论 δ 微积分的概念和具体计算方法,以后再从断续和连续统一数学分析来补充其数学基础.

设我们已知一个铁电样品底表面的一切性质,要计算外电压由 $-U_\mathrm{p}$ 增至 $+U_\mathrm{p}$ 过程中底表面上的铁电屏蔽电荷 Q 随电压 U 的变化. 因为时间是唯一的主动自变量,故测量开始时刻 t_0 时只能是 $U=0$. 最简单的是令 U 随时间 t 线性增至 U_p,下一次测量必须先使 U 由 U_p 下降至 $(-U_\mathrm{p})$. 因此,最简单的测量方法是设定图 2.1(a) 的时间标度 m,但是,并非任何 $t\in m$ 时都在测量上述问题. 而只在 $t\in m^+$ 时才作测量,当 $t\in m^-$ 时,涉及的不是底表面的性质,在问题中未作假设.

根据图 2.1(c),可写出 $U(t)$ 关系为

$$t_0\leqslant t\leqslant t_1 时,\ U(t)=U^+=4\,U_\mathrm{p}t/\tau$$

$$t_n\leqslant t\leqslant t_{n+1} 时,\ U(t)=U^+=4\,U_\mathrm{p}(t-t_n)/\tau$$

$$n=2,4,6,\cdots,m \tag{2-43}$$

从而出现了时间标度 $t_n\in T_m$ 和时间标度 $n\in n_m$,式(2-8)关于底表面的部分给出了动力学方程

$$\mathrm{d}Q^+(n;U^+)=Q_{n-1}^+\,f^+(U^+)\mathrm{d}U^+ \tag{2-44}$$

其中,n 标记了历史记忆效应,n 代表了时间范围 $t_{n-1}\leqslant t\leqslant t_n$,$n\in n_m\backslash\{0\}$,不同时间范围的动力学方程并不一定相同,以式(2-43)代入式(2-44)消去 U^+ 后,式(2-44)只含主动自变量 t. 记忆变量 n 在此时也不必标出,因为 $t\in m^+$ 时 t 的大小已隐含了 n,因此,可写底表面电荷增加量为

$$\delta Q(t)=-\mathrm{d}Q^+(n;U^+) \tag{2-45}$$

这是一个 δ 微积分方程,$F(t)$ 为 $Q(t)$ 的 δ 导数,又叫 δ 微商,记不定积分为

$$\int F(t)\delta t = Q(t)+C,\quad t\in m^+ \tag{2-46}$$

C 为常数,$Q(t)$ 称为 $F(t)$ 的逆 δ 导数,或逆 δ 微商,逆 δ 导数确定到可以相差一个常数. 若在式(2-45)的动力学方程中初条件为 $Q(t_0)$ 已知,则 C 可唯一确定,这时,可用定积分写为($t\in m^+$ 时)

$$\int_{t_0}^{t} F(t)\delta t = \int_{t_0}^{t} Q^\delta(t)\delta t = Q(t)-Q(t_0) \tag{2-47}$$

δ 微商的定义已在式(1-30)~式(1-32)中给出.

　　注意式(2-45)中 $t \in m^+$ 的规定,这个规定使得式(2-45)有别于普通的微分方程.对于 m^+ 中的连续区间,可用式(2-4)~式(2-8)的普通微积分方法处理.这种处理使得出现一个记忆变量 n,故 δ 微积分适合于用来描述历史记忆效应.在 2.5 节和 2.6 节中,初条件 $Q(t_0) = Q_s$ 为已知的情况下,式(2-45)的问题对于最简单的理想体系已完全解出.

　　底表面的性质在数学上描述为 $t \in m^+$ 时的知识,例如 $f^+(U^+)$ 的表示式,以下设 $n = (1,3,5,\cdots)$ 为奇数,m^+ 上的连续区间为 $t_{n-1} \leqslant t \leqslant t_n$.式(2-30)已给出初条件 $Q(t_0) = Q_s$.用 2.5 节的解可写出式(2-47)的 $Q(t)$,在 $n=1$ 的连续区间

$$Q(t) = Q_s + \int_{t_0}^{t} Q^\delta(t) \delta t = Q_s - Q^+(1;U^+)$$

$$Q(t_1) = Q_s - Q^+(1;U_p) = Q_s(1-\alpha) = Q_1^+ \qquad (2\text{-}48)$$

在 $n=3,5,7,\cdots$ 的连续区间,

$$Q(t) = Q_s + \int_{t_0}^{t_{n-1}} Q^\delta(t) \delta t + \int_{t_{n-1}}^{t} Q^\delta(t) \delta t$$

$$\int_{t_{n-1}}^{t} Q^\delta(t) \delta t = -Q^+(n;U^+)$$

$$\int_{t_{n-1}}^{t} Q^\delta(t) \delta t = -Q^+(1;U^+) + Q^-(2;U_p) - Q^+(3;U_p)$$

$$+ \cdots + Q^-(n-1;U_p) \qquad (2\text{-}49)$$

$$Q(t_n) = Q_s + \int_{t_0}^{t_{n-1}} Q^\delta(t) \delta t - Q^+(n;U_p)$$

$$= Q_n^+$$

$$Q^+(n;U_p) = Q_{n-1}^+ \cdot b = b Q(t_{n-1})$$

只知道底表面的性质不足以完全定出式(2-49)中的 $Q(t)$,因为其中含有的 $Q^-(n-1;U_p)$ 涉及上表面性质的假设,但这并不影响下面的讨论.$Q^-(n-1;U_p)$ 是个常数,表示不属于 m^+ 的 $t_{n-2} \leqslant t \leqslant t_{n-1}$ 期间由上表面流入底表面的电荷.

　　式(2-48)和式(2-49)给出的 $Q(t)$ 出现于 t 的连续区间,在其中

$$Q^\delta(t) = \mathrm{d}Q(t)/\mathrm{d}t$$

将式(2-49)和式(2-48)的 $Q(t)$ 在连续区间对 t 求普通微商,就得到式(2-4)中上附标取正号的各方程,但这里得到的 $Q(t)$ 还描述了更多的内容.例如,按边界分析的理论,$Q(t)$ 在 t_n 和 t_{n-1} 点上没有确定的微商,但 $Q(t)$ 在 t_n 上的 δ 微商按定义仍相同于式(2-4)~式(2-9)的结果,而在 t_{n-1} 点上,按式(1-31)、式(1-20)、式(1-18)的定义有 δ 微商

$$Q^\delta(t_{n-1}) = \frac{Q(t_{n-1}) - Q(\rho(t_{n-1}))}{\nu(t_{n-1})}$$

$$= \frac{Q(t_{n-1}) - Q(t_{n-2})}{t_{n-1} - t_{n-2}}, \qquad n = 3,5,\cdots$$

$$Q^\delta(t_{n-1}) = Q^-(n-1;U_p)/(\tau/2), \quad n = 3, 5, \cdots \qquad (2\text{-}50)$$

式(2-50)的物理意义很清楚,它就是 $t_{n-2} \leqslant t \leqslant t_{n-1}$ 期间由上电极流至底电极的平均电流. 因为未设定上表面的性质,时间标度 m^- 上的表示式 $f^-(U^-)$ 未规定,故未能更详细地给出此期间电流随时间变化的规律. 若不仅设 $f^+(U^+)$ 满足式(2-13)而且 $f^-(U^-)$ 也满足式(2-13),再令 $U_0{}^+ = U_0{}^- = U_0$,则再在 m^- 上作类似处理,就得到全部有用结果.

很重要的一点是,式(2-50)只给出 $Q(t)$ 在 t_2、t_4 等点上的 δ 微商. $Q(t)$ 在 t_0 点上存在 δ 微商,因为 $t < t_0$ 时的历史并不知道. $Q(t)$ 定义在 m 上,$Q^\delta(t)$ 定义在 m_k 上,参见式(2-34),因此,我们采用 δ 微商而不用 Δ 微商.

2.8　δ 微商和稳定值

在式(2-1)中定义了 $m, m^\pm, \tau_m$ 和 n_m 等几种时间标度. 2.1 节至 2.6 节讨论了 m 和 $m^\pm$ 上的计算方法,2.7 节利用了 τ_m 上的 δ 微商说明断续区间的物理意义. 下面用时间标度 n_m 上 δ 微商得出一些有趣的新结果.

对于奇数 n,$Q^+(n;U_p)$ 给出第 n 支回线的总高度,对于偶 n,$Q^-(n;U_p)$ 给出第 n 支回线的总高度,2.5 节给出的理论数据表明回线总高度随 n 的增大而上下摆动. 理论和实验都表明,存在一个偶数 m,当 $n = m$ 时回线的总高度达到稳定值. 这个稳定值在数学上既非极小,也不是极大. 只是达到稳定总高度时,出现闭合的回线,从而经验上取总高度的一半,称为回线的高度,综合 2.5 节的理论数据和图 1.11 的实验结果,应有 $m > 10$. 根据图 1.12 的实验结果,应有 $m < 1000$. 如何求出这个稳定高度,是数学上的现实问题,因为现在的自变量 $n \in n_m$ 是完全分立的.

定义无量纲函数 $q(n)$,

$$q(n) = Q^+(n;U_p)/Q_s,\ \text{若 } n \text{ 为奇数}$$
$$q(n) = Q^-(n;U_p)/Q_s,\ \text{若 } n \text{ 为偶数} \qquad (2\text{-}51)$$

由式(2-30)~式(2-40)可以得到

$$q(1) = a$$
$$q(2) = [1 + q(1)]b$$
$$q(3) = [1 - q(1) + q(2)]b$$
$$q(4) = [1 + q(1) - q(2) + q(3)]b \qquad (2\text{-}52)$$
$$\cdots\cdots$$
$$q(m-1) = [1 - q(1) + q(2) - q(3) + \cdots + q(m-2)]b$$
$$q(m) = [1 + q(1) - q(2) + q(3) - \cdots - q(m-2) + q(m-1)]b$$

实验精度范围内回线高决定于近似条件

$$q^\delta(m)=0, \quad m\in n_m \tag{2-53}$$

在时间标度 n_m 上,根据式(1-18)和式(1-20)的定义.

$$\rho(n)=n-1, \nu(n)=n-\rho(n)=1; \ n\in n_m$$

故由式(1-31)定义

$$q^\delta(m)=[q(m)-q(m-1)]/\nu(m)$$

以此代入式(2-53)得到 $q(m)=q(m-1)=2q_p$,

$$q(m)+q(m-1)=4q_p \tag{2-54}$$

以式(2-52)代入式(2-54)左边可解得

$$q_p=b/(2-b) \tag{2-55}$$

若令 $(U_0/\sqrt{2}\Delta)=1, (U_p/\sqrt{2}\Delta)=1.2$,则

$$a=0.53270, \quad b=0.61042$$

以此式代入式(2-55)可得允定回线高度 $q_p=0.43928, 2q_p$ 值和 2.5 节给出的理论数据一致.

　　还可以证明,由此得到的 q_p 值和 $t=t_0$ 时的初条件无关,这是实验中经常可以看到的,记常数 α 的值为 $-1<\alpha<1$,设 $t=t_0$ 时底表面电荷为 $(1+\alpha)Q_s$,则式(2-52)变为

$$
\begin{aligned}
&q(1)=(1+\alpha)a\\
&q(2)=[(1-\alpha)+q(1)]b\\
&q(3)=[(1+\alpha)-q(1)+q(2)]b\\
&q(4)=[(1-\alpha)+q(1)-q(2)+q(3)]b\\
&\cdots\cdots\\
&q(m-1)=[(1+\alpha)-q(1)+q(2)-\cdots+q(m-2)]b\\
&q(m)=[(1-\alpha)+q(1)-q(2)+\cdots-q(m-2)+q(m-1)]b
\end{aligned}
\tag{2-56}
$$

以式(2-56)代替式(2-52),仍可得到式(2-55),但是不同初条件所要求的 m 值将不相同.上面的方法不能确定 m 值.

　　在 $U_0=\sqrt{2}\Delta$ 条件下,由式(2-55)决定的无量纲化回线高 q_p 随三角波电压峰值 U_p 的变化曲线示于图 2.6,在铁磁学中,类似的曲线称为铁磁体的技术磁化曲线.故图 2.6 中的黑线可称为铁电体的技术极化曲线.在平衡态热力学理论中,不能解释 q_p 随 U_p 变化的关系.

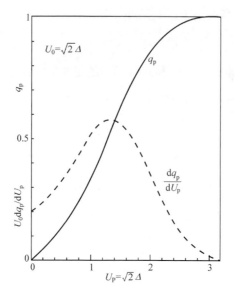

图 2.6　铁电体的技术极化曲线

2.9　铁电性提供的顺电极化

比较图 2.6 和图 2.5 可以看出,要得到饱和的电滞回线所需施加的外电场是很强的. 许多铁电体,特别是非单晶铁电体的绝缘性能都不够好,在铁电极化未达饱和前,高的外加电压就已经将样品击穿了,图 2.6 的 $Q_p = Q_s q_p$ 随 U_p 变化的曲线,在技术上可提供应用,当外电压变化 ΔU_p 不大时,

$$\Delta Q_p / \Delta U_p = C \tag{2-57}$$

接近等于常数 C. C 在电路上表现为顺电电容,在上面的讨论中未考虑样品的顺电部分的贡献,故 C 是铁电性在小电压下贡献的顺电电容,它叠加在顺电部分的贡献之上,因为铁电极化涉及电畴等高级结构的运动,故 C 只是静态电容 C_s 中表现为慢极化电容的一部分,另一部分慢极化电容是空间电荷的贡献[1,25]. 慢极化电容在频域测量中只出现于低频和超低频.

因为铁电性不遵从麦克斯韦方程组,故在含铁电介质元件的电路中,熟知的交流电路方程也不再正确,故电容器中含有慢电容成分时,用频域测量方法常会得出自相矛盾的结果[1,11]. 严格地说,频域方法的基本概念对于慢极化是不正确的,但是,频域概念在技术上已深入人心,应用上往往为了能够作出方便的近似估计,不惜放弃物理原理上的正确性,因此,下面对图 2.6 的 $Q_p(U_p)$ 曲线作技术应用上的一些讨论. 类似地,技术磁化曲线已成为设计含铁磁材料的变压器时的依据.

图 2.6 的短划线给出了 dQ_p / dU_p. 在小电压下,它就是式(2-57)的 C. 因为

Q_p 中含有一个很大的 Q_s，C 比之同尺寸纯顺电材料构成的电容值可以大两三个数量级．图 1.9 的第 $n=1$ 支微分回线在 $U=0$ 上不是由原点跳变至点线，而是给出实验黑线，和这个慢极化电容 C 有关．

理论给出的图 2.6 中的短划线预示了一个可能的技术应用，若在交流电压 ΔU 上附加一个直流偏压，则电容值 C 随偏压增大而显著增加，它和普通压敏感电容器不同之处在于可以提供大两三个数量级的可控电容量，但是这种器件只适用于低频和超低频，而正是在这种频段，才用得着如此之大的可控电容，比值 $(U_0/\sqrt{2}\Delta)$ 增大时，图 2.6 短划线和纵坐标的交点下降，相应于零偏压下的 C 值减小，当 $U_0>4\Delta$ 时，C 值减小到可以略去．

在 $n=m$ 给出的闭合回线中，UdQ 是外电压激发电荷 dQ 时所做的功，故按顺时针方向沿闭合回线所作的线积分

$$\oint UdQ = W \tag{2-58}$$

就是 t 变化一个周期时外电压所做的功，即令极化反转两次的损耗，W 是闭合回线所围的面积，即使在 U_p 很小时式（2-58）也是正确的．从物理意义上说，不能像纯顺电性电容那样用一个等效串联或并联电阻来描述这种损耗，对于慢极化效应，复介电常量的概念是不正确的．

2.10　线 型 函 数

近年对于铁电自发极化强度 P_{sp} 的所谓第一原理计算，因为量子力学习惯于采用循环边界条件而无视自由边界的存在，故无论这种计算的复杂程度如何，其最后结果都必定存在自相矛盾的地方．这在《电介质理论》第 13～14 和 136～137 页已作了有力的证明．然而，只要涉及边界屏蔽效应，甚至不作量子力学考虑，只凭简单的代数就能正确定出一系列不同晶体的 P_{sp}[1,26]．由于历史形成的偏见，对铁电屏蔽电荷的理论和实验研究尚未引起注意，当假设电极和铁电样品表面具有欧姆接触时，图 2.2 由 B 至 A 和由 B' 至 A' 的电荷激发所需跨越的位垒简单地就等于极化子能级深度，而前面的 $f(U)$ 就是能级深度的分布函数，磁共振技术是研究能级深度分布函数的有力实验手段[27]，因为 $f(\omega)$ 就是归一化共振线型函数，当共振中心角频率为 ω_0 时，$f(\omega)$ 就是角频率为 ω 时的相对共振强度，磁共振实验和理论研究给出了两种典型的线型函数．

$$G(\omega) = \frac{1}{\sqrt{2\pi}\Delta} \exp\left[-\left(\frac{\omega-\omega_0}{\sqrt{2}\Delta}\right)^2\right]$$

$$L(\omega) = \frac{1}{\pi\delta}\left[1+\left(\frac{\omega-\omega_0}{\delta}\right)^2\right]^{-1}$$

$$\delta = 1.1774\Delta \qquad (2\text{-}59)$$

$f(U) = G(U)$ 称为高斯型分布函数，$f(U) = L(U)$ 称为洛伦兹型分布函数，两者都是按式(2-9)归一化的，2δ 为分布曲线的半高宽度.

图 2.7 示出两种分布曲线，对于 $\omega = \omega_0$ 都是对称的. 高斯分布较窄，洛伦兹分布很宽，在完整的单晶情况下，实验给出的微分回线明显地具有高斯型，在非单晶铁电体中，例如，图 1.8 的实验结果中，往往出现不只一个项，除了主峰，如图 1.8 中的 (U_2, Δ_2) 项必须为高斯型外，另一个峰高较低的项 (U_1, Δ_1) 在实验误差范围内就很难判断是高斯型还是洛伦兹型，该项可解释为和铁电极化相耦合的空间电荷的共同贡献. 空间电荷的耦合有一定的集体性，可以改变极化子能级使之部分地失去随机特点，但是在铁磁微分回线中，只出现洛伦兹型分布[1].

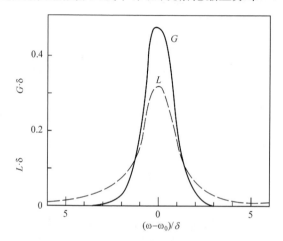

图 2.7　典型的分布函数

在式(2-17)中对高斯分布应用了误差函数

$$\text{erf}(x) = \int_0^x \frac{2}{\sqrt{\pi}} e^{-x^2} \, dx = 1 - \text{erfc}(x) \qquad (2\text{-}60)$$

为了方便两种分布函数的比较，以及在动力学理论公式中的代换，类似于式(2-60)定义

$$\text{esf}(x) = \int_0^x \frac{2\,dx}{\pi(1+x^2)} = 1 - \text{esfc}(x) = -\text{esf}(-x)$$

$$\text{esf}(x) = \frac{2}{\pi} \arctan x \qquad (2\text{-}61)$$

其中，$\arctan x$ 以 rad 为单位，$1\text{rad} = 180°/\pi$，因为式(2-61)的函数主要出现于铁磁方面，而铁磁性来源于电子自旋，故 esf 称为电子自旋函数，esfc 称为电子自旋余函数，$\text{erf}(+\infty) = \text{esf}(+\infty) = 1$，图 2.4 的短划线给出了 $\text{esf}(x)$，它比 $\text{erf}(x)$ 趋向

1 慢得多.

在磁滞回线的测量中,样品作成环状,平均直径为 D,截面积为 A,穿过环的总电流为 I 时,沿环产生的磁场强度为

$$H = I/\pi D \tag{2-62}$$

H 和 I 的正向按右手螺旋法测量,H 引起的磁感应强度为 $B = \mu\mu_0 H$. 记

$$F = \pi D H, \qquad \Phi = BA \tag{2-63}$$

磁通势 F 的单位为安培,磁通量 Φ 的单位为韦伯,$1\mathrm{Wb} = 1\mathrm{V} \cdot \mathrm{s}$. 通常的 $B(H)$ 磁滞回线可描述为 $\Phi(F)$ 回线,两者只相差几何因子,微分磁滞回线为

$$\mathrm{d}\Phi/\mathrm{d}F = \Phi_0 f(F) \tag{2-64}$$

分布函数 $f(F)$ 通常可写为洛伦兹函数 $L(F)$ 或两个洛伦兹函数的归一化组合,即[1]

$$f(F) = A_1 L_1(F) + A_2 L_2(F)$$
$$A_1 + A_2 = 1 \tag{2-65}$$

为简单起见,下面设式(2-65)中只有一个项,即 $f(F) = L(F)$. 所得结果不难推广至两个或多个项之和的一般情况.

2.11　铁磁动力学理论

在磁滞回线测量中,图 2.1(a)、(c)、(d) 中的纵坐标 U 和 $U^{\pm}$ 换成了 F 和 $F^{\pm}$. 动力学方程的式(2-5)改变为

$$\frac{\mathrm{d}\Phi^{\pm}(n,t)}{\mathrm{d}t} = \frac{4F_{\mathrm{p}}}{\tau} \cdot \frac{\mathrm{d}\Phi^{\pm}(n,t)}{\mathrm{d}F^{\pm}(n,t)}, \qquad t_{n-1} < t \leqslant t_n \tag{2-66}$$

或类似于式(2-6)改写为

$$\frac{\mathrm{d}\Phi^{\pm}(n;F^{\pm})}{\mathrm{d}t} = \frac{4F_{\mathrm{p}}}{\tau} \cdot \frac{\mathrm{d}\Phi^{\pm}(n;F^{\pm})}{\mathrm{d}F^{\pm}} \tag{2-67}$$

铁磁环中电子的自旋有两种取向,正向自旋产生的磁通量记为 Φ_n^+,反向自旋产生的磁通量记为 Φ_n^-,类似于式(2-7),有

$$\Phi_n^+ + \Phi_n^- = 2\Phi_s = 2AB_s \tag{2-68}$$

B_s 为饱和磁通密度,因为磁环沿环方向没有界面,沿环的正反向是一样的,故类似于式(2-8)的公式改变为

$$\mathrm{d}\Phi^{\pm}(n;F^{\pm}) = \Phi_{n-1}^{\pm} f(F^{\pm}) \mathrm{d}F^{\pm} \tag{2-69}$$

其中,n 为奇数时上附标取正号,偶数 n 时取负号,而

$$f(F^{\pm}) = L(F^{\pm}) = \frac{1}{\pi\delta}\left[1 + \left(\frac{F^{\pm} - F_0}{\delta}\right)^2\right]^{-1} \tag{2-70}$$

设 $t = t_0$ 时样品已退磁化,则

$$\Phi_0{}^{\pm}=\Phi_s \tag{2-71}$$

类似于式(2-32)的第 $n=1$ 支磁滞回线为

$$\Phi(1;F^+)=\frac{\Phi_s}{2}\left[\operatorname{esf}\left(\frac{F_0}{\delta}\right)+\operatorname{esf}\left(\frac{F^+-F_0}{\delta}\right)\right] \tag{2-72}$$

$t=t_1$ 时正向磁通减至 Φ_1^+,反向增至 Φ_1^-.

$$\Phi_1{}^+=\Phi_s-\Phi^+(1;F_p),\quad \Phi^-=\Phi_s+\Phi^+(1;F_p)$$

$$\Phi^+(1;F_p)=a\Phi_s$$

$$a=\frac{1}{2}\left[\operatorname{esf}\left(\frac{F_0}{\delta}\right)+\operatorname{esf}\left(\frac{F_p-F_0}{\delta}\right)\right] \tag{2-73}$$

第 $n=2$ 支磁滞回线为

$$\Phi^-(2;F^-)=\frac{\Phi_1^-}{2}\left[\operatorname{esf}\left(\frac{F_p+F_0}{\delta}\right)+\operatorname{esf}\left(\frac{F_p-F_0}{\delta}\right)\right] \tag{2-74}$$

$t=t_2$ 时正向磁通增至 Φ_2^+,反向减至 Φ_2^-.

$$\Phi_2^+=\Phi_1^++\Phi^-(2;F_p),\quad \Phi_2^-=\Phi_1^--\Phi^-(2;F_p)$$

$$\Phi^-(2;F_p)=b\Phi_1^-$$

$$b=\frac{1}{2}\left[\operatorname{esf}\left(\frac{F_p+F_0}{\delta}\right)+\operatorname{esf}\left(\frac{F_p-F_0}{\delta}\right)\right] \tag{2-75}$$

第 $n=3$ 支磁滞回线为

$$\Phi^+(3;F^+)=\frac{\Phi_2^+}{2}\left[\operatorname{esf}\left(\frac{F_p+F_0}{\delta}\right)+\operatorname{esf}\left(\frac{F_p-F_0}{\delta}\right)\right]$$

$$\Phi_3^+=\Phi_2^+-\Phi(3;F_p),\quad \Phi_3^-=\Phi_2^-+\Phi(3;F_p)$$

$$\Phi^+(3;F_p)=b\Phi_2^+ \tag{2-76}$$

结果给出类似于图 2.5 的不闭合磁滞螺线.

定义无量纲化的 $\Phi(n)$,

$$\Phi(n)=\Phi^+(n;F_p)/\Phi_s,\ 若\ n\ 为奇数$$

$$\Phi(n)=\Phi^-(n;F_p)/\Phi_s,\ 若\ n\ 为偶数 \tag{2-77}$$

则类似于式(2-52)可得

$$\Phi(1)=a$$

$$\Phi(2)=b\left[1+\Phi(1)\right]$$

$$\Phi(3)=b\left[1-\Phi(1)+\Phi(2)\right] \tag{2-78}$$

$$\Phi(4)=b\left[1+\Phi(1)-\Phi(2)+\Phi(3)\right]$$

$$……$$

记稳定回线的高度为 Φ_p,若 $n=m$ 时给出稳定的闭合回线,则近似稳定条件为

$$\Phi^\delta(m)=0,\quad m\in n_m \tag{2-79}$$

可以得到

$$\Phi_{\mathrm{p}}=b/(2-b) \qquad (2\text{-}80)$$

图 2.8 示出用不同磁通势幅值 F_{p} 测得的磁滞回线高度 $\Phi_{\mathrm{p}}\Phi_{\mathrm{s}}$.

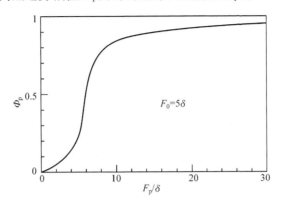

图 2.8　铁磁体的技术磁化曲线

据了解近年对技术磁化曲线出现许多微观理论研究,都是很复杂的,尚待检索资料作出评论,这里如此简单地就得出结果,显示出 δ 微分的威力. 上面的计算表明,微观理论的任务无非就是要决定 δ,F_0 和 Φ_{s} 三个参数.

这里给出铁磁结果原因有二:第一,动力学理论和铁电性相似,结果得来容易. 第二,铁磁测量比铁电容易,不受类似于电导和顺电性的影响,可以通过铁磁测量来验证动力学理论的正确性,此外,铁磁性也涉及高级结构,有关的慢效应如何表现,很值得研究.

2.12　时间标度的具体意义

时间标度的根本意义在于,承认时间的变化在特殊情况下可近似为连续的,但在一般情况下时间只能断续地变化.

物理学是研究物质运动基本规律的科学,描述物质的运动,需引入时间和空间的概念,人类是通过观察物质的运动来认识,从而定义时间和空间的. 没有物质的运动,时间和空间都失去意义,也就无法对时间和空间作出定义. 为什么当代不提出空间标度,而只提出时间标度问题呢? 因为人类早就认识到空间的变化在特殊情况下可近似为连续的,但在一般情况下只能断续地变化.

设有一半径为 R 的固体,观察距球心为 r 的物质运动 $r(t)$ 只定义在 $r(t)\geqslant R$ 的断续空间,对于 $r<R$,只允许出现

$$\mathrm{d}r/\mathrm{d}t=0, \quad \mathrm{d}^2 r/\mathrm{d}t^2=0, \quad \mathrm{d}^3 r/\mathrm{d}t^3=0, \quad \cdots; \quad r<R \qquad (2\text{-}81)$$

的运动规律,否则刚球将被破坏而改变了命题,同时,式(2-81)只适用于 $r<R$. 若推广用于 $r\geqslant R$,则必然导致没有运动,动力学方程只能写为

$$f(t, r, \mathrm{d}r/\mathrm{d}t, \mathrm{d}^2 r/\mathrm{d}t^2, \cdots) = 0, \quad r \geqslant R \qquad (2\text{-}82)$$

在极限情况 $r = R$ 出现碰撞;必须放弃式(2-82)和式(2-81)而用能量守恒、动量守恒和角动量守恒处理. $r < R$ 给出了空间的断续区域,可见经典力学从一开始就已承认了空间一般是断续的,只在 $r \geqslant R$ 的特殊情况下才可认为空间可以是连续的.

对空间断续性的进一步认识要在知道了物质结构的原子性之后,在固体物理中,记平移基矢为 $(\boldsymbol{a}_1, \boldsymbol{a}_2, \boldsymbol{a}_3)$,则晶体结构的平移对称为

$$\boldsymbol{R} = l_1 \boldsymbol{a}_1 + l_2 \boldsymbol{a}_2 + l_3 \boldsymbol{a}_3$$

$$l_1 + l_2 + l_3 = 0, \pm 1, \pm 2, \cdots \qquad (2\text{-}83)$$

固体理论是建立在完全孤立的 (l_1, l_2, l_3) 基础上的,参见图 1.2 的 d 点,固体理论的成就已证明断续的数学分析具有重大意义.

在量子力学中,空间 (x, y, z) 和动量 (P_x, P_y, P_z) 变化,以及时间 t 和能量 E 的变化之间有不确定关系式

$$\Delta x \Delta P_x = h, \quad \Delta y \Delta P_y = h, \quad \Delta z \Delta P_z = h \qquad (2\text{-}84)$$

$$\Delta t \Delta E = h \qquad (2\text{-}85)$$

小于 $(\Delta x, \Delta y, \Delta z)$ 的空间变化已被认为没有意义. 从而,物理学已经完全以空间变化的断续性为基础建立了起来,数学上只有连续分析显然是不够的,断续和连续统一的数学分析已呼之欲出,而这种新数学方法的出现对物理学的新发展所起的作用,将难以预料.

余下的问题是时间 t 的变化,t 以秒的尺度来衡量只是历史留下的习惯,并非物理学上要求的唯一方法,完全可以用别的尺度来衡量时间,最方便的是用 (ct) 来衡量时间,c 是真空中的光速,它是一个不变的自然常数. 这时,时间的单位成为 m 或 cm,和空间的尺度完全相同. 从而构成了相对论中的四维时空,或称为四维空间,四维空间中的三维既然已被确认一般是断续的,这第四维当然也可认为应该如此,式(2-85)证明的确如此,小于 Δt 的时间变化是没有意义的. 从而物理学的新发展需要断续和连续统一的数学分析手段.

具有讽刺意义的是,时间标度的概念不是由物理学家而是首先由纯数学家提了出来. 近年来许多天才学者都认为物理学的发展已到了尽头,剩下来的只有技术应用问题,断续和连续统一分析数学工具的出现将会改变这种局面. 一方面,物理学可以利用这种手段再从头发展到更深的层次;另一方面,物理学的定量方法可推广应用于原来只能定性研究的其他科学.

前面已指出,实验物理也是从研究时间变化归纳出类似概念的. 我们只借用具有历史意义的时间标度这个词,来泛指一切可以断续变化的有序变量,而不再只局限于时间,空间的变化也是可以断续变化的有序变量,又如数集

$$\varepsilon = \{-Z^2, 2n^2, Z, n = 1, 2, 3, \cdots\} \qquad (2\text{-}86)$$

按定义 ε 是一个时间标度,但 ε 给出的是含 Z 个正电荷的核,附近只有一个被其束

缚的电子在运动时, 是所有可能的能量的数集. 数学家要将问题尽可能地抽象化, 物理学家还要学会将抽象概念尽可能地具体化.

从实验形成时间标度概念过程中, 已经给出历史记忆效应的描述和动力学研究方法, 这是物理学早就知道的, 但从未能定量研究其基本问题, 问题的最终解决涉及热力学和统计物理的重新发展. 生命物质以历史记忆效应为特点, 难怪时间标度首先被应用于生命科学[28].

第3章 统一分析中的 δ 微积分

3.1 时间标度上的基本运算

动力学研究中,最基本的实验是观察某个量 Q 随时间 t 的变化,在数学上描述为函数 $Q(t)$. 进一步的研究是找出 $Q(t)$ 所遵守的动力学方程. 时间标度就是以时间变化 δt 为尺度来衡量 Q 的变化 δQ,即研究比值 $\delta Q/\delta t$,这是动力学研究的基本方法,从物理意义上说,时间标度就是以时间变化为尺度.

数学本来只研究数,而不论数所描述的是什么量,当数学家研究某个量随时间的变化 $Q(t)$ 时,发现某些 t 值对 $Q(t)$ 和它满足的动力学方程失去意义,把有意义的 t 值组成的数集记为 τ,它是实数集的一个非空闭子集,称为时间标度. 当我们研究另一个量 y 而选择自变量为 x 时,也会发现对于函数 $y(x)$ 及其满足的方程有意义的 x 值组成一个数集 X,当 X 为实数集的一个非空闭子集时,类似地也可称 x 为 X 标度. 作为普通名词,时间标度和空间标度、能量标度等是并行的,对时间标度给以特殊的定义,使之成为一个纯数学专业名词本来是不必要的,因为时间是个物理量,以它作定义已超出了数学应该研究的范围. 对物理学来说重要的是注意经典力学用的是连续分析,量子力学用的是泛函分析,今后研究动力学问题必须用连续与断续统一分析的数学方法.

我们可保留时间标度的纯数学定义,以强调在动力学研究中需以时间为主动自变量,但这就要注意会出现许多所谓"时间标度",它根本就不是时间的标度.

在 1.5 节给出的实数集 R、整数集 y、自然数集 n 和非负整数集 n_0,都可能不是时间的标度,但符合纯数学的定义而称为时间标度,式(2-1)定义的 m、$m^{\pm}$、τ_m 和 n_m 则是名符其实的时间标度. 下面将符合纯数学定义的时间标度一般地记为 τ,以讨论时间标度上的一些基本运算.

式(1-17)~式(1-20)定义了 τ 上的基本运算规则为

$$\begin{aligned}
\sigma(t) &= \inf\{s \,|\, s, t \in \tau; s > t\} \\
\rho(t) &= \sup\{s \,|\, s, t \in \tau; s < t\} \\
\mu(t) &= \sigma(t) - t, \qquad 0 \leqslant \mu(t) \leqslant \infty \\
\nu(t) &= t - \rho(t), \qquad 0 \leqslant v(t) \leqslant \infty
\end{aligned} \tag{3-1}$$

σ 为前跃算符,ρ 为后跃算符,sup 为上确界,而 inf 为下确界,$\mu(t)$ 为前跃距函数,$\nu(t)$ 为后跃距函数. 根据式(3-1)的定义,若 τ 有极大值 t 则不存在 $\sigma(t)$,$t \in \tau$,若 τ 有极小值 t 则不存在 $\rho(t)$,$t \in \tau$. 这本来已十分清楚,但 Hilger[12] 和 Bonner 等[13]

为了使对任意 $t \in \tau$ 均有 $\sigma(t), t \in \tau$ 和 $\rho(t), t \in \tau$，强行附加了一个规定：若 τ 有极大值 t 则令 $\sigma(t) = t$，从而

$$\sup \Phi = \inf \tau \tag{3-2}$$

其中，Φ 为没有元素的空集. 又若 τ 有极小值 t 则令 $\rho(t) = t$，从而

$$\inf \Phi = \sup \tau \tag{3-3}$$

这个附加规定并不妥当，因为若式(3-2)和式(3-3)同时成立，则由 $\sup \Phi \geqslant \inf \Phi$ 就会给出

$$\sup \tau \leqslant \inf \tau$$

这显然是错误的.

其实，只要定义时间标度 τ 的上导出数集 τ^k 和下导出数集 τ_k 为

$$\tau^k = \begin{cases} \tau \backslash \{\sup \tau\}, & \text{若 } \sup \tau < \infty \\ \tau, & \text{若 } \sup \tau = \infty \end{cases} \tag{3-4}$$

$$\tau_k = \begin{cases} \tau \backslash \{\inf \tau\}, & \text{若 } \inf \tau > -\infty \\ \tau, & \text{若 } \inf \tau = -\infty \end{cases} \tag{3-5}$$

则式(3-1)的补充说明可修改为

$$\begin{aligned} \text{若 } t \in \tau^k, & \quad \text{则 } \sigma(t) \in \tau \\ \text{若 } t \in \tau_k, & \quad \text{则 } \rho(t) \in \tau \end{aligned} \tag{3-6}$$

数集 τ^k 和 τ_k 都不一定是时间标度，因为两者都可能不再是闭集.

当 $\sigma(t) > t$ 时，t 为右散布，$\rho(t) < t$ 时，t 为左散布. 若 $t > \inf \tau$ 且 $\rho(t) = t$，则 t 称为左稠密，简记为 ld. 若 $t < \sup \tau$ 且 $\sigma(t) = t$，则 t 称为右稠密，简记为 rd.

这里涉及的是分析数学的一个基本定义：实数集 X 的上确界不一定属于 X，X 的下确界也不一定属于 X. 半开区间 $(a, b]$ 和闭区间 $[a, b]$ 的下确界都等于 a；$[a, b]$ 和 $[a, b)$ 区间的上确界都是 b. 关于 σ 和 ρ 定义的式(3-1)已明确规定，若 τ 有极大值 b 则不存在 $\sigma(b)$，若 τ 有极小值 a 则不存在 $\rho(a)$. 式(3-4)、式(3-5)给出在 τ 中 $\sigma(t)$ 和 $\rho(t)$ 的存在范围，因 τ 为闭集，故必有 $(\sup \tau) \in \tau$ 和 $(\inf \tau) \in \tau$.

前面从物理研究提出 δ 微积分时，式(3-6)的具体意义已十分清楚，参见式(1-34)，下面从数学方面详细介绍 δ 微积分. 关于统一分析中的 Δ 微积分的类似讨论. 已见于文献[12,13]. 在物理学上，因果律要求使用 δ 微积分而不宜用 Δ 微积分.

3.2　具 体 运 算

下面给出一些例子，以说明时间标度上的基本运算，设时间标度

$$\tau = \{2^n \mid n \in Y\} \bigcup \{0\}$$

则

$$\tau = \{0, 2^{-\infty}, \cdots, 2^{-1}, 1, 2, 4, \cdots\}$$

$$\sigma(t) = 2^{n+1}, \quad \rho(t) = 2^{n-1}$$
$$\mu(t) = \sigma(t) - t = 2^{n+1} - 2^n = 2^n(2-1) = 2^n$$
$$\nu(t) = t - \rho(t) = 2^n - 2^{n-1} = 2^{n-1}$$
$$\tau^k = \tau$$
$$\tau_k = \{2^{-\infty}, \cdots, 2^{-1}, 1, 2, 4, \cdots\}$$

$t=0$ 为右稠密,$t=2^\infty$ 为稠密,其他为孤立点.

设时间标度的第二个例子为

$$\tau = \{1/n \mid n \in N\} \bigcup \{0\}$$
$$\tau = \left\{0, \frac{1}{\infty}, \cdots, \frac{1}{3}, \frac{1}{2}, 1\right\}$$
$$\sigma(t) = 1/(n-1), \quad \rho(t) = 1/(n+1)$$

则
$$\mu(t) = \frac{1}{n-1} - \frac{1}{n} = \frac{1}{n(n-1)}$$
$$\nu(t) = \frac{1}{n} - \frac{1}{n+1} = \frac{1}{n(n+1)}$$
$$\tau^k = \left\{0, \frac{1}{\infty}, \cdots, \frac{1}{3}, \frac{1}{2}\right\}$$
$$\tau_k = \left\{\frac{1}{\infty}, \cdots, \frac{1}{3}, \frac{1}{2}, 1\right\}$$

$t=0$ 为右稠密,其他为孤立点,此时 τ 有极大值 $t=1$,相应于 $n=1$,故 $\sigma(t)$ 只定义在 τ^k 上,使 $\sigma(t)$ 在 $t=1$ 时无定义而不能用上面给出的 $\sigma(t)$ 的一般公式.

设时间标度的第三个例子为

$$\tau = \{n/2 \mid n \in N_0\}$$
$$\tau = \{0, 1/2, 1, 3/2, \cdots\}$$

则
$$\sigma(t) = \sigma(n/2) = (n+1)/2, \quad \rho(t) = (n-1)/2$$
$$\mu(t) = 1/2$$
$$\nu(t) = 1/2$$
$$\tau^k = \tau$$
$$\tau_k = \{1/2, 1, 3/2, \cdots\}$$

这个例子清楚地说明了式(3-1)、式(3-6)在研究 δ 微积分时提出的定义,是使算符 $\rho(t)$ 成为数集 τ_k 到时间标度 τ 的映射. 在这个特例中,映射还是一对一的,尽管 τ_k 好像比 τ 少了一个元素 $t=0$,即按定义不存在 $\rho(t=0)$,但这并不影响映射的一对一性质因为 τ_k 和 τ 中都有无限多个元素使

$$\sup\tau = \infty \text{和} \sup\tau_k = \infty$$

$\rho(t)$ 是为研究 δ 微积分而定义的,$\rho(t)$ 的定义使定义在 $t \in \tau$ 上的函数 $f(t)$ 为 δ 可微的充要条件为对任意 $t \in \tau_k$,式(1-31)定义的 $f^\delta(t)$ 存在,就是说,将 $\rho(t)$ 的存在

条件和 $f^\delta(t)$ 的存在条件统一起来.

设将第三个例子作小小的改变成为第四个例子,令

$$\tau = \{n/2 \mid n \in N_0, n \leqslant m\}$$

m 为某个有限大的正整数,这时

$$\tau = \{0, 1/2, 1, 3/2, \cdots, m/2\}$$
$$\tau^k = \{0, 1/2, 1, 3/2, \cdots, (m-1)/2\}$$
$$\tau_k = \{1/2, 1, 3/2, \cdots, m/2\}$$

τ, τ^k 和 τ_k 仍满足式(3-1)、式(3-6)关于 σ 和 ρ 的定义,但两者的映射性质就不再是一对一的了. 这时,不存在 $t \in \tau^k$ 使 $\sigma(t) = m/2$,也不存在 $t \in \tau_k$ 使 $\rho(t) = 0$,而 0 和 $m/2$ 均属于 τ.

式(3-1)、式(3-6)除了将 $\rho(t)$ 定义在 $t \in \tau_k$ 上之外,同时还将 $\sigma(t)$ 定义在 $t \in \tau^k$ 上. 这时,定义在 $t \in \tau$ 上的函数 $f(t)$ 存在 $f^\Delta(t)$ 的条件和 $\sigma(t)$ 的存在条件也统一起来了,$f(t)$ 为 Δ 可微的充要条件为对任意 $t \in \tau^k$,式(1-22)定义的 $f^\Delta(t)$ 存在. 因此,我们放弃 Hilger 和 Bohner 提出的式(3-2)、式(3-3)而改为用式(3-6)定义,并不会改变 Δ 微积分的各种结果,只是 $\sigma(t)$ 改变为从 τ^k 到 τ 的映射. 当每个 $t \in \tau$ 都是孤立的时,有公式

$$\sigma(\rho(t)) = t, \quad 若 t \in \tau_k$$
$$\rho(\sigma(t)) = t, \quad 若 t \in \tau^k \tag{3-7}$$

$\sigma(t)$ 是为研究 Δ 微积分而定义的,没有必要离开 $f^\Delta(t)$ 的成立条件去单独研究 $\sigma(t)$,也没有必要离开 $f^\delta(t)$ 的成立条件去单独研究 $\rho(t)$.

我们是在研究图 1.1、图 1.3 和图 2.1 类型测量的数据处理中认识函数 $f(t)$ 的右微商 $f^\Delta(t)$ 和左微商 $f^\delta(t)$ 的. 两种微商存在的 t 值给出了数集 τ^k 和 τ_k,从 τ^k 和 τ_k 定义 $\sigma(t)$ 和 $\rho(t)$,以得出 $\mu(t)$ 和 $\nu(t)$,用来计算两种微商. 最后才考虑测量 $f(t)$ 用过的 t 值组成的数集 τ 的数学性质,τ 必然是实数集的一闭子集. 这种认识过程十分具体,几乎每个实验工作者都会碰到.

难为数学家把上述认识过程倒转了过来,先从纯数学定义了时间标度 τ,接着在 $t \in \tau$ 上定义算符 $\sigma(t)$ 和 $\rho(t)$,以计算 Δ 微商. 由 Δ 微商的存在最后才导出数集 τ^k. 不是由 τ^k 和 τ_k 而是由 τ 来定义 σ 和 ρ,就必须十分勉强地作式(3-2)和式(3-3)的补充. 因为 τ 中元素个数总比 τ^k 和 τ_k 多一个,除非

$$\sup \tau = \infty, \quad \inf \tau = -\infty$$

这时 $\tau = \tau^k = \tau_k$,式(3-2)和式(3-3)的补充使上面的例四中有

$$\sigma(t = m/2) = m/2, \quad \rho(t = 0) = 0$$

但根据式(3-1)的原始定义有

$$\sigma(t = (m-1)/2) = m/2, \quad \rho(t = 1/2) = 0$$

在 $t \in \tau$ 上而不是在 τ^k 和 τ_k 上定义 $\sigma(t)$ 和 $\rho(t)$ 的意义和矛盾问题只能留给数学家去解决,因为物理学永远不会出现类似问题.

空集 Φ 是没有元素的数集,本来无从讨论它的上确界和下确界,就是说 infΦ 和 supΦ 是不确定的.若在时间标度上的运算设定了式(3-2)、式(3-3)成立,则可用不同的时间标度 τ 证明

$$-\infty < \inf\Phi < +\infty, \quad -\infty < \sup\Phi < \infty$$

反过来正好又说明了式(3-2)、(3-3)是没有意义的;公式只给出了不确定值.

注意到 Hilger 和 Bohner 定义的式(3-2)、式(3-3)和我们定义的式(3-6)的区别,前者有关的部分论述[12,13]应有所修改.用区间表示的时间标度可写为(注意 $t \in \tau$ 表示 t 在 $a \in \tau$ 和 $b \in \tau$ 之间可出现断续)

$$[a,b] = \{t \in \tau \mid a \leqslant t \leqslant b\}$$

前者在 b 为左稠密时有

$$[a,b]^k = [a,b]$$

而在 b 为左散布时有

$$[a,b]^k = [a,b) = [a,\rho(b)]$$

但根据我们的定义,无论 b 为左稠密或左散布均有

$$[a,b]^k = [a,b) = [a,b]\backslash\backslash\{b\} \tag{3-8}$$

无论 a 为右稠密或右散布均有

$$[a,b]^k = (a,b] = [a,b]\backslash\backslash\{a\} \tag{3-9}$$

图 1.3 已说明了式(3-8)、(3-9)的意义.

3.3　简单函数的 δ 微商

以后用 $t \in \tau$ 表示 τ 为时间标度,即在数集 τ 中变化的 t 可以出现断续,设对于任意 $t \in \tau$ 存在相应的实数 $f \in R$,组成函数 $f(t)$.若对于实数 $t \in \tau_k$ 存在实数 $f^\delta(t)$,使对任意给出的 $\varepsilon > 0$ 存在 $\delta > 0$ 构成 t 的邻域

$$U = (t-\delta, t+\delta) \bigcap \tau$$

有关系

$$|[f(s)-f(\rho(t))] - f^\delta(t)[s-\rho(t)]| \leqslant \varepsilon |s-\rho(t)|$$

对任意 $s \in U$ 均成立,则 $f^\delta(t)$ 称为 $f(t)$ 在 $t \in \tau_k$ 上的 δ 微商,这是 δ 微商的基本定义.

若对任意 $t \in \tau_k$ 均存在 $f^\delta(t)$,则称 $f(t)$ 在 τ_k 上可微,定义在 τ_k 上的实函数 f^δ 称为 f 在 τ_k 上的微商.我们将明确地区分普通微商、Δ 微商和 δ 微商,只有在连续情况下三种微商的区别消失,才简单地称为微商,以上定义给出计算 δ 微商的基本公式,$t \in \tau_k$ 时有

$$f^\delta(t) = [f(t)-f(\rho(t))]/[t-\rho(t)] \tag{3-10}$$

式(1-31)已给出过这个公式,它包括了 $\rho(t)=t$ 的连续情况要改为采取极限的

式(1-32)的形式,下面举出几个例子:

例一,设 α 为实常数,当 $f(t)=\alpha, t\in\tau_k$ 时,由式(3-10)可得

$$f^\delta(t)=\alpha^\delta=\frac{\alpha-\alpha}{t-\rho(t)}=0$$

这个结果满足以上定义,因为

$$|[f(s)-f(\rho(t))-0\cdot[s-\rho(t)]|=|\alpha-\alpha|\leqslant|s-\rho(t)|\varepsilon$$

上式对任意给出的 $\varepsilon>0$ 均成立.

例二,设实函数 $f(t)=t, t\in\tau$,当 $t\in\tau_k$ 时,由式(3-10)有

$$f^\delta(t)=t^\delta=\frac{t-\rho(t)}{t-\rho(t)}=1$$

与定义比较时,取任意 $\varepsilon>0$,有

$$|[f(s)-f(\rho(t))-1\cdot[s-\rho(t)]|$$
$$=|[s-\rho(t)]-[s-\rho(t)]|\leqslant\varepsilon|s-\rho(t)|$$

上式对任意 $t\in\tau$ 成立.

例三,设实函数 $f(t)=t^2, t\in\tau$,由式(3-10)有

$$f^\delta(t)=(t^2)^\delta=\frac{t^2-[\rho(t)]^2}{t-\rho(t)}=t+\rho(t)$$

例四,设实函数 $f(t)=\sqrt{t}, t>0, t\in\tau$,由式(3-10)有

$$f^\delta(t)=(\sqrt{t})^\delta=\frac{\sqrt{t}-\sqrt{\rho(t)}}{t-\rho(t)}=\frac{1}{\sqrt{t}+\sqrt{\rho(t)}}$$

以上例子给出了 $t\in\tau_k$ 时的 δ 微商公式,

$$\alpha^\delta=0,\quad \alpha\text{ 为常数}$$
$$t^\delta=1$$
$$(t^2)^\delta=t+\rho(t)$$
$$(\sqrt{t})^\delta=1/[\sqrt{t}+\sqrt{\rho(t)}],\quad t>0 \tag{3-11}$$

这里并未规定时间标度 τ 的具体细节,在特殊情况下若 $\tau=R$,则 $\rho(t)=t$,式(3-11)成为连续分析中的普通微商公式.

式(3-11)之类的 δ 微商公式的潜在意义在于其广泛性,对任意设定的时间标度均可适用,观察函数 $f(t)=t^2$,设时间标度

$$\tau=\{t=\sqrt{n}\,|\,n\in N_0\}$$
$$=\{t\,|\,t=0,1,\sqrt{2},\sqrt{3},\cdots\}$$
$$f^\delta(t)=\sqrt{n}+\rho(\sqrt{n})=\sqrt{n}+\sqrt{n-1}$$
$$=t+\sqrt{t^2-1},\quad t\in\tau_k$$

$$\tau_k = \{t \mid t = 1, \sqrt{2}, \sqrt{3}, \cdots\}$$

若设时间标度

$$\tau = \{t = n/2 \mid n \in N_0\}$$
$$= \{t \mid t = 0, 1/2, 1, 3/2, \cdots\}$$

则结果变为

$$f^\delta(t) = t + \rho(t) = \frac{n}{2} + \frac{n-1}{2} = n - \frac{1}{2}$$
$$= 2t - \frac{1}{2}, \quad t \in \tau_k$$
$$\tau_k = \{t \mid t = 1/2, 1, 3/2, \cdots\}$$

设定不同的时间标度意味着衡量时间采用不同的尺度.

关于 $f(t) = t^2$ 的 Δ 微商,式(1-29)已给出

$$f^\Delta(t) = (t^2)^\Delta = t + \sigma(t), \quad t \in \tau^k$$

对于 $\tau = \{\sqrt{n} \mid n \in N_0\}$

$$f^\Delta(t) = t + \sqrt{t^2 + 1}$$

对于 $\tau = \{n/2 \mid n \in N_0\}$

$$f^\Delta(t) = 2t + \frac{1}{2}$$

可见一般地任意函数 $f(t)$ 的 δ 微商和 Δ 微商是不相等的.

3.4 闭区间的端点

前面已指出,在连续和断续统一分析中,常用区间的记号来表示时间标度,定义闭区间

$$[a, b] = \{t \in \tau \mid a \leqslant t \leqslant b\}$$

定义中已显含了 $a \in \tau$ 和 $b \in \tau$,因为 τ 必须是实数的闭子集,a 和 b 是区间的两个端点,式(3-8)和式(3-9)给出

$$[a, b] \backslash [a, b]^k = \{b\}, \quad [a, b] \backslash [a, b]_k = \{a\}$$

下面以具体例子说明这两个端点的意义.

测量一物体自由下落,时间 $t = t_0 = 0$ 时下落距离 $f(t_0) = 0$,初速度为零,将时间区间 $0 \leqslant t \leqslant t_m = 1$ 等分为 m 段,等时间间隔在 $t = t_n$ 时测出下降距离 $f(t_n)$,$n = 0, 1, 2, \cdots, m$,共作了 $m + 1$ 次测量. 当 $m = 10$ 时得到 t_n 与 $f(t_n)$ 的数据列于下表,在数据处理中首先要计算 $f^\delta(t_n)$.

n	t_n	$f(t_n)$	$f^\delta(t_n)$	$f^{\delta\delta}(t_n)$	$f^\Delta(t_n)$	$f^{\Delta\Delta}(t_n)$
0	0	0	—	—	0.490	9.81
1	0.1	0.0490	0.490	—	1.471	9.81
2	0.2	0.1961	1.471	9.81	2.452	9.80
3	0.3	0.4413	2.452	9.81	3.432	9.81
4	0.4	0.7845	3.432	9.80	4.413	9.81
5	0.5	1.2258	4.413	9.81	5.394	9.80
6	0.6	1.7652	5.394	9.81	6.374	9.81
7	0.7	2.4026	6.374	9.80	7.355	9.81
8	0.8	3.1381	7.355	9.81	8.336	9.80
9	0.9	3.9717	8.336	9.81	9.316	—
10	1.0	4.9033	9.316	9.80	—	—

在 $t<t_1$ 时只有数据 $f(0)=0$，无法计算 $f^\delta(t_n)$，第一个 f^δ 是在 $t=t_1$ 测出 $f(t_1)$ 后才计算出来，故记为 $f^\delta(t_1)$. 类似地，第一个二次微商

$$[f^\delta]^\delta = f^{\delta\delta}$$

其值是在 $t=t_2$ 又测出 $f(t_2)$ 后才能计算出来，故记为 $f^{\delta\delta}(t_2)$. 因此，实验本身决定了在端点 $t=t_0$ 上 $f^\delta(t)$ 没有意义. 问题设定的初速度为零不是实验测出来的，实验不能证明 $f^\delta(t_0)=0$.

在表中，$f^\delta(t_n)$ 是由 $f(t_n)$ 的测量值按定义

$$f^\delta(t_n) = [f(t_n) - f(t_{n-1})]/[t_n - t_{n-1}]$$

计算出来的，表中还按定义

$$f^\Delta(t_n) = [f(t_{n+1}) - f(t_n)]/[t_{n+1} - t_n]$$

类似地计算了 f^Δ 和 $f^{\Delta\Delta}$. 在 $t=t_0$ 上不存在 f^δ，但存在 f^Δ. 在另一端点 $t=t_m$ 上存在 f^δ，但不存在 f^Δ. 从物理考虑，$f^\delta(t_0)$ 没有意义，但 $f^\delta(t_m)$ 是有意义的. $f^\delta(t_m)$ 是 $t>t_m$ 时进一步对问题进行研究的初条件，$f^\Delta(t_m)$ 不存在是以后研究没有依据，因此，物理问题的研究支持采用 δ 微商.

实际上在四百余年前，在 1604 年 Galileo 从实验总结出落体定律时，就已碰到了上述实验数据处理问题. 就是说在 1604 年以前，实验物理学家已经应用了 δ 和 Δ 微商的数据处理方法，并且已认识到 $f^\delta(t_1)=f^\Delta(t_0)$ 是 $t_0<t\leqslant t_1$ 期间的平均速度. 直到 1671 年，Newton 才提出微商 $\mathrm{d}f/\mathrm{d}t$ 的概念. 就是说 δ 微商和 Δ 微商比普通微商更具体，更早地被认识和具体被应用，为什么四百年后的今天，反而认为 δ 和 Δ 微商比普通微商更抽象难懂，更不知它有什么用[28]，这倒是值得历史学家研

究的问题.

在上面列出的实验数据处理中,已定义了时间标度

$$N_m=\{n\,|\,n=0,1,2,\cdots,m\}$$
$$\tau=\{t=t_n\,|\,n\in N_m\},\quad t_n=n/m \tag{3-12}$$

以及数集 τ_k 和 τ^k,

$$\tau\backslash\tau_k=\{t_0\},\quad \tau\backslash\tau^k=\{t_m\}$$

还给出了 τ 上的基本运算,

$$\nu(t_n)=t_n-\rho(t_n)=t_n-t_{n-1}=1/m,\quad t\in\tau_k$$
$$\mu(t_n)=\sigma(t_n)-t_n=t_{n+1}-t_n=1/m,\quad t\in\tau^k$$

上面的例子还说明,数集 τ_k 和 τ^k 总比 τ 少一个点,即使在 $m\to\infty$ 的连续情况下,

$$\tau=\{t\,|\,t\in R,t_0\leqslant t\leqslant t_m\}$$

在端点 $t=t_0$ 上,函数 $f(t)$ 也没有左微商只有右微商. 而在另一个端点 $t=t_m$ 上, $f(t)$ 没有右微商只有左微商, $t<t_0$ 时出现什么情况并不知道, $t>t_m$ 时出现什么情况也不知道,可能在 $t=t_m$ 时落体已碰到地面,我们要知道的只是 $f^\delta(t_m)$,用以计算落体撞击地面的力.

从上述例子可以看出 τ_k 和 τ^k 之间是一对一的映射,即 $n\to(n-1)$,而且在映射中

$$f^\delta(t_n)=f^\Delta(t_{n-1})$$

对于二次 δ 微商 $f^{\delta\delta}(t_n)$,只定义在数集 τ_{kk},二次 Δ 微商 $f^{\Delta\Delta}(t_n)$ 只定义在数集 τ^{kk}. 数集 τ_{kk} 和 τ^{kk} 之间也是一对一的映射,即 $n\to(n-2)$,而且

$$f^{\delta\delta}(t_n)=f^{\Delta\Delta}(t_{n-2})$$

τ_{kk} 和 τ^{kk} 比 τ 少了两个点,类似地可以推及至更高级 δ 和 Δ 微商.

上面给出的 $f(t_n)$ 数据实际上是根据自由落体定律

$$f(t)=\frac{1}{2}gt^2 \tag{3-13}$$

计算出来的. 不同地点的重力加速度 g 稍有不同,因为重力 Mg 习惯用作力的单位,故 1901 年国际计量大会议定 $g=9.80665\,\text{m/s}^2$ 沿用至今. 四百多年前对上面给出的 $f^\delta(t_n)$,只认识到它是 $t_{n-1}\leqslant t\leqslant t_n$ 的平均速度. 有了式(3-11)的 δ 微商公式,就可确认

$$f^\delta(t_n)=\frac{1}{2}g[t_n+\rho(t_n)]$$
$$=g\cdot[(t_n+t_{n-1})/2]$$

是 $t=(t_n+t_{n-1})/2$ 时的速度,类似地, $f^\Delta(t_n)$ 是 $t=(t_n+t_{n+1})/2$ 时的速度. 由此可见, δ 和 Δ 微商的物理意义是很具体和有用的.

上面列表的数据中取 $m=10$,得到 $f^\delta(t_m)=9.316$, $f^{\delta\delta}(t_m)=9.800$,已经很接

近正确的终速度,其值为 $g \cdot (1\mathrm{s}) = 9.80665$ m/s.

3.5 时间标度变换

设有一标度变换使式(3-12)定义的时间标度改变为

$$N_m = \{n \mid n = 0, 1, 2, \cdots, m\}$$

$$\tau = \{t = t_n \mid n \in N_m\}, \quad t_n = \sqrt{2n/m} \tag{3-14}$$

这相当于取标度变换为

$$T = t^2/2$$

$$\tau = \{T = T_n \mid n \in N_m\}, \quad T_n = n/m \tag{3-15}$$

记 $F = f$,落体下降位移以 t 为变量时用函数 $f(t)$ 描述,以 T 为变量时落体位移函数变换为 $F(t)$,由式(3-13)得到

$$F(T) = gT \tag{3-16}$$

用式(3-13)、式(3-14)计算得到

$$f(t_n) - f(t_{n-1}) = \frac{g}{2} \left[\frac{2n}{m} - \frac{2(n-1)}{m} \right] = \frac{g}{m}$$

用式(3-15)、式(3-16)计算可得到

$$F^\delta(T) = g, \quad F^\Delta(T) = g$$

上面的方法在实验数据处理中常会用到,在自由落体实验数据作图中,以 $F = f$ 为纵坐标,以 $T = 2t^2$ 为横坐标.实验给出的 (T, F) 测量点组成一条过原点的直线,斜率为 g.

从物理而不是从数学的角度来描述时间标度的变换,上面的叙述可改为以下方式,传统时钟计时以小写 s 为单位,读数为 t,称为小秒钟.为了重新研究落体定律,假设可以制造一种新的计时装置,称为大秒钟,其读数为 T,单位为大写 S($=$ s²).在 $t = t_0 = 0$ 时调准 $T = T_0 = 0$,其读数调准为 $T = 2t^2$,这时,实验给出的落体定律应改为,在重力作用下,物体等速下降,速度为 $F^\delta(T) = 9.80665$ m/s,而加速度 $F^{\delta\delta}(T) = 0$.

一般认为物理定律是不变的,但当物理量的标度不同时,定律的表现形式会发生变化,时间标度由 t 改为 (ct) 是一种线性变换,式(3-15)的时间标度变换是非线性的.在研究慢效应中[1],常用 $\sqrt{t}$ 和 $\log t$ 为时间标度.当一种动力学规律表现得很复杂时,可以变换时间标度使之变简单,以便将规律找出来.

3.6 函数的连续性

在 3.3 节给出了函数 $f(t)$ 的 δ 微商 $f^\delta(t)$ 的严格定义,注意定义规定了 $t \in \tau$

和 $f \in R$. 而 $f^\delta(t)$ 定义在 $t \in \tau_k$ 上,关于 δ 微商,有以下定理:

定理 I 若 f 在 t 为 δ 可微,则 f 在 t 为连续.

定理 II 若 f 在 t 连续且 t 为左散布,则 f 在 t 为 δ 可微且

$$f^\delta(t) = \frac{f(t) - f(\rho(t))}{v(t)}, \quad t - \rho(t) = v(t)$$

定理 III 若 t 为左稠密,则 f 在 t 可微当且仅当以下极限存在唯一有限值,记为

$$f^\delta(t) = \lim_{s \to t} \frac{f(t) - f(s)}{t - s}, \quad s \leqslant t$$

定理 IV 若 f 在 t 为 δ 可微,则

$$f(\rho(t)) = f(t) + [\rho(t) - t]f^\delta(t)$$
$$= f(t) - v(t)f^\delta(t)$$

在 1.4 节已给出连续分析中函数 $f(t)$ 为连续的定义,当 $t \in \tau$ 时,这个定义也必须加以推广,定义在 $t \in \tau$ 上的函数 $f \in R$ 为连续的规定推广为,对任意给出的 $\varepsilon > 0$,存在 $\delta > 0$ 组成邻域

$$U = (t - \delta, t + \delta) \bigcap \tau \tag{3-17}$$

使对任意 $s \in U$ 有

$$|f(t) - f(s)| \leqslant \varepsilon \tag{3-18}$$

式(3-17)保证了 $s \in \tau$,使式(3-18)中的 $f(s)$ 有意义.特殊情况下若 $\tau = R$,则

$$U = (t - \delta, t + \delta) \bigcap R = (t - \delta, t + \delta)$$

这时,式(3-17)、式(3-18)的定义和连续分析相一致.

当 $s \in \tau$ 而 $f \in R$ 时,因为 t 和 f 属于不同的数集,就不能再从 f 来判断 t 的连续性,例如图 1.1(c)中 U_+ 在

$$(t_1, t_2), (t_3, t_4), \cdots$$

上是断续的,但图 1.3 表明 $f(t) = U_+$ 在

$$t_1, t_2, t_3, t_4, \cdots, t_m, t_e$$

等点是 δ 可微的.根据定理 I,$f(t)$ 在这些点都是连续的,$f(t)$ 的连续性必须而且只能由定义的式(3-17)、(3-18)来判断.

下面先证明定理 I,对于任意给出的 $\varepsilon > 0$,可以方便地设 $\varepsilon \in (0, 1)$,定义

$$\varepsilon^* = \varepsilon / [1 + 1f^\delta(t) + 2v(t)]$$

因为 $|f^\delta(t)|$ 和 $v(t) = t - \rho(t)$ 都是非负的,故有 $\varepsilon^* \in (0, 1)$.由 3.3 节定义,若 f 在 t 点可微则存在 δ 的邻域 $U = (t - \delta, t + \delta) \bigcap \tau$,使得任意 $s \in U$ 有

$$|[f(s) - f(\rho(t))] - [s - \rho(t)]f^\delta(t)| \leqslant \varepsilon^* |s - \rho(t)|$$

故对任意 $s \in U \bigcap (t - \varepsilon^*, t + \varepsilon^*)$ 有

$$|f(t) - f(s)| = |\{f(\rho(t)) - f(s) - f^\delta(t)[\rho(t) - s]\}$$

$$+\{-f(\rho(t))+f(t)-v(t)f^\delta(t)\}$$
$$+(t-s)f^\delta(t)|$$
$$\leqslant|\{\varepsilon^*|\rho(t)-s|\}+\{\varepsilon^*v(t)\}+|t-s\|f^\delta(t)\|$$
$$=\varepsilon^*|t-v(t)-s|+\{\varepsilon^*v(t)\}+|t-s\|f^\delta(t)|$$
$$=\varepsilon^*|v(t)-t+s|+\{\varepsilon^*v(t)\}+|t-s\|f^\delta(t)|$$
$$\leqslant\varepsilon^*v(t)+\varepsilon^*|s-t|+\varepsilon^*v(t)+|t-s\|f^\delta(t)|$$

因为 $|t-s|<1$，且 $|t-s|<\varepsilon^*$，故

$$|f(t)-f(s)|\leqslant\varepsilon^*[1+2v(t)+|f^\delta(t)|]=\varepsilon$$

所以 f 在 t 为连续.

在连续分析中习惯于用函数 $f(t)$ 曲线的图形直观地判断 f 的连续性.这时 $f\in R$ 且 $t\in R$，f 的连续表现为 $t\to s$ 时 $f(t)\to f(s)$.在连续和断续统一分析中，$f\in R$ 但 $t\in\tau$.虽然包括了 $\tau=R$ 作为特殊情况，但更一般情况下允许 τ 中的 t 出现间断而不能凭严密的数学定义来判断.例如式(2-1)定义的 $\tau=\tau_m=\{t=t_n\mid n\in N_m\}$，既不存在 $t_{n-1}\to t_n(1\leqslant n\leqslant m+1)$ 的情况，也不存在 $f(t_{n-1})\to f(t_n)$ 的问题，用图形表示数的直观性是不完全可靠的.

在函数 $f(t)$ 的连续中并没有规定要有多少个不同的 s 满足式(3-17)、式(3-18)，只要能找到一个 s，定义就成立.在 $t\in R$ 时有无限多个这样的 s，而在 $t\in\tau$ 时，有不少于一个这样的 s，"无限多个"只是"不少于一个"的特殊情况.

3.7 δ 微商定理的证明

前面给出了 δ 微商的四个定理，并通过定理 I 的证明说明了断续分析的意义，现在继续证明其他定理.

对于定理 II，因设 t 为左散布，故 $v(t)\neq0$，关于连续的式(3-18)，可按极限的定义改写为

$$\lim_{s\to t}f(s)=f(t),\quad s\in U$$

$f(t)$ 为连续，故这里才能用极限运算.当 t 为左稠密时，$s\to t$ 的意义和连续分析相同，但 $s\geqslant t$.当 t 为左散布时，对给定足够小的正 ε，U 中可以只有一个 s 值(即 $s=t$)，使上式成立.故定理 II 设 $f(t)$ 在 t 为连续且 t 为左散布时有

$$\lim_{s\to t}\frac{f(s)-f(\rho(t))}{s-\rho(t)}=\frac{f(t)-f(\rho(t))}{t-\rho(t)}=\frac{f(t)-f(\rho(t))}{v(t)}$$

因此，对任意给出的 $\varepsilon>0$ 存在 t 的邻域 U 使对任意 $s\in U$ 有

$$\left|\frac{f(s)-f(\rho(t))}{s-\rho(t)}-\frac{f(t)-f(\rho(t))}{v(t)}\right|\leqslant\varepsilon$$

因 $|s-\rho(t)|>0$，故对 $s\in U$ 有

$$\left|\left[f(s)-f(\rho(t))\right]-\frac{f(t)-f(\rho(t))}{v(t)}\left[s-\rho(t)\right]\right|\leqslant\varepsilon|s-\rho(t)|$$

这就给出

$$f^\delta(t)=\left[f(t)-f(\rho(t))\right]/v(t)$$

定理 II 证毕.

在证明定理 III 时,先设 f 在 t 上 δ 可微且 t 为左稠密. 对给定的 $\varepsilon>0$,因 f 在 t 上 δ 可微故存在 t 的邻域 U 使对任意 $s\in U$ 有

$$\left|\left[f(s)-f(\rho(t))\right]-f^\delta(t)\left[s-\rho(t)\right]\right|\leqslant\varepsilon|s-\rho(t)|$$

t 为左稠密使 $\rho(t)=t$,得到对任意 $s\in U$ 有

$$\left|\left[f(s)-f(t)\right]-f^\delta(t)(s-t)\right|\leqslant\varepsilon|s-t|$$

故对任意 $s\in U,s\neq t$ 有

$$\left|\frac{f(s)-f(t)}{s-t}-f^\delta(t)\right|\leqslant\varepsilon$$

从而得到要证明的结果

$$f^\delta(t)=\lim_{s\to t}\frac{f(s)-f(t)}{s-t}$$

然后反过来还可证明,若 $t\in\tau_k$ 且 t 为左稠密,则当极限

$$\lim_{s\to t}\frac{f(s)-f(t)}{s-t}=A$$

存在唯一有限值时,f 在 t 上 δ 可微且

$$f^\delta(t)=\lim_{s\to t}\frac{f(s)-f(t)}{s-t}$$

当作极限的唯一值 A 存在而且为有限值时,根据极限的定义对任意给出的 $\varepsilon>0$,存在 $\delta>0$ 构成 t 的邻域 $U=(t-\delta,t+\delta)\bigcap\tau$ 使对 $s\in U$ 有

$$\left|\frac{f(s)-f(t)}{s-t}-A\right|\leqslant\varepsilon$$

因为 $|s-t|>0$,而对任意 $t\in\tau_k$ 存在 $\rho(t)$,因 t 为左稠密使 $\rho(t)=t$,故

$$\left|\left[f(s)-f(t)\right]-A(s-t)\right|\leqslant\varepsilon|s-t|$$

$$\left|\left[f(s)-f(\rho(t))\right]-A(s-\rho(t))\right|\leqslant\varepsilon|s-\rho(t)|$$

因此 f 在 t 上 δ 可微且 $f^\delta(t)=A$.

定理 IV 的证明要分以下两种情况分别讨论:

第一,若 $\rho(t)=t$,则 $v(t)=0$ 而有

$$f(\rho(t))=f(t)=f(t)-v(t)f^\delta(t)$$

第二,若 $\rho(t)<t$,则由定理 II

$$f(\rho(t))=f(t)-v(t)\frac{f(t)-f(\rho(t))}{v(t)}$$

$$= f(t) - v(t)f^\delta(t)$$

定理 IV 证毕

关于 Δ 微商也有完全类似的以下几个定理[13]:

Ⅰ 若 f 在 t 上 Δ 可微,则 f 在 t 为连续.

Ⅱ 若 f 在 t 为连续且 t 为右散布,则 f 在 t 上 Δ 可微且

$$f^\Delta(t) = \frac{f(\sigma(t)) - f(t)}{\mu(t)}$$

Ⅲ 若 t 为右稠密,则 f 为 Δ 可微当且仅当极限

$$\lim_{s \to t} \frac{f(t) - f(s)}{t - s}, \quad s \geqslant t$$

存在唯一有限值,此时

$$f^\Delta(t) = \lim_{s \to t} \frac{f(t) - f(s)}{t - s}, \quad s \geqslant t$$

Ⅳ 若 f 在 t 上 Δ 可微,则

$$f(\sigma(t)) = f(t) + \mu(t)f^\Delta(t)$$

δ 和 Δ 微商以上述各自的四个定理为基础,这是连续分析到连续和断续统一分析的发展. 从以上定理的证明可以看出,这种发展在数学上是十分严密的,在物理上是急切需要的. δ 微商和 Δ 微商将左微商和右微商的定义分开了,从而作为特殊情况的普通微商也必须将左右微商的定义分开,这就保证了图 1.1(b)类型的连续函数 $f(t) = U(t)$ 在连续点

$$t_0, t_1, t_2, \cdots, t_m, t_e$$

上微商的唯一性.

3.8　组合函数 δ 微商的定理

前面的定理 Ⅰ～Ⅳ 是关于函数的 δ 微商定义的基本定理,下面继续讨论组合函数的 δ 微商定理. 设 f 和 g 在 $t \in \tau_k$ 为 δ 可微,则有以下定理:

定理 Ⅴ　和 $(f+g)$ 在 $t \in \tau_k$ 为 δ 可微且

$$(f+g)^\delta(t) = f^\delta(t) + g^\delta(t).$$

定理 Ⅵ　对任意常数 α,若定义在 τ 上的实数 f 为 δ 可微,则 (αf) 在 $t \in \tau_k$ 可微且

$$(\alpha f)^\delta(t) = \alpha f^\delta(t)$$

定理 Ⅶ　乘积 (fg) 在 $t \in \tau_k$ 为 δ 可微,且

$$(fg)^\delta(t) = f^\delta(t)g(t) + f(\rho(t))g^\delta(t)$$
$$= f(t)g^\delta(t) + f^\delta(t)g(\rho(t))$$

定理 Ⅷ　若 $f(t)f(\rho(t)) \neq 0$,则 $(1/f)$ 在 $t \in \tau_k$ 为 δ 可微,且

$$\left(\frac{1}{f}\right)^{\delta}(t)=-\frac{f^{\delta}(t)}{f(t)f(\rho(t))}$$

定理Ⅸ 若$g(t)g(\rho(t))\neq0$,则(f/g)在$t\in\tau_k$为δ可微,且

$$\left(\frac{f}{g}\right)^{\delta}(t)=\frac{f^{\delta}(t)g(t)-f(t)g^{\delta}(t)}{g(t)g(\rho(t))}$$

在以下的证明中,均设$f(t)$和$g(t)$是定义在$t\in\tau$上的实函数,并且都在$t\in\tau_k$为δ可微.

证明定理Ⅴ,对任意给出的$\varepsilon>0$存在t的邻域U_1和U_2使对任意$s\in U_1$有

$$|f(s)-f(\rho(t))-f^{\delta}(t)[s-\rho(t)]|\leqslant\frac{\varepsilon}{2}|s-\rho(t)|$$

而对任意$s\in U_2$有

$$|g(s)-g(\rho(t))-g^{\delta}(t)[s-\rho(t)]|\leqslant\frac{\varepsilon}{2}|s-\rho(t)|$$

令$U=U_1+U_2$,则对任意$s\in U$有

$$|(f+g)(s)-(f+g)(\rho(t))-[f^{\delta}(t)+g^{\delta}(t)][s-\rho(t)]|$$
$$\leqslant|f(s)-f(\rho(t))-f^{\delta}(t)[s-\rho(t)]|$$
$$+|g(s)-g(\rho(t))-g^{\delta}(t)[s-\rho(t)]|$$
$$\leqslant\frac{\varepsilon}{2}|s-\rho(t)|+\frac{\varepsilon}{2}|s-\rho(t)|=\varepsilon|s-\rho(t)|$$

故$(f+g)$在t为δ可微且$(f+g)^{\delta}=f^{\delta}+g^{\delta}$在$t$成立.

证明定理Ⅵ,可直接用式(3-10)的定义计算

$$(\alpha f)^{\delta}(t)=[\alpha f(t)-\alpha f(\rho(t))]/[t-\rho(t)]$$
$$=\alpha\left[\frac{f(t)-f(\rho(t))}{t-\rho(t)}\right]=\alpha f^{\delta}(t)$$

$(\alpha f)^{\delta}(t)$在$t\in\tau_k$时存在确定值,也就证明了(αf)为δ可微.

证明定理Ⅶ时,令$\varepsilon\in(0,1)$,定义

$$\varepsilon^{*}=\varepsilon[1+|f(t)|+|g(\rho(t))|+|g^{\delta}(t)|]^{-1}$$

则有$\varepsilon^{*}\in(0,1)$,因而存在t的邻域U_1,U_2和U_3使对任意$s\in U_1$有

$$|f(s)-f(\rho(t))-f^{\delta}(t)(s-\rho(t))|\leqslant\varepsilon^{*}|s-\rho(t)|$$

对任意$s\in U_2$有

$$|g(s)-g(\rho(t))-g^{\delta}(t)(s-\rho(t))|\leqslant\varepsilon^{*}|s-\rho(t)|$$

而由定理Ⅰ有,对于任意$s\in U_3$

$$|f(s)-f(t)|\leqslant\varepsilon^{*}$$

令$U=U_1\bigcap U_2\bigcap U_3$,并设$s\in U$,则

$$|(fg)(\rho(t))-(fg)(s)-[f^{\delta}(t)g(\rho(t))+f(t)g^{\delta}(t)][\rho(t)-s]$$

$$= |[f(s)-f(\rho(t))-f^\delta(t)(s-\rho(t))]g(\rho(t))$$
$$+[g(s)-g(\rho(t))-g^\delta(t)(s-\rho(t))]f(t)$$
$$+[g(s)-g(\rho(t))-g^\delta(t)(s-\rho(t))][f(s)-f(t)]$$
$$+(s-\rho(t))g^\delta(t)[f(s)-f(t)]$$
$$\leqslant \varepsilon^*|s-\rho(t)||g(\rho(t))|+\varepsilon^*|s-\rho(t)||f(t)|$$
$$+\varepsilon^*\varepsilon^*|s-\rho(t)|+\varepsilon^*|s-\rho(t)||g^\delta(t)|$$
$$=\varepsilon^*|s-\rho(t)|[|g(\rho(t))|+|f(t)|+\varepsilon^*+|g^\delta(t)|]$$
$$\leqslant\varepsilon^*|s-\rho(t)|[1+|f(t)|+|g(\rho(t))|+|g^\delta(t)|]$$
$$=\varepsilon|s-\rho(t)|$$

简记
$$f(\rho(t))=f_\rho,\quad g(\rho(t))=g_\rho$$

上面证明了 $(fg)^\delta=f^\delta g+f_\rho g^\delta$ 在 $t\in\tau_k$ 成立. 用类似方法将 f 和 g 的位置对换, 就可证明定理Ⅶ中的另一等式.

对定理Ⅷ的证明, 可用类似于证明定理Ⅵ的直接计算方法.
$$\left(\frac{1}{f}\right)^\delta=\left[\frac{1}{f}-\frac{1}{f_\rho}\right]\backslash[t-\rho(t)]$$
$$=\left[\frac{f_\rho-f}{ff_\rho}\right]\backslash[t-\rho(t)]=-\frac{f^\delta}{ff_\rho}$$

证明定理Ⅸ时可用定理Ⅶ和Ⅷ的结果作直接计算.
$$\left(\frac{f}{g}\right)^\delta(t)=\left(f\cdot\frac{1}{g}\right)^\delta(t)$$
$$=f(t)\left(\frac{1}{g}\right)^\delta(t)+f^\delta(t)\cdot\frac{1}{g_\rho}$$
$$=-f(t)\cdot\frac{g^\delta}{gg_\rho}+\frac{f^\delta}{g_\rho}$$
$$=\frac{f^\delta(t)g(t)-f(t)g^\delta(t)}{g(t)g(\rho(t))}$$

关于 △ 微商, 也有类似于定理 Ⅴ～Ⅸ 的结果, 已给出于式(1-29).

3.9　δ 微商的常用公式

我们的目的不在从纯数学观点去研究断续分析, 而是侧重讨论断续分析在物理学中的应用. 因此, 下面对连续和断续统一分析作若干补充后综合给出类似于式(1-29)的 δ 微商常用公式.

我们将算符 $\sigma(t)$ 定义在 $t\in\tau^k$ 上, 而 $\rho(t)$ 定义在 $t\in\tau_k$ 上, 国外将 σ 和 ρ 都定义

在 τ 上,但因 $f^{\triangle}(t)$ 定义在 $t\in\tau^k$ 上,而 $f^{\delta}(t)$ 定义在 $t\in\tau_k$ 上,故 $\triangle$ 和 δ 微商的公式不因 $\triangle$ 和 δ 的不同定义而改变. 类似地,在二次微商

$$f^{\triangle\triangle}(t)=f^{\triangle^2}(t)\text{ 和 }f^{\delta\delta}(t)=f^{\delta^2}(t)$$

中出现

$$\sigma\sigma(t)=\sigma^2(t)\text{ 和 }\rho\rho(t)=\rho^2(t)$$

我们将 $\sigma^2(t)$ 定义在上 $\tau^{kk}=\tau^{k^2}$,而将 $\rho^2(t)$ 定义在 $\tau_{kk}=\tau_{k^2}$. 类似式(3-4)、式(3-5),有导出数集

$$\tau^{kk}=\begin{cases}\tau^k\backslash(\rho(\sup\tau^k),\sup\tau^k], & \text{若 } \sup\tau^k<\infty\\ \tau^k, & \text{若 } \sup\tau^k=\infty\end{cases}$$

$$\tau_{kk}=\begin{cases}\tau_k\backslash[\inf\tau_k,\sigma(\inf\tau_k)), & \text{若 } \inf\tau_k>-\infty\\ \tau_k, & \text{若 } \inf\tau_k=-\infty\end{cases}$$

一个简单例子是对于 $h>0$,设

$$\tau=\{t=h\alpha|\alpha=1,2,3,\cdots,m\},\quad m\text{ 为自然数}$$

则

$$\sigma(t)=t+h,t\in\{h\alpha|\alpha=1,2,\cdots,m-1\}=\tau^k$$

$$\rho(t)=t-h,t\in\{h\alpha|\alpha=2,3,\cdots,m\}=\tau_k$$

$$\sigma^n(t)=t+nh,t\in\tau^{k^n}=\{h\alpha|\alpha=1,2,\cdots,m-n\},\quad n<m$$

$$\rho^n(t)=t-nh,t\in\tau_{k^n}=\{h\alpha|\alpha=n+1,n+2,\cdots,m\},\quad n<m$$

根据以上方法,可以计算高次 $\triangle$ 和 δ 微商.

我们将 $\sigma^n(t)$ 定义在 $t\in\tau^{k^n}$ 上,$\rho^n(t)$ 定义在 $t\in\tau_{k^n}$ 上,并且限制 σ 和 ρ 只用来计算 $\triangle$ 和 δ 微商,并且从物理考虑只采用 $\triangle$ 微商或只采用 δ 微商. 如果除去这些限制,可将 $\sigma(t)$ 和 $\rho(t)$ 用于求 $\triangle$ 或 δ 微商的问题. 如果允许对 $t\in\tau$ 上的一个函数 $f(t)$ 同时求 $\triangle$ 和 δ 微商,就会出现 $[f^{\triangle}(t)]^{\delta}$ 和 $[f^{\delta}(t)]^{\triangle}$ 等问题,对于这些有趣的纯数学问题,现在还看不出它和物理学的联系,故暂时留给数学家去考虑.

下面考虑两个例子,设 α 为常数,$m\in N,N$ 为自然数,定义

$$f(t)=(t-\alpha)^m$$

则有

$$f^{\delta}(t)=\sum_{r=0}^{m-1}(\rho(t)-\alpha)^r(t-\alpha)^{m-1-r}\tag{3-19}$$

用归纳法可证明这个公式,归纳法可简单叙述为,先任选一个 m 值证明公式成立,再设公式对某个 m 值成立,而去证明公式对 $(m+1)$ 亦成立.

先令 $m=1$,则按定义可计算

$$f^{\delta}(t)=(t-\alpha)^{\delta}=t^{\delta}-\alpha^{\delta}=1$$

以 $m=1$ 代入式(3-1),可见公式成立,再设式(3-19)成立,而去证明公式对

$$F(t)=(t-\alpha)^{m+1}=(t-\alpha)f(t)$$

亦成立,应用公理Ⅶ计算

$$F^\delta(t) = f(\rho(t)) + (t-\alpha)f^\delta(t)$$

$$= [\rho(t)-\alpha]^m + (t-\alpha)\sum_{r=0}^{m-1}(\rho(t)-\alpha)^r(t-\alpha)^{m-1-r}$$

$$= [\rho(t)-\alpha]^m + \sum_{r=0}^{m-1}(\rho(t)-\alpha)^r(t-\alpha)^{m-r}$$

$$= \sum_{r=0}^{m}(\rho(t)-\alpha)^r(t-\alpha)^{m-r}$$

可见式(3-19)对$(m+1)$亦成立.

再考虑 α 为常数,$m \in N$,定义

$$g(t) = \frac{1}{(t-\alpha)^m}$$

若$(t-\alpha)[\rho(t)-\alpha] \neq 0$,而有

$$g^\delta(t) = -\sum_{r=0}^{m-1}\frac{1}{[\rho(t)-\alpha]^{m-r}(t-\alpha)^{r+1}}$$

为证明此公式,可令 $g(t)=1/f(t)$. 由定理Ⅷ可得

$$g^\delta(t) = \frac{f^\delta(t)}{f(t)f_\rho(t)}$$

$$= -\frac{\displaystyle\sum_{r=0}^{m-1}[\rho(t)-\alpha]^r(t-\alpha)^{m-1-r}}{(t-\alpha)^m[\rho(t)-\alpha]^m}$$

$$= -\sum_{r=0}^{m-1}\frac{1}{(t-\alpha)^{r+1}[\rho(t)-\alpha]^{m-r}}$$

公式得证.

对二次微商,一般说来即使 f 和 g 均 δ 二次可微,但(fg)并非二次 δ 可微,因为由定理Ⅶ,

$$(fg)^\delta = f^\delta g + f(\rho(t))g^\delta$$

可知,若$(fg)^\delta$ 为 δ 可微,则还需设 $f(\rho(t))=f_\rho$ 为 δ 可微,这时,

$$(fg)^{\delta\delta} = (f^\delta g + f_\rho g^\delta)^\delta$$

$$= f^{\delta\delta}g + f^\delta(\rho(t))g^\delta + f_\rho^\delta g^\delta + f(\rho^2(t))g^{\delta\delta}$$

$$= f^{\delta\delta}g + [f^\delta(\rho(t)) + f_\rho^\delta]g^\delta + f(\rho^2(t))g^{\delta\delta}$$

由此可见,高次 δ 微商是很复杂的问题.

类似于 Δ 微商的式(1-29),综合以上的讨论,可以得出关于 δ 微商的一些常用公式,设 α 为常数,$m=1,2,3,\cdots,<\infty$,则有以下公式:

时间标度 $\tau = \{t \mid \cdots\}$ 为实数集的闭子集

$$\sigma(t) = \inf\{s \in \tau \,|\, s > t\}, \quad t \in \tau^k$$

$$\rho(t) = \sup\{s \in \tau \,|\, s < t\}, \quad t \in \tau_k$$

$$\tau^k = \begin{cases} \tau \backslash (\rho(\sup\tau), \sup\tau], & \text{若 } \sup\tau < \infty \\ \tau, & \text{若 } \sup\tau = \infty \end{cases}$$

$$\tau_k = \begin{cases} \tau \backslash [\inf\tau, \sigma(\inf\tau)), & \text{若 } \inf\tau > -\infty \\ \tau, & \text{若 } \inf\tau = -\infty \end{cases}$$

$$f^\Delta(t) = [f(\sigma(t)) - f(t)] / [\sigma(t) - t]$$

$$\text{若 } t \in \tau^k, \quad \sigma(t) > t$$

$$f^\Delta(t) = \lim_{s \to t+0} [f(s) - f(t)] / [s - t]$$

$$\text{若 } t \in \tau^k, \quad s \in \tau, \ \sigma(t) = t, \quad s > t$$

$$f^\delta(t) = [f(t) - f(\rho(t))] / [t - \rho(t)]$$

$$\text{若 } t \in \tau_k, \quad \rho(t) < t$$

$$f^\delta(t) = \lim_{s \to t-0} [f(t) - f(s)] / [t - s]$$

$$\text{若 } t \in \tau_k, \quad s \in \tau, \quad \rho(t) = t, \quad s < t$$

$$f^\delta(t) = f^\Delta(t) = \mathrm{d}f / \mathrm{d}t,$$

$$\text{若 } t \in \tau^k \bigcap \tau_k, \text{且 } \rho(t) = \sigma(t) = t, f^\delta(t) = f^\Delta(t)$$

$$\sigma^2(t) = \sigma\sigma(t), \quad t \in \tau^{kk} = (\tau^k)^k$$

$$\rho^2(t) = \rho\rho(t), \quad t \in \tau_{kk} = (\tau_k)_k$$

$$\alpha^\delta = 0$$

$$t^\delta = 1$$

$$(t^2)^\delta = t + \rho(t)$$

$$(\sqrt{t})^\delta = 1 / [\sqrt{t} + \sqrt{\rho(t)}]$$

$$(1/t)^\delta = -1 / [t\rho(t)]$$

$$(f+g)^\delta(t) = f^\delta(t) + g^\delta(t)$$

$$(\alpha f)^\delta(t) = \alpha f^\delta(t)$$

$$(fg)^\delta(t) = f^\delta(t) g(t) + f(\rho(t)) g^\delta(t)$$

$$= f(t) g^\delta(t) + f^\delta(t) g(\rho(t))$$

$$\left(\frac{1}{f}\right)^\delta(t) = -\frac{f^\delta(t)}{f(t) f(\rho(t))}$$

$$\left(\frac{f}{g}\right)^\delta(t) = \frac{f^\delta(t) g(t) - f(t) g^\delta(t)}{g(t) g(\rho(t))}$$

$$(f^2)^\delta(t) = [f(t) + f(\rho(t))] f^\delta(t)$$

$$(XYZ)^\delta(t) = X^\delta YZ + X(\rho(t)) Y^\delta Z + X(\rho(t)) Y(\rho(t)) Z^\delta$$

$$\left[(t-\alpha)^m\right]^\delta = \sum_{r=0}^{m-1} (\rho(t)-\alpha)^r (t-\alpha)^{m-1-r}$$

$$\left[\frac{1}{(t-\alpha)^m}\right]^\delta = \sum_{r=0}^{m-1} \frac{-1}{[\rho(t)-\alpha]^{m-r}(t-\alpha)^{r+1}}, \quad 若[\rho(t)-\alpha](t-\alpha)\neq 0$$

$$\sigma(\rho(t))=t, \quad 若 t\in\tau_k$$

$$\rho(\sigma(t))=t, \quad 若 t\in\tau^k$$

$$f^{\triangle\triangle}=f^{\triangle^2}=(f^\triangle)^\triangle, f^{\delta\delta}=f^{\delta^2}=(f^\delta)^\delta \tag{3-20}$$

可见 δ 微商的公式和 △ 微商的公式十分相似. 而当 $\rho(t)=t$ 时, δ 微商公式就变成普通微商公式.

但是,我们定义的 δ 和 △ 微商还有其特别之处. 这就是可以明确地称 δ 微商为左微商, 而 △ 微商为右微商. 当且仅当 $\rho(t)=\sigma(t)=t$ 而 $f^\delta(t)=f^\triangle(t)$ 时, 函数 $f(t)$ 在 t 点才有普通微商. 这并不与连续分析相矛盾,而只是将连续分析的定义更严格化了. 根据这个定义,图 1.1(b) 的函数 $U(t)$ 在 $(t_0,t_1,t_2,\cdots,t_m,t_e)$ 等点上虽然连续,但不存在普通微商,将左右微商分开定义,可以解决微商多值化的矛盾.

根据这种严格化的定义,连续分析中有些常用述语要作必要修改. 例如所谓"函数 $f(x)$ 在闭区间 $[a,b]$ 为连续可微",实际上只在开区间 (a,b) 为可微. $x=a$ 点只有右微商没有左微商, $x=b$ 点只有左微商没有右微商,故不能认为 a 或 b 点的左右微商相等.

3.10　因果律和时间的反演

前面介绍的 △ 和 δ 微商的重要意义,不仅在数学上将连续分析发展为连续和断续统一分析,更重要的是从时间标度上定义运算规则的一开始,就定义了前跃算符 $\sigma(t)$ 和后跃算符 $\rho(t)$. 这就使得在 δ 和 △ 微积分中,虽然允许衡量时间采用不同尺度,即引入时间 t 的标度变换;但不允许作时间反演,即不允许令 $t\to(-t)$ 的变换. 从而,物理学终于找到了和因果律相一致的分析数学,因果律是物理学中最重要和最广泛的公理. 因果律认为,过去完全决定了未来,但未来不可能改变过去,因果律的表达十分简单,可适用于各种科学分支. 也容易为普通人所接受,但具体讨论因果律,却涉及许多艰深的物理原理,还需要用到不少复杂的数学方法,很难为非理论物理专业的学者所理解,下面只能作通俗的介绍.

物理学以经典力学为基础,在用连续分析数学方法研究机械运动相关的动力学问题时,通常认为体系的坐标 y 随时间 t 的变化规律 $y(t)$ 遵从某个动力学方程

$$f(t,y,\mathrm{d}y/\mathrm{d}t,\mathrm{d}^2y/\mathrm{d}t^2,\cdots,\mathrm{d}^ry/\mathrm{d}t^r)=0$$

这时,因果律被简化为若 $t=t_0=0$ 的初条件为已知,则 $t>0$ 时的 $y(t)$ 函数完全确定. 连续分析数学中 $t\in R$ 的特点产生了三个问题,第一,认为动力学方程既适用于

$t=t_0=0$,也适用于 $t>0$ 或 $t<0$. 即认为动力学方程是客观存在的真理,亘古不变.
第二,动力学方程是 $y(t)$ 的 r 阶微分方程,其解含有 r 个待定的积分常数. 这些常数要由初条件决定,初条件指 $t=t_0$ 时的

$$y(t),\mathrm{d}y/\mathrm{d}t,\mathrm{d}^2y/\mathrm{d}t^2,\cdots,\mathrm{d}^{r-1}y/\mathrm{d}t^{r-1}$$

r 个值已知,这就改变了因果律的前提. 即认为 $t=t_0$ 的初条件和动力学方程一起完全决定了 $t>t_0$ 的未来的 $y(t)$,而 $y(t)$ 与 $t<t_0$ 的全部历史无关,或者说,只凭 $t=t_0$ 时的 r 个常数值就可以描述 $t<t_0$ 的任何复杂历史. 第三,时间反演是指将动力学方程中的 t 和 $y(t)$ 对 t 的奇次微商都正负反号,如果动力学方程对时间反演不变,动力学理论就将因果律颠倒过来了. 后面将指出,物理学中的普遍的动力学方程恰好是对时间反演不变的,文献上找到处理物理问题最早用到因果律的是在 1926 年[29]. 但是,至今未注意到所用数学方法可以将因果律颠倒,由此而产生了什么偏见和矛盾,均有待研究.

我们从实验引进 δ 微商的概念时,将广义位移 $f(t)$ 定义在 $\tau=\{t|t_0\leqslant t\leqslant t_e,\cdots\}$ 上,t_0 为开始研究的时间,t_e 为研究结束的时间,$f(t)$ 所满足的动力学方程

$$F(t,f,f^{\delta},f^{\delta\delta},\cdots,f^{\delta^r})=0$$

则定义在 $t\in\tau_{k^r}$ 上. 只知道 $t=t_0$ 时的初条件是不够的,因为

$$f^{\delta}(t_0),f^{\delta\delta}(t_0),\cdots,f^{\delta^r}(t_0)$$

涉及 $t\leqslant t_0$ 的历史. 这正是因果律所指的 $t\leqslant t_0$ 的历史决定着 $t>t_0$ 的未来,而在 $t_0\leqslant t\leqslant t_e$ 期间的研究,已可完全确定

$$f(t_e),f^{\delta}(t_e),f^{\delta\delta}(t_e),\cdots,f^{\delta^r}(t_e)$$

为 $t>t_e$ 的研究提供了历史资料. Δ 微商在 $t\leqslant t_e$ 关于 $f(t)$ 的研究不能确定

$$f^{\Delta}(t_e),f^{\Delta\Delta}(t_e),\cdots,f^{\Delta^r}(t_e)$$

的值,历史过去了还不能给出历史资料,使进一步的研究无法进行,因此因果律要求采用 δ 微商.

位移 $f(t)$ 定义在 $t\in\tau$ 而动力学方程定义在 $t\in\tau_{k^r}$ 上还有两点重要意义,第一,允许 $t\notin\tau$ 时 $f(t)$ 失去意义,允许 $t\notin\tau_{k^r}$ 时动力学方程不再正确,$\notin$ 表示不属于. 第二,我们研究的时间范围 $t_0\leqslant t\leqslant t_e$ 终究是很有限的. 因果律可以要求在此小范围内的动力学方程受 $-\infty\leqslant t\leqslant t_0$ 期间全部历史的影响,而不是只有所谓初条件 r 个常数决定于历史. 动力学方程本身受历史的影响可能涉及方程形式的变化. 但更简单的是方程数学表示式不变,而是表示式中含有的参数取值和历史有关. 这就使 δ 微积分提供了研究历史记忆效应的手段.

在时间标度上定义 δ 微积分,本身就排斥了考虑时间反演,这是和因果律一致的. 正是这个原因使我们采用时间标度的概念来研究连续与断续统一的数学分析,而不先定义空间标度或其他标度来讨论这种统一分析数学.

现在再稍为具体地讨论时间反演的意义. 在经典力学中应用最普遍的动力学方程为

$$\dot{q}_i = \frac{\partial H}{\partial p_i}, \quad \dot{p}_i = -\frac{\partial H}{\partial q_i}; \quad i = 1, 2, \cdots, N \tag{3-21}$$

方程描述了有 N 个自由度的复杂力学体系的普遍运动规律. q_i 为广义坐标, p_i 为相应的共轭动量, H 为哈密顿函数, 描述体系的能量, 当 H 不显含时间 t 时, 体系能量不变; 式 (3-21) 描述了体系由不平衡状态到平衡态的运动. 这时, 力学量 $A(p_i, q_i)$ 不显含 t, 但通过 $q_i(t)$ 和 $p_i(t)$ 随时间变化; 使宏观测出的 A 的相平均值 $\overline{A}(t)$ 随 t 而变[30].

在式 (3-21) 中, 时间反演表示变换

$$(t, q_i, \dot{q}_i, p_i, \dot{p}_i) \rightarrow (-t, q_i, -\dot{q}_i, -p_i, \dot{p}_i)$$

显然, 式 (3-21) 的动力学方程对时间反演是不变的. 正是利用动力学方程对时间反演的不变性, 证明了式 (1-9) 中的 $F_r = F_f$. 图 3.1 描述了有关的问题. $\bar{t}$ 代表经时间反演变换后的时间. 用图 3.1 来描述的式 (1-5)~式 (1-10) 的结果很容易被接受, 但实验向来都只能证明在 $t > 10^{-4}$ s 时必有 $F_r \neq F_f$. 这个错误的理论结果一定程度上可以说是经典力学所用的数学方法还不够严密所造成的. δ 微积分解决了这个矛盾.

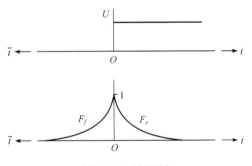

图 3.1　时间反演

在非平衡态热力学中, 时间反演起着重要的作用[31]. 量子力学也是以哈密顿函数为基础建立起来的, 当连续分析的普通微商严格化地改用时间标度上的 δ 微商会带来什么影响, 是个有趣问题. 因为时间标度包括了 $\tau = R$ 作为一种特殊情况, 所以一般来说物理学的许多结果对于采用 δ 微商是兼容的. 但可预期 δ 微积分将会给出更多新的结果, 而对应普通微积分所出现的错误, 可以在一定条件下作为近似允许其存在.

我们对算符 σ 和 ρ 定义范围作了稍微严格一点的限制, 从而区别地建立了 Δ 和 δ 微商. 作为物理问题, 因果律禁止时间反演. 但作为纯数学问题, 时间反演却是有趣的, 在一定条件下时间反演意味着 Δ 微商和 δ 微商之间的变换. 因此, 如果用

δ微商写出动力学方程,就说明动力学方程不允许作时间反演变换.换言之,用 δ 微商证明了因果律.

3.11　δ微积分的预备概念

后面将逐步讨论用δ微商写出的动力学方程的求解方法.先考虑δ微商的逆运算,以构成完整的δ微积分,为叙述方便和简洁,将沿用 Hilger 和 Bohner 提出的一些记号,简记左稠密(left-dense)为 ld,右稠密(right-dense)为 rd,记

$$f(\sigma(t)) = f_\sigma(t), \quad t \in \tau^k$$
$$f(\rho(t)) = f_\rho(t), \quad t \in \tau_k$$

将δ微积分中的定理按介绍的先后次序统一编号.前面的定理 I ～ IX 是关于δ微商的,关于积分的定理继续编号,后面介绍的主要定理都有严密的证明.没有给出证明的定理是直观地从 Δ 微积分[12,13]的类似定理推论出来的,尚待独立证明,

$$\delta f(t) = f^\delta(t) \cdot [t - \rho(t)] = f(t) - f(\rho(t))$$

称为 $f(t)$ 的δ微分.已知 $f(t)$ 时,很容易应用δ微商公式计算 $\delta f(t)$,已知 $\delta f(t)$ 计算 $f(t)$ 的过程称为δ积分.

为描述各类(classes)被称为可积的函数,需引入以下两个概念:

定义在 τ 上的实函数 $f(t)$ 称为规格的(regulated),若它在 τ 上的全部左稠密点均存在有限值的左极限,而在 τ 上全部右稠密点均存在有限值的右极限.

定义在 τ 上的实函数 $f(t)$ 称为 ld 连续,若它在 τ 上的左稠密点均为连续,而在 τ 的右稠密点均存在有限值右极限.类似地可定义 Δ 微积分中的 rd 连续.定义在 $t \in \tau$ 上的 ld 实函数 $f(t)$ 的集合记为

$$C_{ld} = C_{ld}(\tau) = C_{ld}(\tau, R)$$

定义在 $t \in \tau$ 上的实函数 $f(t)$ 的集合,若 $f(t)$ 可微且其δ微商为 ld 连续,则此集合记为

$$C_{ld}^1 = C_{ld}^1(\tau) = C_{ld}^1(\tau, R)$$

在 Δ 微积分中可用 C_{rd} 和 C_{rd}^1 等类似记号.

有关 ld 连续和规格函数的一些结果,可用以下定理归纳,在定理中设函数 $f(t)$ 定义在 $t \in \tau$ 上,简记为: $f:\tau \to R$.

定理 X　若 f 为连续,则 f 为 ld 连续

定理 XI　若 f 为 rd 连续,则 f 为规格的

定理 XII　定义在 $t \in \tau_k$ 的算符 $\rho(t)$ 给出一个 ld 连续函数

定理 XIII　若 f 为规格的或为 ld 连续,则 $f_\rho = f(\rho(t))$ 有同样性质

定理 XIV　设 f 为连续,若 $g:\tau \to R$,当 g 为规格的或 ld 连续时,则 $f_\rho g$ 亦具有同样性质

定义:连续函数 $f:\tau \rightarrow R$ 称为准(pre-)可微的,当具有微分区间 $D \in \tau_k$ 且 $\tau_k \backslash D$ 中不含 τ 的左散布元素;f 在任意 $t \in D$ 为可微的.这里的可微指 δ 可微.

为了说明准可微,先介绍一类时间标度,记为

$$P_{a,b} = \mathop{U}\limits_{k=0}^{\infty} [k(a+b), k(a+b)+a]$$

其中,常数 a 和 b 为正值.若 $\tau = P_{a,b}$ 则

$$\sigma(t) = \begin{cases} t, & \text{若 } t \in U_{k=0}^{\infty}[k(a+b), k(a+b)+a] \\ t+b, & \text{若 } t \in U_{k=0}^{\infty}\{k(a+b)+a\} \end{cases}$$

$$\rho(t) = \begin{cases} t, & \text{若 } t \in U_{k=0}^{\infty}(k(a+b), k(a+b)+a] \\ t-b, & \text{若 } t \in U_{k=0}^{\infty}\{k(a+b)\} \end{cases}$$

在 Δ 微积分中,此类时间标度常用于生物种属集居数的研究和预测[32].例如,学名为 magicicade septendecim 的产于美国东部的 17 年蝉,作为成虫以计算集居数的时间 a 约为一星期,但作为卵和幼虫存活时间 b 长达 17 年.北美学名为 stenonema canadense 的普通蜉蝣作为成虫时间的 a 短于一天,作为卵和幼虫存活的时间 b 为一年.

图 3.2 示出时间 $P_{a,b}$ 的 $\sigma(t)$ 和 $\rho(t)$,横坐标下面的短线标出 τ 中有意义的 t 值图,比较其中的 $\sigma(t)$ 和 $\rho(t)$ 可以看出,用 δ 微商代替 Δ 微商研究生物集居数的结果是等价的.但物理原理支持使用 δ 微商,在图 1.1 和图 1.3 的实验研究中,也采用了这类的时间标度.

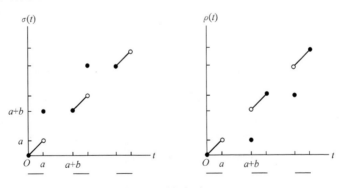

图 3.2　时间标度 $P_{a,b}$

令 $\tau = P_{1,2}$ 并设 $f:\tau \rightarrow R$ 义为

$$f(t) = \begin{cases} 0, & \text{若 } t \in U_{k=0}^{\infty}[3k, 3k+1] \\ t-(3k+1) & \text{若 } t \in [3k+1, 3k+2], \quad k \in N_0 \end{cases}$$

则 $f(t)$ 为准可微的,具有微分区间

$$D=\tau_k \backslash \overset{\infty}{\underset{k=0}{U}}\{3k+1\}$$

即

$$D=\tau_k \backslash \{t=1,4,7,\cdots\}$$

图 3.3 示出了 $P_{1,2}$ 和 $f(t)$，$t\in\tau$ 的结果. 显然，$\tau_k\backslash\{t=1,4,7,\cdots\}$ 是可微的；且其中不含有 τ 的左散布点. 同时，$f(t)$ 在任意 $t\in D$ 是可微的. $f(t)$ 在 τ_k 称为准可微是因为在 $\{t=1,4,7,\cdots\}$ 点上普通左右微商不相等. 在 δ 微商中进一步规定了普通微商也定义为左微商，这时准可微就成为 δ 可微. 此外 $\tau_k\backslash D$ 中不含 τ 的左散布元素，后者指 $\{t=0,3,6,\cdots\}$ 等.

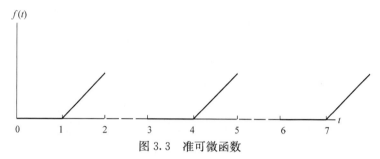

图 3.3　准可微函数

下面介绍一个连续分析中的定理及其证明，因为统一分析包括了连续分析作为其中的一部分，故有关的定理有条件地保留下来.

定理 XV　紧致(compact)区间的任意一规格函数都是有界的(bounded).

定理假设了 $\tau=[a,b]=\{t|a\leqslant t\leqslant b\}$，而 $f:\tau\to R$. 可以用反证法来证明定理，设 $f:[a,b]\to R$ 为无界的(unbunded)，就是说对任意 $n\in N$，存在 $t_n\in[a,b]$ 使 $|f(t_n)|>n$. 因为

$$\{(t_n)|n\in N\}\in[a,b]$$

存在一个收敛序列 $\{t_{n_k}\}$，$n\in N$. 即 τ 的紧致性使得对任意 $t_0\in[a,b]$ 存在

$$\lim_{k\to\infty} t_{n_k}=t_0$$

因为 $\{t_{n_k}|k\in N\}\subset\tau$ 且 τ 为闭集，故 $t_0\in\tau$，这使 t_0 不可能是孤立的，即存在一个序列从右趋向 t_0，或存在一个序列从左趋向 t_0. 无论从何方出现 $t\to t_0$，因为 $f(t)$ 为规格的，其极限为有限值，与前面设 f 为无界相矛盾.

3.12　中　值　定　理

下面介绍的中值定理对准可微函数成立，定理将用来证明准反微商和反微商的主要存在定理.

定理 XVI　设 f 和 g 为定义在 τ 上的实函数，且两者均为准可微并具有微分区间 D. 若有

$$|f^\delta(t)| \leqslant g^\delta(t)$$

对任意 $t \in D$ 成立,则对任意 $r, s \in \tau, r \leqslant s$ 有关系式

$$|f(s) - f(r)| \leqslant g(s) - g(r)$$

下面用归纳法证明上述中值定理,并详细说明归纳法原理.

设 $r, s \in \tau$ 且 $r \leqslant s$,记 $(r, s) \backslash D = \{(t_n) \mid n \in N\}$,定理的证明要求对任意给出的 $\varepsilon > 0$,表示式

$$S(t)\colon |f(s) - f(t)| \leqslant g(s) - g(t) + \varepsilon[s - t + \sum_{t_n > t} 2^{-n}]$$

成立. 因为若 $S(t)$ 成立则定理 XVI 必定成立,其中,$t \in [r, s]$. 用归纳法证明表示式 $S(t)$ 成立可分四步.

第一步,找一个特殊值 $t = t_0$,证明 $S(t_0)$ 成立.

若取 $t = s$,$S(t)$ 是成立的. 这时是平凡地(trivially)成立的.

第二步,证明若 $t \in (-\infty, t_0]$ 为左散布且 $S(t)$ 成立,则 $S(\rho(t))$ 亦成立.

设 t 为左散布且 $S(t)$ 成立,则 $t \in D$ 时有

$$\begin{aligned}
|f(s) - f(\rho(t))| &= |f(s) - f(t) + f^\delta(t)(t - \rho(t))| \\
&\leqslant |f(s) - f(t)| + [t - \rho(t)]|f^\delta(t)| \\
&\leqslant g(s) - g(t) + v(t)g^\delta(t) + \varepsilon[s - t + \sum_{t_n > t} 2^{-n}] \\
&= g(s) - g(\rho(t)) + \varepsilon[s - t + \sum_{t_n > t} 2^{-n}] \\
&= g(s) - g(\rho(t)) + \varepsilon[s - \rho(t) + \sum_{t_n > t} 2^{-n}]
\end{aligned}$$

故 $S(\rho(t))$ 成立.

第三步,证明若 $t \in (-\infty, t_0]$ 为左稠密,此时 $\rho(t) = t$. 考虑两种情况,即 $t \in D$ 和 $t \notin D$. 先设 $t \in D$,则 f、g 和 t 可微. 因而存在 t 的邻域 U 使对任意 $\tau \in U$ 有

$$|f(\tau) - f(t) - f^\delta(t)(\tau - t)| \leqslant \varepsilon|\tau - t|/2$$

及

$$|g(\tau) - g(t) - g^\delta(t)(\tau - t)| \leqslant \varepsilon|\tau - t|/2$$

故对任意 $\tau \in U$ 有

$$|f(\tau) - f(t)| \leqslant [|f^\delta(t)| + \frac{\varepsilon}{2}]|\tau - t|$$

及

$$g(\tau) - g(t) - g^\delta(t)(\tau - t) \geqslant -\frac{\varepsilon}{2}|\tau - t|$$

故对任意 $\tau \in U \cap (-\infty, t)$ 有

$$\begin{aligned}
|f(s) - f(\tau)| &\leqslant |f(t) - f(\tau)| + |f(s) - f(t)| \\
&\leqslant [|f^\delta(t)| + \frac{\varepsilon}{2}]|\tau - t| + |f(s) - f(t)|
\end{aligned}$$

$$\leqslant \left[g^{\delta}(t)+\frac{\varepsilon}{2}\right]|\tau-t|+g(s)-g(t)+\varepsilon\left[s-t+\sum_{t_n>t}2^{-n}\right]$$

$$=g^{\delta}(t)(t-\tau)+\frac{\varepsilon}{2}(t-\tau)+g(s)-g(t)$$

$$+\varepsilon(s-t)+\sum_{t_n>t}2^{-n}$$

$$\leqslant g(t)-g(\tau)+\frac{\varepsilon}{2}|\tau-t|+\frac{\varepsilon}{2}(t-\tau)+g(s)-g(t)$$

$$+\varepsilon(s-t)+\sum_{t_n>t}2^{-n}$$

$$=g(s)-g(\tau)+\varepsilon\left[s-t+\sum_{t_n>t}2^{-n}\right]$$

故对任意 $\tau\in U\bigcap(-\infty,t)$ 表示式 $S(\tau)$ 成立.

上面的 $(-\infty,t_0]$ 表示连续分析意义上的半开区间和 τ 的交集,图 3.4 举出定义在 τ 上的 f 和 g 的例子,具有 $0\leqslant|f^{\delta}(t)|\leqslant g^{\delta}(t)$. 图中还标出了定理中的 τ 和可微区间 D,以及每一步证明中的 τ 的特点.

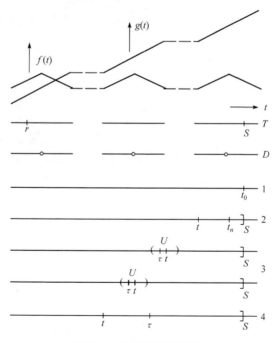

图 3.4 中值定理的证明

继续进行第三步证明时设 $t\notin D$,这时对某个 $m\in N$ 有 $t=t_m$,因 f 和 g 为准可微,故两者均连续. 所以存在 t 的邻域 U 使对任意 $\tau\in U$ 有

$$|f(t)-f(\tau)|\leqslant -\frac{\varepsilon}{2}\cdot 2^{-m}$$

及

$$|g(t)-g(\tau)|\leqslant -\frac{\varepsilon}{2}\cdot 2^{-m}$$

成立. 因为 $t>\tau$, 故

$$g(t)-g(\tau)\leqslant -\frac{\varepsilon}{2}\cdot 2^{-m}$$

计算

$$|f(s)-f(\tau)|=|f(s)-f(\tau)+f(t)-f(\tau)|$$
$$\leqslant |f(t)-f(\tau)|+|f(s)-f(t)|$$
$$\leqslant \frac{\varepsilon}{2}\cdot 2^{-m}+g(s)-g(t)+\varepsilon(s-t+\sum_{t_n>t}2^{-n})$$
$$\leqslant \frac{\varepsilon}{2}\cdot 2^{-m}+g(s)-g(\tau)+\frac{\varepsilon}{2}\cdot 2^{-m}+\varepsilon(s-t+\sum_{t_n>t}2^{-n})$$
$$=\varepsilon\cdot 2^{-m}+g(s)-g(\tau)+\varepsilon(s-t+\sum_{t_n>t}2^{-n})$$
$$\leqslant g(s)-g(\tau)+\varepsilon(s-t+\sum_{t_n>t}2^{-n})$$

故对任意 $\tau\in U\bigcap(-\infty,t)$ 有 $S(\tau)$ 成立.

第四步, 证明若对右稠密的 $t\in(-\infty,t_0)$ 有 $S(r)$ 成立于任意 $r\in(t,t_0]$, 则 $S(t)$ 成立.

设 t 为右稠密, 且对任意 $\tau<t$ 有 $S(\tau)$ 成立, 则

$$\lim_{\tau\to t_0^+}|f(s)-f(\tau)|\leqslant \lim_{\tau\to t_0^+}\{g(s)-g(\tau)+\varepsilon(s-t+\sum_{t_n>\tau}2^{-n})\}$$
$$\leqslant \lim_{\tau\to t_0^+}\{g(s)-g(\tau)+\varepsilon(s-t+\sum_{t_n>t}2^{-n})\}$$

因 f 和 g 在 t 均为连续, 故 $S(t)$ 成立.

上面用归纳法原理分四步证明了中值定理, 归纳法原理的正确性, 可用反证法证明之[13].

3.13 准逆导数的存在定理

设 f 和 g 为准可微, 并且有微分区间 D, 则由中值定理可得以下推论:

定理 XVII 若 U 为紧致区间, 具有端点 $r,s\in\tau$, 则

$$|f(s)-f(r)|\leqslant \left\{\sup_{t\in U_k\bigcap D}|f^\delta(t)|\right\}|s-r|$$

定理 XVIII 若对任意 $t\in D$ 有 $f^\delta(t)=0$, 则 f 为常数函数.

定理 XIX　若对任意 $t \in D$ 有 $f^\delta(t) = g^\delta(t)$，则对任意 $t \in \tau$ 有

$$g(t) = f(t) + C$$

其中，C 为常数.

这里只给出定理 XVIII 的证明，设 f 为准可微并有微分区间 D，令 $r, s \in \tau$ 且 $r \leqslant s$. 定义对任意 $t \in \tau$，

$$g(t) = \left\{ \sup_{\tau \in [r,s]_k \bigcap D} |f^\delta(\tau)| \right\}(t - s)$$

则

$$g^\delta(t) = \left\{ \sup_{\tau \in [r,s]_k \bigcap D} |f^\delta(\tau)| \right\} \geqslant |f^\delta(\tau)|,$$

对任意 $t \in D \bigcap [r,s]_k$ 成立. 由中值定理对任意 $t \in [r,s]$ 有

$$g(s) - g(r) \geqslant |f(t) - f(r)|$$

故得到

$$|f(s) - f(r)| \leqslant g(s) - g(r) \leqslant g(s)$$
$$= \left\{ \sup_{\tau \in [r,s]_k \bigcap D} |f^\delta(\tau)| \right\}(s - r)$$

定理得证.

以下给出 δ 积分的存在定理，其证明比较麻烦，参见文献[13]的第 8 章.

定理 XX　准逆导数的存在定理，设 f 为规格的，则存在函数 F 且 F 为准可微的，其微分区间为 D，对任意 $t \in \tau$ 有

$$F^\delta(t) = f(t)$$

定义：设函数 $f: \tau \to R$ 为规格的. 定理 XX 中的任一函数 F 称为 f 的准逆导数，定义规格函数 f 的不定积分为

$$\int f(t) \delta t = F(t) + C.$$

其中 C 为任意常数，而 F 为 f 的一个准逆导数函数，若对任意 $t \in \tau_k$ 有

$$F^\delta(t) = f(t),$$

则 $F: \tau \to R$ 称为 $f: \tau \to R$ 的一个准逆导数函数，定义柯西积分对任意 $r, s \in \tau$，

$$\int_r^s f(t) \delta t = F(s) - F(r)$$

注意和纯数学讨论[13]不同之处在于，我们从实验出发根据因果律来定义时间标度和 δ 微积分，因此，对这里的 δt 必须作附加规定，即当 t 为左散布时

$$\delta t = t - \rho(t)$$

而当 t 为左稠密时

$$\delta t = \lim_{\tau \to t_0^-}(t - \tau)$$

两种情况下均有 $\delta t > 0$，从而 δ 积分的上下界限必须规定为 $r \leqslant s$.

$t \in \tau$ 是时间标度上的自变量. 若定义 $T : \tau \to R$ 为

$$T = T(t) = -t$$

则在数学计算技巧上，前面的定积分可写为

$$\int_s^r f(t)\delta(-t) = F(s) - F(r)$$

但这时的 $(-t) \in R$，已经不是时间标度上的自变量.

下面介绍逆导数的存在定理：

定理 XXI　每个 ld 连续函数均有一个逆导数，特别地，若 $t_0 \in \tau$ 则 f 的一个逆导数可定义为

$$F(t) = \int_{t_0}^t f(\tau)\delta\tau, \quad t \in \tau$$

作纯数学讨论时只要求 $t \in \tau$，因为定理中的积分无论 $t \geqslant t_0$ 或 $t < t_0$ 均给出

$$\int_{t_0}^t f(\tau)\delta t = F(t) - F(t_0) = F(t)$$

这里默认了 $F(t_0) = 0$ 作为任意附加常数，若 $t < t_0$，则定理中的表示式只需改为

$$-F(t) = \int_t^{t_0} f(\tau)\delta\tau$$

若考虑到因果律的要求，则定理还要附加规定 $t_0 \leqslant t$，可见纯数学上的连续和断续统一分析中提出的时间标度概念，虽然给出考虑因果律的一个方面，但仍未能从数学上完成因果律的要求.

3.14　δ 积分公式

若 $f : \tau \to R$ 为 ld 连续且 $t \in \tau_k$，则

$$\int_{\rho(t)}^t f(\tau)\delta t = f(t)v(t) = f(t)[t - \rho(t_0)]$$

定理 XXII　若 $a, b, c \in \tau, \alpha \in R$，且 $f, g : \tau \to R$ 为 ld 连续，则有公式

$$\int_a^b [f(t) + g(t)]\delta t = \int_a^b f(t)\delta t + \int_a^b g(t)\delta t$$

$$\int_a^b \alpha f(t)\delta t = \alpha \int_a^b f(t)\delta t$$

$$\int_a^b f(t)\delta t = -\int_b^a f(t)\delta t$$

$$\int_a^b f(t)\delta t = \int_a^c f(t)\delta t + \int_c^b f(t)\delta t$$

$$\int_a^b f(\rho(t))g^\delta(t)\delta t = (fg)(b) - (fg)(a) - \int_a^b f^\delta(t)g(\rho(t))\delta t$$

$$\int_a^a f(t)\delta t = 0$$

定理 XXⅢ　设 $a,b\in\tau$ 且 $f:\tau\to R$ 为 ld 连续则

(i) $\displaystyle\int_a^b f(t)\delta t = \int_a^b f(t)dt,$　　若 $\tau = R.$

(ii) 若 τ 由全部孤立点组成, 则

$$\int_a^b f(t)\delta t = \begin{cases} \sum_{t\in(a,b]} f(t)v(t), & \text{若 } a<b \\ 0, & \text{若 } a=b \\ -\sum_{t\in(a,b]} f(t)v(t), & \text{若 } a>b \end{cases}$$

(iii) 若 $h>0$ 而 $\tau = hy$, 则

$$\int_a^b f(t)\delta t = \begin{cases} \sum_{k=\frac{a+h}{h}}^{b/h} f(kh)h, & \text{若 } a<b \\ 0, & \text{若 } a=b \\ -\sum_{k=\frac{a+h}{h}}^{b/h} f(kh)h, & \text{若 } a>b \end{cases}$$

(iv) 若 $\tau = N$, 则

$$\int_a^b f(t)\delta t = \begin{cases} \sum_{t=a+1}^{b} f(t), & \text{若 } a<b \\ 0, & \text{若 } a=b \\ -\sum_{t=a+1}^{b} f(t), & \text{若 } a>b \end{cases}$$

利用 3.9 节的 δ 微商公式, 可以得出一些 δ 积分的公式.

可以证明 $|f(t)|\leqslant g(t)$ 成立于 $(a,b]$, 则

$$\left|\int_a^b f(t)\delta t\right| \leqslant \int_a^b g(t)\delta t$$

若对 $a<t\leqslant b$ 有 $f(t)\geqslant 0$, 则

$$\int_a^b f(t)\delta t \geqslant 0$$

定义: 若 $a\in\tau$, $\inf\tau = -\infty$, 而 f 在 $(-\infty,a]$ 为 ld 连续, 则可定义非正常 (improper) 积分为

$$\int_{-\infty}^a f(t)\delta t = \lim_{b\to-\infty}\int_b^a f(t)\delta t$$

当然, 定义中的极限必须存在且为有限值, 这时, 称此非正常积分收敛. 若极限不存在, 则称此非正常积分发散.

下面给出定积分计算的例子, 设 $a\in\tau$ 且 $a<0$, $\inf\tau = -\infty$, 计算

$$\int_{-\infty}^a \frac{\delta t}{t\rho(t)} = ?$$

由 δ 微商公式知

$$\delta\left(\frac{1}{t}\right) = \left(\frac{1}{t}\right)^{\delta}\delta t = \frac{-\delta t}{t\rho(t)}$$

故

$$\int_{-\infty}^{a}\frac{\delta t}{t\rho(t)} = \frac{-1}{t}\bigg|_{t=-\infty}^{a} = -\frac{1}{a}$$

具体地令 $\tau = \{-\infty, \cdots -5, -3, -1, 1, 3, 5, \cdots, \infty\}$，则

$$\rho(t) = t-2, \quad \delta t = v(t) = 2$$

若 $a = -1, b = 1$ 则

$$\int_{-\infty}^{a}\frac{\delta t}{t\rho(t)} = 1, \qquad \int_{b}^{\infty}\frac{\delta t}{t\rho(t)} = 1$$

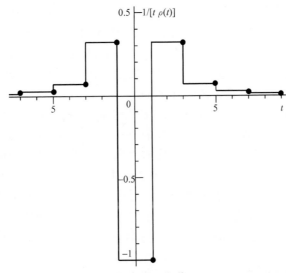

图 3.5 δ 积分

图 3.5 的黑点给出 τ 上定义的 $[1/t\rho(t)]$ 值. 两个积分分别给出级数

$$2\left[\cdots + \frac{1}{(-7)(-5)} + \frac{1}{(-5)(-3)} + \frac{1}{(-3)(-1)}\right]$$

和

$$2\left[\frac{1}{3\times 1} + \frac{1}{5\times 3} + \frac{1}{7\times 5} + \cdots\right]$$

的值, 均等于 1, 即图 3.5 阶梯曲线在积分区间所围的面积. 而

$$\int_{a}^{b}\frac{\delta t}{t\rho(t)} = \int_{\rho(t)=a}^{\rho(t)=b}\frac{\delta t}{t\rho(t)} = \frac{t-\rho(t)}{t\rho(t)}\bigg|_{t=1} = \frac{2}{1\times(-1)} = -2$$

故

$$\int_{-\infty}^{+\infty}\frac{\delta t}{t\rho(t)} = \int_{-\infty}^{a} + \int_{a}^{b} + \int_{b}^{\infty} = 1 - 2 + 1 = 0$$

注意,τ 上定义的函数只是图 3.5 中的一些黑点,图中曲线是根据 δ 积分的意义作出的. 因为在 τ 中定义的任意 t 值均不出现 $[t\rho(t)]=0$ 的情况,故 δ 积分在任意可能的区间内都是收敛的.

3.15　连续和断续统一分析的数学

自从 1988 年 Hilger 在他的博士论文中提出时间标度[12]概念后,Δ 微积分方法系统地被用来研究线性动力学方程[33、34、35、36、37]. 接着又被用来研究非线性动力学[38、39、40]方程和数学上复杂的不等式[41]. 在此基础上将时间标度 τ 的概念进一步在数学上抽象化,建立了连续和断续统一的分析数学[42、43]. 通过和 τ 一起定义跳跃算符 α,当 $\alpha=\sigma$ 时给出 Δ 微积分. 当 $\alpha=\rho$ 时给出 δ 微积分. 当 $\tau=R$ 时给出普通微积分. 国外将 δ 微积分称为 ∇(nable)微积分[44]. 因为在凝聚态理论中,三维坐标空间变量常和时间变量一起出现,而 ∇ 已习惯用作空间矢量微分算符,故我们改用记号 δ. 其实,在物理和其他用到数学的不同学科中,早就出现了自变量为断续的问题,过去一直用差分方程代替微分方程描述此类问题[32、45、46]. 时间标度的概念将差分方程和微分方程的基础理论统一起来了.

从分析数学发展的历史可以看到,连续分析是十分抽象和艰难的,参见 1.4 节的有关介绍,$\tau=R$ 时出现的是完全连续的分析. 若 τ 中出现的每一个 t 都是孤立的,则涉及的数学分析是完全断续的. 从前面的讨论,特别是从中值定理的证明和随后的介绍看来,完全的断续分析要比完全的连续分析具体和容易得多,历史上物理学家提出的问题好像是捉弄了数学家,使他们先在抽象和艰难的问题上吃尽苦头. 三百多年后数学家才自己发现,原来还有更具体和容易的问题尚未解决. 物理学家却不重视这一发现,反而引起生物学家的注意,因为生命科学中出现的常是断续的数学[13、32].

但是统一分析包括了连续和断续分析,因此比完全连续分析要更为抽象和艰难. 从 3.9 节的式(3-20)可以看到,函数 $f:\tau\to R$ 的一次 δ 微商中出现了后跃算符 $\rho(t)$. 从 1.6 节式(1-29)可以看出 $f^{\Delta}(t)$ 中出现了前跃算符 $\sigma(t)$. 因此,f 的二次微商就面临 $\rho(t)$ 和 $\sigma(t)$ 的微商的困难,可以视 $\sigma(t)$ 和 $\rho(t)$ 为前跃函数和后跃函数,但 $\sigma:\tau\to\tau$ 和 $\rho:\tau\to\tau$ 的性质明显区别于一般函数 $f:\tau\to R$. 下面以 σ 和相关的 Δ 微商为例[13]加以说明. ρ 和相关的 δ 微商有类似情况.

当且仅当 τ 中不含有同时为左稠密而又为右散布的点时,$\sigma(t)$ 才是映射函数. 此条件意味着若 $\inf\tau\in\tau$ 则 $\inf\tau$ 为右稠密. 当且仅当 τ 中不含有同时为左散布而又为右稠密的点时,$\sigma(t)$ 才是一对一(one-to-one)映射的. 此条件意味着若 $\sup\tau\in\tau$ 则 $\sup\tau$ 为左稠密.

由 Δ 微商的定义可以证明若 $t\in\tau^{k}(t\neq\min\tau)$ 满足 $\rho(t)=t<\sigma(t)$,则 $\sigma(t)$ 为 Δ 不可微,因此,由式(1-29)得到的 $f(t)=t^{2}$ 的一次微商

$$f^{\triangle}(t) = t + \sigma(t)$$

因为 $f^{\triangle}(t)$ 中含有 $\sigma(t)$ 项,可能就不存在二次微商 $f^{\triangle\triangle}(t)$,这决定于所定义的 τ 的性质.

一般地,$\sigma(t)$ 是不连续的,例如令

$$\tau = \{t_n = -1/n \mid n \in N\} \bigcup N_0$$

则

$$\sigma(t_n) = t_{n+1} = -1/(n+1) \to 0,\text{若 } n \to \infty$$

因为

$$\tau = \left\{-\frac{1}{1}, -\frac{1}{2}, -\frac{1}{3}, \cdots, -\frac{1}{\infty}, 0, 1, 2, \cdots\right\}$$

故

$$\sigma(0) = 0$$

这时

$$\lim_{s \to 0} \sigma(s) \neq \sigma(0)$$

说明 $\sigma(t)$ 在 $t = 0$ 点是不连续的. 根据定义,$\sigma(t)$ 在不连续点上是不可微的. 一般说来,σ 在 t 的右稠密点上连续,而在 t 的左稠密点上有极限为

$$\lim_{s \to t_0} \sigma(s)$$

可以举出一个例子,$\sigma: \tau \to \tau$ 虽然连续但在右稠密点 $\tau \in \tau$ 上仍为不可微,令

$$\tau = \left\{t_n = \left(\frac{1}{2}\right)^{2^n} \mid n \in N_0\right\} \bigcup \{0, -1\}$$

$$= \left\{1, 0, \left(\frac{1}{2}\right)^{2^{\infty}}, \cdots, \left(\frac{1}{2}\right)^{2^2}, \left(\frac{1}{2}\right)^2, \left(\frac{1}{2}\right)\right\}$$

则 $n \to \infty$ 时,$\sigma(t_n) = t_{n+1} \to 0$,而 $\sigma(0) = 0$. 故 $s \to 0$ 时 $\lim \sigma(s) = \sigma(0)$,即 $\sigma(t)$ 在 $t = 0$ 点为连续,但当

$$\lim_{s \to 0} \frac{\sigma(\sigma(0)) - \sigma(s)}{\sigma(0) - s} = \lim_{s \to 0} \frac{\sigma(s)}{s} = \lim_{s \to 0} \frac{\sqrt{s}}{s}$$

$$= \lim_{s \to 0} \frac{1}{\sqrt{s}} = 0$$

故 $\sigma(t)$ 在 $t = 0$ 时为不可微,而且,事实上这和 $t = 0$ 的点是左稠密或左散布无关. 注意此时 $f = t$ 在 $t = 0$ 点为二次可微,但 $f = t^2$ 则否.

从纯数学的考虑,可以允许 δ 微商和 △ 微商同时存在,这时的情况更为复杂,从定义容易证明,若 $f: \tau \to R$ 在 $t \in \tau^k$ 为 △ 可微,则 f 在 $t \in \tau_k$ 为 δ 可微. 当全部 $t \in \tau$ 均为孤立时,

$$F^{\delta}(t) = f^{\triangle}(\sigma(t)), \qquad t \in \tau_k$$

注意此时 $\rho(\sigma(t)) = t$.

在连续和断续统一分析中,动力学方程中可以出现 △ 或 δ 微商之一,也可以

同时出现 Δ 和 δ 两种微商. 物理学侧重根据因果律由过去预言未来, 故倾向于采用 δ 微商. 但不能认为 Δ 微商没有实用意义. 考古学就是根据当代发现来推测历史的, 关键在于承认某个动力学过程从历史到现在都一直成立.

3.16　生命科学中的动力学方程

生命科学要使用物理学的定量研究方法时, 碰到的最简的量就是集居数(population) N. N 是地球单位面积上平均存活的某个种属的生物个体的数目. 生命科学中最基本的问题是 N 随时间 t 变化规律所遵从的动力学方程. 这样最简单的基本问题因找不到可用的数学方法而一直因扰着生物学家. 例如, 令 $N(t)$ 描述某种植物, 实验证明在 4~9 月间, $N(t)$ 按 $dN/dt=N$ 的规律增加, 10 月开始, 全部此种植物突然死去, 但其种子留在地下, 到次年 4 月开始再生长出死前 N 值一倍的植物, 连续分析数学无法处理在 10 月至次年 4 月大起大落的 $N(t)$[32].

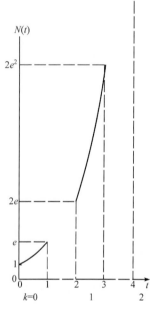

图 3.6　植物的集居数

时间标度的概念恰好解决了这个问题, 可以在不同的月份采用不同的尺度来计量时间 t, 令开始研究的那年 4 月 1 日为 $t=0$, 同年 10 月 1 日为 $t=1$. 次年 4 月 1 日为 $t=2$, 次年 10 月 1 日为 $t=3$, 如此下去, 为了方便, 不妨令初条件 $N(0)=1$. 根据 3.11 节的介绍, 这样定的时间标度可记为

$$\tau=P_{1,1}=\overset{\infty}{\underset{k=0}{\overset{\cdot\cdot}{U}}}[2k,2k+1]$$

根据实验结果作出的 $N(t)$ 关系示于图 3.6.

时间标度方法严密之处在于认为 $(2k+1)<t<2(k+1)$ 时 $N(t)$ 没有定义, 而不是此时 $N(t)=0$. 因为一颗种子不是一株植物, 但种子的存活和数量关系到以后长出的植物数量. 根据实验, 一些时间 t 的集居数 $N(t)$ 可参考图 3.6 列出为

	$N(t_{2k})$	$N(t_{2k+1})$	t_{2k}	t_{2k+1}
$k=0$	1	e	0	1
1	$2e$	$2e^2$	2	3
2	$4e^2$	$4e^3$	4	5
3	$8e^3$	$8e^4$	6	7
...	...	...	...	...

利用归纳法可总结出实验规律

$$N(t) = \left(\frac{2}{e}\right)^k e^t \tag{3-22}$$

在 $t_{2k} \leqslant t < t_{2k+1}$ 的连续区间,式(3-22)满足实验规律 $\mathrm{d}N/\mathrm{d}t = N$. 将式对 t 求 Δ 微商以消去 k,就可得到 $N(t)$ 的动力学方程,在所定义的 τ 中,$\Delta t = 1$,$\delta t = 1$,故在 $t = t_{2k+1}$ 点上

$$\begin{aligned}
\frac{\Delta N(t)}{\Delta t} &= \left(\frac{2}{e}\right)^{k+1} e^{2k+2} - \left(\frac{2}{e}\right)^k e^{2k+1} \\
&= \left(\frac{2}{e}\right)^k e^{2k+1} \left[\left(\frac{2}{e}\right)e - 1\right] = N(t_{2k+1}) \\
N^\Delta(t) &= N(t)
\end{aligned} \tag{3-23}$$

类似地,将式(3-22)求 δ 微商以消去 k. 在 $t = t_{2k}$ 点上,

$$\begin{aligned}
\frac{\delta N(t)}{\delta t} &= \left(\frac{2}{e}\right)^k e^{2k} - \left(\frac{2}{e}\right)^{k-1} e^{2k-1} \\
&= \left(\frac{2}{e}\right)^{k-1} e^{2k-1} \left[\left(\frac{2}{e}\right)e - 1\right] \\
&= N(t_{2k-1}) = N(\rho(t_{2k})) \\
&= N(\rho(t))
\end{aligned} \tag{3-24}$$

当 $2k < t \leqslant (2k+1)$ 时 t 为连续,$\rho(t) = t$. 故此时仍有 $\mathrm{d}N/\mathrm{d}t = N$.

式(3-22)~式(3-24)用了初条件 $N(0) = 1$. 若用 $[N_0 f(t)]^\delta = N_0 f^\delta(t)$,仍可得到式(3-23)和式(3-24). 故动力学方程和初条件一起决定了 $N(t)$.

由已知的实验规律求时间标度上的动力学方程显得较为简单. 由动力学方程和初条件求解 $N(t)$ 的过程要复杂得多,但这时就可引入气温、雨量等因素来得到不同的解,即预测或控制未来的 $N(t)$. 作一比喻,牛顿建立微积分从行星运动观测数据找到了动力学方程

$$\mathbf{F}(t) = m\mathrm{d}^2\mathbf{R}/\mathrm{d}t^2$$

经典力学就是以这个动力学方程为基础建立起来的.

时间标度方法也可用于研究动物种属的集居数,例如,携带西尼罗河病毒的蚊子[28],蚊子的成虫在冬天都死了,死前留下的卵使来年出现新一代蚊子. 西尼罗河病毒的传播模式不仅关系到蚊子数量的断续变化因素,还涉及连续因素. 因为病毒可在蚊子、人和候鸟之间传播,受感染的候鸟可以飞回来传播病毒,成为连续变化因素,预期只有时间标度统一连续和断续分析的方法才能研究病毒的传播模式. 时间标度方法还被用来研究食欲过剩的学生之间的相互影响,股票市场的计算和发动机的油耗量等多个方面[28].

3.17 时间标度方法的评论

物理学的任务是根据实验规律找到动力学方程,然后借用数学研究成果提供

的该类方程的解来了解和预言新的规律. 时间标度上的动力学方程的解是十分复杂的,物理学家要看明白也很不容易,因此这里不作介绍,历史上有先例,量子力学找到波动方程后,立刻就可利用方程的有解条件得出量子化的重要结果. 至于如何证明这些有解条件,是数学家的事,物理学家无能为力. 同一个人同时研究数学和物理,像牛顿那样的年代已经过去了,下面只对时间标度方法作若干评论和展望.

第一,分析数学的重大领域拓展,时间标度方法将分析数学从连续拓展到断续,并开始将两者统一起来. 这是国外已经广泛公认了,但是国外只注意到将断续统一到连续中去,而没注意到断续分析也有它的前身基础(差分方法),统一不是重此轻彼,而是一视同仁,统一既要改进差分方法中未够完善之处,也要同时改变不利于统一的矛盾. 例如,前面我们已指出为了统一,首先要放弃连续分析中关于连续的基本定义,严格定义只有左连续和右连续,只有左微商和右微商,左右同时连续,或左右微商是否相等,都只是偶然出现的问题. 因此,统一分析既要发展断续分析,同时还要改造连续分析,特别要找出三百多年来连续分析唯我独尊的历史如何妨碍或抑制了分析数学的发展.

第二,相关数学领域的重建,在纯数学领域和分析数学相关的分支很多,都会因分析数学的突破性拓展而出现重建问题. 直接在分析数学基础上建立起来的就有常微分方程、偏微分方程、积分方程等. 近几年国外兴起的研究时间标度上的动力学方程巨大热潮[13],都还只限于常微分方程. 偏微分方程比常微分方程更为复杂,讨论一个偏微分方程的问题足以写一本专著,但物理学史表明,偏微分方程比常微分方程出现得更多而且更有用. 国外认为时间标度方法统一了连续和断续分析的观点的片面性限制了在统一分析基础上建立偏微分方程的萌芽."时间标度"中"时间"二字使分析数学被限制为只允许有一个自变量,这是不对的. 但愿首先在我国突破这一限制,完成统一分析的更广泛的基础,积分方程比偏微分方程更为深奥和复杂,在物理学中还只闻其声未见其形,但据信积分方程在凝聚态理论中有望解决重大问题[47]. 只就在统一分析基础上重建或扩建这三种方程的理论,恐怕也要花上几代数学家的努力,更不用说其他相关分支了.

第三,标度变换,在国外,因为只有生物学家关心 Δ 微积分而未引起物理学家的注意,故只强调了时间标度方法在统一分析中的意义. 其实,在历史上断续分析先于连续分析出现于应用,两者已分别各自发展了三百余年. 统一只是机会和方法问题,更为重要的是 Hilger 公然敢于对同一变量在不同区间使用不同衡量尺度,这种标度变换技巧才是 Hilger 的史无前例的伟大创举. 将两种分析统一起来只是标度变换的一个应用. 在图 3.6 中,区间 $0 \leqslant t \leqslant 1$ 和 $1 \leqslant t \leqslant 2$ 的长度都是 1. 但前者的时间为 4 月 1 日至 9 月 30 日共 183 日,后者为 10 月 1 日至次年 3 月 31 日共 182 日,润年才是 183 日,生物学家都把两者称为半年,物理学家是不会用半年这样的不确定术语计量时间的. 标度变换方法使得到的动力学方程,即式(3-23)或式(3-24)成为最简单的齐次线性微分方程.数学形式的简化意味着自然规律的高度抽象,可以用来说明更多的问题.

第四,空间标度,标度变换的方法可以用于坐标(x,y,z)中的任一分量,从而用空间标度也可以将连续分析统一起来.这时将出现左 δ 偏微商和右 Δ 偏微商.如果允许在不同范围使用长度的不同尺度,则空间标度正是研究凝聚态体系中二级结构拓扑运动的方法,时间标度是统一分析,但统一分析不一定是时间标度.空间标度或其他什么标度也可以是统一分析.时间标度已研究了 17 年,但统一分析还没完全开始研究.

第五,微跃变和大跃变的分离,一个变量在某阶段可以微小甚至连续地变化,但同一个变量在另一情况下只能以某种非零大步距跃变.从而一个变量要同时用两个代数符号描述.例如,图 3.6 中的 t 和 k 都是描述时间,在定义的区间内 t 是连续变化的.但 k 只能断续地跳变,跃距为 1,在式(3-22)中,t 和 k 分离了,分别出现在 e^t 和 $(2/e)^k$ 两个因子中,变量的分离可以带来许多方便,波动方程就是用分离变量方法得出主量子数、角量子数和磁量子数等量子化结果的.式(2-4)～式(2-8)正是用变数分离方法将铁电动力学方程中的 $\delta Q/\delta t$ 化为不同的连续方程

$$\frac{\mathrm{d}Q(n;U)}{\mathrm{d}t}=\frac{4U_\mathrm{p}}{\tau}\frac{\mathrm{d}Q(n;U)}{\mathrm{d}U},\quad t_{n-1}<t\leqslant t_n$$

$n=1,2,3,\cdots$ 代表不同的方程,而

$$\mathrm{d}Q(n;U)=Q_{n-1}f(U)\mathrm{d}U$$

$f(U)$ 为高斯函数.在 $\mathrm{d}Q$ 中,n 只出现于因子 Q_{n-1},而 t 只出现于因子 $f(U)$ 的$U(t)$中.变数分离方法甚至可以回避统一分析中断续带来的麻烦,而只需应用已被熟知的普通微积分方法.

对于实函数 $f(t),t\in\tau$,当 $\tau=R$ 时会有以下情况:f 中对 t 的变化可分为迅变和缓变两个部分.例如,当 t 增大 10^{-3} 时迅变部分就会使 f 出现显著变化;而当 t 增大 10^3(设 $t\geqslant0$)时,f 的缓变部分才引起 f 有可觉察的变化.这时,作为很好的近似可将定义域$[0,\infty]$划分为许多区间

$$[0,1),[1,2),[1,2),\cdots,[n-1,n),\cdots$$

在每个区间 f 中的迅变部分的 t 仍为连续变量.但在 f 的缓变部分中,区间$[n-1,n)$的 t 就近似认为 $t=n$.这时,时间就要以连续的 t 和断续的 n 共两个代数符号来描述.注意 $t\in\tau$ 且 $n\in\tau$,记 n 的集合为 $\tau_n\in\tau$.当 $n\neq m$ 时

$$\tau_n\bigcap\tau_m=0$$

而

$$\tau=\bigcup_{n=1}^{\infty}\tau_n$$

从而 τ 成了复合的时间标度,这种情况在物理学中常会出现,铁电疲劳和老化就是例子.一般常见函数都可认为是迅变的,缓变函数的表达形式是时间标度中的有趣

问题.

第六,完全断续分析,若任意 $t\in\tau$ 都是孤立的点,则对实函数 $f(t)$ 的分析成为完全断续的.这时数学问题变得最为简单.只要 f 在 τ 上为有界,则 $f(t)$ 在 τ^k 上 Δ 可微,在 τ_k 上 δ 可微,并且 $f(t)$ 在任意区间 $U\in\tau$ 为可积.

存在于 (x,y,z,t) 四维时空的物质,因 2.12 节的式(2-84)和式(2-85)的不确定关系的存在,使

$$x,y,z,t;P_x,P_y,P_z,E$$

等变量的取值都只出现于 τ 中孤立的点.这时的物理学属于量子力学,它用的却是数学上最简单的完全断续分析.在凝聚态体系的量子统计理论中,若代替常用的连续分析而改用孤立分析数学方法,将会出现什么新结果有待研究.

第七,微分意义的进一步严密化,在 $f:\tau\to R$ 中若 $\tau=R$,则统一分析退化为连续分析.这时,传统地将微分

$$df=f'(t)dt$$

看成一种近似,视 df 为 t 和 dt 的函数.在 t_0 的一个邻域中 $f'(t_0)$ 近似为常数,这时 dt 成为 df 中的唯一独立变量.在统一分析中,这种近似性质不再存在,例如微分

$$\delta f(t)=f^\delta(t)\delta t=f(t)-f(\rho(t))$$

而 $\delta t=[t-\rho(t)]$. δt 精确地是 t 的函数而不是独立变量. $\delta f(t)$ 中的唯一变量仍是 $t,\delta f(t)$ 的表示式是精确的而非近似的.进一步还规定了 $f^\delta(t)$ 为左微商而 $f^\Delta(t)$ 为右微商.

可见统一分析不仅发展了连续分析,还同时使连续分析进一步严密化.一般说来,对于 $f:\tau\to R$,若有常数 $c\in\tau$ 则

$$\delta t\neq\delta(t+c)$$

甚至 $(t+c)\notin\tau$.但若 c 为常数,则在连续分析中

$$dt=d(t+c)$$

在物理学上,若 $t\in R$ 和 $c\in R$ 则 $(t+c)\in R$,这意味着时间的平移对称,而 $t\in R$ 和 $c\in R$ 有 $(t+c)\notin\tau$ 或 $\delta t\neq\delta(t+c)$,则意味着时间失去了平移对称.

类似地,在连续分析中若 $t\in R$ 则 $(-t)\in R$ 而且 $dt=-d(-t)$.物理上意味着时间反演对称.在统一分析中若 $t\in R$ 而 $(-t)\notin\tau$ 或 $\delta t\neq-\delta(-t)$,则意味着失去了时间反演对称.注意,按定义

$$\delta(\tau)=\tau-\rho(t)>0,\quad t\in\tau_k$$

故必有 $\delta t\neq-\delta(-t)$,除非 $\rho(t)=0$,这时退化为连续分析.

因此,统一分析的出现立刻就向物理学提出一个严重的质疑:时间的平移和反演对称的出现,是因为物理学一向只近似地(或错误地)使用了连续分析的数学方法.这两种对称性是因果律所不允许的,而因果律是物理学和其他科学的共同公

理. 只有采用统一分析中的 δ 微积分方法, 才能得到和因果律完全一致的结果.

3.18　时间的平移和反演

下面举出两个在热释电、压电和介电极化中已广泛被实验确认的例子[1], 以说明时间平移和反演的意义. 第一个例子为在 $t=t_0$ 时电介质因外电压、外应力或温度的跃变而出现非平衡屏蔽电荷 Q_0. 用 $Q(t)$ 描述 $t>t_0$ 时 Q 在恒温, 恒外作用 (非零的电压 U 或非零应力) 条件下由 Q_0 趋向零的平衡态过程, 参见图 3.7(a). 这个过程称为随机弛豫, 在连续分析中, 动力学方程为

$$dQ=-AQdt, \quad t\in R \tag{3-25}$$

常数 A 为非零恒外作用及热运动联合激发 dQ 的概率, dQ 通过样品的电极和外电路流走. 方程的解在记 $t_0=0$, $Q(t_0)=Q_0$ 时为

$$Q=Q_0F_r(t), \quad F_r(t)=\exp(-At) \tag{3-26}$$

时间平移表示令 $t\to(t+t_1)$. 此时 (设 $t_1>0$),

$$Q(t+t_1)=Q(t_0)\mathrm{e}^{-At_1}\cdot\mathrm{e}^{-At}$$

若将 t 的原点平移至 t_1, 改记 $Q_0=Q(t_0)\exp(-At_1)$, 则式 (3-25) 和式 (3-26) 仍正确, 这就是时间的平移对称.

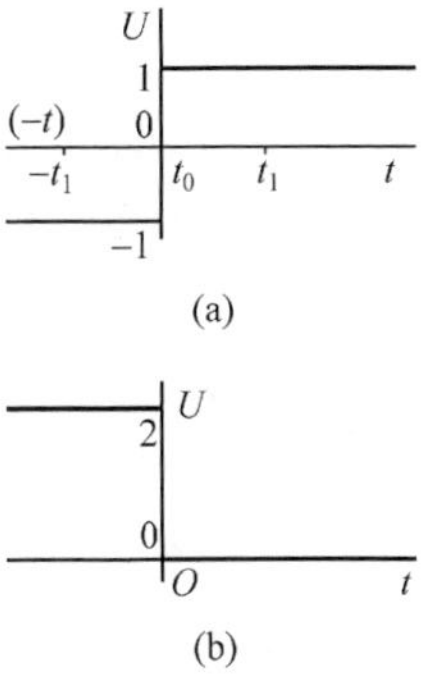

时间反演有两种意义: 首先是图 3.7(a) 中若令 $\tau=(-t)$, 则只要将式中的 t 都改为 τ, 式 (3-25) 和式 (3-26) 仍正确, 而且 Q_0 不变, 只是外电路中电荷流动方向相反, 另一种意义是允许 $t<0$, 则 $t=-t_1$ 时

$$Q(-t_1)=Q(t_0)\mathrm{e}^{At_1}$$

这就类似于用碳同位素作考古测量的情况, 同位素的蜕变也是随机的. 这时若将 t 的原点移至 $(-t_1)$ 而记 $Q_0=Q(t_0)\exp(At_1)$, 则式 (3-25) 和式 (3-26) 仍成立.

随机弛豫中激活电荷 dQ 的能量可由外作用的功提供, 表现为时间平移和反演的对称性.

第二个例子为自由弛豫, 参见图 3.7(b). 多余电荷 $Q(t=0)=Q_0$ 在恒温自由 (零电压和零外力) 条件下被逐渐激活流走. 这时激活 dQ 的能量只能靠热运动的起伏, 记激活至余下 $Q(t)$ 时所花能量为 E. E 越大激活概率 A 越小, 最简单地可认为 A 和 E 成反比. 用统一分析时既要考虑时间标度也要考虑能量标度, 使数学方法最大限度地简化. 在统计物理中已经熟知, 和热运动有关的能量尺度为 kT. 故式 (3-25) 的动力学方程应改为

$$\frac{\delta Q}{\delta t}=\frac{\mathrm{d}Q}{\mathrm{d}t}=-\frac{a/2}{E/kT}\cdot Q(t), \quad t\in\tau_k=(0,\infty) \tag{3-27}$$

图 3.7　弛豫效应

由玻尔兹曼分布 $Q = Q_0 \exp(-E/kT)$ 可解出 (E/AT) 代入式(3-27)得到

$$a\mathrm{d}t = 2[\ln(Q/Q_0)]\mathrm{d}\ln Q$$
$$= 2[\ln(Q/Q_0)]\mathrm{d}[\ln(Q/Q_0)]$$
$$at = [\ln(Q/Q_0)]^2 + c$$

$t=0$ 时 $Q=Q_0$，故积分常数 $c=0$，得到

$$\ln(Q/Q_0) = \pm\sqrt{at}$$

因为 $t \to \infty$ 时 $Q \to \infty$，故上式右边取负号，最后有

$$Q = Q_0 F_f(t), \quad F_t(t) = \exp(-\sqrt{at}), \quad t \in \tau \tag{3-28}$$

a 的量纲相当于 A，a 成为新的激活概率.

式(3-28)中 $t \in \tau$，τ 不允许 t 作平移或反演. 在 $F_f(t)$ 中也不允许变换 $t \to (-t)$. 令 $t \to (t+t_1)$ 也不能从 $F_f(t+t_1)$ 中分出一个因子 $\exp(-\sqrt{at})$. 这表现了时间失去平移和反演对称. 此外，式(3-27)的 $t \in \tau_k$ 表明 $t=0$ 时 $\mathrm{d}Q/\mathrm{d}t$ 发散.

上述例子证明了式(1-5)~式(1-8)中 $F_r(t) \neq F_f(t)$. 统计理论中公认的式(1-9)是错误的. 其错误在于传统物理学应用了时间平移和反演对称性的假设.

其实式(3-27)和式(3-28)在 1984 年已经得出[48]. 当时还未出现统一分析和时间标度概念. 现在已经很清楚，统一分析不仅要用时间标度，还要用能量标度、空间标度、动量标度等概念. 对物理量采用合适的尺度，可以使数学方法简化，这本来是众所周知的. 在时间标度中，特别之处在于因果律的限制只能用左微商，在其他标度中，左和右微商均可应用，其结果等价. 若在式(3-27)中用右微商，则 $t \in \tau^k = [0, \infty)$，但 $Q^\Delta(t)$ 在 $t=0$ 时不成立. Hilger 用时间标度概念由 Δ 微商导致出现统一分析. 但 Δ 微商只能用于其他标度，恰巧不能用于时间标度. 数学必须和物理学结合，才能正确发展.

上面讨论的是电介质中二级和更高级结构提供的慢效应. 一级结构提供的效应是快效应. 一般著作只限于讨论快效应，这时式(1-9)成立，即

$$F_r(t) = F_f(t) = F(t) = \exp(-t/\tau)$$

电介质的慢极化效应贡献的慢介电常量为 ε_L，快极化效应贡献的快介电常量 ε_H. 静态介电常量

$$\varepsilon_S = \varepsilon_H + \varepsilon_L$$

故含介质电容器的静态电容 C_S 包含慢电容 C_L 和快电容 C_H，

$$C_S = C_H + C_L$$

实验找到的各种电介质中，比值 $(\varepsilon_L/\varepsilon_H)$ 在 $10^{-2} \sim 10^2$ 之间，比值小于 10^{-2} 的比较稀罕，比值小于 10^{-3} 的电介质尚未找到. ε_L 和 ε_H 的存在使式(1-9)在介电响应中不能成立. 同一个样品的 $F_r(t)$ 和 $F_f(t)$ 可以分别测出，从而可以分别研究快和慢极化效应[1]. 在压电效应和逆压电效应中，也观察到 $F_r(t) \neq F_f(t)$ 的现象[1]，在热

释电效应中,因为一般测量都在恒温自由条件下进行,故只观察到式(3-28)的 $F_f(t)$.

式(3-28)的 $F_f(t)$ 最先是 1982 年在研究热释电效应中得出的[1]. 为了找寻 $Q(t)$ 的动力学方程,用微商方法消去式(3-28)中的 Q_0,得到式(3-27)的普通微分方程.再用普通积分方法解微分方程证明的确可由式(3-27)得到式(3-28).当时就发现了两个数学上无法解释的问题.第一,为什么式(3-27)中出现 kT;第二,在式(3-28)中出现 $t=0$ 时 $dQ/dt=\infty$ 的不合理结果.

在统一分析中,上述两个数学问题马上就解决了,式(3-27)中出现 kT 是统一分析中标度概念的要害.用合适的尺度衡量物理量可使数学描述方法简化.若将式(3-27)中 $(kT/2)$ 吸收到 a 中去,写为

$$a_0 = kTa/2$$

则式(3-27)的求解变得困难,但得到的结果仍不变.其次,因果律要求在动力学方程中只能用左微商,而 $Q^\delta(t)$ 只定义在 $t\in(0,\infty)$.故数学上已肯定了不存在 $Q^\delta(t=0)$,因为所讨论的 t 都是连续化的,故 $Q^\delta(t)=\delta Q/\delta t=dQ/dt$.

国外不用 $\delta Q/\delta t$ 和 $\Delta Q/\Delta t$ 的记号,而将之记为 $Q^\delta(t)$ 和 $Q^\Delta(t)$.因为 $\delta t=v(t)$,$\Delta t=\mu(t)$,v 和 μ 的记号是多余的.从空间标度也可建立统一分析.但因果律并不限制坐标 (x,y,z) 中任一分量必须由小到大或由大到小变化,故得到的统一分析有所区别.时间是唯一的主动自变量,由时间标度出发得到的统一分析内容最为丰富,预期将它除去因果律的限制就得到空间标度的统一分析.

《电介质理论》放弃了空间平移和反演对称,得到许多有趣结果[1].现在又找到了放弃时间平移和反演对称的 δ 微积分方法,说明了因果律.统一分析不仅包括了数学上的连续和断续变量问题,还包括了标度问题,不管是时间、空间或其他什么物理量,有了尺度才能使量变成数.标度问题是考虑合适的尺度,使数学表达变得最简单,从而可以代表更广泛的客观规律.我们面临的是以统一分析为工具,去重建或改建新的物理学,这并不否定现有的物理学,但把它看成新的物理学的一种近似.

3.19 统一分析中的标度

在开始新的讨论前,有必要对 1.1~3.18 节作一全面的总结,澄清一些含糊的数学和物理概念,使以后的讨论更为严密.

统一分析指对连续变化和断续变化的自变数及其函数的变化规律作统一分析.其实,断续分析先于连续分析出现,而且断续分析比连续分析简单得多,先取极限,后作运算,便是连续分析.先作运算,后取极限,便是断续分析.故简单的分析早就统一起来了,现在提出的统一分析中涉及的新内容是标度问题.时间和标度都是

物理概念,被数学用于纯数学抽象定义的客体中,必然产生许多混淆之处.

　　数学研究的是数,来自测量,要计量一些客体的量,先要设定标准尺度,称为标度.物理和数学都关心选取合适的标度来使描述客观规律的公式尽可能的简单,物理学更关心对同类客体采用固定标度。例如,60 年代以前的 cgs 制和以后的 MKS 制.但事实上物理学使用的标度很难做到固定不变.如时间,虽然历史上一向以秒为单位,但"秒"的标度在实际计量中是变化着的.早期,用单摆的周期 T 为时间尺度标准,T 决定于摆长 l 和重力加速度 g,

$$T = 2\pi \sqrt{l/g}$$

其中,l 随环境温度而变,g 随地点、海拔、太阳和月球的引力而变.故标度 T 的变化幅度可达 10^{-5}.后来改进用石英振子振动周期的整倍数为时间的标度,其变化幅度减至 10^{-9}.60 年代以后又改用铯原子钟为时间标度,其相对变化减至 10^{-13},物理学一向消极地视这些变化为误差而称采用了固定标度.

　　统一分析中的标度允许取理想的标准尺度,更积极地允许用变化着的尺度.一个量 Q 和尺度相比得出的比值 q 是一个纯数.物理学研究的是量,量的表示为在 q 后面接上一个单位或纲.数学研究是纯数.数是除去量纲的抽象,标度是指在某个尺度上 Q 的读数 q.若有另一个量 F 随 Q 而变,则其读数 f 构成函数 $f(q)$,q 称为自变数,Q 称为自变量,数学分析研究 f 随 q 变化的规律.从前认为 $q \in R$ 和 $f \in R$,从而得到连续分析的许多有用结果,统一分析进一步考虑到对于某些 q 值,测量 F 的尺度失去意义.因此可以从测量 Q 的标尺上除去这些 q 的刻度,因为这对有意义的 $f(q)$ 的研究并无妨碍,实际上有意义的测量总是有始有终的,故对 $f(q)$ 有意义的全部 q 值构成的数集 Q 必然是 R 的一个闭子集,称 Q 为 q 的标度.

　　时间标度 τ 是统一分析中具有独特性质的一种标度.若对时间 T 作多次测量,得到的 t 值总是按测量先后由小到大地变化,不可能出现两次或更多次测出的 t 值相等,这是因果律的一种表现.现在公认的宇宙观认为,没有其他标度具有这种性质.因此,可称时间为唯一的主动自变量.主动,指不受人的主观控制,按照以上认识,时间标度 τ 是 R 的闭子集.但 R 的闭子集不一定是 τ,也可以是 Q,还可以是由不同的 f 构成的函数集 F,称为 F 标度,以上是对 Hilger 关于时间标度定义的修正.

　　更进一步,考虑到公认的宇宙观正面临近百年以来可能发生的革命性变化,一般的 Q 标度的定义必须不受可能的这种变化的影响.如果我们将直角坐标系放在任意一颗恒星上,测量其他恒星在空间的坐标 (x, y, z),将会发现得到的 (x, y, z) 总是按测量先后由小到大地变化,不可能出现两次或更多次测出的 (x, y, z) 值相等.因为天体物理中的红移现象已确证了宇宙在膨胀,空间标度也可以有时间标度类似的性质,从而 (x, y, z) 都是主动自变量.

　　F 的尺度失去意义使 q 发生间断的例子,前面已多次碰到.在图 3.6 中,研究

植物集居数 $N(t)$ 时,$1 < t < 2$ 和 $3 < t < 4$ 等区间的 t 出现间断. 此时没有该种属植物,但有种子. 一株植物的定义不能确定. 一个种子不是一颗植物,但它可发芽长成一颗植物. 因此,严格地不能认为这些区间 $N(t)=0$,只能认为此时 N 和 t 都失去意义.

式(2-1)将图 2.1 中的测量用 m^+、m^- 和 n_m 三个时间标度描述. m^+ 描述的是底表面激活屏蔽电荷 Q^+,m^- 描述上表面激活屏蔽电荷 Q^-,两种激活的规律是不一定相同的. 第三个时间标度 n_m 的引入使复杂的统一分析中的动力学方程分裂为 $(m+1)$ 个简单的连续分析中的动力学方程,并立即得到各方程的解,参见 2.1 节式(2-5)~式(2-9). 利用 n_m 的定义,在式(2-40)、式(2-53)、式(2-55)中还得出不同电压幅值给出的稳定回线高度,这种结果在过去是一直无法找到的. 在 m^+ 和 m^- 中,时间 t 用了秒为固定标度,但在时间标度 n_m 中,t 用了可变标度. 式(2-1)和图 2.1 中,

$$n_m = \{t = n \mid n = 0, 1, 2, \cdots m, (m+1)\}$$

在 $t=1$ 和 $t=m+1$ 时,$\delta t = t - \rho(t) = 1$,但实际的时间间隔为 $\tau/4$,τ 为三角波外电压的周期,而在其他的 $t \in n_m$ 上,虽都有 $\delta t = 1$,时间间隔却变为 $\tau/2$.

统一分析要求在分析函数 $f(q)$ 的变化规律时,首先要说明计量 Q 所用的尺度(单位),并限制 q 的尺度读数(标度)只能出现于使 $f(q)$ 有确定意义的 R 的闭子集上. 在这个闭子集上的 q 必须使相应的 F 存在有确切物理意义的尺度以得出数 f. 因此,统一分析不仅是数学上关于连续和断续的统一分析,而且还是数学和物理,数学和生命科学等的统一分析. 物理量的尺度标准已经出现问题,例如,MKS 标准对于高速运动体系已不是固定尺度. 生命科学中的计量标准还在争议之中,最简单的是"一个活人"的标准甚至也难得到公认,统一分析将面临科学的重大突破.

统一分析的许多重要结果出现于物理学已上百年了. 时间标度方法证明了统计热力学中的时间平移和反演对称只是假设 $\tau = R$ 时的近似,不存在放之四海而皆准恒古不变的量化规律. 从纯数学看来,量子力学无非是从断续分析到连续分析的变换,而二次量子化则是从连续分析到断续分析的变换. 统一分析关系到对物理学基本原理的重新认识.

将式(3-25)定义在 $t \in R$ 上,前提是承认存在任何时间都正确的规律. 从而导致时间的平移和反演对称的结果. 将式(3-27)定义在 $t \in (0, \infty) = \tau_k$,实际上是放弃了上述主观偏见,确认零场恒温自由条件下的屏蔽电荷 $Q(t)$ 只存在于图 3.7(b) 的 $t \in \tau = (0, \infty)$. 其实,根据图 3.7(a),式(3-25)也只研究 $t \in (0, \infty)$ 时的 $Q(t)$,不过它指的是非零恒场恒温自由条件下的屏蔽电荷. 可见统一分析中提出标度概念无非使数学概念和方法变得更为严格.

3.20　量子力学中的标度变换

严肃而有水平的物理专业教科书都根据史实介绍了经典力学发展到量子力学

所经历的标度变换过程[49]，尽管其作者的年代还未出现标度变换的概念. 1900 年 Planck(普朗克)关于黑体辐射的理论说明了光的能量只能按 $h\nu$ 整倍数地变化，ν 为频率，h 为普朗克常量. 等于 $h\nu$ 的一份光能称为一个光子. 因此，根据 1905 年 Einstein 的相对论，光子应该有质量 m，$h\nu=mc^2$，c 为光速. 光是一种电磁波，在 1900 年 Lebedew 指出，Maxwell(麦克斯韦)的电磁波理论预言了光照射在物体上会对物体施加压力. 1903 年两个美国物理学家 Nichols 和 Hull 的实验定量地证明了这个预言. 根据经典力学，压力来自光子的动量

$$p=mc=\frac{h\nu}{c}=\frac{h}{\lambda}, \quad \boldsymbol{p}=h\boldsymbol{k} \tag{3-29}$$

λ 为波长，$\boldsymbol{k}$ 为波矢量，动量 $\boldsymbol{p}$ 和波矢 $\boldsymbol{k}$ 描述的是同一个客体，只是计量用的尺度不同，式(3-29)无非给出一个标度变换.

　　光子的静止质量为零. 1924 年，de Broglie(德布罗意)在他的博士论文中进一步从纯理论角度提出一个假设：静止质量 $m>0$ 的物质的运动也和一个波的运动相似，式(3-29)的标度变换也适用于这种情况. 这种波后来被称为德布罗意波，1927 年 Davisson 和 Germer 对电子受 Ni 单晶的反射实验，1928 年 Rupp 的电子衍射实验都先后证明了这个假说是完全正确的.

　　这个假说提出的依据是质量 m 的动力学方程和波的动力学方程的相似性. 在分析力学中，质量 m 的动力学方程有许多不同的数学形式. 从任意一个表达形式都可推导出其他各种形式. 因此，在数学和物理上，不同形式的动力学方程是完全等价的. 有一种动力学方程的形式，在实际问题中很少用到(因为用起来很不方便)，称为最小作用原理. 原理指出：质点在空间 (x,y,z) 从 A 点运动到 B 点的所经的路径使线积分[49]

$$\int_A^B p\,\mathrm{d}s=\int_A^B mv\,\mathrm{d}s=\text{minimum} \tag{3-30}$$

此时假设了 m 是与速度 v 无关的静止质量，$m>0$，$\mathrm{d}s$ 是路径上的弧段.

　　另一方面，作为光学基本定律的 Fermat 原理表明，频率为 ν 波速为 u 的一束光由 A 点到达 B 点的光路径使线积分[49]

$$\int_A^B \frac{\mathrm{d}s}{u}=\text{minimum} \tag{3-31}$$

因为 $1/u=1/\lambda\nu=k/\nu$. 若认为式(3-29)也适用于静止质量 $m>0$ 的质点，则以常数 $h\nu$ 乘以式(3-31)便得到式(3-30).

　　实验证明了式(3-29)可应用于电子，就可用 $\boldsymbol{k}$ 代替 $\boldsymbol{p}$ 来等效地描述电子的运动. 一个没有发射和吸收的波处于定态，定态的波可描述为

$$\Psi=\Psi\mathrm{e}^{-2\pi i\nu t}, \quad \Psi=\Psi_0\mathrm{e}^{2\pi i\boldsymbol{k}\cdot\boldsymbol{r}}$$

其中 $\boldsymbol{r}$ 为空间位矢，在直角坐标系的分量为 (x,y,z). 对 Ψ 求偏微商消去 $\boldsymbol{k}$，便得

到电子定态运动的动力学方程. 计算得到

$$\nabla^2 \Psi = 4\pi^2 k^2 \Psi$$

记电子的总能量为 E, 位能为 $V(\boldsymbol{r})$, 则动能

$$\frac{1}{2}mv^2 = E - V(\boldsymbol{r}) = \frac{h^2 k^2}{2m}$$

故

$$\nabla^2 \Psi = -\frac{8\pi^2 m}{h^2}[E - V(\boldsymbol{r})]\Psi$$

$$\left[-\frac{8\pi^2 m}{h^2}\nabla^2 + V(\boldsymbol{r})\right]\Psi = E\Psi$$

这就是电子定态运动的 Schrödinger 方程. 我们用式(3-29)的标度变换从经典力学得到了量子力学的基本方程.

可以用经典力学或量子力学描述同一个质点的运动. 式(3-29)给出的是动量标度和波矢标度之间的变换. 在实际问题中, 哪一种标度(计量尺度)方便就选用该种标度. 当选用动量标度时, 认为质点位于(x,y,z)点, 这就使空间出现间断. 若质点 m 具有很小但非零的半径 R, 则以(x,y,z)为中心 R 为半径的这部分空间不允许再出现其他质点. 当选用波矢标度时, 全空间仍保持连续, 允许在空间的任何位置出现其他物质. 故动量标度到波矢标度的变换是空间标度由间断到连续的变换.

关于二次量子化的变换, 《电介质理论》中已有介绍[1], 有关专著中都有不同的详细介绍, 这里不再重复.

3.21　温 度 标 度

我们称一种标度尺度上的测量读数所组成的数集为标度. 但不是客观存在的尺度读数组成的数集都是实数集的闭子集. 标度是物理名词, 要由物理学去定义. Hilger[12]和 Bohner[13]等从数学上定义物理名词是不妥当的. 下面举一个例子, 说明客观存在尺度读数组成的数集不是实数集的闭子集. 除非去测量, 所得数集一定是实数集的闭子集. 但有的物理量可以是永远测不完的.

温度 T 的热力学尺度(温标)是根据多粒子体系在不同能量状态上粒子数的分布来定义的. 设粒子的基态能量为零, 则能量 $E \geqslant 0$ 的态上的粒子数为

$$N = N_0 \mathrm{e}^{-E/kT}$$

N_0 为 $E = 0$ 的基态粒子数, 这是玻尔兹曼分布定律, 故

$$T = E/k[\ln(N_0/N)]$$

热力学第三定律不允许 $T = 0$, 但容许 $T < 0$, 只要 $N > N_0$, 负温度是 60 年代研究受激辐射的基础. 根据通常的概念, 由"冷"到"热"排列客观可能出现的 T 的读数, 得到一个开集

$(0,\cdots,0.1,\cdots,1,\cdots,10,\cdots,\pm\infty,\cdots,-10,\cdots,-1,\cdots,-0.1,\cdots,0)$就是说 $T<0$ 比 $T>0$ 还要"热".

开集 $(0,\cdots,\infty,\cdots,0)$ 不是实数集的闭子集,此外,在温度标度中若认为 $T_1=+\infty$ 而 $T_2=-\infty$,则有 $T_1=T_2$. 就是说,T 在 $\pm\infty$ 上是连续的,这无非是指 $N\approx N_0$,但 T 在零上有一个间断点. 标度是物理术语,物理内容使它具有许多局限性. 数学应该用数学术语以保证其高度抽象和严密性.

统一分析研究定义在实数集的非空闭子集上单调上升(或单调下降)的自变数的函数分析. 实数集的子集,表明了实变函数的自变量可以出现间断. 闭子集限制了只研究已测得和已能测得的自变数及其函数. 单调上升和单调下降,在连续分析中只用来形容函数,在统一分析中还用来限制自变数. 因果律要求代表时间的自变数 t 是单调上升的. 其表现为

$$\rho(t)\leqslant t,\quad \sigma(t)\geqslant t;\quad \nu(t)\geqslant 0,\quad \mu(t)\geqslant 0$$

但不能因排除自然规律要求某个自变数 T 是单调下降的. 这时,对 (ρ,σ,ν,μ) 的定义就要使

$$\rho(T)\geqslant T,\quad \sigma(T)\leqslant T;\quad \nu(T)\leqslant 0,\quad \mu(T)\geqslant 0$$

其实,绝大多数自变量都不是主动自变量,而是可以人为变化的,从而相应的自变数不再是单调变化的. 连续分析可以研究这种自变数及其函数,类似问题在统一分析中如何处理,尚待探讨.

时间标度微积分只是统一分析中最简单而常见的具体例子. 部分学者局限地认为动力学(dynamics)问题中唯一的自变量是时间,将 thermody namics 译为热力学而不正确地译为热动力学,就是受这种局限思想的影响. 物理学从来都不受这种局限的约束,在平衡态热动力学(equilibrium thermodynamics)理论的可供选择的全部自变量中,从来就没有时间的出现,也不需要时间这个概念. 但是,平衡态热动力学强烈要求包括连续和断续的统一分析数学的支持. 相变问题中就出现连续和断续的统一. 对于电介质,可供选择的自变量只有温度和熵、电压和电荷、应力和应变,三对变量中各选一个为自变量,而不需要时间这个概念. 任何自变量,若取已测得和已能测得的值组成数集,都是实数集的闭子集,这些闭子集都不是时间标度,而这些自变数都不是单调变化,均凭实验者设定或升或降地变化. 传统认为相变前后体系的热力学函数是温度 T 的同一个函数. 这是受连续分析数学方法的限制而形成的观点. 统一分析解除了这种限制,从而产生的新观点值得研究.

统一分析借助于物理学的因果律从时间标度微积分发展起来,但 $\triangle$ 微积分一开始就违背了因果律,所以不能用于物理学,必须研究 δ 微积分. 统一分析是高度抽象的数学,不应局限于个别物理定律,许多物理问题并不一定要用因果律,其实,物理学至今尚极少严格地应用因果律,统一分析问题尚处在起步阶段,其基础远未完整.

第4章 统一分析中的统计热力学

4.1 数学物理和标度

数学是高度抽象和绝对精确的,在若干条为数不多的简单假设(公理)下,通过严密的论证和推导得出的全部复杂的结果,都是能够自圆其说无法否定的.

在函数 $f(t)$ 的统一分析中,基本公理为自变量 $t \in \tau$,τ 是实数集的非空闭子集,t 只能由小到大地单调变化,对任意一个 t 均有一个确定的实数 f 与之对应,以上叙述简记为 $f(t):\tau \rightarrow R$. "实数集 R 的非空闭子集"已说明 τ 的共性归属,不必再像 Hilger 那样再给 τ 一个绰号. t 的单调变化是附加于 τ 的个性规定,不能用这个绰号来代表,也不必因为这个规定去限制 t 代表什么物理量. R 的闭子集已说明 t 的变化可连续或断续,不需再重复说明分析是连续和断续的统一. 数 t 是抽象概念,甚至可以不代表量,量是有单位的. 例如数

$$e = \lim_{x \to \pm\infty} \left(1 + \frac{1}{x}\right)^x = 2.7182818\cdots$$

过去从来没有一个物理公式中曾给予 e 以"单位". 数集 $\{e\}$ 也是 R 的一个非空闭子集,但个性有别于 τ. 对于 $f(t):\tau \rightarrow R$,可以定义前跃算符 $\sigma(t)$ 和后跃算符 $\rho(t)$. 从而得到右微商 $f^\Delta(t)$ 以及左微商 $f^\delta(t)$,在特殊情况下,若 t 点同时为左稠密和右稠密,而且取极限后有 $f^\delta(t) = f^\Delta(t)$,则在 t 点的普通微商

$$\mathrm{d}f(t)/\mathrm{d}t = f^\delta(t) = f^\Delta(t)$$

若对任意 $t \in \tau$ 均有此种性质,则统一分析退化为连续分析.

物理是严格定量的科学. 任何物理量都要有一个标准尺度才能计量. 计量读数称为标度,读数是一个纯数,在它后面加上标度单位便成为一个物理量. 但更重要的是应承认物理学只能是近似的. 物理学至今所确认的最准确的数是

$$9\ 192\ 631\ 770.00$$

它是铯 133 原子基态两个超精细能级之间跃迁所发射或吸收的微波频率,取为计时单位(秒)的标准. 这还只是技术上的限制,使物理量的有效数字最多为 13 位,更多的位数只能作四舍五入近似处理. 根本问题在于,物理量变化范围太大时,其尺度读数(标度)将逐渐失去意义. 因此,用数学方法研究物理定律时,必须规定公式近似正确的标度范围.

1899 年 Planck 指出时空也是量子化的. 由普朗克常量和光速等自然常数可计算出

普朗克时间间隔：　　5.4×10^{-44} s

普朗克长度：　　　　1.6×10^{-35} m

更短的时间、更小的长度,在物理学上失去意义. 2003 年 9 月 24 日至 2004 年 1 月 26 日,利用哈勃太空望远镜传来的照片,证实拍到了离地球 1.23×10^{26} m (130 亿光年)的最远星系,这个星系是宇宙大爆炸 7 亿年后出现的. 因此,人类知道的最长时间约为 137 亿年,即 4.32×10^{17} s,这是宇宙的年龄,因此,我们认识到和可以估计到的时空范围为

$$10 \times 10^{-43} \sim 4.32 \times 10^{17} \text{ s}$$
$$10 \times 10^{-35} \sim 1.23 \times 10^{26} \text{ m}$$

10^{-35} 或 10^{-43} 还远不是无限小, 10^{17} 或 10^{26} 也不是无限大,在用连续分析描述的物理学中处理时间和距离,却经常用到无限小和无限大的极限,这只能是近似. 统一分析处理时空自变量时,必先定义在实数集的某个非空闭子集. 这就有可能在标度中排除无限小和无限大,故物理学使用统一分析,是方法上更接近实际的改进.

结合量子力学的广义相对论方程的标准解法,给出宇宙大爆炸模型,大爆炸始于时间 $t=0$. 在时间 $0 \leqslant t \leqslant 10^{-43}$ s 出现什么情况,据信要由超弦理论说明,超弦理论认为宇宙是 11 维的,可以统一解释万有引力、电磁力、强相互作用和弱相互作用. 这是当代最吸引人的理论,但还找不到可以证明这种理论的方法. 而且,理论还面临三方面的挑战.

第一,宇宙中全部星系和星球的质量总和只占宇宙的 4%,其余 96% 是暗物质和暗能量,包括黑洞在内的暗物质占 23%,暗物质不是由原子组成,还不知道它是什么. 1978 年,第一次在 M87 星系找到黑洞,银河系中心的黑洞质量为太阳的 300 万倍. 暗能量是一种反重力能量,占宇宙的 73%. 2003 年 12 月 19 日,《科学》杂志宣布,发现暗能量是年度重大科学突破,暗能量的存在可能性是 1998 年才提出来的.

第二,大爆炸模型认为时间和空间一起在大爆炸开始时才出现的,此时的宇宙大小应小于普朗克长度,但是,这个模型的解对时间的反演是不变的. 因此,可能存在 $-\infty \leqslant t \leqslant 0$ 时的宇宙. 此外,还可能存在多个宇宙,这是第二个挑战.

第三,相对论将空间坐标 (x, y, z) 和时间 t 结合在一起,组成 (x, y, z, t) 四维时空. 视 t 为四维时空的一个普通分量,但我们熟知,物体的运动可以保持一个分量例如 $x = x_0$ 为不变的常数. 类似地,物体的运动也应该可以保持另一分量 $t = t_0$ 为不变的常数. 就是说,四维时空的概念允许时间被冻结不变,从而,广义相对论从根本上将因果律否定了.

2003 年 10 月 4 日,英国《新科学家》周刊登出了费伊·道克的题为"实时"的文章. 报道了作者和一批学者对否定因果律的不同看法,他们不从广相对论去研究量子力学,而是用不同方法在量子力学中引入重力相互作用,从而解释了时间可以

由先到后地主动变化. 文章指出, 1987 年拉斐尔・索金提出了因果系理论(causal set theory), 可以让时间从凝固的时空中释放出来. 理论取得一些进展, 但仍存在许多困难. 这是当代理论物理主流以外的少数反对派, 无论如何, 察觉到广义相对论不符合因果律, 这是一个重大发现.

因果系理论比 Hilger 的时间标度理论早一年出现. 从理论观点上看, Hilger 和 Bohner 是支持上述少数反对派的数学家. 再加上他们在物理概念上的错误, 将本已明确无误的物理名词"时间标度"幼稚地或文艺化地用为"实数集的非空闭子集"的绰号, 难怪主流绝大多数理论物理学家对这种新的数学理论都嗤之以鼻. 我们将这种新数学方法称为统一分析而不加绰号, 将时间标度和空间标度等物理名词还给物理学.

上面介绍了出现统一分析的物理学历史背景, 统一分析数学还远未成长到可以为因果系理论所用. 我们关心的是在凝聚态理论中每天都在为实验所确证的因果律. 因此, 只局限于将统一分析应用于统计热力学.

4.2　平衡态热力学中的统一分析

热力学中的平衡是动力学平衡. 以下将按汉译习惯, 将热动力学简称为热力学. 在热力学中将使用的连续分析改进为统一分析, 无非是使热力学的叙述变得更为严密.

第一, 提醒热力学不要忘记历史, 自己从来都是近似的. 第二, 每写出一个热力学公式时, 都应注意其中变量的有意义标度. 例如一个固态电介质的内能为[7] $U(S_i, D_\alpha, \sigma)$,

$$dU = X_i dS_i + E_\alpha dD_\alpha + T d\sigma$$

必须说明函数 U 有意义的标度

$$S_i \in [S_i^a, S_i^b], \quad D_\alpha \in [D_\alpha^a, D_\alpha^b], \quad \sigma \in [\sigma^a, \sigma^b]$$

上面定义的共 10 个数集都是实数集的非空闭子集, 但都不是"时间标度", 分别称为应变标度、电位移标度和熵标度. 若变数的每个点都同时为左稠密和右稠密, 并且左右微商相等, 则统一分析简化为连续分析. 对于严肃的物理学家, 这并没有改变他们对热力学的任何看法, 在 2.1 节的图 2.1 中将 m 分解为 m^+ 和 m^-, 正是按标度的规定使每次连续测量时自变量 U^+ 和 U^- 均由小到大地变化.

热力学是以三个实验定律为基础的. 实验总要涉及尺度读数的有意义范围和分辨率的近似. 小于某一尺度读数便可近似为无限小, 大于某一尺度读数也近似为无限大, 视具体问题而定.

热力学第一定律指出能量守恒,重申了能量 U 是体系的最基本的态函数,全微分 dU 是各种广义力乘广义微位移的总和. 热力学第二定律说明了温度 T 是热学广义力,熵 σ 是热学广义位移. 热力学第三定律要求 $T \neq 0$,这无非说明物质存在于运动之中,三个定律均以宏观实验为基础. 超出宏观的时空尺度范围,三个定律将失去意义,宏观的空间范围,大致在 $10^{-7} \sim 10^2$ m. 宏观的时间尺度范围如何决定,是十分麻烦的问题,因为平衡态热力学向来忌避讨论时间,认为只在非平衡态热力学中才需引入时间自变量.

热力学第二定律是从 1824 年 Carnot(卡诺)研究气体的 $P(V)$ 平面上的循环开始的,后来被称为卡诺循环. 他取气体的体积 V 为自变量,压力 P 为函数,如果不界定“绝热”和“等温”涉及的时间尺度,卡诺循环将失去意义.

因此,代替连续分析而用统一分析处理平衡态热力学时间可能取得的新发展可归结为三个方面:

第一,热力学量对自变量的左右微商不相等或不存在的情况.

第二,建立热平衡的时间尺度如何界定,在相变点上,热力学左右微商是不相等或发散的,这已众所周知,改用统一分析有可能取得意想不到的新成果. 在电滞回线 $Q(U)$ 和磁滞回线 $B(H)$ 中也会出现热力学左右微商不相等,百多年来却被视而不见. 前面,我们以之为例介绍统一分析,得到了许多有趣的新结果.

《电介质理论》中详细介绍的慢效应[1],本质上就是界定建立热平衡时间的问题,快效应建立热平衡时间约为 $10^{-8} \sim 10^{-3}$ s. 慢效应建立热平衡时间约为 $10^{-2} \sim 10^5$ s. 疲劳和老化建立热平衡的时间更长. 从而,平衡态和非平衡态实际上没有明确分界. 这时,只能用统一分析数学方法处理.

第三,热力学在选定独立自变量后,原则上其他热力学量为这些自变量的函数,但一般说来都是无法处理的隐函数. 在连续分析中可以将函数展开作近似处理. 上面的全微分 dU 的公式便是展开后略去自变量增量的高次项的近似. 严格说来,公式只在 $dS_i \to 0, dD_\alpha \to 0, d\sigma \to 0$ 时才正确. 但 4.1 节的时空量子化不允许这些自变量出现无限小的变化. 这就使得连续分析认为最精确的点恰巧是不存在的. 只有统一分析才能原则性地解决这个矛盾. 在统一分析中,函数 $f(x)$ 的左微分公式

$$\delta f = f^\delta(x)\delta x, \quad \delta x = x - \rho(x)$$

是精确的而不是近似的,$\rho(x)$ 为后跃算符函数.

热力学处理第三个矛盾的正统方法是定义一个物理无限小代替数学无限小. 例如空间距离,取宏观测距的分辨率 a,认为 a 就是物理无限小. 空间坐标的 X 分量定义在数集

$$x \in X = \{na \mid a = 0, \pm 1, \pm 2, \cdots, \pm \infty\}$$

X 是实数集的闭子集,称为 X 标度. 热力学的正统方法实际上就是要求数学由连续分析发展到统一分析. 研究两种分析将 $f(x)$ 在 $x = x_0$ 附近的展开式的区别,可得到启发. 热力学是一种唯象理论,唯象理论以实验定律为依据,通过数学方法给

出一些物理量的关系式,这些公式的正确程度受到两方面的限制,一方面来自实验的标度,另一方面来自数学上的近似处理.

下面举出一个例子,分别用连续分析和统一分析处理,以比较所得结果.

4.3　连续分析中的唯象近似

设电介质的面积为 A,厚度为 l. 将表面上的总屏蔽电荷记为 Q. 在温度 T_0 和 $Q=0$ 附近将总能量 G_0 作近似展开,

$$G_0 = \frac{1}{2}\mu_0(T-T_0)Q^2 - \frac{1}{4}\gamma_0 Q^4 + \frac{1}{6}\delta_0 Q^6$$

热力学在连续分析中只研究宏观均匀系. 故可定义物理上的宏观无限小体元,设每个体元中的电位移 D 均相等,其对 G_0 的贡献正比例于体元体积,因而可以写

$$G_0 = G_1 Al, \quad Q = DA$$

$$\mu_0 = \mu l/A, \quad \gamma_0 = \gamma l/A^3, \quad \delta_0 = \delta l/A^5$$

从而得到 Devonshire 理论中的弹性 Gibbs 函数[7].

$$G_1 = \frac{\mu}{2}(T-T_0)D^2 - \frac{1}{4}\gamma D^4 + \frac{1}{6}\delta D^6$$

所有著作中都忘记提及 G_1 公式中用了标度近似处理,外电场

$$E = \partial G_1/\partial D = \mu(T-T_0)D - \gamma D^3 + \delta D^5$$

当 $\gamma < 0$ 时可略去 δ 项而得到图 4.1. 若在 $\gamma > 0$ 时计入 δ 项,情况类似[7].

图 4.1 中假设了 $T'' < T' < T_c$,T_c 为铁电顺电相变居里点. 图中黑线代表稳定态,短划线代表亚稳态,点线代表不稳态[7]. 理论成功之处为大致定性说明了电滞回线的出现,图中给出了四个回线,其循环次序为:

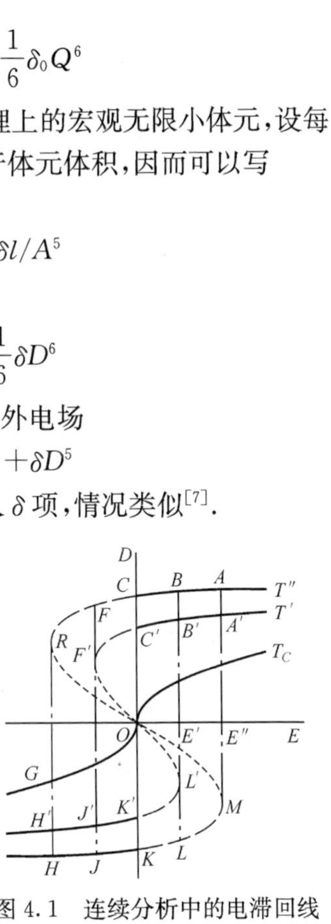

图 4.1　连续分析中的电滞回线

ABCFRGH′HJKLME″A′A,　　（$T=T''$）

A′B′C′F′J′H′J′K′L′E′B′A′,（$T=T'>T''$）

BCFF′J′JKLL′E′B′B,　　　　（$T=T''$）

B′C′F′J′K′L′E′B′,　　　　　（$T=T'>T''$）

注意温度升高时,回线高度总是变小的. 理论还给出介电常量 $\varepsilon\varepsilon_0$ 和展开式系数的三个关系式[7].

$$1/\varepsilon\varepsilon_0 = \partial E/\partial D = \mu(T-T_0)$$

$$T-T_0 = \gamma^2/4\mu\delta, \quad T_0-T_c = 3\gamma^2/16\mu\delta$$

图 4.2 示出用 $Ba_{0.99}Sr_{0.01}TiO_3$（B99S1T）陶瓷在 1 kHz 正弦波下测得的频域相对介电常量,由此可得

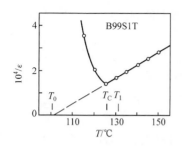

图 4.2 相对介电常量

$T_1 = 134.5\ ℃,\ T_C = 126\ ℃,\ T_0 = 100.5\ ℃$

$\mu = 6.36 \times 10^5\ \mathrm{m/F℃}$

$\gamma/\delta = 8.65 \times 10^7\ \mathrm{m/F}$

由 G_0 的展开式得出 $T < T_1$ 时的自发极化屏蔽电荷

$$Q_s = \frac{\gamma_0}{2\delta_0}\left[1 + \sqrt{(T_1-T)/(T_1-T_0)}\right]$$

相应于自发极化电位移[7]

$$D_s = \frac{\gamma}{2\delta}\left[1 + \sqrt{(T_1-T)/(T_1-T_0)}\right]$$

图 4.3(b) 给出 18 ℃时 $Q_s = 137.7\ \mu C$,由此解得

$$\delta = 1.21 \times 10^{13}\ \mathrm{m^{19}/FC^4}, \quad \gamma = 3.24 \times 10^{10}\ \mathrm{m^5/FC^2}$$

用此 δ 和 γ 值计算得到 103 ℃时的 Q_s 为 11.4 μC,和图 4.3(b)实际测得的 11.8 μC 颇为接近. 可见热力学的连续分析唯象近似在一定程度上是很成功的.

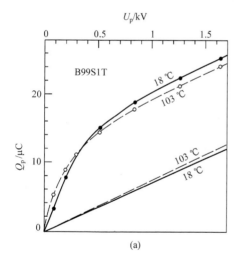

(a)

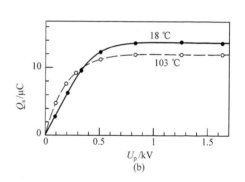

(b)

图 4.3 电滞回线的高度

图 4.2 和图 4.3 的样品厚度 $l = 0.615$ mm,电极面积为 $A = 2.22$ cm^2. 用峰值为 U_p 的 50 Hz 正弦电压 U 测出的 $Q(U)$ 回线高 Q_p 示于图 4.3(a). 当 U_p 很大时 $Q_p(U_p)$ 的测点分布于一直线,这是样品的顺电性部分的贡献. 在图 4.3(a)的实验点中扣除顺电贡献部分得到的纯铁电实验点示于图 4.3(b). 黑点为 18 ℃,开点为 103 ℃的实验结果.

4.4　统一分析中的唯象近似

以实验定律为依据的唯象近似得出的一些物理量之间的关系式中,含有一些理论本身不能确定的参数.这些参数需凭新的实验来求出.上一节中从连续分析的唯象近似得到的公式中的参数(T_0,μ,γ,δ)已全部求出.用这些参数得到的$D(E)$回线和图 4.1 类似.一般说来,热力学用连续分析直接得到的第一步结果都有较好的近似.例如说明了回线出现的原因,由 18 ℃的Q_s估算出 103 ℃的Q_s等.但是再利用第一步结果作第二步讨论时,往往就和实验不符.这时,严格地用统一分析会得到更好的结果.统一分析并不否定连续分析,只不过将后者看成一种特殊情况的极限处理.

图 4.4 和图 4.5 给出了一些实测的回线.因为回线有中心对称,故只画出$Q\geqslant 0$的部分.图 4.4 的样品 3A045-5 为大批量生产用于机械滤波传感器的压电陶瓷材料.成分为

$$[Pb(Zr_{0.5}Ti_{0.5})O_3]_{0.9}(PbNb_2O_6)_{0.07}(PbCr_4)_{0.03}$$

另加重量为 1%的MnO_2和 2%的WO_3.样品尺寸为$\phi 4.5\times 0.45$(mm),两面烧银电极,图 4.2、图 4.3、图 4.5 和图 4.6 用的是同一个样品.

对以上连续分析唯象近似结果的讨论出现许多矛盾.定量地,图 4.4~4.6 的所有回线均显著区别于图 4.1 的回线形状特征.事实上,文献上找到的任何实验回线均没

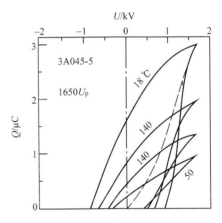

图 4.4　硬性铁电体的回线

有图 4.1 回线的形状特征.定性地,图 4.1 给出的回线中,当外电压峰值固定时,回线高度Q_p(或D_p)只能随升温而减小.但图 4.4 测量峰值电压U_p固定为 1650 V,图 4.5 固定$U_p=110$ V,而Q_p均随升温而增大.图 4.4 的样品用更高峰值U_p测回线时容易击穿.事实上从事压电陶瓷工作时都知道,在不太高的人工极化电压下,升高温度(不超过居里点)可以得到更高的极化强度.这个众所周知的生产经验竟然和图 4.1 的热力学理论相矛盾的.

将图 4.5 样品改用更高的$U_p=1650$ V 测量,得到图 4.6 的结果.这时,升温使Q_p减小.图 4.3 的实验点说明了固定温度下$Q_p(U_p)$的变化关系.连续分析唯象近似无法说明这种关系.

在这种情况下,就只能改用更普遍正确的统一分析.在 2.5 节的式(2-40)和 2.8 节的式(2-55)中,统一分析已给出

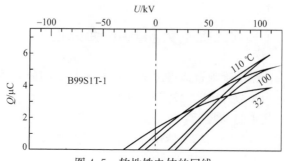

图 4.5　软性铁电体的回线

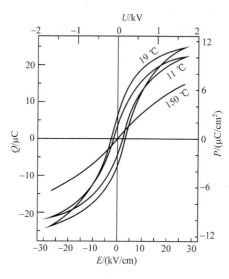

图 4.6　强场下的电滞回线

$$b=\frac{1}{2}\left[\mathrm{erf}\left(\frac{U_0+U_\mathrm{p}}{\sqrt{2}\Delta}\right)-\mathrm{erf}\left(\frac{U_0-U_\mathrm{p}}{\sqrt{2}\Delta}\right)\right]$$

$$Q_\mathrm{p}/Q_\mathrm{s}=b(2-b)$$

这时,微分回线用一个高斯函数

$$f(U)=\frac{1}{\sqrt{2\pi}\Delta}\exp\left[-\frac{(U_0-U_\mathrm{p})^2}{2\Delta^2}\right]$$

来描述,参见 2.1 节式(2-10)和式(2-8). U_0 为微分回线峰值位置,微分回线的半高半宽为(1.1774Δ). 在图 4.3(b)中,18 ℃和103 ℃时的 Q_s 为已知,分别令 $Q_\mathrm{p}/Q_\mathrm{s}=1/3$ 和 2/3 时 $U_\mathrm{p}=U_\mathrm{p}'$ 和 U_p'',则

$$\mathrm{erf}\left(\frac{U_\mathrm{p}'+U_0}{\sqrt{2}\Delta}\right)+\mathrm{erf}\left(\frac{U_\mathrm{p}'-U_0}{\sqrt{2}\Delta}\right)=1$$

$$\mathrm{erf}\left(\frac{U_\mathrm{p}''+U_0}{\sqrt{2}\Delta}\right)+\mathrm{erf}\left(\frac{U_\mathrm{p}''-U_0}{\sqrt{2}\Delta}\right)=\frac{5}{8}$$

用图 4.3(b)的实验点拟合得到

18 ℃时,　$U_0=100$ V,　$\sqrt{2}\Delta=320$ V

103 ℃时,　$U_0=50$ V,　$\sqrt{2}\Delta=250$ V

以这些数据代入 $Q_\mathrm{p}/Q_\mathrm{s}$ 的公式,得到图 4.3 中的黑线和短划线,和实验点符合得很好.

统一分析说明了低电压下 Q_p 随升温而增大,高电压下 Q_p 随升温而减小.

热力学的连续分析只关心平衡态,而不过问怎样达到和能否达到平衡态.统一分析进一步说明了铁电体在外电压作用下达到平衡态要激发屏蔽电荷跨越某个位垒. U_0 就是最概然位垒高[1].上面的实验拟合数据表明升温时晶格振动幅度增加,使结构变得"松动"了,故 U_0 减小高斯函数反映了体系内复杂的多级结构分布是随机的,更深入地描述了平衡态.

连续分析描述 $D(E)$ 回线,默认了空间有平移对称,即认为矢量 $\vec{D}$ 处处相等. 统一分析从定义空间标度出发,承认样品具有边界,从而失去空间平移对称,体系内不同位置上电畴的矢量 $\boldsymbol{D}$ 可以不相等. 因此只研究电极相邻表面屏蔽电荷 $Q(U)$ 的回线,图 4.4~4.6 的回线有原点对称,说明样品电极的两个表面性质相同. 这反映了在一个维度上空间仍有反演对称. 但这不是统一分析而是样品所决定的. 统一分析定义的空间标度允许空间反演不一定对称. 这时,两个表面的分布函数将有不相同的 (U_0, Δ). 在 1.14 节的图 1.13 和 1.15 节的图 1.15 等多种样品中已碰到过这种情况.

可见在热力学中统一分析包括了连续分析作为一种近似,但作出了更严密和有用的改进.

4.5　连续分析的统计力学

统计力学是宏观的热力学唯象理论的微观理论基础. 热力学方法得出的公式中理论不能确定的参数,原则上应能由统计力学计算出来. 但宏观体系要处理的气体中分子的总自由度一般高达 10^{24}. 而直到 2005 年 6 月 IBM 公司研究制造出世界上运算速度最快的“蓝色基因(Blue Gene/L)”超级计算机的速度才到 1.368×10^{14} 次/s. 即使将来研制成光学计算机、生物计算机、全磁计算机或量子计算机,也未必能处理自由度如此大的具体问题,故统计力学事实上也无非是微观唯象理论.

在 4.2 节中提到,将平衡态热力学从连续分析提高到统一分析可以在三个方面找到新的发展. 第一,左右微商不相等或不存在;第二,建立平衡的时间;第三,隐函数作近似展开的可行性程度. 将统计力学从连续分析提高到统一分析时同样会出现上述三个问题. 特别是第二个问题的矛盾尖锐化了. 平衡态热力学完全回避了这个问题,虽然有含糊之处却未出现原则性错误. 统计力学一开始就以时间为主动自变量. 从连续分析严格地提高到统一分析后,将会出现原则性变化. 原来的理论只是在个别情况下的特殊近似.

热力学以三个实验定律为基础,在宏观时空范围完全正确,统计力学以理论为主,从几条假设公理出发,这就出现新的第四个问题:这些“公理”在连续分析中可以是正确的,但在更普遍和更严密的统一分析中却不一定正确.

因此,本节先不加评论地全面概述统计力学的基本原理. 这些理论的细节在有关专著中都可找到[31,50~52],其所用的数学都是连续分析. 以后,再介绍统一分析的处理方法以及初步得到的新结果. 显然,这些新结果更符合于实验,并且可以说明连续分析根本无法想象的许多新问题. 但是,要用统一分析全面地研究和发展统计热力学,还需有两三代人的持续努力.

下面将统计力学的基本原理逐项编码列出,以便以后引用和讨论.注意这里用了连续分析数学.

由于从第 3 章开始介绍 δ 微积分和 Δ 微积分的定理时采用的 I,II,…编号规则与这里重复,故在后续行文过程中,凡涉及下述统计力学基本原理的引用均采用统计原理 I,统计原理 II,…表示.

统计原理 I 哈密顿函数,一个 s 自由度力学体系的状态用广义坐标 q_i 和广义动量 $p_i(i=1,2,\cdots,s)$ 描述.以之为自变量的总能量 $H(q_i,p_i)$ 称为哈密顿函数.

统计原理 II 由 (q_i,p_i) 构成的 $2s$ 维直角坐标系描述的空间称为相空间,简称相宇.相,指运动状态,可用相宇中的一个点代表.

统计原理 III 相宇中代表点的运动方程为

$$\frac{\mathrm{d}q_i}{\mathrm{d}t} \equiv \dot{q}_i = \frac{\partial H}{\partial p_i}, \quad \frac{\mathrm{d}p_i}{\mathrm{d}t} \equiv \dot{p}_i = -\frac{\partial H}{\partial q_i}$$

若在时间 $t=t_0$ 相宇中点的位置为已知,则 $t>t_0$ 时点的运动轨道由运动方程唯一确定.故体系从不同初态出发的各轨道互不相交.

统计原理 IV 保守系,总能量不随时间变化的力学体系称为保守系.若 E 为常数则 $H(q_i,p_i)=E$ 给出相宇中的一个 $(2s\text{-}1)$ 维曲面,称为能量曲面,一个保守系从不同初态出发给出不同的代表点,沿各自的相空间轨道运动,在相宇体元 $\mathrm{d}\Omega$ 中代表点的数目

$$\rho\mathrm{d}\Omega = \rho\mathrm{d}q_1\cdots\mathrm{d}q_s\mathrm{d}p_1\cdots\mathrm{d}p_s$$

ρ 为代表点的密度.

统计原理 V 刘维定理(1838 年),保守系在相宇中代表点的运动保持 ρ 不变,即

$$\frac{\mathrm{d}\rho}{\mathrm{d}t} = \frac{\partial \rho}{\partial t} + \sum_i \left[\frac{\partial \rho}{\partial q_i}\frac{\partial H}{\partial p_i} - \frac{\partial \rho}{\partial p_i}\frac{\partial H}{\partial q_i} \right] = 0$$

这是初态各不相同的一群代表点的运动方程,在不可压缩流体中,ρ 为流体的密度,连续性方程有相同形式.

统计原理 VI 统计系综,大量性质完全相同的力学体系,但用 (q_i,p_i) 描述的状态各不相同,组成系综.大量,指包括各种可能的体系,系综是客观存在的力学体系的集合,不是态的集合,也不是代表点的集合.$\rho(q_i,p_i;t)$ 描述了系综在相宇中代表点的分布,附加归一化条件

$$\int \rho\mathrm{d}\Omega = 1$$

则 ρ 可称为系综的概率密度,微观量 $U(q_i,p_i)$ 的宏观平均值

$$\bar{U} = \int U\rho\mathrm{d}\Omega$$

统计原理 VII 微正则系综,找寻 ρ 的问题,只在平衡态得到解决.宏观的孤立

系,在平衡态的系综称为微正则系综(microcanonical ensemble),有关系

$$\rho = 常数, \quad 若 E \leqslant H \leqslant E + dE$$
$$\rho = 0, \quad 若 H < E 或 H > E + dE$$

上述分布函数 ρ 称为微正则分布,是 Gibbs(吉布斯)1902 年提出来的.

统计原理Ⅷ　近独立系,N 个相同分子组成一体系.分子自由度为 r,能量 $\varepsilon(q_1 \cdots q_r; p_1 \cdots p_r)$ 描述一个分子的运动构成 $2r$ 维子相宇.体系状态可用子相宇中 N 个点描述.设有 a_l 个分子代表点在内,$d\omega_l = (dq_1 \cdots dq_r dp_1 \cdots dp_r); l = 1, 2, \cdots, k$,

$$\sum_l^k a_l = N, \quad E = \sum_l^k a_l \varepsilon_l$$

热平衡的 $\{a_1, a_2, \cdots, a_k\}$ 使组合数 W 为极大,即最可几,有

$$W = (N!)/(a_1! \ a_2! \ \cdots a_k!)$$

得配分函数

$$Z = \int e^{-\beta\varepsilon} d\omega, \quad \beta = 1/kT$$

$$N = -N \frac{\partial}{\beta} \ln Z$$

以上称为麦克斯韦 玻尔兹曼分布.可以严格证明,当 N 很大时麦克斯韦-玻尔兹曼分布等于微正则分布.

统计原理Ⅸ　吉布斯正则系综(Gibbs canonical ensemble),所讨论的力学体系和一个大热源接触达到平衡,两者构成大体系,大体系孤立,可用微正则系综描述.所讨论体系称为吉布斯正则系综,其能量 E 远小于大体系能量,则

$$\rho = e^{\beta(\Psi - E)}, \quad \int \rho d\Omega = 1, \quad \beta\Psi = -\Psi$$

$d\Omega$ 为所论体系相空间体元,其中有 N 个近独立子系.配分函数

$$Z = \int e^{-\beta\varepsilon} d\omega, \quad \Psi = \ln Z^N = N\ln Z$$

统计原理Ⅹ　热力学公式,热力学能量应为统计平均 $\bar{E}$,外界对体系的广义力应为统计平均 $\bar{Y}_\lambda$.能量守恒,

$$d\bar{E} = \sum_\lambda \bar{Y}_\lambda dy_\lambda + TdS$$

用正则分布

$$\bar{E} = -\frac{\partial \Psi}{\partial \beta}, \quad \bar{Y}_\lambda = -\frac{1}{\beta} \frac{\partial \Psi}{\partial y_\lambda}, \quad S = k\ln W$$

自由能

$$F = \bar{E} - TS = -kT\Psi = F(T, y_\lambda)$$

统计原理Ⅺ　巨正则系综,为 1902 年 Gibbs(吉布斯)所引进,考虑分子数可变,分子数 N_1 和 N_2 处于相连通两容器,$N_1 + N_2 = N$ 不变,整个体系与大热源接触,则

可用正则系综. 设总能量 E 近似等于两容器之和 (E_1+E_2), 当 $N \gg N_1$ 时近似有

$$\rho_1 = \frac{1}{N_1!} e^{-\zeta - N_1 \alpha_1 - \beta E_1}, \quad \sum_{N_1=0}^{N} \int \rho_1 \, d\Omega_1 = 1$$

α_1 为化学热. 巨配分函数

$$e^{\zeta} = \sum_{N_1=0}^{\infty} \frac{e^{-N_1 \alpha_1}}{N_1!} \int e^{-\beta E_1} \, d\Omega_1$$

推广至第 $i=1,2,\cdots,l$ 种分子,

$$\rho = (N_1! \cdots N_2! \cdots N_l!) e^{-\zeta - \sum N_i \alpha_i - \beta E}$$

$$\sum_{(N_i)} \int \rho \, d\Omega = 1, \quad e^{\zeta} = \sum_{(N_i)} \frac{e^{-\sum N_i \alpha_i}}{\prod_i N_i!} \int e^{-\beta E} \, d\Omega$$

平均内能 $\bar{E}$, 分子数 $\bar{N}_i$, 外力 $\bar{Y}_\lambda$ 为

$$\bar{E} = -\frac{\partial \zeta}{\partial \beta}, \quad \bar{Y}_\lambda = -\frac{1}{\beta} \frac{\partial \zeta}{\partial y_\lambda}$$

$$\bar{N}_i = \sum_{(N_j)} \frac{N_i e^{-\zeta - \sum N_j \alpha_j}}{\prod_j N_j!} \int e^{-\beta E} \, d\Omega = -\frac{\partial \zeta}{\partial \alpha_i}$$

熵

$$S = k \left(\zeta - \beta \frac{\partial \zeta}{\partial \beta} - \sum_i \alpha_i \frac{\partial \zeta}{\partial \alpha_i} \right)$$

记 $\alpha = -\beta \mu_i$, 通常 μ_i 称为化学势. 热力学公式

$$d\bar{E} = T dS + \sum_\lambda \bar{Y}_\lambda dy_\lambda + \sum_i \mu_i d\bar{N}_i$$

以上综述了平衡态统计力学的基本原理. 它把热力学中的宏观量和以分子层次为基础的微观量联系起来了. 关于非平衡态统计热力学[31,51~52], 问题较为复杂, 以后在具体问题中再加讨论. 此外, 还有一种系综可以给出玻古斯拉夫斯基分布. 将能量中的自变量扩充为 $(q_1 \cdots q_s; p_1 \cdots p_s; Y_1, Y_2, \cdots)$, 从而得到吉布斯函数和焓[50].

重要的是, 历史上统计热力学是以气体为例建立起来的.

4.6　空间标度和动量标度

从以上介绍已可看出, 物理学要通过标度概念才能应用数学作定量计算. 只是历史上没有意识到标度要求的是统一分析而不仅是连续分析数学. 观察两个同样分子的质心距离 $l \in [l_1, l_2]$, $0 \leqslant l_1 \leqslant l_2$, 其质心平移运动动量 $p \in [p_1, p_2]$, $0 \leqslant p_1 \leqslant p_2$. 数集 $[l_1, l_2]$ 和 $[p_1, p_2]$ 都是实数集的闭子集, 但都不是时间标度, 可称之为空间标度和动量标度. 质量为 m 的两个气体分子对撞时, 若 p_2^2/m 为分子的激活能或离解能, 则统计热力学不适用于 $p_1 > p_2$. 类似地, 若 p_2^2/m 的总动能恰足以保证对

撞的两分子重新分开,则 $p_1 < p_2$ 时对撞的两分子将组成液体或固体的凝聚中心,从而也超出平衡态统计力学讨论范围.关于气体的 l_2,总不能超出宏观实验所及的范围,例如 10^2 m,而气体的 l_1,历史上已讨论过许多了.

早在 1662 年出现 Boyle 定律,气体体积 V 和压强 p 有关系

$$pV = 常数$$

至 1857 年 Clausius 从分子运动论证明 Boyle 定律.此期间研究的是理想气体,应用的是连续分析数学,允许 $l_1 \to 0$.1873 年,van der Waals 提出非理想气体的物态方程

$$\left(p + \frac{a}{V^2}\right)(V - b) = nRT$$

已从实验意识到存在一个非零的 l_1.其中,n 为气体的 mole 数.气体常数

$$R = N_0 k$$

N_0 为阿伏伽德罗常量,k 为玻尔兹曼常量.直至 1937 年 Mayer 给出各级维里系数的表达式,非理想气体的物态方程的最完全的形式写为

$$\frac{pv}{kT} = 1 - \sum_{\nu=1}^{\infty} \frac{\nu \beta_\nu}{\nu + 1} \cdot \frac{1}{v^\nu}, \quad v = \frac{V}{nN_0}$$

式中,v^ν 的系数称为第 ν 维里系数.β_ν 决定于非零的 l_1.具体气体的维里系数的计算,仍是十分复杂的问题.

1902 年 Gibbs 出版了他的《统计力学》,统计系综的方法才建立起来.可见统一分析中的继续分析问题,在形成统计力学之前就已被提出来了.

晶体中的热运动表现为原子在其平衡位置附近的小振动.晶格动力学[53]是近代固体理论的基础.在处理电子、光子等粒子与晶格的相互作用上取得了很大成功.但因为采用了平移对称群理论,数学上仍属于连续分析,连续分析晶格动力学得出的以下热运动物理图像是十分错误的.

晶体中热运动的基元被描述为声子,声子是一种行波,故可分纵波和横波.晶胞内各原子的相对振动形成为光学支声子.长波声学支声子就是晶体中的普通声波.零波矢声学支有三个零频率模,相应于晶体在三维空间的平移.其他所有声子模的频率均不等于零.如果其他模有任意一个软化使频率接近零,便称为软模,它使晶体结构不稳定而出现相变.铁电相变是零波矢横光支模软化所引起[54],其结果是晶体的每个晶胞都出现相等的同向电偶极矩.

热运动是微观运动,声波振动是宏观运动,统计力学基本原理说明宏观运动是微观运动的系综平均.晶格动力学用连续分析证明了长波声学支声子就是声波,从根本上否定了平衡态统计热力学,其错误在于数学方法.

不管晶体的微观振动方程写成怎样的形式,都是必定有六个零频率平凡解.其中三个为平移,另外三个为旋转,连续分析丢失了三个零频真模,就必定给出三个

实际上不存在的伪模,因为模的总数必须等于晶体的微观自由度.既然已确证至少有三个伪模,怎么能认为不会有更多伪模.以后将指出,除三个平移模外,连续分析给出的全是伪模.

研究铁电相变从连续分析得出软模概念是定性上的重大成功.但铁电软模描述的顺电至铁电相变在定量上是完全失败的.冷却晶体出现的铁电相,因畴结构使宏观极化强度为零,而不像零波矢横光支软模所描述的宏观极化强度等于自发极化强度.

上述错误皆因没有利用空间标度概念分清楚何时该用统一分析中的连续分析,而何时又只能用断续分析.

4.7　统一分析描述的晶体中热运动图像

设 $N \times N \times N$ 个同种原子排成正立方体,组成具有简单立方结构的晶体.用统一分析研究其中的热运动.平行于立方体公共点的三个棱取 (x, y, z) 坐标系,空间距离以晶格数 a 为单位.用断续变量处理各原子的平衡位置,定义空间标度

$$\{x = \alpha | \alpha = 1, 2, 3, \cdots, N\}$$
$$\{y = \beta | \beta = 1, 2, 3, \cdots, N\}$$
$$\{z = \gamma | \gamma = 1, 2, 3, \cdots, N\}$$

数组 (α, β, γ) 规定了一个原子的平衡位置.空间标度的定义使体系不存在任何平移对称,因为平移将使有些 (α, β, γ) 超出了空间标度允许范围.从而用连续分析时因平移对称而产生的全部错误不再出现.因宏观外形仍保存了简单立方结构的点群 O_h 对称.故热运动的基元可按 O_h 的空间型分支.

在统一分析中,包括了采用断续或连续自变量.故处理各原子偏离平衡位置作热运动位移时,仍可采用连续分析.在定义键长力系数 f、键角力系数 h 和二面角力系数 g 时采用了简谐近似.故解运动方程得出的热运动基元称为简谐子(harmonon)[1]. f 描述了近邻二体相互作用, h 描述了近邻三体相互作用, g 描述了近邻四体相互作用.将简谐子的运动方程作宏观平均,可以得到固体的弹性力学方程[1,55]

$$\rho \ddot{X} = \frac{\partial T_1}{\partial X} + \frac{\partial T_5}{\partial Y} + \frac{\partial T_6}{\partial Z}$$

$$\rho \ddot{Y} = \frac{\partial T_6}{\partial X} + \frac{\partial T_2}{\partial Y} + \frac{\partial T_4}{\partial Z}$$

$$\rho \ddot{Z} = \frac{\partial T_5}{\partial X} + \frac{\partial T_4}{\partial Y} + \frac{\partial T_3}{\partial Z}$$

其中, ρ 为固体密度, (X, Y, Z) 为宏观坐标, $T_1 \sim T_6$ 为固体中的应力.将晶格动力

学和统计力学统一起来,认为宏观运动是微观运动的平均,这是统一分析在物理学取得的第一次成功.但二十年前得到这个结果时,并没有意识到物理学要求数学从连续分析发展到统一分析.

利用统一分析研究晶体中的热运动得到的一些主要结果可综述如下[1]:

第一,将晶体视为一个大分子,在自由边界条件下将晶格动力学和分子振动[56]问题统一起来.可以按结构型编制通用的计算程序计算各种晶体问题,得到简谐子模花样和频率.

第二,任何晶体都存在简谐子运动方程的六个零频率平凡解,对于单原子简单立方结构型,平移模是三重简并的 T_{1u} 模,旋转模为三重简并的 T_{1g} 模.

第三,在简单立方单原子晶体的非零频简谐子中,频率最低的是一个无简并的 A_{1g} 模,称为晶化模.其振动花样表现为全部原子靠近或远离晶体质心的同步振动.它是一个软模,当力系数比值 $H=h/f$ 增大时晶化模软化.晶体只在

$$0 < H < H_c$$

时稳定.从而了解当温度升高时,H 增大至 H_c,晶体出现升华或熔解,晶体的原子个数越多,H_c 值越小,这说明液体降温时先出现小晶粒,然后微晶粒逐渐长大,在其他结构型晶体中,也可找到晶化模,但其频率不一定最低,从而在热运动微观图像上描述了晶体的熔解或升华[3].

第四,晶体的原子总数目很大时,简谐子频谱分布趋向于组成连续的频带.单原子简单立方结构只有一个频带.NaCl 结构和 $CaTiO_3$ 结构有低频、中频和高频三个带,彼此间隔着禁区.高频带和中频带简谐子模是不可能软化的.

第五,在 $CaTiO_3$ 结构型中发现许多不同空间型的软模,软模总个数可达自由度的 2%,而且软模的频率都比晶化软模频率低,说明此种结构型晶体在熔解前可以出现各种不同的相变[1,57].不少软模具有一种共同特点:晶体自由表面上某个晶胞倾向于失去一个电子(或空穴),而相邻晶胞倾向于俘获一个电子(或空穴),于是表面某个位置两侧形成反号的屏蔽电荷,使晶体产生极性相变,并同时形成畴结构.这些软模在晶体体内的相邻晶胞之间也会出现类似情况.由于简谐子模花样很复杂,而又有如此之多的软模具有上述特点,故晶体由立方结构冷却出现铁电相变时,电畴尺寸和极化取向有很大随机性.结果在铁电相晶体的大体积宏观总平均"自发极化强度为零".这和铁电体的自发极化屏蔽电荷及实验结果[1,26,3]完全一致.

第六,从一维、二维到三维不同结构型晶体的许多具体数字计算结果表明,在保持体系外形尺寸比例不变条件下,当体系的原子数目总数增大时,各种计算结果单调地变化,频谱分布曲线趋向光滑化.当总原子数超过一千时,计算结果很快收敛,这说明晶体尺寸大于纳米级时,其性质很快变得和大体积晶体相同.因此,晶体宏观性质的微观计算,实际上不需处理太大自由度.现代好一点的台式个人计算机

即可胜任.

第七,最后也是很重要的一点,在晶格动力学方面统一分析改进了连续分析的许多错误,但并不否定连续分析成功的一面,只是使这些成功变得具有更深刻的意义.简谐子是个驻波,将其作三维傅里叶展开[58],就可得出声子,声子无非是简谐子的一个傅里叶分量.只要不再认为声子是热运动的基元,有关声子的许多讨论仍是正确的.这正是因为统一分析包括了连续分析,但比连续分析更严密和广泛,试以晶体代替气体为例重建统计力学.

4.8　简谐子的统计力学

统计原理Ⅰ定义了自变量$(q_i, p_i; i=1,2,\cdots,s)$和能量函数$H(q_i, p_i)$.统计原理Ⅱ定义了$(q_i, p_i)$的$2s$维直角坐标系为相宇.相宇中一个点代表体系的一个微观态.连续分析一向认为原理Ⅲ中定义的代表点的运动方程原则上不可解.上面用统一分析,至少解出了可以代表宏观性质的小晶粒的简谐子运动方程[1].下面从这些具体的解来讨论统计力学,连续分析不能作类似讨论.

质量为m的$N_1 \times N_2 \times N_3$个相同原子组成一个简单立方结构体系.定义空间标度

$$\{x=\alpha \mid \alpha=1,2,\cdots,N_1\}$$
$$\{y=\beta \mid \beta=1,2,\cdots,N_2\}$$
$$\{z=\gamma \mid \gamma=1,2,\cdots,N_3\}$$

数组(α,β,γ)描述了一个原子的平衡位置,其热运动位移的$\delta(x,y,z)$分量记为$u_{\alpha\beta\gamma\delta}$.规定编码顺序,以$\mu(\mu=1,2,\cdots,s=3N_1N_2N_3)$代替$(\alpha,\beta,\gamma,\delta)$数组,则位移分量可记为$u_\mu$.动力学方程

$$m\ddot{u}_\mu = \sum_{\mu'} f(\mu,\mu') u_{\mu'}$$

公式右边按键求和,$f(\mu,\mu')$由力系数给出[1].设各位移分量以角频率ω同步振动,

$$u_\mu = A_\mu \cos(\omega t + \varphi)$$

方程化为s元齐次线性方程组,

$$m\omega^2 A_\mu + \sum_{\mu'} f(\mu,\mu') A'_\mu = 0$$

方程有解条件给出许可的s个值$\omega=\omega_j; j=1,2\cdots,s$.以每个$\omega_j$个代入方程可解出一组解

$$u_\mu^j = a_j A_\mu^j \cos(\omega_j t + \varphi_j), \quad a_j \geqslant 0$$

齐次线性方程组的解精确到相差一个常数因子a_j,令

$$A^j \cdot A^j = \sum_\mu A_\mu^j A_\mu^j = 1$$

定义了一个 s 维单位矢量,不同的矢量是正交的

$$A^j \cdot A^{j'} = \sum_\mu A_\mu^j A_\mu^{j'} = \delta_{jj'}$$

A_μ^j 为无量纲的实数,记

$$q_j = a_j \cos(\omega_j t + \varphi_j)$$

常数 a_j 和 φ_j 由动力学微分方程的两个初条件决定,方程可写为

$$\ddot{q}_j = -\omega_j^2 q_j; \quad j = 1, 2, \cdots, s$$

在统一分析中,无量纲的单位矢量 A^j 描述了简谐子在 (x, y, z) 空间的模花样. 按定义,有量纲的实数 q_i 就是简谐子广义坐标. 相应的广义动量 p_i 和能量函数 $H_j(q_j, p_j)$ 为

$$p_j = \dot{q}_j, \quad H_j = \frac{1}{2}(\omega_j^2 q_j^2 + p_j^2)$$

体系的总哈密顿函数

$$H = \sum_j H_j = \frac{1}{2}\sum_j (\omega_j^2 q_j^2 + p_j^2); \quad q_j \in R, \quad p_j \in R$$

这样定义的 $H(q_1, \cdots, q_s; p_1, \cdots, p_s)$ 满足统计原理Ⅲ中的动力学方程.

考虑一个非常特殊的情况,例如,宇宙空间远离其他物质的完全孤立的 H_2 分子. 因为以上理论适用于 N_1、N_2 和 N_3 取任意正整数值的体系,故可令

$$N_1 = 2, \quad N_2 = N_3 = 1; \quad s = 6$$

理论可解出的 s 个频率记为:

键长振动, $\omega_1 > 0$

旋转, $\omega_2 = \omega_3 = 0$

平移, $\omega_4 = \omega_5 = \omega_6 = 0$

我们只关心 $j = 1$ 的振动,其他运动由角动量守恒和动量守恒决定了体系只能绕质心以等角速度旋转,以及体系质心的等速直线运动.

这时,上面的理论给出

$$q_1 = a_1 \cos(\omega_1 t + \varphi_1)$$
$$p_1 = -\omega_1 a_1 \sin(\omega_1 t + \varphi_1)$$
$$H_1 = \frac{1}{2}(\omega_1^2 q_1^2 + p_1^2)$$
$$= \frac{1}{2}\omega_1^2 a_1^2 \cos^2(\omega_1 t + \varphi_1) + \frac{1}{2}\omega_1^2 a_1^2 \sin^2(\omega_1 t + \varphi_1)$$
$$= \frac{1}{2}\omega_1^2 a_1^2$$

若用统计原理Ⅰ和Ⅱ,用平面 (q_j, p_j) 上的一个点来代表体系的态. 则当时间 t 变化时,代表点扫过的"相轨道"为一个椭圆.

$$\frac{q_1^2}{a_1^2}+\frac{p_1^2}{\omega_1^2 a_1^2}=1$$

椭圆的长短半轴各为 $\omega_1 a_1$ 和 a_1.

统计原理Ⅸ可推论出能量均分定律:H 中每个 q_j 或 p_j 的平方项的平均能量为 $kT/2$. 因此,可给以上体系定义一个温度 T. 因 H_1 中有两个平方项,故

$$H_1=kT=\frac{1}{2}\omega_1^2 a_1^2$$

$$a_1=\sqrt{2kT}/\omega_1$$

从而常数 a_1 完全确定.

统计原理Ⅲ中,"体系从不同初态出发的各轨道互不相交"的结论[50],现在可以证明是错误的,至少是有误的.

上面的例子,初条件有两个,即 a_1 和 φ_1 两者在 $t=0$ 时的 (q_j,p_j) 两个初条件只要有一个不同,就可认为初条件不同. 但上面的相轨道只决定于初条件 a_1 而和初条件 φ_1 无关. 只要 $t=0$ 时 a_1 确定,不同初条件 φ_1 给出的相轨道不仅可以有若干点重合(相交),而且还全部点都重合了.

统计力学是十分复杂和高度抽象的问题. 若找到有关相轨道能全部解出的具体例子,推理和叙述将会更明确. 下面举出一直存在争议的一个重要例子. 其所以争议不休,是因为统计力学使用了自己已无法说得清楚的气体为代表来建立基础理论.

4.9　各态经历问题

各态经历(ergodic)是存在争议的问题. 1871 年 Boltzmann(玻尔兹曼)提出各态经历假说,由此证明保守力学体系微正则系综平均等于体系运动的长时间平均. Maxwell(麦克斯韦)也提出了同样的假说. 由于社会意识形态的禁忌,1956 年王竹溪先生只能滑稽地处理这个问题,参见他的专著的第 42~46 页[50]. 以后,中国大陆物理专业大学生就逐渐不再知道存在各态经历这个词.

1983 年,Kubo[51]指出,这是经典力学问题,若能证明孤立体系的各态经历问题,则统计力学可得进一步发展. 下面将指出,这个证明不仅涉及各态经历定理的具体叙述,还关系到其他统计原理的严格改写.

考虑以上 $s=N_1 N_2 N_3$ 体系. 设 N_1、N_2 和 N_3 都足够的大,但仍属现代计算机可解决范围. 因此,问题可含糊地完全解决. 将体系置太空真空处,使自由边界条件完全实现,按体系平衡位置取 (x,y,z) 坐标系,所得六个平凡解记为:

平移:　$q_j=0,p_j=0,\omega_j=0;j=s(s-1),(s-2)$;

旋转:　$q_j=0,p_j=0,\omega_j=0;j=(s-3),(s-4),(s-5)$.

因此,简谐子体系的自由度 $s'=(s-6)$,相宇为 $2s'$ 维.设定 $t=0$ 时的 $(q_j,p_j;j=1,$ $2,\cdots,s')$,可解出 $(a_j,\varphi_j;j=1,2,\cdots,s')$ 体系总哈密顿

$$H=\sum_j^{s'}H_j\equiv E$$

$$H_j=\frac{1}{2}(\omega_j^2q_j^2+p_j^2)$$

$$q_j=a_j\cos(\omega_jt+\varphi_j),\quad p_j=\dot{q}_j=-\omega_ja_j\sin(\omega_jt+\varphi_j)$$

从而对任意 $t\geqslant0$ 时给出相宇中轨道的点 (q_j,p_j) 完全确定.在相轨道上的任意一点,体系能量 $H=E$ 不变.

相轨道是 $2s'$ 维空间的一条连续的闭合曲线.它在二维 (q_j,p_j) 平面的投影为一个椭圆

$$\frac{q_j^2}{a_j^2}+\frac{p_j^2}{\omega_j^2a_j^2}=1$$

实验和理论都已证明,$10^4\,\mathrm{Hz}\ll(\omega_j/2\pi)<10^{14}\,\mathrm{Hz}$.当时间

$$t=2\pi/\omega_j=\tau_j$$

时,体系的代表点在 (q_j,p_j) 平面扫过椭圆一周,$\tau_j\ll10^{-4}\,\mathrm{s}$,记 $(\tau_1,\tau_2,\cdots,\tau_{s'})$ 的最小公倍数为 τ.当 s' 个本征频率 ω_j 被计算出来后,很容易按给定精度的要求计算出 τ 值.

在 $t=\tau$ 时,体系的代表点将扫过相轨道上全部的点回到 $t=0$ 时的初态.

以上就是简谐子的经典统计力学中各态经历定理的严格描述和证明.在简谐近似下,不同 (ω_j,A_μ^j) 的简谐子是正交的,互不交换能量.故无论体系是否处于热平衡态,上面的讨论均成立.

设上述孤立体系处于热平衡态,从而宏观地可以定义一个温度 T,记平衡态的相轨道的 a_j 为 $\bar{a}_j$,根据能量均分定律,

$$\omega_j^2\bar{a}_j^2=p_j^2=kT,$$

$$H=E=s'kT$$

相轨道是连续分析中的概念,它是 $2s'$ 维相空间的一条连续曲线.以下将保留这一概念.但为了说明它的性质,在处理函数 $H(q_1,\cdots,q_j,\cdots,q_{s'};p_1,\cdots,p_j,\cdots,p_{s'})$ 时必须使用标度的断续分析.

存在实数 $a_j(1)$ 和 $a_j(2)$ 使可能的 a_j 有关系

$$0<a_j(1)\leqslant a_j\leqslant a_j(2)<\infty$$

超出此范围的 a_j 值将使所研究的晶体结构成为不稳定而失去意义.在区间 $[a_j(1),a_j(2)]$,可能的 a_j 值只能断续地变化.其原因参见 4.1 节和后面第 6 章的说明.一个可能的数组 $(a_1,\cdots,a_j,\cdots,a_{s'})$ 给出一条相轨道,其在 (q_j,p_j) 平面的投影都是长短轴比为 ω_j 的椭圆.平衡态相轨道 $\bar{a}_j$ 是其中之一,其他相轨道都描述非

平衡态,不同的相轨道是互不连通的.因此,随着时间的变化,凭力学规律不能使非平衡态相轨道上的点代表的态进入平衡态相轨道.体系由非平衡态趋向平衡,不是沿相轨道进行的.后面将作进一步说明.

4.10　简谐子的动量

动量 $p_i(t)$ 是实验在 (x,y,z) 三维具体空间定义的物理量,$2s'$ 维相空间是抽象空间.在具体空间得到的物理定律,在抽象空间会有不同的反映.传统认为热运动的基元是声子,声子被看成是在三维具体空间运动的"粒子",其动量用波矢量描述,两个"粒子"碰撞前后的动量守恒被描述为波矢守恒.统一分析证明了晶体中热运动的基元是简谐子而不是声子.简谐子的动量在具体空间和抽象空间的物理图像有待说明.

下面仍以 $N_1N_2N_3=(s/3)$ 个同样原子构成的具有 O_h^1 结构的晶体为例.用统一分析代替连续分析处理晶格动力学的好处之一是可以将 (x,y,z) 坐标系安放在宏观晶体上,从而得出 6 个平凡解

$$q_j=0,\quad p_j=0,\quad \omega_j=0,\quad j=s,(s-1),\cdots,(s-5)$$

于是宏观运动和微观运动完全分开了.其余 $s'=s-6$ 个描述微观运动的解必须保证体系在 (x,y,z) 坐标系上总动量和总角动量都等于零.因此,对任一简谐子必有(具体计算和群论均可证明)

$$\sum_{\alpha\beta\gamma}A_\mu^j=\sum_{\alpha\beta\gamma}A_{\alpha\beta\gamma\delta}^j=0;\quad \delta=x,y,z;\quad j=1,2,\cdots,s'$$

这是晶体在 (x,y,z) 系中质心没有平移所要求的.就是说简谐子在 (x,y,z) 系没有动量.类似地,简谐子在 (x,y,z) 系角动量也等于零.其余 $(s-s'=6)$ 个模是宏观运动,不是简谐子.因此,当简谐子在抽象的 $2s'$ 维相空间的广义动量 $p_j(t)$ 任意变化时,晶体在 (x,y,z) 具体空间的动量均恒等于零.类似地,广义坐标 $q_j(t)$ 在 $2s'$ 维抽象空间作任意变化时,晶体在具体空间的角动量也是恒等于零.力学守恒定律只剩能量守恒,$H(q_j,p_j)=E$ 对简谐子的运动有用.

用 s' 个数的数组 (a_j) 表征的相轨道是 $2s'$ 维相空间的一条曲线.因为它在任意的第 j 个 (q_j,p_j) 平面的投影都是一个闭合的椭圆,故相轨道是 $2s'$ 维空间的一条闭合曲线.当时间 t 变化时,体系的代表点按动力学方程的解沿连续的相轨道运动,经时间 t 后走遍相轨道上的每一个点回到起点上.在平衡态,$(\bar{a}_j)$ 表征相应的相轨道.

经典统计中的动力学方程使用了连续分析数学.解出的相轨道 $(\bar{a}_j)$ 在 $2s'$ 维空间的长度具有有限值,其上的每一个点都代表一个平衡态,相轨道曲线的体积为零,但曲线上不同的点的数目为无限大,故必须修改为用 $2s'$ 维空间的非零体元 $\delta\Omega$

代表一个态,而代表点可视为体元的中心,不同体元不能重叠,而

$$\delta\Omega = \delta q_1 \cdots \delta q_{s'} \delta p_1 \cdots \delta p_{s'}$$

称此体元为代表球. 这就意味着描述统计规律时对自变量 q_j 和 p_j 必须使用断续分析. δq_j 和 δp_j 就是不等于无限小的跃距.

同一轨道上不同态的代表球不能重叠,不同轨道上的代表球也不能重叠,这更突出地说明了不同数组 (a_j) 表征的相轨道是不连通的. 从而,串满平衡态轨道 $(\bar{a}_j)$ 的代表球个数为有限值,记为 R. 在断续分析中,时间 t 的跃距记为 δt. 设时间 $(t-\delta t)$ 的态相应于轨道 $(\bar{a}_j)$ 上的某个代表球. 则 t 时的态相应于此轨道上相邻的后一个代表球. 若理解为代表球的运动,即视之为由一个位置移动至相邻位置,则可以不是沿轨道 $(\bar{a}_j)$ 移动的. 断续分析数学并不描述"移动路径"问题. 因此,所谓相轨道作为连续曲线,只是使用连续分析产生的纯数学意义. 物理意义只说明代表球的中心在此线上. 根据 4.1 节,在 $(t-\delta t)$ 与 t 之间并不存在其他确切时间. 后面,还会讨论代表球由非平衡轨道 (a_j) "移动"至平衡态轨道 $(\bar{a}_j)$ 的描述方法.

4.11 理想晶体的相宇和系综

考虑一个理想晶体,其结构是完整而无缺陷的,其外形是规整的,而且晶体中没有可自由运动的传导电子和传导空穴. 晶体置于太空中,因而边界完全自由. 因此,体系中的热运动完全表现为各原子在平衡位置附近的小振动. 在力学上,近代超级计算机已能解决自由度 $s=10^7$ 的具体数字计算. 原则上,任何更大但为有限值 s 的问题都能具体计算出来. 以此为基础建立统计力学中的相宇和系综的概念,比之历史上以理想气体为代表建立的概念将更为可靠. 后者构成系统的统计理论至今已超过百年. 但任何一个 s 值(包括 $s=3,6,9$ 等小值)的问题都还未能具体计算出来. 气体分子之间,以及分子和容器壁之间的碰撞机制原则上无法定量描述.

就是说,我们要以理想晶体代替理想气体,以统一分析代替连续分析,重新建立统计理论. 但是,现有理论已被实验证明很多情况下是成功的,故新理论不在于全部改写原有理论,而是指出其不足之处,凭新观点去解释和预言更多的新问题.

在 4.5 节中,统计原理 I 不变. 统计原理 II 犯了一个原则性错误. 自由度为 s 的体系相宇不是 $2s$ 维,而是 $2s'$ 维;$s-s'=6$. 原有理论将宏观的和微观的自由度混淆了. 容器限制了气体分子在作相对运动时不允许同时叠加一个全体同步的等速直线运动. 传统理论没有分出体系质心位移恒为零的三个平凡解. 关于各态经历定理的争议与此有关. 在理想晶体中,记 z 向平移模的广义坐标为 q_z. $2s'$ 维相空间加入 (q_z,p_z) 这两个维度,则当初条件 $t=0$ 时 q_z 和 p_z 均不为零,就意味着晶体沿 z 向宏观地做等速直线运动,这时,各态经历定理将不再正确.

只有用统一分析才能说清楚统计原理 III. 统一分析允许同时采用连续和断续

分析,Ⅲ中的方程为连续分析.故所得到的相轨道是 $2s'$ 维空间的几何的闭合曲线. "体系从不同初态出发的各相轨道互不相交"应改写为:初条件中 $(a_1,\cdots,a_{s'})$ 相同时给出同一条相轨道,初条件中只有 $(\varphi_1,\cdots\varphi_{s'})$ 不同时给出同一条相轨道上不同的点,不同的相轨道互不连通(即互不相交也互不相切)."代表点"是代表物理体系的,必须考虑体系的物理条件.第 j 个模的能量只可以按步距为 $h\omega_j/2\pi$ 方式整份地变化,参见后面的第 6 章.故 q_j 和 p_j 只能断续地增加,对函数 $H(q_j,p_j)$ 只能用断续分析数学处理.从而相空间的"代表点"改变为在 $2s'$ 维空间具有非无限小的有限体积的代表球,而代表点只描述球的中心位置,没有理由认为不同的球有什么区别,故可认为代表球的体积为常数

$$\delta\Omega=\delta q_1\delta q_2\cdots\delta q_s\delta p_1\delta p_2\cdots\delta p_{s'}$$

δq_j 和 δp_j 是自变量 q_j 和 p_j 的跃距.当 q_j 和 p_j 为非零最小值时,

$$p_j=\delta p_j,\qquad \delta q_j=q_j$$

此时只有一个简谐子,能量为 $h\omega_j/2\pi$.由 4.9 节得到

$$2H_j=(\omega_j q_j)^2+(p_j)^2$$
$$=(\omega_j\delta q_j)^2+(\delta p_j)^2=h\omega_j/\pi$$

根据能量均分定律,上式给出

$$(\omega_j\delta q_j)^2=(\delta p_j)^2=h\omega_j/(2\pi)$$

故有

$$\delta q_j=(h/2\pi\omega_j)^{1/2}$$
$$\delta p_j=(h\omega_j/2\pi)^{1/2}$$

从而有

$$\delta q_j\delta p_j=h/2\pi$$

这无非是量子力学中的不确定关系式.最后得到代表球的体积

$$\delta\Omega=\left(\frac{h}{2\pi}\right)^{s'}$$

h 为普朗克常量.

　　在平衡态的相轨道上,串满共 R 个代表球,每个球代表性质相同而状态不同的一个体系,这 R 个体系称为系综.轨道 $(\bar{a}_j)$ 上的 R 个代表球代表一个系综,$(\bar{a}_j)$ 表示晶体的平衡态相轨道.相空间的概率密度函数 $\rho(q_j,p_j;t)$ 定义为

$$\rho=常数,\quad 若代表球在(\bar{a}_j)上$$
$$\rho=0,\qquad 若代表球不在(\bar{a}_j)上$$

归一化条件为

$$\int\rho\delta\Omega=1$$

微观力学量 $U(q_j,p_j)$ 的宏观平均值

$$\overline{U} = \int U \rho \, \delta\Omega$$

对于平衡态系综,相轨道$(\overline{a}_j)$上的球由归一化条件得到

$$\int \rho \, \delta\Omega = \rho \cdot R\left(\frac{h}{2\pi}\right)^{s'} = 1$$

$$\rho = (2\pi/h)^{s'}/R$$

而在相空间的其余各处,$\rho = 0$. 在 4.9 节给出的条件

$$0 < a_j(1) \leqslant a_j \leqslant a_j(2) < \infty$$

规定了相空间是有限边界的抽象空间.

以上的论述已包括了 4.5 节中的统计原理 Ⅳ、Ⅴ、Ⅵ 和 Ⅶ. 一个代表球描述一个状态. 刘维定理无非说明不同时间相应的代表球体积相等.

在简谐近似中,用频率 ω_j 和模花样 A_μ^j 表征的同种简谐子组成近独立子系. 其数目决定了 a_j 的值,但晶体总能量 $H = E$ 不变. 各子系简谐子数目在平衡态由玻色统计决定为

$$a_j = \overline{a}_j, j = 1, 2, \cdots, s'$$

从而也决定了体系有 R 个不同的状态,即相空间共有 R 个代表球. 统计原理 Ⅷ 中的麦克斯韦-玻尔兹曼分布是玻色统计的近似[50].

在时间 $t = 0$,数组 (a_j) 中有的 a_j 不全等于 $\overline{a}_j$,则晶体此时不处于平衡态. 力学规律只说明 R 个代表球在非平衡相轨道 (a_j) 上,不能说明 R 个代表球如何跑回平衡态轨道 $(\overline{a}_j)$. 决定 R 个代表球跑回轨道 $(\overline{a}_j)$ 是统计规律. 自由边界晶体微观振动(热运动)的任何动力学方程都不能解出一条相轨道

$$q_j = q_j(t), p_j = p_j(t)$$

它可以将相空间代表非平衡的球心连接到平衡态轨道上. 因为后者是一条闭合曲线,而且和其他任何相轨道不相连通.

非平衡态统计力学是未被解决的复杂问题,它有两种典形情况. 一种是偏离平衡的不规则微小起伏. 对于自由晶体,另一种是除微观振动外还有宏观振动. 在趋向平衡过程中,宏观振动逐渐衰减至完全消失,其宏观振动能量转变为热能,即各种简谐子的能量. 后面将分别作简单讨论.

4.12 相空间的标度

标度是一个物理量和规定计量标准相比可能出现的倍数. 标度概念的出现,暴露了经典统计中采用连续分析的矛盾. 只因经典统计以理想气体为例,任意非零 s 值的动力学方程都解不出来. 故无法讨论 $2s$ 维相空间中代表点和相轨道的几何性质,使矛盾被掩盖了. 设某一孤立 s 维体系已解出为 $2s$ 维相空间的相轨道

$$q_j = q_j(t), \quad p_j = p_j(t); \quad j = 1, 2, \cdots, 2s$$

则相轨道为一条连续曲线,线上的每一个点都是代表点.故相空间的代表点全部都是左稠密和右稠密的,参见图 1.2(第 1 章 1.5 节)的 a 点.在连续分析中,因为 $q_j(t)$ 和 $p_j(t)$ 必须是连续函数,故相轨道是 $2s$ 维空间没有起点(左散布右稠密点)也没有终点(左稠密右散布点)的连续曲线.

若相轨道穿过相空间某处的单位体积,则相轨道在此单位体积内的长度(非零)上必有无限多个代表点.根据 4.5 节的统计原理Ⅳ的定义,此处必有 $\rho = \infty$.反之,若无相轨道穿过此单位体积,则该处有 $\rho = 0$.连续分析给出具有此极端性质的函数 $\rho(q_1, q_1 \cdots q_s, p_1, p_1 \cdots p_s; t)$ 使得统计力学根本无法进行讨论.

经典统计解决这个矛盾的方法可称为经典近似.这就是引进统计原理Ⅶ的微正则系综的假设.

假设　　$\rho =$ 有限大正常数,　　若 $E \leqslant H \leqslant E + \mathrm{d}E$

　　　　　$\rho = 0$,　　　　　　　　若 $H < E$ 或 $H > E + \mathrm{d}E$

并不存在任何动力学定律或数学原理可以证明这个假设是正确的.微正则系综对平衡态孤立宏观系统可适用的程度在于由此得到的结果大致符合实验.

但是,上述假设在数学上等价于认为相空间可能出现的状态的全部代表点都是孤立的,参见图 1.2 中的 d 点.各孤立代表点彼此是互不连通的.这就是认为使用连续分析的动力学方程不可能解出连续或分段连续的轨道,从而经典统计原理Ⅲ和Ⅶ是互相矛盾的.

以理想晶体代替理想气体为例建立统计理论时,解决了上述矛盾.在简谐子的统计中,不需提出微正则系综的概念,而只需说明系综描述的是平衡态.微正则系综主观设定的能量步距 $\mathrm{d}E$ 为客观存在的简谐子能量 $h\omega_j / 2\pi$ 所代替.

在平衡态下,ρ 不显含 t.若用相空间描述平衡态系综代表点的分布,则 q_j 和 p_j 成为自变量,分别定义在广义的空间标度和动量标度,此时共 R 个代表点.若研究某时间 t 晶体的状态相应于 R 个代表点中的哪一个,则自变量为 t,定义在时间标度.统计原理表明:空间标度、动量标度、时间标度中的所有实数点都是孤立的.t 给了 R 个代表球的不同标记.一个平衡态孤立体系的微观运动状态的变化,可描述为一个代表球在相空间的位置按 t 由小到大出现于系综的 R 个不同代表球位置.好像是代表球在相空间的运动.因为运动方程对时间反演不变,平衡态代表球的这种运动是可逆的.

非平衡态统计热力学的问题比较复杂.以下只讨论有关时间反演问题.因为实验已积累了大量数据[1],现有连续分析非平衡态统计热力学理论无法解释.

4.13　连续分析的非平衡统计力学

连续分析统计力学以理想气体为研究对象.一个孤立体系只要经过足够长的

时间,总是趋向平衡态. 趋向平衡态的过程是不可逆的. 典型的宏观不可逆过程有三种.

第一种,若体系各部的温度不相等,总有热量由高温区传至低温区,直至体系宏观各处温度相等才是平衡态. 这种非平衡态的不可逆过程出现热传导. 实验给出的傅里叶定律为:通过单位面积沿垂直方向传递的热量 Q 有关系

$$dQ/dt = -kdT/dx$$

dT/dx 为垂直方向的温度梯度. 比例常数 k 称为导热系数.

第二种,体系趋向平衡过程中,各部分的宏观相对运动逐渐趋向消失,宏观机械运动的能量转化为热能. 此过程中出现内摩擦. 考虑 $x = x_0$ 的平面,气体沿 y 向运动. 若 $x > x_0$ 的运动速度 v 比 $x < x_0$ 一边大,则 $x < x_0$ 方向气体在 xy 平面单位面积上受 $x > x_0$ 方向气体的带动力

$$P_{xy} = \eta dv/dx$$

称为牛顿黏滞定律,η 为黏滞系数.

第三种,体系趋向平衡过程中,内部物质的分布也要趋向均匀. 故过程中出现扩散. 考虑两种分子组成的气体,设其质量密度 ρ_1 和 ρ_2 都只是 x 的函数. 实验证明,通过垂直于 x 的单位面积由 $x < x_0$ 一边流向 $x > x_0$ 一边的质量 M_1 和 M_2 为

$$\frac{dM_1}{dt} = -D_{12}\frac{d\rho_1}{dx}, \quad \frac{dM_2}{dt} = -D_{21}\frac{d\rho_2}{dx}$$

称为 Fick 定律,D_{12} 和 D_{21} 称为扩散系数.

以上三种过程总名为输运过程. 热导是能量输运过程,黏滞性是动量输运过程,扩散是质量输运过程. 三种过程都是不可逆的,在数学上反映为三个实验定律都不是对时间反演不变的. 因为统计原理Ⅲ和Ⅴ的两个方程都对时间反演不变,故不能由这两个方程推导出三种不可逆过程的实验定律. 在输运过程中,统计原理Ⅲ和Ⅴ的方程仍成立. 但除此两方程外,还必须增加对时间反演不能保持不变的其他方程,才能得到输运过程的结果. 这就是统计原理Ⅷ～Ⅺ中的最可几分布. 由任意分布逐渐趋于最可几分布是一种统计规律,是不可逆转的.

统计原理Ⅲ的方程只由特定初条件决定一条相轨道. 方程既不能约束初条件的设置,也不能决定相轨道中代表点的运动方向,甚至并未规定体系是否保守系.

在连续分析中,因为出现多重极限的困难,很难具体说得清楚刘维定理中 ρ 的意义. 在统一分析中,平衡态系综在相宇中共有 R 个代表球. 此时的 ρ 的倒数等于 R 乘以一个代表球在相宇中所占的体积,故 ρ 就是一个代表球的概率密度. 平衡态系综的 R 个代表球在相空间串接成一条闭合的相轨道. 时间变化时,系综的每一个代表球都同步地逐步跳至相邻的下一个代表球位置. 使用连续分析数学的统计原理Ⅲ和Ⅴ中的两个动力学方程都无法说明这种跳动. 刘维定理只说明了各代表球的体积相等.

的确,历史上研究输运过程并非从上述两个方程出发,而是找寻气体分子位置

r 和 v 速度的分布函数 $f(\boldsymbol{r}, \boldsymbol{v}, t)$. 从而计算分子的自由程. 自由程的概念是 1857 年克罗修斯提出的, 当时麦克斯韦速度分布律尚未发现. 后来才提出麦氏平均自由程. 从而初步建立了输运过程的理论. 1872 年, Boltzmnn 指出, 非平衡态分布函数 $f(\boldsymbol{r}, \boldsymbol{v}, t)$ 决定于一个积分微分方程. 在非常简单的特殊情况下, 从玻氏方程可以推导出流体力学的连续性方程, 可见除刘维方程外, 还有决定非平衡态性质的更根本的规律. 在达到平衡后, $\partial f / \partial t = 0$. 在平衡条件下, 可以得到质量为 m 的一种分子组成的气体的特解

$$\ln f = 1, m v_x, m v_y, m v_z, \frac{1}{2} m v^2$$

这相当于描述分子碰撞过程中分子数、动量和能量守恒, 将特解作线性组合得到通解

$$f = n\left(\frac{m}{2\pi k T}\right)^{\frac{3}{2}} \mathrm{e}^{-\frac{m}{2kT}\left[(v_x - \boldsymbol{v}_x)^2 + (v_y - \boldsymbol{v}_y)^2 + (v_z - \boldsymbol{v}_z)^2\right]}$$

n 为分子集居数. 用逐步近似求解法到二级近似, 可以得出传输过程的 k、η、D 等系数.

　　1872 年 Boltzmann 定义函数 H,

$$H = \iiint f(\boldsymbol{r}, \boldsymbol{v}, t) \ln f(\boldsymbol{r}, \boldsymbol{v}, t) \mathrm{d}v_x \mathrm{d}v_y \mathrm{d}v_z$$

他证明了 H 随时间单调地减小, 称为 H 定理. H 定理表明用 $f(\boldsymbol{r}, \boldsymbol{v}, t)$ 描述的由非平衡到平衡的过程不是时间反演不变的, 即过程是不可逆的. 可以证明气体的熵

$$S = -kHV + (1 + \ln m^3)Nk$$

V 为体积, $N = nV$, 熵 S 和 $(-kHV)$ 只差一个常数. 用 $f(\boldsymbol{r}, \boldsymbol{v}, t)$ 描述的趋向平衡的过程是完全确定的, 因此不是一个随机过程. 故也不存在时间平移对称的问题, 只有达到平衡以后, 用相空间描述的系综的微观态, 才有时间的平移和反演不变.

4.14　随机过程

　　回顾历史, 输运过程的理论从 1857 年克罗修斯提出气体分子自由程开始. 1860 年 Maxwell 得出气体分子速度分布律, 在黏滞性上取得了相当的成功. 1866 年, 他又提出了气体分子间互相排斥的力与距离四次方成反比的理论. 1872 年 Boltzmann 创立了更有系统的理论, 直到 1916 年, Enskog 和 Chapman 才完成了输运过程的数学理论. 1905 年 Lorentz 讨论了一种质量特别轻的分子和很重的分子的碰撞, 把结果用到金属中的电子运动提供的电导和热导. 1932 年, Hertz G. 将分子碰撞理论用于泻流[59], 即分子穿过小孔流出的现象, 分析出 Ne 的两个同位素 Ne^{20} 和 Ne^{22}. 理论指出, 流出的分子数与分子质量的平方根成反比. 在以上研究中,

用到的数学方法是十分繁琐的.

上面介绍的结果已得到后世的公认,但历史上曾出现过重大争议[60]. 1876 年 Loschmidt 指出,经典力学运动方程决定的运动是可逆的(在保守力作用下). 分子之间碰撞的相互作用力是保守力,故当全体分子的速度都反过来后,分子运动的进程应当向着原来相反的方向,即 H 也可单调地增加. Boltzmann 正确回答了这一反面意见. 他指出,理论依据不仅是力学原理,还用了分布概率趋向极大值这一不可逆的统计原理. 这其实就是时间反演对称性的争议.

1890 年 Poincare 证明了一个保守力学体系在足够长时间之后将回复到起始运动状态附近. 据此,1896 年 Zermelo 指出,当 H 随时间减小之后,过了足够长时间又回复到最初的值. 这实际上又是各态经历假说的争议. 在证明各态经历假说中,曾经证明过:沿任何轨道的长时间平均值与初态无关. 从而由各态经历假说证明沿任何轨道的长时间平均等于系综平均[50],这其实就是时间平移对称性的争议. 理想气体的相轨道原则上是解不出来的. 而理想晶体的相轨道原则上能解得出来,并且已经解出来了. 各态经历假说在平衡态中严格正确. 这时,系综在相空间只有一条闭合的相轨道,其上穿有 R 个代表球,自由晶体不同温度下的系综有不同相轨道,不同相轨道互不连通,其上穿满的代表球数目 R 也不尽相等. 对于非平衡态自由晶体,其中原子微观运动力学方程还未能写得出来,它必须不是时间反演不变的. 这时,如何用相空间的代表球和相轨道描述系综还不知道,甚至是不可能的.

统计物理在历史上出现过持久的争议. 以时间平移和反演不对称为主流,以时间平移和反演对称为反方. 结果,主流得到压倒性胜利,伴随着出现西方科技的巨大进步. 但也留下不少未解决的矛盾.

系统的非平衡态统计热力学是第二次世界大战以后才建立起来的. 在《电介质理论》的 3.2 节和 3.4 节已作介绍,这里不再重复[1]. 其特点是完全放弃了上述早期的观点和方法,而将体系由不平衡趋向平衡态的过程视为随机过程[31,52]. 定义随机变量 α,记 α 在 $t = t_1$ 时取值为 α_1,而 $t = t_2$ 时的概率为 $f(\alpha_1, t_1; \alpha_2, t_2)$. 若概率函数有关系

$$
\begin{aligned}
f(\alpha_1, t_1; \alpha_2, t_2) &= f(\alpha_1, t_1 + h; \alpha_2, t_2 + h) \\
&= f(\alpha_1, 0; \alpha_2, t_2 - t_1) \\
&\equiv f(\alpha_1, \alpha_2; t_2 - t_1)
\end{aligned}
$$

则称相应的热力学过程为恒定过程. 相应地,在概率论中若认为 t 时的取值为 α 的概率 f 完全决定于时间 $t_0 < t$ 的取值 α_0,而和 $t' < t_0$ 的取值 α' 的历史无关,即若

$$
f(\alpha_1', t'; \alpha_0, t_0 | \alpha, t) = f(\alpha_0, t_0 | \alpha, t)
$$

$$
f(\alpha_0, t_0 | \alpha_1, t_1; \alpha_2, t_2) = f(\alpha_0, t_0 | \alpha_1, t_1) f(\alpha_1, t_1 | \alpha_2, t_2)
$$

$$
f(\alpha_0, t_0 | \alpha_2, t_2) = \int f(\alpha_0, t_0 | \alpha_1, t_1) f(\alpha_1, t_1 | \alpha_2, t_2) \mathrm{d}\alpha_1
$$

则称相应的过程为马尔可夫过程. 目前为止,只研究了恒定过程中没有历史记忆效

应的马尔可夫过程,取得不少重要成果.

本质上,这种理论以时间具有平移对称为公理. Onsager 更认为动力学方程具有时间反演不变性,得出许多被公认的结果[31].类似地,久保在建立线性响应理论时也认为时间具有反演不变性而只用了刘维定理[52].在理论中完全不再考虑体系微观态分布取概率极大的统计原理.线性响应理论已成为材料工程的基础.在工程技术上有一种习惯性:只要找到一个能帮助作出技术估算的公式就乐于作为标准,以法定方式规定大家只许使用它.至于是否有更合理的公式,就被视为法外的其他问题.

上述非平衡态统计热力学理论的论述是无懈可击的,因为它一开始就宣称理论只适用于马尔可夫过程.但什么叫做马尔可夫过程,许多工程师和科学家,包括许多物理学家都不知道.因此大家都乐于公认这些唯一出现了的有关理论和公式.

但是,作者及其团队穷尽 30 年的努力,竟然在电介质中找不到适用以随机过程为出发点的上述理论的任一个例子[1].前面关于铁电性、疲劳和老化的介绍中,出现的全部都是具有历史记忆效应的非马尔可夫过程.

历史上关于时间平移和反演是否对称,于是又面临新的争议.以前的反方现在变成了占绝大多数的主方.实验一直证明为正确的以前的主流理论观点,现在只在中国还能找到.

4.15　相空间的成型和代表球聚集

时间平移和反演对称是随机过程的主要特征.必须承认具有这种对称才能应用随机变量.用随机变量建立的非平衡态统计热力学不敢公然反对相空间的描述方法,但一直回避了其与相空间方法的互不相容性.其所以能回避而不为 Onsager 和久保等精通数学的天才理论物理学家所觉察,是因为他们在世之日还未出现数学的统一分析.

以理想晶体为例,上述不相容性十分明显地出现.在统一分析中若认为时间可以连续变化,定义时间标度

$$\tau = \{t \mid 0 \leqslant t \leqslant \infty\}$$

在 $t \leqslant 0$ 时体系受外加作用,在 $t > 0$ 除去外作用研究 $t \in \tau$ 时体系趋向平衡的过程. 自由度为 s 的体系只有在 $t \in \tau$ 为孤立的,在 $t > 0$ 时才成型为 $2s'(s' = s - 6)$ 维的相空间. 在 $t \leqslant 0$ 时,体系的相空间甚至可以不是 $2s'$ 维的,因为必须附加考虑和外作用相关的其他维度,例如宏观维度.相空间代表点的运动方程,刘维方程和 $H = E$ 的能量曲面,都只在 $t \in \tau_{kk}$ 和 $t \in \tau$ 才存在. 时间的任何平移或反演都会产生 $t \notin \tau_{kk}$ 和 $t \notin \tau$,离开了 t 的定义域来讨论物理量随 t 的变化都是不允许的. 这是一般原

则,这个原则并不排斥特殊条件下有些过程允许时间的平移和反演对称,这时,现有的非平衡态统计热力学结果仍可应用.

因此,非平衡态统计热力学在半个世纪以来已转向了应用研究.这种研究所根据的假设的合理性,在玻尔兹曼的年代就已被证明是错误的.从统一分析的角度进一步认识相空间方法,可能会找到一条正确的出路.

在 $t>0$ 时除去外作用让晶体处于孤立条件下趋向平衡所定义的时间标度中,一些物理量和公式成立的定域为

$$q(t),\quad E=H,\quad t\in\tau=\{t\,|\,0\leqslant t\leqslant\infty\}$$
$$p(t),\qquad\qquad t\in\tau_k$$
$$\dot{p}(t),\qquad\qquad t\in\tau_{kk}$$

因此,代表点运动方程和刘维方程成立的条件应为 $t\in\tau_{kk}$,在连续分析中习惯了定义

$$\tau=R=\{t\,|-\infty\leqslant t\leqslant+\infty\}$$

此时 $\tau_k=\tau,\tau_{kk}=\tau$.数学分析从连续发展到连续与断续的统一,在物理学中第二个重大意义就是彻底否定了时空的平移和反演对称.更正确地说,是为描述物理上的这种不对称找到了可用的数学方法,不对称是严格的因果律所决定的.

在统一分析中,可以认为数集 τ 是紧致的,从而允许纯数学量,例如能量曲面和相轨道采用连续分析,但这必须以物理条件所允许为前提,因此,上面规定了代表点在代表球球心上,相轨道由代表球球心随 t 变化的位置曲线所决定.物理上要注意 q 和 p 只能是断续的.统一分析规定了 $q(t)$ 和 $p(t)$ 的微商为左微商,解决了连续分析中当函数出现有限跃变的微商唯一存在的困难.在统一分析中,动力学方程和刘维方程的数学形式以及如何求解,成为全新的问题.下面只能以具体例子说明可能出现的物理图像.

回到 4.7 节和 4.8 节的理想晶体例子,若知道各原子之间的互作用力系数,则可计算出晶体宏观弹性力系数,反之亦然[1,54].由宏观弹性方程可唯一解出一组自由边界条件下的弹性本征频率 $\bar{\omega}_i(i=1,2,\cdots,S)$.不同 $\bar{\omega}_i$ 的宏观弹性振动模是正交的,其线性叠加描述非平衡态自由晶体中衰减着的宏观运动,即晶体中原子微观振动的平衡位置随时间缓慢地变化.宏观运动是大量原子的运动,故必有 $S\ll s$.宏观弹性方程也有平移和旋转的 6 个平凡解,故不同的互相正交的弹性模花样只有 $S'=S-6$ 个.晶体的内部相对运动可分解为这 s' 个弹性简正模的叠加,这里的内部指宏观的内部.弹性振动简正模的运动是宏观运动,只能用经典力学而不便用量子力学描述.类似于晶格动力学方法,可引入宏观广义坐标 Q_i 和相应的广义动量 P_i 来描述弹性模.$2s'$ 维(Q_i,P_i)空间称为位形空间(configuration space).如果能类似于广义相对论视时间轴为三维空间轴附加的虚轴,成为四维时空,则可视位形空间为虚相空间.因此,就可用复的相空间统一描述晶体的微观和宏观运动.这时,

一个孤立晶体趋向平衡的过程就可视为 $2(s'+S')$ 维复相空间塌缩到 $2s'$ 维实相空间的过程. 热平衡态不允许晶体内部有相对的宏观运动, 故对 $t\in\tau$ 的趋向平衡态的过程在 t 足够大时有

$$Q_i(t)\equiv 0, \quad P_i(t)\equiv 0$$

$Q_i(t)$ 和 $P_i(t)$ 必须是 t 的连续函数. 根据上面的关于统一分析的介绍, 这个热平衡条件只在 t 为断续自变量时才有可能. 在 4.1 节已指出, 普朗克时间间隔为 5.4×10^{-44} s. 对宏观运动来说, 这么小的 t 的步距变化已可足够近似地视为连续变化, 但从数学上说, 晶体能趋向平衡态支持存在一个普朗克时间间隔的宇宙观.

一个理想晶体若 $t\leqslant 0$ 时受外加作用激发了一组非平凡的 (Q_i,P_i), 在 $t>0$ 除去外作用而处于孤立状态. 则 $t=0$ 时系综的各代表球可分布于 $2(s'+S')$ 维复相空间各处. 在未达到平衡前, 相轨道可延伸到虚空间中, 故在 $2s'$ 维实相空间是被折断的, 其中相轨道的数目可以多于一条但不超过 R 条. 当体系在 $t>0$ 趋向热平衡的过程中, 若只局限在实相空间观察, 将发现有些代表球走出自己的相轨道消失了, 跑到虚相空间去了. 另一方面, 将发现有些代表球走进了开放着的相轨道, 从虚相空间回到实相空间. 最后, 只剩下一个相轨道, 这个轨道上密排着 R 个代表球, 全部位于实相空间. 而虚相空间不再存在代表球. 主宰虚相空间和实相空间交换代表球的规律, 不是力学规律, 而是微观态分布概率为极大的统计规律.

对密封容器内气体的声学共振, 原则上可类似处理. 但此时容器壁各处所受气体压力不同而需考虑容器的共振. 对气体既不能用自由边界又不能用固定边界条件使问题简化, 是其复杂之处.

4.16 统计规律的独立性和必要性

统计规律是独立于力学规律的物理学基本原理. 动力学方程和刘维方程都只是力学方程. 要在力学方程之外加上随机变量的数学技巧建立非平衡态统计热力学的合理程度, 在于用随机变量能否推导出统计规律, 原则上这是不可能的. 要决定随机变量最后趋向什么平均值, 还要应用统计原理. 在实数域定义的随机变量的时间平均值为零, 若认为零代表平衡态而视非平衡态为随机的起伏, 则必须认为 $t<0$ 时的过程也是随机的. 这就决定了时间的反演对称. 但实际并非如此, $t<0$ 时出现外加作用, 使物理量非随机地建立 $t=0$ 的非平衡初态. $t>0$ 后体系若随机地可以到达平衡, 则由平衡态也可随机地回到非平衡的形态. 下面说明这是不可能的, 因为过程的发展方向由统计热力学原理完全决定了.

类似于简谐子模, 由弹性方程解得频率为 $\bar{\omega}_i$ 的宏观振动模的广义坐标 Q_i 和广义动量 P_i 记为

$$Q_i = A_i\sqrt{-1}\cos(\bar{\omega}_i t+\varphi_i)$$

$$P_i = -\bar{\omega}A_i \sqrt{-1}\sin(\bar{\omega}_i t + \varphi_i)$$

$$H_i = \frac{1}{2}(\bar{\omega}_i^2 Q_i Q_i^* + P_i P_i^*)$$

$Q_i Q_i^*$ 和 $P_i P_i^*$ 为共轭平方. 设 $t > 0$ 时除去引起宏观振动的外力令体系处于孤立. 则 $t \geqslant 0$ 时的体系的总哈密顿函数

$$H = \sum_j^{s'} \frac{1}{2}(\omega_j^2 q_j^2 + p_j^2) + \sum_i^{S'} \frac{1}{2}(\bar{\omega}_i Q_i Q_i^* + P_i P_i^*) = E$$

E 为常数. 4.9 节已指出, $10^4 \ll \omega_j/2\pi < 10^{14}$ (Hz) 微观的振动可长期稳定. 实验表明,宏观振动在声频至超声频,在无外作用时振动的持续时间很少超过 10^2 s. 故 $t > 0$ 时复相空间很快塌缩为实相空间.

正是对 i 求和的项使相轨道和代表球随着能量曲面可以出现于虚相空间. 下面分别从整体和个体两方面讨论复相空间的塌缩图像.

先考虑弹性宏观形变的整体. s' 种模 q_j 构成了一个正交完备系. 晶体中 (Q_i; $i = 1, 2, \cdots, S'$) 体系和 (q_j; $j = 1, 2, \cdots, S'$) 体系是紧密互相耦合而不是互相独立的. 耦合作用必然产生能量交换,若用随机变量描述这种交换量,体系将永远达不到热平衡. 热力学第二定律指出,这种能量交换宏观地只允许是定向的,即由宏观(虚)模到微观(实)模. 而纯力学规律不能推论出第二定律,它是统计规律,趋向平衡过程体系的熵随 t 单调增加.

对于 ($Q_i, \bar{\omega}_i$) 的个体, $Q_i Q_i^*$ 中含有因子 $\cos^2(\bar{\omega}_i t + \varphi_i)$. 下面一起讨论简谐子之间以及简谐子和宏观模之间的能量交换.

为了说明不同简谐模之间的能量交换. 必须计入非简谐效应. 对于简谐子体系,将 H 对 q_j 展开,取近似到四次项,在 H 中除 q_j^2 第二次项外就会出现 $[(q_j q_j)(q_j q_{j'})]$ 等四次项,而

$$q_j q_{j'} = a_j a_{j'} \cos(\omega_j t)\cos(\omega_{j'} t)$$

为简单起见,取 $\phi_i = \phi_{i'} = 0$,这不会改变后面的讨论结果. 利用三角公式

$$\cos\alpha\cos\beta = \cos(\alpha \pm \beta) = \pm\sin\alpha\sin\beta$$

可知,在 H 中会出现

$$(a_j a_{j'})^2 \cos^2[(\omega_j \pm \omega_{j'})t]$$

的项. 若有 $\bar{\omega}_j = (\omega_j - \omega_{j'})$,则 $\cos^2(\bar{\omega}_i t)$ 项随 t 变化规律与之相同. 这种情况出现机会很多. 力学定律和随机变量不能决定两个平方项中应是哪个并入另一个中去,而只能凭统计热力学规律决定.

当出现 $\omega_{j'} = (\omega_j \pm \omega_{j'})$ 时,仍要凭统计规律决定热平衡分布. 只有在 $\bar{\omega}_{i'} = (\bar{\omega}_i - \bar{\omega}_{i'})$ 时,才可能出现 $Q_{i'}$ 体系和 ($Q_i, Q_{i'}$) 体系随机地交换能量. 一般地, $\bar{\omega}_i \ll \omega_j$, 出现 $\omega_j = (\bar{\omega}_i + \bar{\omega}_{i'})$ 的机会不多,若能出现,仍要凭统计规律处理.

可见,缺少了统计规律,既无法说明 Q_i 和 P_i 中的 A_i 随 t 增大而很快单调减

小至零,也无法说明各简谐子模之间如何交换能量以建立热平衡.正是统计原理要求在非热平衡态问题中,一般地失去了时间平移和反演的对称性.

4.17　统计热力学的小结和展望

从 4.1 节以后,以统一分析为手段,大致重建了统计热力学的基础.和只用连续分析相比,发生了巨大的变化,物理图像变得更明确和清楚,论述变得更严密,改正了过去的一些缺点和错误.关于平衡态,给出了具体而不仅限于抽象论述的相轨道,从而计算出有确定有限值的各态经历时间 τ.由此可导致的新理论方法的发展,尚待研究.关于平衡态的全部成功的结果,在巩固基础的前提上全部保留下来了.关于非平衡态热力学[31],现有理论主要以熵增观点进行发展,故有关的结果也可以在新基础上保留下来.

在非平衡态统计热力学中,凡是用了时间平移或反演对称的理论,包括随机变量方法,都被统一分析暴露了其存在的严重问题.在《电介质理论》中[1],称适用这种理论的效应为快效应,不适用这种理论的为慢效应.弹性、介电、压电、热释电、铁电和铁磁现象中都广泛存在慢效应.大量实验数据和理论相比,最小误差不会优于千分之几,最大误差却可超过百分之数万.关于疲劳和老化,则根本不能应用这种理论研究.问题只能留给统一分析处理.统一分析的一个成功例子是在处理慢极化效应趋向热平衡态时应用了扩散方程[1,25],这时,时空的平移和反演都被认为是不对称的.近年国外在研究疲劳时[24],也用了扩散理论.

现代非平衡态统计热力学理论,并非全部以时间的平移和反演对称为基础.经常地也会出现关于非马尔可夫过程的讨论[52].但都是非常复杂和困难的,在有关讨论中若改进为采用统一分析数学,相信会有所收益.但统一分析数学本身仍需先作进一步的发展,才能达到可供该方面应用的程度.比较麻烦的是,由于统一分析的出现晚了大半个世纪,物理学家无意识地将时间平移和反演对称混入了本来正确的统计热力学理论中,从而出现了本来错误或只是有条件地近似正确但已深入人心的结果.要加以改正就不单纯是学术问题,还要等熟知这些结果的人全部死去了,就像玻尔兹曼一代人以前都死光了一样;再耐心教育下一两代人沿正确方向走去.例如 1931 年 Onsager 利用动力学方程对时间反演不变的性质证明了宏观不可逆过程的系数互易关系,即著名的 Onsager reciprocal.1941 年以后,Prigogine(因而获得了 1977 年诺贝尔奖)综合了互易关系和熵源强度建立了统一的不可逆过程唯象理论.要分析最后结果中因采用了时间反演对称而出现什么毛病,从理论推导中很难找出问题,而在化学动力学中有关结果又得到重要应用[31].这种理论的最简单结果认为一个体系的宏观量若对平衡值的偏离为 X,则在趋向热平衡的过程中,具有规律

$$\mathrm{d}X/\mathrm{d}t = -AX$$

A 是和时间 t 无关的常数. 这已是深入人心的结果, 在《电介质理论》中称之为随机弛豫, 并指出了规律成立的条件[1]. 3.18 节中, 讨论了时间平移和反演对称对这个结果的影响, 还给出了若时间平移和反演不对称时, 这个结果应更正为

$$A = akT/2E$$

E 是和时间 t 有关的函数, 参见 3.18 节式(3-27), 这是统一分析给出的结果. 在《电介质理论》中称之为自由弛豫[1]. 可见统一分析在研究非平衡态统计热力学中是十分敏锐的工具.

为了说明从连续分析发展到统一分析的必要性, 前面引用了黑体辐射的实验结果. 这么一来却得到了从经典统计直接和二次量子化相联系的方法. 前面将 H 对 q_j 展开, 正是二次量子化中常用的方法. 这就出现一种可能性, 利用统一分析使经典统计直接过渡到量子统计, 使后者的物理图像更为清楚. 从而绕过了两次量子化中物理概念转变的困难和复杂性而变得更容易被接受.

统一分析为统计热力学开创了一条发展的新路. 现在就可以对统一分析初步作以下的定义和进一步的讨论.

统一分析是研究定义在 $x \in X$ 上的实函数 $f(x)$ 的数学分析, X 是实数集 R 的非空闭子集. 若 X 中只有一个元素, 则 X 定义了一个常数. 若 x 代表一个物理量 x 的可能取值, 则称 X 为 x 标度. 标度包括了确定的计量尺度和物理上 x 被允许的取值. 当 x 不代表物理量时, 不能称为 X 标度. 在标度上的微商若无特殊声明, 均规定取左微商. 数集 X 可以是紧致的, 也可以是离散的. 若 X 为稠密数集, 且左微商 $\delta f/\delta x$ 及右微商 $\Delta f/\Delta x$ 均存在为有限值并且相等, 则普通微商

$$\mathrm{d}f/\mathrm{d}x = \delta f/\delta x = \Delta f/\Delta x$$

这时, 统一分析退化为普通的连续分析.

统一分析还应发展到多元实函数

$$f = f(x, y, \cdots); \quad x \in X, \quad y \in Y, \cdots$$

的偏微商和全微分的研究. 因果律使时间标度 τ 具有特殊意义, 一切物理量 q, p 等均为时间的函数

$$q = q(t), \quad p = p(t); \quad t \in \tau$$

这时, 函数 $f(q, p; t)$ 对 t 的微商就有偏微商与全微商之分, f 对 q 或 p 的左微商就有按 t 的先后或 q 和 p 由小到大的不同定义. 若定义

$$x = x(t), \quad y = y(t); \quad t \in \tau; \quad z = x + yi, \quad i = \sqrt{-1}$$

则复变函数 $f(z)$ 一般地就可以不是解析的(analytic). 因而在定义复介电常量 $\varepsilon = \varepsilon' - i\varepsilon''$ 时, ε' 和 ε'' 之间一般地就不再有 Kramers-Kronig 关系. 这样定义在 τ 上的复变函数 $f(z)$ 如果是多叶的, 将意味着什么物理图像, 是一个很有趣的问题.

因此, 统一分析尚有许多重要问题未曾研究过. 有关的研究关系到物理学的新

发展.

4.18　标度的意义

　　前面侧重说明了 Hilger 和 Bohner 称实数集的非空闭子集为时间标度是不对的.但反过来称时间标度为实数集的非空闭子集,就隐含了重大的意义.不过,应更确切地修正为:物理标度为有限制条件的实数集的非空闭子集.

　　实数集的非空闭子集可以(虽不一定能够)继承实数集的许多性质.例如对于实数集 R,若 $a \in R, b \in R$,则

$$(a \pm b) \in R, \quad ab \in R, \quad a/b \in R$$
$$a^b \in R, \quad \log_a b \in R$$

若 $a_n \in R, n=1,2,3,\cdots$ 则

$$(\lim_{n \to \infty} a_n) \in R$$

实数集的非空闭子集 $\& \subset R$ 仍允许以上运算;但若 $a \in \&, b \in \&$,以上运算结果却不一定再属于 $\&$.

$$a=1.34 \in \&, \quad b=3.16 \in \&, \quad \& = [0,4]$$

则

$$(b-a) \in \&, \quad 但(b+a) \notin \&$$

又如有数集

$$\& : \quad \left(1+\frac{1}{n}\right)^n, \quad n=[-\infty,\cdots,-1,1,2,\cdots,+\infty]$$

极限运算给出

$$\lim_{n \to \pm\infty} \left(1+\frac{1}{n}\right)^n = e, \quad e \notin \&$$

但

$$\left(1+\frac{1}{n}\right)^n \in \&$$

　　物理标度 $P \subset R$,但对 P 中的数附加一些物理限制条件,因为有各种不同的物理标度.例如 E 属于能量标度,不允许作

$$\log E 或 \exp(-E)$$

之类的运算.理论物理中常用无量纲化方法解决这个困难,因为 E 和 kT 均属相同的(能量)物理标度,故 (E/kT) 成为无量纲的纯数,于是可以允许

$$\log(E/kT) 和 \exp(-E/kT)$$

的运算.

　　但是,也可以认为 E 的计量以 kT 为尺度,故纯数 (E/kT) 仍离不开能量标度的物理本质.若 A 为晶体长度,a 为晶格常数,则 A 和 a 同属空间标度.(A/a) 虽为无量纲的纯数,仍离不开空间标度的物理本质.因此,设有实数集的非空闭子集

&,它可以允许

$$(E/kT)\in\&,\qquad (A/a)\in\&$$

且

$$(E/kT\pm A/a)\in\&$$

但 & 不是物理标度,只有附加限制条件

$$(E/kT\pm A/a)\notin\&$$

& 才可以是物理标度.故物理标度的第一个限制条件为:不同的物理标度中的数不存在加法和减法的运算.

物理标度描述的可以是宏观物理量 Q,也可以是微观物理量 q.根据前面所述,如果要维持经典力学的数学方法不变,则物理标度的第二个限制条件为:描述微观运动的物理标度不存在极限运算.此外,还会有其他限制条件.例如宏观的 Q 和微观的 q 都是空间标度中的数时,$(Q\pm q)$ 该如何规定,这些都是数学和物理均未解决的问题.

在微观标度 X 中,前跃算符 σ 和后跃算符 ρ 定义为

$$\sigma(x)=\inf\{s\,|\,s,x\in X;s>x\}>x$$
$$\rho(x)=\sup\{s\,|\,s,x\in X;s<x\}<x$$
$$\Delta x=\sigma(x)-x>0$$
$$\delta x=x-\rho(x)>0$$

故对于实函数 $f(x)$,右微商 $\Delta f/\Delta x$ 和左微商 $\delta f/\delta x$ 中都不再出现极限运算.至于该用左或右微商,一般地由因果律具体规定.因此,微观物理中只存在断续的而不存在连续的数学分析.

统一分析包括了连续和断续分析的统一,还包括了纯数集和不同物理标度分析的统一,这是物理和数学中出现的新的基本问题,其发展将改变物理学和数学的现状.

在量子力学中经过二次量子化后,许多物理量只能断续地变化.但这不是彻底的量子化,因为还存在一个连续变化的时间变量.根据时间和能量之间的不确定法则,找寻第三次量子化方法使时间也量子化是合理的.从而量子力学全部用了断续分析数学.根据第 3 章中关于统一分析的定理证明的数学方法,断续分析中因为不出现极限运算,故比连续分析方法简单.量子力学在经过第三次量子化后预期会有新的发展.

重要的是,在 4.11 节只用了经典力学和黑体辐射的实验结果,就将空间广义坐标 q_j 和广义动量 p_j 量子化了,而且还计算出量子跃变 δq_j 和 δp_j 的乘积关系

$$\delta q_j\delta p_j=h/2\pi$$

这正是与不确定关系式相应的结果.结果表明,对时间的量子化处理会有深刻意义.

关于宏观物理过程,仍可保持用连续分析处理.大量断续变化的微观量给出的

宏观平均量的变化,至少可近似视为是连续的.在热平衡态,测量值对平均值的起伏可视为随机变量,因为这时具有时间的平移和反演对称.

因此,统一分析的第五个意义是在物理上对微观和宏观量作统一的分析,在4.16节中写

$$H=H(q_j,p_j;Q_i,P_i;j=1,2,\cdots,s';i=1,2,\cdots,S')$$

就是这种统一描述的例子.

在温度 $T=0$ K 两侧 T 出现开端,但研究具体问题时总要限制 T 属于某确定区间.故温度标度也是实数集的非空闭子集.

4.19　标度分析中的物理学

经典物理研究对象是宏观物理效应,所使用的方法是连续分析数学.如果保持研究对象不变,但所用数学方法改变为断续分析,则得到的系统知识将不再属于经典物理.为了在新的宏观物理学中不排斥经典物理成果,可以称使用的数学方法为标度分析.这就包括了连续和断续分析,而且还更严格地可以限制理论的适用范围.

物理学最基本和最简单的问题是观测一个质点在时间 t 处于坐标轴 x 的投影位置,得到函数 $x(t)$.实验可以观测到的所有 t 值构成一个时间标度.关于黑体辐射的实验属于宏观研究,分析这些实验数据证明,频率为 ν 的电磁波能量只可以整份地按 $h\nu$ 方式断续地变化.一份能量 $h\nu$ 称为一个光子.宇宙的存在说明不允许 ν 为无限大.故周期 $T=1/\nu$ 不允许为无限小.T 是时间间隔.后面在 6.10 节证明可能最小的时间间隔为普朗克时间 T_p,所根据的无非也是宏观实验.如果取开始观测 $x(t)$ 的时间为 $t=0$,则有意义的 t 组成的时间标度为

$$\{t=nT_p;\quad n=0,1,2,\cdots,N\}$$

NT_p 为最后的观测时间,N 是有限大的整数,不属于这个时间标度的 t 是没有意义的;更严格地说,在研究宏观物理问题时 $x(t)$ 是被实验证明为不存在的.反之,经典物理将 $x(t)$ 中的 t 定义在整个实数域,则从来未被任何实验所证明为可能的和唯一正确的.

标度分析就是统一分析.在上面的时间标度中,记号

$$\frac{\delta x}{\delta t}\equiv\frac{x(nT_p)-x(nT_p-T_p)}{nT_p-(n-1)T_p},\quad n=1,2,\cdots,N$$

称为 δ(左)微商.它只有数学上的意义而没有经典概念上的物理意义.其存在价值在于由此严格计算得到的结果和实验一致.甚至比值 $\delta x/\delta t$ 也不能称为质点在时间 $t=(n-1)T_p$ 至 nT_p 期间的"平均速度",因为物理上不存在 t 值满足

$$(n-1)T_p<t<nT_p$$

也不存在这个 t 相应的 $x(t)$.

　　牛顿的年代建立经典物理学时凭主观感觉认为 t 可以是任意实数而采用连续分析. 从而近似地用区间 $[0, NT_p]$ 代替上述时间标度. 即认为 T_p 可近似为无限小而取极限记为

$$\lim_{\delta t \to 0} \frac{\delta x}{\delta t} = \frac{\mathrm{d}x}{\mathrm{d}t} = v(t)$$

称 $v(t)$ 为 t 时间的速度.

　　注意到现代技术能测出的最小时间间隔比 T_p 还要大约 10^{30} 倍,视 T_p 近似为无限小在定量上还算说得过去. 但定性上就出现不能允许的错误:若记质点的质量为 m,在经典物理中质点的动量 $p(t) = mv(t)$ 和位置 $x(t)$ 可以同时确定. 而上面已说明,在物理允许的时间标度中,若质点的位置 $x(t)$ 完全确定,则运动速度失去意义.

　　由此可见,在宏观物理中由连续分析改用断续分析在概念上可得到和宏观物理一致的结果. 但定量计算时用连续分析已是很好的近似. 将所有物理教科书中使用的连续数学分析方法改进为使用标度分析,是十分有意义的工作.

第5章 统一分析的动力学方程

5.1 一阶动力学方程

第 3 章以 δ 微积分为例,对纯数学上的连续与断续的统一分析作了严格论证. 因为统一分析从一开始就以标度的定义为依据,故它不是纯数学问题而是关系到物理学的宇宙观. 第 4 章以统计热力学为例,从物理方面进一步讨论了 δ 微积分. 最后,明确了统一分析的数学和物理意义. 下面继续第 3 章,以 δ 微积分为例对统一分析作进一步讨论,虽然偏重于纯数学讲座,但必然会对物理学产生重大影响.

因果律确认了物理学上时间是唯一的主动力自变量. 在连续分析中,习惯称含时间 t 和函数对 t 的微商的方程为动力学方程. 在统一分析中,δ(或 Δ)微商代替了普通微商,因为在方程成立的时间区间内允许 t 的变化可以不是连续的.

在 3.8 节中,已简记实函数

$$f(\rho(t)) = f_\rho$$

定义

$$y(t) \in R, \qquad t \in \tau$$

$$y_\rho = y(\rho(t)) \in R, \qquad f(t, y, y_\rho) \in R$$

简记为:$f: \tau \times R^2 \to R$,称

$$y^\delta = f(t, y, y_\rho) \tag{5-1}$$

为一阶动力学方程,有时,也可称之为微分方程,若

$$f(t, y, y_\rho) = f_1(t) y + f_2(t)$$

或

$$f(t, y, y_\rho) = f_1(t) y_\rho + f_2(t)$$

则称为线性方程,f_1 和 f_2 为函数. 若有函数 $y: \tau \to R$ 对任何 $t \in \tau_k$ 满足式(5-1),则 $y(t)$ 称为方程的解. 方程式(5-1)的通解定义为方程的全部解的集合. 对给定 $x_0 \in \tau$ 及 $y_0 \in \tau$,问题

$$y^\delta = f(t, y, y_\rho), \qquad y(t_0) = 1$$

的求解称为始值问题(initial value problem),简称为 IVP. 而具有 $y(t_0) = y_0$ 的式(5-1)的一个解 y 称为此 IVP 的解.

首先讨论 IVP

$$y^\delta = p(t) y, \qquad y(t_0) = 1 \tag{5-2}$$

的解,此解称为给定时间标度上的指数函数. 对于 $h > 0$,定义 Hilger 复数 C_h、Hilger 实轴 R_h、Hilger 交替(alternating)轴 A_h 和 Hilger 虚圆 J_h 为

$$C_h = \left\{ z \in C \,\middle|\, z \neq -\frac{1}{h} \right\}$$

$$R_h = \left\{ z \in C_h \,\middle|\, z \in R \text{ 且 } z > -\frac{1}{h} \right\}$$

$$A_h = \left\{ z \in C_h \,\middle|\, z \in R \text{ 且 } z > -\frac{1}{h} \right\}$$

$$J_h = \left\{ z \in C_h \,\middle|\, \left| z + \frac{1}{h} \right| = \frac{1}{h} \right\}$$

对于 $h = 0$,令

$$C_0 = C, \quad R_0 = R, \quad J_0 = iR, \quad A_0 = \varphi$$

当 $h > 0$ 时,(C_h, R_h, A_h, J_h) 都不是时间标度. 在 $h = 0$ 时,只有 $R_h = R_0$ 是时间标度,定义这四个特殊的数集,是为了写出 Δ 微分方程[13]

$$y^{\Delta} = p(t)y, \quad y(t_0) = 1$$

的解. 图 5.1 示出了当 $h > 0$ 时的 Hilger 复平面,图中标出了上面定义的数集.

Hilger 复数不是普通的复数,下面重新定义它的记法和运算规则:

定义:令 $h > 0$ 且 $z \in C_h$,定义 z 的 Hilger 实部为

$$\mathrm{Re}_h(z) = \frac{|zh+1| - 1}{h}$$

而 z 的 Hilger 虚部为

$$\mathrm{Im}_h(z) = \frac{\mathrm{Arg}(zh+1)}{h}$$

$\mathrm{Arg}(z)$ 表示 z 的主辐角,即 $-\pi < \mathrm{Arg}(z) \leqslant \pi$.

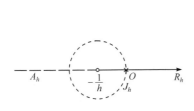

图 5.1　Hilger 复平面

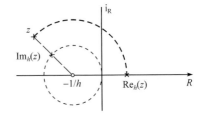

图 5.2　Hilger 复数

注意 $\mathrm{Re}_h(z)$ 和 $\mathrm{Im}_h(z)$ 满足

$$-\frac{1}{h} < \mathrm{Re}_h(z) < \infty$$

$$-\frac{1}{h} < \mathrm{Im}_h(z) \leqslant \frac{\pi}{h}$$

特别是 $\mathrm{Re}_h(z) \in R$,参见图 5.2.

定义:令 $-\dfrac{\pi}{h}<\omega\leqslant\dfrac{\pi}{h}$,定义 Hilger 纯虚数

$$\overset{\circ}{\mathrm{i}}\omega=\frac{e^{i\omega h}-1}{h} \tag{5-3}$$

对于 $z\in C_h$,有 $\overset{\circ}{\mathrm{i}}\mathrm{Im}_h(z)\in J_h$. 参见图 5.2,可以证明

$$\lim_{h\to 0}[\mathrm{Re}_h z+\overset{\circ}{\mathrm{i}}\mathrm{Im}_h(z)]=\mathrm{Re}(z)+\mathrm{i}\mathrm{Im}(z)$$

根据虚圆 J_h 的定义,圆心在 $z=-1/h$,半径为 $1/h$,参见图 5.1. 当 $h\to 0$ 时,圆心趋向实轴上的 $-\infty$,半径趋向于 ∞. 这时,J_h 圆趋向图 5.2 的虚轴 $\mathrm{i}R$,Hilger 复数趋向于普通复数. 当 $h>0$ 时,$\mathrm{Im}_h(z)$ 等于图 5.2 中由 $z=0$ 点沿 J_h 圆至点 $\overset{\circ}{\mathrm{i}}\mathrm{Im}_h(z)$ 的弧长,反时针为正,顺时针为负. 图 5.2 中,z 在 J_h 圆外时 $\mathrm{Re}_h(z)>0$,z 在 J_h 圆内时,$\mathrm{Re}_h(z)<0$.

　　Hilger 复数称为广义复数,普通复数是它在 h 很小时的极限,则 $(-\mathrm{i}\infty)$ 和 $(+\mathrm{i}\infty)$ 是 J_h 上的同一个点,取极限后是虚轴上的同一个点,这意味着

$$-\mathrm{i}\infty=+\mathrm{i}\infty \tag{5-4}$$

只能从广义复数意义上理解式(5-4).

5.2　广义复数的运算规则

　　第 3 章已给出统一分析中的定理 I ～ XXIII,下面继续讨论其他定理

　　定理 XXIV　若 $-\pi/h<\omega\leqslant\pi/h$,则

$$|\overset{\circ}{\mathrm{i}}\omega|^2=\frac{4}{h^2}\sin^2\frac{\omega h}{2} \tag{5-5}$$

　　证
$$\begin{aligned}
|\overset{\circ}{\mathrm{i}}\omega|^2 &=(\overset{\circ}{\mathrm{i}}\omega)(\overset{\circ}{\mathrm{i}}\omega)^*\\
&=\left(\frac{e^{i\omega h}-1}{h}\right)\left(\frac{e^{-i\omega h}-1}{h}\right)\\
&=(2-e^{i\omega h}-e^{-i\omega h})/h^2\\
&=(2/h^2)(1-\cos(\omega h))\\
&=(4/h^2)\sin^2(\omega h/2)
\end{aligned}$$

Hilger 称式(5-5)为弧-弦公式,它给出 J_h 上由原点到 $\overset{\circ}{\mathrm{i}}\omega$ 的弦(chord)长.

　　定理 XXV　定义圆加(circle plus)在 C_h 上的运算规则为

$$z\oplus w=z+w+zwh$$

$(C_h,\oplus)$ 为 Abelian group.

　　证　为证明对 $\oplus$ 加法的封闭性,注意 $z\in C_h$ 且 $w\in C_h$ 则 $(z\oplus w)$ 为复数,只需证 $z\oplus w\neq -1/h$. 而这可得自

$$1+h(z \oplus w)=1+ h(z + w + zwh)$$
$$=(1+hz)(1+hw) \neq 0$$

故 C_h 为对 $\oplus$ 加法封闭,为得到 z 对 $\oplus$ 加法的逆元素,可解

$$z \oplus w=0$$

即解

$$z + w + zwh=0$$

得到

$$w=-\frac{z}{1+zh} \tag{5-6}$$

此 w 即为对 $\oplus$ 加法的逆元素,此外,还可证明对 $\oplus$ 加法的结合律和交换律成立. 故 $(C_h , \oplus)$ 为 Abelian 群.

定理 XXVI　对 $z \in C_h$,有关系

$$\begin{aligned}
\mathrm{Re}_h z \oplus \overset{\circ}{\mathrm{i}} \mathrm{Im}_h z &= \frac{|zh+1|-1}{h} \overset{\circ}{\oplus} \mathrm{i} \frac{\mathrm{Arg}(zh+1)}{h} \\
&= \frac{|zh+1|-1}{h} \oplus \frac{\exp(\mathrm{i}\mathrm{Arg}(zh+1))-1}{h} \\
&= \frac{|zh+1|-1}{h} + \frac{\exp(\mathrm{i}\mathrm{Arg}(zh+1))-1}{h} \\
&\quad + \frac{|zh+1|-1}{h} \cdot \frac{\exp(\mathrm{i}\mathrm{Arg}(zh+1))-1}{h} \cdot h \\
&= (1/h)\{|zh+1|-1+\exp(\mathrm{i}\mathrm{Arg}(zh+1))-1 \\
&\quad +[|zh+1|-1][\exp(\mathrm{i}\mathrm{Arg}(zh+1))-1]\} \\
&= (1/h)\{|zh+1|\exp(\mathrm{i}\mathrm{Arg}(zh+1))-1\} \\
&= (1/h)[(zh+1)-1]=z
\end{aligned} \tag{5-7}$$

即为所证.

若 $n \in N$ 而 $z \in C_h$,则可定义圆点乘(circle dot) $\odot$ 的乘法为

$$n \odot z=z \oplus z \oplus z \oplus \cdots \oplus z$$

等式右边有 n 个项,可以证明

$$n \odot z=\frac{(zh+1)^n -1}{h}$$

由定理 XXV 的式(5-6)可见若 $z \in C_h$,则 z 对 $\oplus$ 的逆运算为

$$\ominus z=-z/(1+zh)$$

由此可知若 $z \in C_h$,则

$$\ominus(\ominus z)=z$$

定义:在 C_h 中的圆负(circle minus) $\ominus$ 的减法为

$$z \ominus w=z \oplus(\ominus w) \tag{5-8}$$

容易看出,若 $z \in C_h$,$w \in C_h$ 而 $h \geqslant 0$ 则由式(5-8)可得

$$z \ominus z = 0$$

$$z \ominus w = (2-w)/(1+wh)$$

若 $z \in C_h$,则 $(z)* = \ominus z$ 当且仅当 $z \in J_h$. 但

$$(\overset{\circ}{\mathrm{i}\omega})* = \ominus(\overset{\circ}{\mathrm{i}\omega})$$

一些广义复数的加法逆元为:

$$z = 0 \qquad 1 \qquad \mathrm{i} \qquad 1/h \qquad -2/h \qquad -(1+\mathrm{i})/h$$

$$\ominus z = 0 \quad \frac{-1}{1+h} \quad \frac{1}{\mathrm{i}-h} \quad -1/2h \quad -2/h \qquad 1-\mathrm{i}/h$$

$$\text{No. } 1 \qquad 2 \qquad 3 \qquad 4 \qquad 5 \qquad 6$$

这些点按编码标出于图 5.3,黑点为 z,开点为 $\ominus z$. z 在 J_h 上则 $\ominus z$ 也在 J_h 上,z 在 J_h 外则 $\ominus z$ 也在 J_h 内.

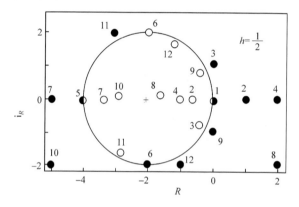

图 5.3　z 和 $\ominus z$ 点的分布

令 $z \in C_h$,定义 z 的广义平方为

$$z^{②} = (-z)(\ominus z) = z^2/(1+zh)$$

下面的定理给出广义平方的一些性质.

定理 XXVII　对 $z \in C_h$ 有公式

$$(\ominus z)^{②} = z^{②}$$

$$1+zh = z^2/z^{②}$$

$$z+(\ominus z) = z^{②}h$$

$$z \oplus z^{②} = z+z^2$$

$$z^{②} \in R \to z \in R_h \cup A_h \cup J_h \tag{5-9}$$

$$-(\overset{\circ}{\mathrm{i}\omega})^{②} = (4/h^2)\sin^2(\omega h/2) \text{ 若} -\frac{\pi}{h} < \omega \leqslant \frac{\pi}{h}$$

$$-(\overset{\circ}{\mathrm{i}\omega})^{②} = |\overset{\circ}{\mathrm{i}\omega}|^2$$

注意若 $z \in C$,则
$$z^2 \in R \rightarrow z \in R \cup J_0。$$

J_0 为纯虚数集,式(5-9)是广义复数的相应叙述,对 $h > 0$,令带(strip)Y_h 为
$$Y_h = \{z \in C | -\pi/h < \mathrm{Im}_h(z) \leqslant \pi/h\}$$

当 $h = 0$ 时,则令 $Y_0 = C$.

5.3 柱 面 变 换

对 $h > 0$,定义柱面变换 $\xi_h : C_h \rightarrow Y_h$ 为
$$\xi_h(z) = \frac{1}{h}\log(1 + zh) \tag{5-10}$$

$\log$ 为主对数函数. 对 $h = 0$,定义 $\xi_0(z) = z$ 对全部 $z \in C$.

ξ_h 称为柱面(cylinder)变换,是因为 $h > 0$ 时可视 Y_h 为一柱面. 只要将 Y_h 在 $\mathrm{Im}(z) = \pi/h$ 和 $\mathrm{Im}(z) = -\pi/h$ 两边界粘合成为一个柱面,定义 Y_h 上的加法逆元素为
$$\xi_h^{-1}(z) = \frac{1}{h}(e^{2h} - 1).$$

定理 XXVIII 柱面变换 ξ_h 是一个群,同态于由 $(C_h, \oplus)$ 变换到 $(Y_h, +)$,Y_h 中的加法按式(5-10)定义.

在连续分析中求解线性常微分方程时会出现复数. 在统一分析中也不例外,而且还要发展为广义复数,复数定义为
$$z = x + \mathrm{i}y, \quad \mathrm{i} = \sqrt{-1}, \quad x, y \in R$$

z 的模(module), $\quad |z| = \sqrt{x^2 + y^2} \geqslant 0$

辐角(argument), $\quad \phi = \mathrm{Arg}z = \arctan\frac{y}{x} + k\pi + 2n\pi$

$$k = 0, 1; \quad n = 0, 1, 2, \cdots$$

其中,主值
$$-\frac{\pi}{2} \leqslant \arctan(y/x) \leqslant \frac{\pi}{2}$$

复变函数 $w = u + \mathrm{i}v = f(z)$ 的反函数一般为多值. 对于 $z \rightarrow w$ 一一对应的映射,要求 $f(z)$ 及反函数均为单值,称为单叶函数.

若对任意给出的 $\varepsilon > 0$,必有 $\delta > 0$ 对任意 z 使 $0 < |z - z_0| < \delta$ 时有 $|f(z) - w_0| < \varepsilon$,则称 $f(z)$ 存在极限
$$\lim_{z \to z_0} f(z) = w_0$$

则称 $f(z)$ 在 z_0 上连续.

设 $f(z) = u(x, y) + \mathrm{i}v(x, y)$ 在 $z = x + \mathrm{i}y$ 的某邻域有定义,u 和 v 在 z 点可微,

则 $f(z)$ 在 z 点可微的充要条件为

$$\frac{\partial u}{\partial x} = -\frac{\partial v}{\partial y}, \quad \frac{\partial u}{\partial y} = -\frac{\partial v}{\partial x}$$

若 $f(z)$ 在 z 点可微,则记

$$f'(z) = \frac{\mathrm{d}f}{\mathrm{d}z} = \lim_{h \to 0} \frac{1}{h}[f(z+h) - f(z)]$$

其中, $h \to 0$ 的方式不限, $f'(z)$ 有四种等效表示方法,

$$f'(z) = \frac{\partial u}{\partial x} + \mathrm{i}\frac{\partial v}{\partial x} = \frac{\partial u}{\partial y} - \mathrm{i}\frac{\partial v}{\partial y} = \cdots$$

在定义区域上每一点均可微的 $f(z)$ 称为解析的(analytic)的函数.

定义指数函数

$$w = e^z = e^{(x+\mathrm{i}y)} = e^x(\cos y + \mathrm{i}\sin y)$$

它有以下性质:

（Ⅰ） e^z 处处解析,且 $w' = w$

（Ⅱ）在全 z 平面均有 $e^z \neq 0$

（Ⅲ） e^z 具有虚数周期 $(2\pi\mathrm{i})$. 故可只研究带形区域 $0 \leq y < 2\pi$. e^z 在此带上为单叶

（Ⅳ） $z = \ln w$ 称为对数函数,用 $\ln \omega$ 表示一个 z 值,用 ω 表示全部允许的 z 值

（Ⅴ）记 $\log w = \ln|w| + \mathrm{i}\arg w$

$$= \ln|w| + \mathrm{i}(2k\pi + \mathrm{Arg}w)$$

$$k = 0, \pm 1, \pm 2, \cdots$$

Arg 表示主辐角.

（Ⅵ） $z = 0$ 为 $\ln z$ 的支点. 在不围有支点的闭合曲线内的区域上有

$$(\ln z)' = 1/z$$

对一切分支的微商相同,故 $\ln z$ 在此区间为解析的.

（Ⅶ）定义三角函数

$$\sin z = \frac{1}{2\mathrm{i}}(e^{\mathrm{i}z} - e^{-\mathrm{i}z}), \quad \cos z = \frac{1}{2}(e^{\mathrm{i}z} + e^{-\mathrm{i}z})$$

三角函数处处均为解析的. 一般三角公式仍成立,例如:

$$(\sin z)' = \cos z, \quad (\cos z)' = -\sin z$$

$$\cos^2 z + \sin^2 z = 1, \quad \sin(2z) = 2\sin z \cos z$$

$$\cdots\cdots$$

为方便读者,上面列出了复变函数的一些基本概念. 下面举例说明广义复数和柱面变换的意义. 根据定理 ⅩⅩⅦ,式(5-3)定义的 ω 为

$$\omega = \mathrm{Im}_h z = (1/h)\arg(zh + 1)$$

广义复数和普通复数描述的都是复平面上的同一个 z. 其区别是在于普通复数用了直角坐标系

$$(x, \mathrm{i}y); \quad x, y \in R$$

而广义复数用了广义坐标系

$$(R_h, \overset{\circ}{\mathrm{i}}J_h); \quad \omega \in J_h, \quad h > 0$$

图 5.2 给出两种坐标系之间的变换关系. 当 $h=0$ 时两种坐标系重合. 在广义复数中, h 成为纯数标度. 类似地, 还可对 $h<0$ 定义另一种广义复数, 因为衡量纯数的尺度标准可以是负的. 物理标度中, 衡量物理量的标准尺度总是正的.

为了和图 5.3 一致, 以下均令 $h=1/2$, 设有普通复数 $z=-4+\mathrm{i}0$, 相应于图 5.3 中的 No.5 的黑点. 则相应广义复数(即在广义坐标系中的分量)为

$$\mathrm{Re}_h(z) = (1/h)[\,|zh+1|-1\,] = 2[\,|-1|-1\,] = 0$$
$$\mathrm{Im}_h(z) = (1/h)\arg(zh+1) = 2\arg(-2+1) = 2\pi = \omega$$
$$\overset{\circ}{\mathrm{i}}\omega = (1/h)[e^{\mathrm{i}\omega h}-1] = 2[e^{\mathrm{i}\pi}-1]$$
$$= 2(\cos\pi + \mathrm{i}\sin\pi - 1) = -4$$
$$|\overset{\circ}{\mathrm{i}}\omega|^2 = (\overset{\circ}{\mathrm{i}}\omega)(\overset{\circ}{\mathrm{i}}\omega)^* = (-4)(-4) = 16$$
$$(4/h^2)\sin^2(\omega h/2) = 16\sin^2(\pi/2) = 16$$

上述例子说明了式(5-5)正确. $\mathrm{Im}_h(z) = \omega = 2\pi$ 给出图 5.3 的上半圆周长, $|\overset{\circ}{\mathrm{i}}\omega|^2 = 16$ 给出半圆周相应的弦长(即直径)的平方.

其次令 $h=1/2, z=-2+2\mathrm{i}$, 相应于图 5.3 中的 No.6 的黑点.

$$\mathrm{Re}_h(z) = 2[\,|-1+\mathrm{i}+1|-1\,] = 2[\,|\mathrm{i}|-1\,] = 0$$
$$\mathrm{Im}_h(z) = 2\mathrm{Arg}(-1+\mathrm{i}+1) = 2\times(\pi/2) = \pi = \omega$$
$$\overset{\circ}{\mathrm{i}}\omega = 2[e^{\mathrm{i}\pi/2}-1] = -2+\mathrm{i}2$$
$$|\overset{\circ}{\mathrm{i}}\omega|^2 = (-2+2\mathrm{i})(-2-2\mathrm{i}) = 4+4 = 8$$

图 5.3 的四分这一圆的弧长为 $\pi=\omega$, 所对应弦长为 $\sqrt{8}$. 以上两例 z 值的点均在 J_h 圆周上, 所以根据图 5.3 的变换为 $\mathrm{Re}_h(z)=0$.

圆加⊕、圆负⊖、圆点乘⊙等是广义复数之间的算法, 将 z 用直角坐标表示后等价于普通复数算法. 普通复数 $\mathrm{Re}z$ 和 $\mathrm{Im}z$ 的取值区间均为 $[-\infty, +\infty]$. 广义复数 $\mathrm{Re}_h z$ 和 $\mathrm{Im}_h z$ 的取值区间大为减小了, 分别为 $(-1/h, \infty)$ 和 $(-\pi/h, \pi/h)$. 但是, 根据广义复数集 C_h 的定义, 对于 $z \in C_h$, z 在直角坐标系中仍可取复平面上的任何值; 只有 $z=-1/h$ 除外.

下面说明 ξ_h 变换的意义, 在直角坐标上, 当

$$z = x + \mathrm{i}0, \quad x \neq -1/h$$

为纯实数时,

$$\xi_h(z) = \xi_h(x) = (1/h)\log(1+hx)$$

$$= (1/h)\ln|1+hx| + \frac{i}{h}\arg(1+hx)$$

当

$$z = 0 + iy$$

为纯虚数时,

$$\xi_h(iy) = (1/h)\log(1+ihy)$$

和上面的例子一致,令 $h=1/2$,则 $x=0$ 时

$$\xi_h(iy) = z\ln(1+h^2y^2) + i2\arg(1+iy/2)$$

一般地,z 为纯虚数时,$\xi_h(z)$ 的实部和虚部都不等于零,在广义对数中,规定带 Y_h 有

$$-\frac{\pi}{h} < \frac{1}{h}\arg(1+zh) \leqslant \frac{\pi}{h}$$

当 $y=0$ 时若 $x>-1/h$,则

$$\xi_h(x) = 2\ln(1+x/2)$$

若 $x<-1/h$ 则

$$\xi_h(x) = 2\ln(-1-x/2) + i2\pi$$

对纯实数 z,$\xi_h(z)$ 在 $x>-1/h$ 时分布在实轴上. $x<-1/h$ 时,$\xi_h(z)$ 分布在直线 $(x,i2\pi)$ 上,x 和 $(1/h)\ln|1+hx|$ 的关系示于图 5.4.

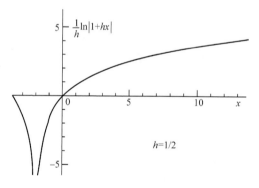

图 5.4 纯实数的柱面变换

由普通复数定义广义复数,使广义虚部变成圆 J_h 上的弧长 $\mathrm{Im}_h(z)$. 对任意

$$z = x + iy, \quad z \in C_h$$

柱面变换给出

$$\xi_h(z) = (1/h)\log(1+hz)$$

$$= (1/h)\ln\sqrt{(1+hx)^2+(hy)^2} + (i/h)\tan^{-1}[hy/(1+hx)]$$

图 5.5 给出标记为 a、b、c、d 的一些点的例子,变换前的 z 点为黑点,变换后 $\xi_h(z)$ 为空点. 一条始自 $z=(-1/h)$ 向正 x 的半射线变换成 $y=0$ 由 $x=-\infty$ 至 $+\infty$ 的

直线. 而始自 $z=(-1/h)$ 向负 x 的半射线变换成 $y=\pi/h$ 由 $x=-\infty$ 至 $+\infty$ 的直线. 经柱面变换后, z 平面上的点全部变换至带 Y_h 上, 恢复用直角坐标, 计算方便.

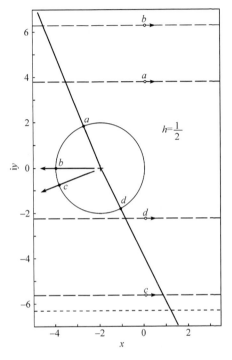

图 5.5　复数的柱面变换

5.4　纯 数 标 度

前面已将各种不同的物理标度的意义说得很清楚. 在介绍广义复数集 C_h 时, 引进一个实数 $h(>0)$, 并称之为纯数标度. 更清楚地应称 h 为衡量实数值的标准尺度. 在 $\mathrm{Re}_h(z)$、$\mathrm{Im}_h(z)$、$\mathrm{Re}(\xi_h)$、$\mathrm{Im}(\xi_h)$ 中 h 都出现于分母. 故在广义复数中出现的全部实数值都是以 h 为单位来计量的. 就是说, 它们都是标度读数. 因为 $R_h \subset C_h$, 故引入 h 后普通实数 R 就成为广义实数 R_h. 按定义, $h>0$ 时

$$\lim_{h\to 0}R_h=R$$

就是说, 普通实数的衡量尺度 h 为无限小时, 它等于最相邻两个实数值之差.

当纯数标度 h 用来描述物理量时, 它就成为物理标度. 例如令

$$h=\mu(t)=\sigma(t)-t$$

或

$$h=\nu(t)=t-\rho(t)$$

则 h 便成为时间标度. 在 3.15 节中根据定义给出了一组公式, 当任意 $t\in\tau$ 均为孤

立时，

$$f^{\delta}(t) = f^{\Delta}(\rho(t)), \quad \sigma(\rho(t)) = t$$
$$f^{\Delta}(t) = f^{\delta}(\sigma(t)), \quad \rho(\sigma(t)) = t \tag{5-11}$$

这组公式有助理解动力学方程的形式及其求解. 为了求解始值问题

$$y^{\Delta}(t) = p(t)y(t), \quad y(t_0) = 1, \quad t \in \tau^k \tag{5-12}$$

定义广义指数函数

$$e_p(t,s) = \exp\int_s^t \xi_{\mu(t)}(p(\tau))\Delta\tau, \quad s, t \in \tau \tag{5-13}$$

若 $p \in \overline{R}$，则有半群性质

$$e_p(t,r)e_p(r,s) = e_p(t,s), \quad r, s, t \in \tau$$

Bohner[13]的专著中详细证明了式(5-12)始值问题唯一的解为

$$y(t) = e_p(t,t_0) \tag{5-14}$$

其中，假设了 $p(t)$ 为回归的(regressive). 即对函数 $p:\tau \to R$ 有

$$1 + \mu(t)p(t) \neq 0$$

全部回归的并同时还是 rd 连续的 $f:\tau \to R$ 组成的函数集合记为

$$\overline{R} = \overline{R}(\tau) = \overline{R}(\tau, R)$$

定义圆 $\oplus$ 为

$$(p \oplus q)(t) = p(t) + q(t) + \mu(t)p(t)q(t)$$
$$t \in \tau^k, \quad p \in \overline{R}, \quad q \in \overline{R}$$

类似地，还可以用 $h = \mu(t)$ 定义圆 $\oplus$，为避免混淆，以下将规定只用 $h = \mu(t)$ 定义. 相应地只介绍 Δ 微积分，利用式(5-11)就可得到相应的 δ 微积分的结果. 其实两种不同定义的圆 $\oplus$ 的许多性质是相同的. 用 $h = \mu(t)$ 定义圆 $\ominus$ 为

$$(\ominus p)(t) = -p(t)/[1 + \mu(t)p(t)]$$
$$t \in \tau_k, \quad p \in \overline{R}$$

也可等价地定义圆负 $\ominus$ 为

$$(p \ominus q)(t) = [p \oplus (\ominus q)](t)$$

设 $p, q \in \overline{R}$，可以证明

$$p \ominus p = 0$$
$$\ominus(\ominus p) = p$$
$$p \ominus q \in \overline{R}$$
$$p \ominus q = (p-q)/(1+\mu q)$$
$$\ominus(p \oplus q) = (\ominus p) \oplus (\ominus q)$$

注意

$$\mu(\rho(t)) = \sigma(\rho(t)) - \rho(t)$$
$$= t - \rho(t) = \nu(t)$$

即可区分两种圆加 $\oplus$ 的定义的不同. 国外已侧重讨论了 Δ 微积分,在各种函数的定义方面我们将尽量保持与之一致,只在最后转换成 δ 微积分形式,以便涉及因果律时的物理应用.

用式(5-11)于式(5-12),便可得在 δ 微积分中始值问题的具体形式为(任意 $t\in\tau$ 均为孤立时)

$$y^\delta(t)=y^\delta p(\rho(t))y(\rho(t)),\quad y(t_0)=1,\quad t\in\tau_k \tag{5-15}$$

下面证明问题的解仍是式(5-14). 首先

$$y(t_0)=e_p(t_0,t_0)=e^0=1$$

不变,其次计算

$$
\begin{aligned}
y^\delta(t) &= e_p^\delta(t,t_0)\\
&= (1/\nu(t))\big[e_p(t,t_0)-e_p(\rho(t),t_0)\big]\\
&= (1/\nu(t))\big[e_p(t,\rho(t))-1\big]e_p(\rho(t),t_0)\\
&= \frac{1}{\nu(t)}\Big[\exp\int_{\rho(t)}^{t}\xi_{\mu(t)}(p(t))\Delta\tau-1\Big]y(\rho(t))\\
&= \frac{1}{\nu(t)}\big[\exp(\xi_{\mu(t)}(p(\rho(t))\mu(p(t)))-1\big]y(\rho(t))\\
&= \frac{1}{\mu(\rho(t))}\big[e^{\xi_{\mu(\rho(t))}(p(\rho(t))\mu(p(t))}-1\big]y(\rho(t))\\
&= \xi_{\mu(\rho(t))}^{-1}\big[\xi_{\mu(\rho(t))}(p(\rho(t)))\big]y(\rho(t))\\
&= (p(\rho(t))y(\rho(t))
\end{aligned}
$$

即为所证. 最后,在 $\rho(t)=t$ 时解为式(5-14)的证明要麻烦得多. Bohner[13]在 $\sigma(t)=t$ 时给出了类似的证明.

定理 XXIX　设 $p(t)$ 为回归的且 $t_0\in\tau$,则

$$y^\Delta=p(t)y,\quad y(t_0)=1$$

始值问题的解为 $e_p(t,t_0)$,而且是唯一的解.

5.5　广义指数函数

在第 3 章详细讨论了 δ 微积分的基本原理. 但由 5.1 节以后都是按 Δ 微积分来介绍的. 因为从 1977 年特别是 1988 年[12]Bohner 发现了 Hilger 的工作以来,用 Δ 微积分对动力学方程的研究工作已积累了大量成果. 要从头再以 δ 微积分为基础作类似的研究,足以写出另一本巨著,这就偏离了我们用统一分析研究物理问题的目的. 因此,后面只概括地综述用 Δ 微积分研究动力学方程的主要成果. 碰到有关物理问题时,只需用式(5-11)将 Δ 微商化为 δ 微商,就可以找到适用于因果律的数学方法. Δ 微商在基本概念上和因果律不相容,原则上不能用于物理问题.

根据 Δ 微积分对广义复数、柱面变称和广义指数的定义,可以得到以下定理 XXX:

若 $p,q \in \overline{R}$,注意 $(p \oplus q)(t) = p(t) + q(t) + \mu(t)p(t)q(t)$,则

（Ⅰ）$e_0(t,s) \equiv 1$ 且 $e_p(t,t) \equiv 1$

（Ⅱ）$e_p(\sigma(t),s) = (1+\mu(t)p(t))e_p(t,s)$

（Ⅲ）$1/[e_p(t,s)] = e_{\ominus p}(t,s)$

（Ⅳ）$e_p(t,s) = 1/e_p(t,s) = e_{\ominus p}(t,s)$

（Ⅴ）$e_p(t,s) = e_p(s,r) = e_p(t,r)$

（Ⅵ）$e_p(t,s)e_q(t,s) = e_{p \oplus q}(t,s)$

（Ⅶ）$e_p(t,s)/e_q(t,s) = e_{p \ominus q}(t,s)$

（Ⅷ）$(1/e_p(t,s))^\Delta = -e_p(t)/e_p^\sigma(t,s)$

（Ⅸ）$e_{p \ominus q}^\Delta(t,t_0) = (p-q)e_p(t,t_0)/e_p^\sigma(t,t_0)$

注意 $e_p(t,s) = e^{\int_s^t \xi_{\mu(\tau)}(p(\tau))\Delta\tau}$,　$s,t \in \tau; p \in \overline{R}$

$$\xi_h(z) = \frac{1}{h}\ln(1+zh); \quad h>0, \quad \xi_h:C_h \to Y_h$$

对 $p \in C_{rd}$ 及 $r,s,t \in \tau$ 有

$$e_p(t,\sigma(s))e_p(s,r) = e_p(t,r)/[1+\mu(s)p(s)]$$

若 $p \in \overline{R}$ 而 $a,b,c \in \tau$ 则

（Ⅹ）$[e_p(c,t)]^\Delta = -p[e_p(c,t)]^\Delta$

$$\int_a^b p(t)e_p(c,\sigma(t))\Delta t = e_p(c,a) - e_p(c,b)$$

在研究 Euler-Cauchy 动力学方程时,会用到以下公式. 若常数 $\alpha \in R$ 则

$$e_{\frac{\alpha^2}{t} - \frac{(\alpha-1)^2}{\sigma(t)}}(t,t_0)/e_{\frac{\alpha^2}{t}}(t,t_0) = t_0/t$$

令 $s,t \in \tau, z \in C$,在 s 和 t 之间的 τ 满足

$$1+\mu(\tau)z \neq 0$$

则下列积分与微分次序可互换

$$\frac{d}{dz}[e_z(t,s)] = \left(\int_s^t \frac{\Delta\tau}{1+\mu(\tau)z}\right)e_z(t,s)$$

下面讨论广义指数函数的符号.

令 $p \in \overline{R}$,设存在不同点的一个序列

$$\{t_n | n \in N\} \subset \tau^k$$

使得对全部 $n \in N$ 有

$$1+\mu(t_n)p(t_n) < 0$$

则
$$\lim_{n\to\infty}|t_n|=\infty$$
特别地,若存在一个有界区间 $J\subset\tau^k$ 使得对全部 $t\in J$ 有
$$[1+\mu(t)p(t)]<0$$
则 $|J|<\infty$.

设 $p\in\overline{R}$ 而 $t_0\in\tau$,则定理 XXXI

(i) 若 $1+\mu p>0,t\in\tau^k$,则对任意 $t\in\tau$ 有
$$e_p(t,t_0)>0$$

(ii) 若 $1+\mu p<0,t\in\tau^k$,则对任意 $t\in\tau$ 有
$$e_p(t,t_0)=\alpha(t,t_0)(-1)^{n_t}$$
$$\alpha(t,t_0)=\exp\left(\int_{t_0}^{t}\frac{\ln|1+\mu(\tau)p(\tau)|}{\mu(\tau)}\Delta\tau\right)>0$$
$$n_t=\begin{cases}|[t_0,t)|, & \text{若 } t\geqslant t_0\\ |[t,t_0)|, & \text{若 } t<t_0\end{cases}$$

$\overline{R}$ 的全部正回归元素组成的集合记为
$$\overline{R}^+=\overline{R}^+(\tau,R)=\{p\in R|1+\mu(t)p(t)>0,t\in\tau\}$$
若设 $p\in C_{rd}$ 且 $p(t)\geqslant 0,t\in\tau$;则 $p\in\overline{R}^+$,R^+ 是 $\overline{R}$ 的子群.

令 $p\in\overline{R}$ 且 $t_0\in\tau$,则定理 XXVII

(i) 若 $p\in\overline{R}^+$,则对任意 c 有
$$e_p(t,t_0)>0$$

(ii) 若 $1+\mu(t)p(t)<0,t\in\tau^k$,则
$$e_p(t,t_0)e_p(\sigma(t),t_0)<0$$

(iii) 若 $1+\mu(t)p(t)<0$,对任意 $t\in\tau^k$,$e_p(t,t_0)$ 在 $t\in\tau$ 的每一点上改变符号.

广义指数函数为 $e_p(\cdot,t_0)$ 实函数,它不等于零,但可为正或负值.

定理 XXX 设 $p(t)$ 为回归的,$t_0\in\tau,y_0\in R$,则
$$y(t)=e_p(t,t_0)y_0$$
是
$$y^{\Delta}=p(t)y,\quad y(t_0)=y_0=1$$
始值问题唯一的解.

5.6 广义指数函数的意义

下面举出一个具体例子以说明广义指数函数的意义. 在最简单的情况下,令 $\tau=hY,Y=\{0,\pm 1,\pm 2,\cdots\}$,对于常数 $\alpha\in\overline{R}$,若 $h>0,\alpha\in C\backslash\{-1/h\}$,且 $(1+\alpha h)\neq 0$

则
$$e_\alpha(t,0)=(1+\alpha h)^{t/h}$$

对任意 $t\in\tau$ 成立.要证明此结果可将等式右边记为 $y(t)$,即
$$y(t)=(1+\alpha h)^{t/h}$$

则有
$$y(0)=(1+\alpha h)^0=1$$

因
$$\begin{aligned}
y^\Delta(t)&=[y(t+h)-y(t)]/h\\
&=[(1+\alpha h)^{(t+h)/h}-(1+\alpha h)^{t/h}]/h\\
&=(1+\alpha h)^{t/h}(1+\alpha h-1)/h\\
&=\alpha(1+\alpha h)^{t/h}=\alpha y(t)
\end{aligned}$$

对任意 $t\in\tau$ 成立,故 $y(t)=e_\alpha(t,0)$.

从上面例子立即可以看出若 τ 有
$$\text{常数 } \mu(t)=h\geqslant0$$

则当 α 为常数且 $1+\alpha h\neq0$ 时有
$$e_\alpha(t+s,0)=e_\alpha(t,0)e_\alpha(s,0)$$

对任意 $s,t\in\tau$ 成立.

考虑第二个例子,设
$$\tau=N_0^2=\{n^2\,|\,n=0,1,2,\cdots\}$$

则
$$\mu(n^2)=\sigma(n^2)-n^2=(n+1)^2-n^2=2n+1$$

因此
$$\sigma(t)=(\sqrt{t}+1)^2,\quad \mu(t)=2\sqrt{t}+1$$

可以证明,对于 $t\in\tau$ 有
$$e_1(t,0)=2^{\sqrt{t}}(\sqrt{t})!$$

为证此等式,可记右边为 $y(t)$.因而有
$$y(0)=1$$
$$\begin{aligned}
y(\sigma(t))&=2^{\sqrt{\sigma(t)}}(\sqrt{\sigma(t)})!\\
&=2^{1+\sqrt{t}}(1+\sqrt{t})!\ =2\cdot2^{\sqrt{t}}(1+\sqrt{t})(\sqrt{t})!\\
&=2(1+\sqrt{t})y(t)=(1+\mu(t))y(t)\\
&=y(t)+\mu(t)y(t)
\end{aligned}$$

故有 $y^\Delta(t)=y(t)$.即在记号 $e_p(t,0)$ 中有 $p=1$.这时,$p\in\overline{R}^+$,故对任意 $t\in\tau$ 有 $e_1(t,0)>0$.

在第一个例子中,若设 $\alpha=p=-2$ 且 $h=1$ 则
$$e_{-2}(t,0)=(-1)^t;\ t=0,\pm1,\pm2,\cdots$$

此时,$1+\mu(t)p(t)<0$
$$e_{-2}(t,0)\ e_{-2}(\sigma(t),0)\ <0$$

$$t = \cdots, -3, -2, -1, 0, 1, 2, 3, \cdots$$
$$e_{-2}(t,0) = -1, 1, -1, 1, -1, 1, -1, \cdots$$

即在相邻的每个 t 值中 $e_{-2}(t,0)$ 改变符号.

令 $p = \alpha$ 为非零常数, 且 $\alpha \in \bar{R}$, 记 R 为实数集,
$$Y = \{0, \pm 1, \pm 2, \cdots\}, \quad N_0 = \{0, 1, 2, \cdots\}$$
即对定义不同的 τ 可得以下各种广义指数函数:

τ	$e_\alpha(t, t_0)$
R	$e^{a(t-t_0)}$
Y	$(1+\alpha)^{(t-t_0)}$
hY	$(1+\alpha h)^{(t-t_0)/h}$
$\dfrac{1}{n}hY$	$\left(1+\dfrac{\alpha}{h}\right)^{n(t-t_0)}$
q^{N_0}	$\displaystyle\prod_{s\in[t_0,t)}[1+(q-1)\alpha s], \quad$ 若 $t > t_0$
2^{N_0}	$\displaystyle\prod_{s\in[t_0,t)}[1+\alpha s], \qquad\quad$ 若 $t > t_0$
$\left\{\displaystyle\sum_{k=1}^{n}\dfrac{1}{k} \mid n \in N\right\}$	$\dbinom{n+\alpha-t_0}{n-t_0} \quad$ 若 $t = \displaystyle\sum_{k=1}^{n}\dfrac{1}{k}$

称
$$H_0 = 0 \ \text{及} \ H_n = \sum_{k=1}^{n}\frac{1}{k} \quad (n \in N)$$
为简谐数, 而
$$\binom{n+\alpha}{n+1} = \frac{(n+\alpha)\cdots\alpha}{(n+1)!}$$
对于不同的 $p(t)$ 和 t_0, 相应广义指数函数如下:

τ	t_0	$p(t)$	$e_p(t, t_0)$
R	0	1	e^t
Y	0	1	2^t
hY	0	1	$(1+h)^{t/h}$
$\dfrac{1}{n}hY$	0	1	$\left[\left(1+\dfrac{1}{n}\right)^n\right]^t$
q^{N_0}	1	1	$\displaystyle\prod_{s\in(0,t)}[1+(q-1)s]$
2^{N_0}	1	1	$\displaystyle\prod_{s\in(0,t)}(1+s)$
N_0^2	0	1	$2^{\sqrt{t}}(\sqrt{t})!$

$$\{H_n \mid n \in N\} \qquad 0 \qquad 1 \qquad n+1 \text{ 若 } t = H_n$$

$$q^{N_0} \qquad 1 \qquad \frac{1-t}{(q-1)t^2} \qquad \sqrt{t}\,e^{-\ln^2(t)/2\ln(q)}$$

$$2^{N_0} \qquad 1 \qquad \frac{1-t}{t^2} \qquad \sqrt{t}\,e^{-\ln^2(t)/\ln(4)}$$

在 3.16 节根据某种植物的生存周期和实验规律定义了时间标度 τ 和集居数 $y(t) = N(t)$，从而找到动力学方程 $y^\Delta(t)$ 和 $y^\delta(t)$ 为

$$\tau = P_{1,1} = \bigcup_{k=0}^{\infty} [k, 2k+1]$$
$$y(t) = (2/e)^k e^t, \quad y(0) = 1, \quad t \in \tau \tag{5-16}$$
$$y^\Delta(t) = y(t), \quad t \in \tau^k$$
$$y^\delta(t) = y(\rho(t)), \quad t \in \tau_k$$

按广义指数函数的定义，Δ 和 δ 微分方程的解可写为

$$y(t) = e_1(t, 0), \quad e_1(0, 0) = 1 \tag{5-16'}$$

因为式(5-16)的动力学方程中 $p(t) = 1$.

从这个例子可说明两点意义，第一，在统一分析的自变量的稠密区段中，普通微商也必须分左微商与右微商. 在端点 $t = 2k+1$，不存在普通左微商而只存在 Δ 微商. 在端点 $t = 2k$，不存在普通右微商而只存在 δ 微商. 动力学规律只成立于时间 $t \in \tau_k$，根据因果律 $y(0)$ 要由 $t \leqslant 0$ 时间的历史决定 $y(0) = 1$. 这个初条件不能用 $t \in \tau_k$ 的规律决定.

其次，$y(t) = e_1(t, 0)$ 的解不仅决定于 t，还随 τ 的不同定义而变. 式(5-16)定义的 τ 中出现了新的自变量 k. 按物理意义 $k(k = 0, 1, 2, \cdots)$ 也是时间标度，但其衡量尺度为年，而且取值"离散化"了，可称为大尺度标度. T 是微尺度标度，在定义区间"稠密化"了，在式(5-16)给出的 $y(t)$ 公式中，k 和 t 是变量分离的，即两者分别出现于不同的因子中.

广义指数 $e_p(t, t_0)$ 的具体表示式随 τ 的定义而变. 在 3.11 节定义了一个重要的时间标度

$$P_{a,b} = \bigcup_{k=0}^{n} [k(a+b), k(a+b) + a], \quad k = 0, 1, 2, \cdots$$

n 为正整数，一般地 $n = \infty$. 这时，$\tau \in P_{a,b}$ 上动力学方程的解中就出现离散的 k 和分段稠密的 t 的双时间标度. 在式(5-16)的解($a = b = 1$ 时)

$$y(t) = e_1(t, 0) = (2/e)^k e^t$$

中，k 为不大于 $(t/2)$ 的最大整数，可记为

$$k = \text{INT}(t/2), \quad t \in P_{1,1} \tag{5-17}$$

因为在解中已分离变数，故可将双时间标度的解化为单时间标度的解的乘积，

$$y(t)=y(k(t),t)=f(k)g(k)h(t)$$
$$f(k)=e_1(k,0); \quad k\in Y$$
$$g(k)=e_{-1}(k,0); \quad k\in R \tag{5-18}$$
$$h(t)=e_1(t,0); \quad t\in R$$
$$f^\delta(k)=f(\rho(k)), \quad g^\delta(k)=g(\rho(k)), \quad h^\delta(k)=h(\rho(k))$$

只要记住式(5-17)对 t 和 k 的限制,式(5-18)和式(5-16)是等价的.

在第 1 章和第 2 章中,我们曾用分离变数方法分别处理了连续和断续分析,参见 2.1 节的式(2-5).式(5-16)是统一分析,它也可用分离变数处理,这时,时间标度的定义在运算中被简化了,只用了 $\tau=Y$ 和 $\tau=R$ 的最简单情况.统一分析中的时间标度方法力图把动力学方程的解写成最简单的数学形式,而将复杂性留在 τ 的定义上.但是,如果能在分离变数中只用最简单的 τ,也可在不同情况下写出问题的各种解,则物理意义更为明显.在式(5-18)中,$f(k)$ 是种子休眠期的规律,$g(k)$ $y(t)$ 是植物生长期的规律.

数学抽象在于可以将不同的效应用最简单的同样的公式来描述其统一规律.例如在 3.18 节的式(3-26)的随机衰减函数在无量纲化时记为 $F_r(t)$,而式(3-28)的自由衰减函数在无量纲化时被记为 $F_f(t)$,

$$F_r(t)=e^{-t}, \quad F_r(0)=1; \quad F_f(t)=e^{-\sqrt{t}}, \quad F_f(0)=1$$

在统一分析中可将 F_r 和 F_f 合并记为 F. $F(t)$ 满足的动力学方程可写为

$$F^\delta(t)=-F(t), \quad F(0)=1; \quad t\in\tau_k \tag{5-19}$$

其解为广义指数函数

$$F(t)=e_{-1}(t,0), \quad t\in\tau$$

只要定义不同的时间标度,$F(t)$ 就给出不同的解.

$$\tau=\{t|t\in R\}\text{时},e_{-1}(t,0)=e^{-t}=F_r(t)$$
$$\tau=\{t=r^2|r\in R\}\text{时},e_{-1}(t,0)=e^{-\sqrt{t}}=F_f(t)$$

更具体的式(5-19)的方程可定义在

$$t\in(0,\infty)$$

这时,按定义 $F_f(t)$ 在 $t=0$ 上不存在左微商.这就不再出现普通微商中

$$\mathrm{d}F_f/\mathrm{d}t$$

在 $t=0$ 点发散的困难,因为在我们定义的统一分析中,普通微商也定义在左微商而不管右微商是否存在.

为说明广义指数函数的意义,可将同一方程分别写为连续和统一分析形式以比较两者的解

$$y'(t)=p(t)y(t), \quad y(t_0)=1, \quad t\in R$$
$$y(t)=\exp\int_{t_0}^t p(t)\mathrm{d}\tau$$

$$y^{\Delta}(t) = p(t)y(t), \quad y(t_0) = 1, \quad t \in \tau$$

$$y(t) = e_p(t, t_0) = \exp\int_{t_0}^{t} \xi_{\mu(t)}(p(\tau))\Delta\tau$$

$$e_p(t, t_0) = \exp\int_{t_0}^{t} \frac{1}{\mu(t)}\log(1 + p(\tau)\mu(\tau))\Delta\tau$$

当 $p(\tau)$ 为实数且 $1 + p(t)\mu(t) > 0$ 时，

$$e_p(t, t_0) = \exp\int_{t_0}^{t} \frac{1}{\mu(\tau)}\ln[1 + p(\tau)\mu(\tau)] \cdot \Delta\tau$$

应用公式

$$\ln(1+x) = x - \frac{1}{2}x^2 + \frac{1}{3}x^3 - \frac{1}{4}x^4 + \cdots, \quad x^2 < 1$$

只要 $|p(x)|$ 为有限值，就可找到足够小的 $\mu(\tau)$ 使得足够近似地有

$$\frac{1}{\mu(\tau)}\ln[1 + p(\tau)\mu(\tau)] \approx p(\tau)$$

从而统一分析可过渡为连续分析.

5.7　一阶非齐次线性方程

上面已给出一阶齐次方程

$$y^{\Delta}(t) = p(t)y(t), \quad t \in \tau^k$$

的解，以下进一步讨论相应的非齐次线性方程

$$y^{\Delta}(t) = p(t)y(t) + f(t), \quad t \in \tau^k \tag{5-20}$$

对于 $p \in R$，定义线性算符 $L_1 : C_{rd}^1 \to C_{rd}$ 为

$$L_1 y(t) = y^{\Delta}(t) - p(t)y(t), \quad t \in \tau^k$$

C_{rd} 为 rd 连续族，C_{rd}^1 为一阶 Δ 微商为 C_{rd} 的函数族，定义其共轭算符

$$L_1^* x(t) = x^{\Delta}(t) + p(t)x^{\sigma}(t), \quad t \in \tau^k$$

上面的非齐次线性方程可写为

$$L_1 y(t) = f(t), \quad t \in \tau^k \tag{5-20'}$$

其相应齐次方程 $L_1 y(t) = 0$ 的解在上节已给出，当 α 为回归常数时，其共轭方程

$$x^{\Delta}(t) + \alpha x^{\sigma}(t) = 0, \quad t \in hY$$

的解为

$$x(t) = (1 + \alpha h)^{-t/h}, \quad t \in hY$$

证明如下：

$$x^{\Delta}(t) = [(1 + \alpha h)^{-\sigma(t)/h} - (1 + \alpha h)^{-t/h}] / [\sigma(t) - t]$$
$$= (1 + \alpha h)^{-\sigma(t)/h}[1 - (1 + \alpha h)] / h$$
$$= -(1 + \alpha h)^{-\sigma(t)/h} \cdot \alpha$$

$$=-\alpha x(\sigma(t))=-\alpha x^{\sigma}(t)$$

即得所证.

若 $x,y\in C_{rd}^1$,则利用公式

$$(xy)^{\Delta}=x^{\sigma}y^{\Delta}+x^{\Delta}y$$

可证在 τ^k 上有 Lagrange 恒等式,

定理 XXXI　$x^{\sigma}L_1y+yL_1^* x=(xy)^{\Delta}$

故若 x 和 y 分别为 $L_1^* x=0$ 和 $L_1y=0$ 的解,则在 $t\in\tau$ 时有

$$x(t)y(t)=c$$

c 为常数. 由此可见若 $L_1y=0$ 有非零解 $y(t)$,则 $x=1/y$ 满足方程 $L_1^* x=0$. 类似地,若 $y(t)$ 为非零解,则 $x(t)$ 也是非零解. 根据前面的讨论,设 $p\in\overline{R},t_0\in\tau$ 且 $x_0\in R$,则始值问题

$$x^{\Delta}=-p(t)x^{\sigma},\quad x(t_0)=x_0$$

的唯一的解为

$$x(t)=e_{\ominus p}(t,t_0)x_0$$

现在就可以讨论非齐次问题

$$x^{\Delta}=-p(t)x^{\sigma}+f(x),\quad x(t_0)=x_0 \tag{5-21}$$

的解. 设 x 为方程(5-21)的解. 乘积分因子 $e_p(t,t_0)$ 再计算

$$\begin{aligned}[e_p(t,t_0)x(t)]^{\Delta}&=e_p(t,t_0)x^{\Delta}(t)+p(t)e_p(t,t_0)x^{\sigma}(t)\\&=e_p(t,t_0)[x^{\Delta}(t)+p(t)x^{\sigma}(t)]\\&=e_p(t,t_0)f(t)\end{aligned}$$

将两边由 t_0 至 t 积分,

$$e_p(t,t_0)x(t)-e_p(t_0,t_0)x(t_0)=\int_{t_0}^t e_p(\tau,t_0)f(\tau)\Delta\tau \tag{5-22}$$

只要 $f\in C_{rd}$,这个积分是可能的.

称式(5-20)的方程为回归的,只要相应齐次方程为回归的且 $f:\tau\to R$ 为 rd 连续. 下面讨论共轭方程 $L_1^* x=f$ 的变分常数公式.

以下论断称为变常数定理. 设式(5-20)为回归的,令 $t_0\in\tau$ 且 $x_0\in R$. 则始值问题

$$x^{\Delta}=-p(t)x^{\sigma}+f(x),\quad x(t_0)=x_0$$

的唯一的解为

$$x(t)=e_{\ominus p}(t,t_0)x_0+\int_{t_0}^t e_{\ominus p}(t,\tau)f(\tau)\Delta\tau \tag{5-23}$$

在定理的证明中,由式(5-22)得到

$$e_p(t,t_0)x(t)=x_0+\int_{t_0}^t e_p(\tau,t_0)f(\tau)\Delta\tau$$

利用 5.5 节给出的广义指数函数公式解 $x(t)$ 得到

$$x(t) = x_0 e_{\ominus p}(t, t_0) + \int_{t_0}^t \frac{e_p(\tau, t_0)}{e_p(t, t_0)} f(\tau) \Delta \tau$$

注意 $e_p(t, \tau) e_p(\tau, t_0) = e_p(t, t_0)$，再用指数函数公式即得定理中的解，此解的另一形式为

$$x(t) = e_{\ominus p}(t, t_0) \Big[x_0 + \int_{t_0}^t e_{\ominus p}(t_0, \tau) f(\tau) \Delta \tau \Big]$$

下面给出关于 $L_1 y = f$ 的变分常数公式.

设式(5-20)为回归的，令 $t_0 \in \tau$ 且 $y_0 \in R$，则始值问题有

定理 XXXII　　$y^\Delta = p(t) y + f(x)$,　　$y(t_0) = y_0$

的唯一的解为

$$y(t) = e_p(t, t_0) y_0 + \int_{t_0}^t e_p(t, \sigma(\tau)) f(\tau) \Delta \tau \qquad (5\text{-}24)$$

在证明(5-24)时可等价地将方程写为

$$y^\Delta = p(t) \big[y^\sigma - \mu(t) y^\Delta \big] + f(t)$$
$$\big[1 + \mu(t) p(t) \big] y^\Delta = p(t) y^\Delta + f(t)$$

因为 $p \in \overline{R}$，故有

$$y^\Delta = -(\ominus p)(t) y^\sigma + \frac{f(t)}{1 + \mu(t) p(t)}$$

应用 $(\ominus(\ominus p)) = p(t)$ 以及式(5-23)的定理得到

$$y(t) = y_0 e_p(t, t_0) + \int_{t_0}^t \frac{e_p(t, \tau) f(\tau)}{1 + \mu(\tau) p(\tau)} \Delta \tau$$

最后用广义指数公式计算

$$\frac{e_p(t, \tau)}{1 + \mu(\tau) p(\tau)} = \frac{e_p(t, \tau)}{e_p(\sigma(\tau), \tau)} = e_p(t, \sigma(t))$$

即得式(5-24)的解. 此解的另一形式可写为

$$y(t) = e_p(t, t_0) \Big[y_0 + \int_{t_0}^t e_p(t_0, \sigma(\tau)) f(\tau) \Delta \tau \Big]$$

应用式(5-24)的定理，可以得到一些始值问题的解.

(i) $y^\Delta = 2y + t$,　　$y(0) = 0$,　　$\tau = R$

$$y(t) = \frac{1}{4} e^{2t} - \frac{1}{2} t - \frac{1}{4}$$

(ii) $y^\Delta = 2y + 3t$,　　$y(0) = 0$,　　$\tau = R$

$$y(t) = t \cdot 3^{t-1}$$

(iii) $y^\Delta = p(t) y + e_p(t, t_0)$,　　$y(t_0) = 0$,　　$p \in R$，而 τ 为任意时间标度.

$$y(t) = e_p(t, t_0) \int_{t_0}^t \frac{\Delta \tau}{1 + \mu(\tau) p(\tau)}$$

后面转入讨论二阶线性方程.

5.8　朗斯基行列式

现在考虑二阶线性方程
$$y^{\Delta\Delta}+p(t)y^\Delta+q(t)y(t)=f(t) \tag{5-25}$$
其中 $p,q,f\in C_{rd}$. 定义算符 $L_2:C_{rd}^2\to C_{rd}$,
$$L_2 y(t)=y^{\Delta\Delta}(t)+p(t)y^\Delta(t)+q(t)y(t)$$
其中 $t\in\tau^{kk}$, L_2 是线性算符,
$$L_2(\alpha y_1+\beta y_2)=\alpha L_2(y_1)+\beta L_2(y_2)$$
若 $p,q,f\in C_{rd}$ 且对于任意 $t\in\tau^k$ 有条件
$$1-\mu(t)p(t)+\mu^2(t)q(t)\neq 0 \tag{5-26}$$
则方程(5-25)称为回归的.

可以证明以下唯一性定理[13]. 设方程(5-25)是回归的,则若 $t_0\in\tau^k$ 时始值问题有

定理 XXXⅢ
$$L_2 y=0,\quad y(t_0)=y_0,\quad y^\Delta(t_0)=y_0^\Delta$$
其中 $t_0\in\tau^k$ 而 $y_0,y_0^\Delta\in R$. 若 y_1 和 y_2 是齐次方程的不同解,则对任意 $\alpha,\beta\in R$
$$y(t)=\alpha y_1(t)+\beta y_2(t) \tag{5-27}$$
也是 $L_2 y=0$ 的解,特别选择 α 和 β 使其满足方程组
$$\begin{cases} y_0=y(t_0)=\alpha y_1(t_0)+\beta y_2(t_0) \\ y_0^\Delta=y(t_0)=\alpha y_1^\Delta(t_0)+\beta y_2^\Delta(t_0) \end{cases}$$
即
$$\begin{bmatrix} y_1(t_0) & y_2(t_0) \\ y_1^\Delta(t_0) & y_2^\Delta(t_0) \end{bmatrix}\begin{bmatrix} \alpha \\ \beta \end{bmatrix}=\begin{bmatrix} y_0 \\ y_0^\Delta \end{bmatrix} \tag{5-28}$$
式(5-28)有唯一的解,只要其中的 2×2 矩阵为可逆的. 对于两个可微函数 y_1 和 y_2,定义 $W=W(y_1,y_2)$ 为
$$W(t)=\begin{vmatrix} y_1(t) & y_2(t) \\ y_1^\Delta(t) & y_2^\Delta(t) \end{vmatrix}$$
W 称为朗斯基行列式(Wronskian). 对任意 $t\in\tau^k$ 若
$$W(y_1,y_2)(t)\neq 0$$
则 y_1 和 y_2 对 $L_2 y=0$ 的所有解组成一个基本系,即定理 XXXⅣ.

设 $\mu(t)\neq 0$ 对某些 $t\in\tau^k$ 成立,则 Wronskian 可写成不同形式,忽略自变数 t,
$$W(y_1,y_2)=\begin{vmatrix} y_1 & y_2 \\ \dfrac{y_1^\sigma-y_1}{\mu} & \dfrac{y_2^\sigma-y_2}{\mu} \end{vmatrix}=\begin{vmatrix} y_1 & y_2 \\ \dfrac{y_1^\sigma}{\mu} & \dfrac{y_2^\sigma}{\mu} \end{vmatrix}=\dfrac{1}{\mu}\begin{vmatrix} y_1 & y_2 \\ y_1^\Delta & y_2^\Delta \end{vmatrix}$$

方程组(5-28)的解为

$$
\begin{cases}
\alpha = \dfrac{y_2^\Delta(t_0)y_0 - y_2(t_0)y_0^\Delta}{W(y_1,y_2)(t_0)} \\[3mm]
\beta = \dfrac{y_1(t_0)y_0^\Delta - y_1^\Delta(t_0)y_0}{W(y_1,y_2)(t_0)}
\end{cases}
\tag{5-29}
$$

令 y_1 和 y_2 为二次可微,则可证明以下公式.

(i) $W(y_1,y_2) = \begin{vmatrix} y_1^\sigma & y_2^\sigma \\ y_1^\Delta & y_2^\Delta \end{vmatrix}$

(ii) $W^\Delta(y_1,y_2) = \begin{vmatrix} y_1^\sigma & y_2^\sigma \\ y_1^{\Delta\Delta} & y_2^{\Delta\Delta} \end{vmatrix}$

(iii) $W^\Delta(y_1,y_2) = \begin{vmatrix} y_1^\sigma & y_2^\sigma \\ L_2 y_1 & L_2 y_2 \end{vmatrix} + (-p+\mu q)W(y_1,y_2)$

由公式(iii)可证明以下的 Abel's 定理. 令 $t_0 \in \tau^k$,设 $L_2 y = 0$ 为回归的且 y_1 和 y_2 是它的两个解,则它的朗斯基行列式满足

定理 XXXV　$W(y_1,y_2) = W(t) = e_{-p+\mu q}(t,t_0)W(t_0), \quad t\in\tau^k$

因为式(5-26)使 $(-p+\mu q)\in\overline{R}$ 且 $(-p+\mu q)\in C_{rd}$ 故

$$W^\Delta = [-p+\mu q]W, \quad W(t_0) = W_0 \tag{5-30}$$

称此方程为回归的,若 $p\in\overline{R}$ 且 $q\in C_{rd}$. 则有

定理 XXXVI　若方程(5-30)为回归的,则它等价于回归方程 $L_2 y = 0$. 反之,若 $L_2 y = 0$ 为回归的,则它等价于式(5-30)形式的回归方程,在证明中计算得到

$$x^{\Delta\Delta} + px^{\Delta\sigma} + qx^\sigma = [1+\mu p]\left[x^{\Delta\Delta} + \frac{p+\mu q}{1+\mu p}x^\Delta + \frac{q}{1+\mu p}x\right]$$

故方程(5-29)等价于

$$y^{\Delta\Delta} + p_1(t)y^\Delta + q_1(t)y = 0$$
$$p_1 = [p+\mu q]/(1+\mu p), \quad q_1 = 1/(1+\mu p)$$

而 $p_1, q_1 \in C_{rd}$ 而

$$1 - \mu p_1 + \mu^2 q_1 = [1+\mu p_1 - \mu p - \mu^2 q + \mu^2 q]/(1+\mu p)$$
$$= 1/(1+\mu p) \neq 0$$

故方程(5-30)等价于 $L_2 y = 0$. 类似地还可证明若 $L_2 y = 0$ 为回归的,则它等价于方程(5-30). 这时,后者的形式改为

$$x^{\Delta\Delta} + p_2(t)(x^\Delta)^\sigma + q_2(t)x^\sigma = 0$$
$$p_2 = \frac{p-\mu q}{1-\mu p+\mu^2 q}, \quad q_2 = \frac{q}{1-\mu p+\mu^2 q} \tag{5-31}$$

注意 $p_2, q_2 \in C_{rd}$, 而且计算可得 $(1+\mu p_2) \neq 0$.

定理 ⅩⅩⅩⅦ（称为 Abel's 定理）　设方程(5-30)为回归的,且令 $t_0 \in \tau^k$, 若 x_1 和 x_2 是方程的两个解,则它的朗斯基行列式满足

$$W(x_1, x_2) = W(t) = W(t_0)e_{\ominus p}(t, t_0), \quad t \in \tau^k$$

由公式(ii)计算可得

$$W^\Delta = -pW^\sigma$$

故 W 是始值问题

$$W^\Delta = -p(t)W^\sigma, \quad W(t_0) = W_0$$

的一个解,定理得证.

由上述定理可得一个推论,设 $q \in C_{rd}$, 则方程

$$x^{\Delta\Delta} + qx^\sigma = 0$$

的任意两个解的朗斯基行列式与 t 无关. 因为 $p \equiv 0$ 为回归的,故 $\ominus p \equiv 0$ 而 $e_{\ominus p}(t, t_0) \equiv 1$. 从而

$$W(x_1, x_2)(t) \equiv W(x_1, x_2)(t_0)$$

其中, x_1 和 x_2 可为方程(5-30)的任意两个解.

5.9　广义双曲线函数

现在讨论常系数二阶齐次线性动力学方程

$$y^{\Delta\Delta} + \alpha y^\Delta + \beta y = 0, \quad \alpha, \beta \in R \tag{5-32}$$

我们一直假设在 τ 上的动力学方程是回归的,

$$1 - \alpha\mu(t) + \beta\mu^2(t) \neq 0, \quad t \in \tau^k$$

即设

$$(\beta\mu - \alpha) \in \overline{R}$$

试找一个常数 $\lambda \in C$ 对 $t \in \tau^k$ 具有 $1 + \lambda\mu(t) \neq 0$ 使

$$y(t) = e_\lambda(t, t_0)$$

若 $y(t) = e_\lambda(t, t_0)$ 为方程(5-32)的一个解,则

$$y^{\Delta\Delta} + \alpha y^\Delta + \beta y(t) = \lambda^2 e_\lambda(t, t_0) + \alpha\lambda(t, t_0) + \beta e_\lambda(t, t_0) = (\lambda^2 + \alpha\lambda + \beta)e_\lambda(t, t_0)$$

因为 $e_\lambda(t, t_0) \neq 0$, 故 $y(t) = e_\lambda(t, t_0)$ 为方程的解的充要条件为以下特征方程成立

$$\lambda^2 + \alpha\lambda + \beta = 0 \tag{5-33}$$

特征方程的解为

$$\lambda_1 = \frac{-\alpha - \sqrt{\alpha^2 - 4\beta}}{2}, \quad \lambda_2 = \frac{-\alpha + \sqrt{\alpha^2 - 4\beta}}{2} \tag{5-34}$$

定理 ⅩⅩⅩⅧ　设 $\alpha^2 - 4\beta \neq 0$ 且 $\mu\beta - \alpha \in \overline{R}$ 则方程(5-32)的一个基本系可由 $e_{\lambda_1}(\bullet, t_0)$ 和 $e_{\lambda_2}(\bullet, t_0)$ 组成,其中 $t_0 \in \tau^k$ 而 λ_1 和 λ_2 由式(5-34)给出.

从而始值问题

$$y^{\Delta\Delta}+\alpha y^{\Delta}+\beta y=0, \quad y(t_0)=y_0, \quad y^{\Delta}(t_0)=y_0^{\Delta} \tag{5-35}$$

的解为

$$y(\bullet)=y_0\frac{e_{\lambda_1}(\bullet,t_0)+e_{\lambda_2}(\bullet,t_0)}{2}+\frac{\alpha y_0+2y_0^{\Delta}}{\sqrt{\alpha^2-4\beta}}\frac{e_{\lambda_2}(\bullet,t_0)-e_{\lambda_1}(\bullet,t_0)}{2}$$

证明此解时 λ_1 和 λ_2 由特征方程(5-33)给出,注意 $\lambda_1,\lambda_2\in\overline{R}$,故 $e_{\lambda_1}(\bullet,t_0)$ 和 $e_{\lambda_2}(\bullet,t_0)$ 都是方程(5-32)的解. 此两解的朗斯基行列式为

$$\begin{vmatrix} e_{\lambda_1}(t,t_0) & e_{\lambda_2}(t,t_0) \\ \lambda_1 e_{\lambda_1}(t,t_0) & \lambda_2 e_{\lambda_2}(t,t_0) \end{vmatrix}=(\lambda_2-\lambda_1)e_{\lambda_1}(t,t_0)e_{\lambda_2}(t,t_0)$$

$$=\sqrt{\alpha^2-4\beta}\,e_{\lambda_1\oplus\lambda_2}(t,t_0) \tag{5-36}$$

除非 $\alpha^2-4\beta=0$,否则行列式不为零. 根据 5.8 节,方程(5-32)的解 $y_1=e_{\lambda_1}(\bullet,t_0)$ 和 $y_2=e_{\lambda_2}(\bullet,t_0)$ 组成一基本系,从而可写

$$y(t)=c_1y_1(t)+c_2y_2(t)$$

计算给出

$$c_1=\frac{y_0y_2^{\Delta}(t_0)-y_0^{\Delta}y_2(t_0)}{W(y_1,y_2)(t_0)}=\frac{y_0}{2}-\frac{\alpha y_0+2y_0^{\Delta}}{2\sqrt{\alpha^2-4\beta}}$$

$$c_2=\frac{y_1(t_0)y_0^{\Delta}-y^{\Delta}(t_0)y_0}{W(y_1,y_2)(t_0)}=\frac{y_0}{2}+\frac{\alpha y_0+2y_0^{\Delta}}{2\sqrt{\alpha^2-4\beta}}$$

这就给出了方程(5-35)的上面的解.

在式(5-35)中先设

$$\alpha=0, \quad \beta<0$$

若 $p\in C_{rd}$ 且 $-\mu p^2\in\overline{R}$,则定义广义双曲线函数

$$Ch_p=(e_p+e_{-p})/2, \quad Sh_p=(e_p-e_{-p})/2$$

注意 $-\mu p^2\in\overline{R}$ 意味着

$$0\neq 1-\mu^2 p^2=(1-\mu p)(1+p\mu)$$

即 p 和 $(-p)$ 都是回归的. 在下面,若 f 为双变函数则规定 f^{Δ} 为对第一个变数的微商,当 $p\in C_{rd}$ 且 $-\mu p^2\in\overline{R}$ 时有

$$Ch_p^{\Delta}=pSh_p, \quad Sh_p^{\Delta}=pCh_p$$

$$Ch_p^2-Sh_p^2=e_{-\mu p^2}$$

前两公式可根据定义得到,对于后一个公式,可计算

$$Ch_p^2-Sh_p^2=(e_p+e_{-p})^2/4-(e_p-e_{-p})^2/4=e_pe_{-p}=e_{-p\oplus p}=e_{-\mu p^2}$$

其中用了 5.5 节的公式(vi).

若 $p\in C_{rd}$ 且 $-\mu p^2\in\overline{R}$,则可证明以下公式

(i) $Ch_p(t,s)+Sh_p(t,s)=e_p(t,s)$

(ii) $Ch_p(t,s)-Sh_p(t,s)=e_{-p}(t,s)$

(iii) $[Ch_p(s,t_0)Ch_p(t,t_0)-Sh_p(s,t_0)Sh_p(t,t_0)]$
$$\div[Ch_p^2(s,t_0)-Sh_p^2(s,t_0)]=Sh_p(t,s)$$

(iv) $[Ch_p(s,t_0)Sh_p(t,t_0)-Sh_p(s,t_0)Ch_p(t,t_0)]$
$$\div[Ch_p^2(s,t_0)-Sh_p^2(s,t_0)]=Sh_p(t,s)$$

可以证明若 $\gamma>0$ 且 $-\gamma^2\mu\in\overline{R}$ 则方程(5-36)的通解为

定理 XXXIX　$y=c_1Ch_\gamma(t,t_0)+c_2Sh_\gamma(t,t_0)$

其中 c_1 和 c_2 为常数. 为证明此定理,只需证明两个组成方程的解的基本系,这可得自计算

$$W(Ch_\gamma(\cdot,t_0),Sh_\gamma(\cdot,t_0))(t_0)=\begin{vmatrix} Ch_\gamma(t_0,t_0) & Sh_\gamma(t_0,t_0) \\ \gamma Sh_\gamma(t_0,t_0) & \gamma Ch_\gamma(t_0,t_0) \end{vmatrix}=\begin{vmatrix} 1 & 0 \\ 0 & \gamma \end{vmatrix}=\gamma\neq0$$

当 $\gamma>0$ 且 $-\gamma^2\mu\in\overline{R}$ 时,始值问题

$$y^{\Delta\Delta}-\gamma^2 y=0,\quad y(t_0)=y_0,\quad y^\Delta(t_0)=y_0^\Delta$$

的解为

$$y(t)=y_0Ch_\gamma(t,t_0)+(y_0^\Delta/\gamma)Sh_\gamma(t,t_0)$$

具体地令 α 为常数且 $|\alpha h|\neq1$,对于 $\tau=hY$,可得

$$Sh_\alpha(t,0)=\frac{1}{2}[(1+\alpha h)^{t/h}-(1-\alpha h)^{t/h}]$$

$$Ch_\alpha(t,0)=\frac{1}{2}[(1+\alpha h)^{t/h}+(1-\alpha h)^{t/h}]$$

定理 XL　设 $\alpha^2-4\beta>0$,定义

$$p=-\frac{1}{2}\alpha,\quad q=\frac{1}{2}[\alpha^2-4\beta]^{1/2}$$

若 p 和 $(\mu\beta-\alpha)$ 为回归的,则

$$Ch_{q/(1+\mu p)}(\cdot,t_0)e_p(\cdot,t_0)\text{和}Sh_{q/(1+\mu p)}(\cdot,t_0)e_p(\cdot,t_0)$$

组成方程(5-32)

$$y^{\Delta\Delta}+\alpha y^\Delta+\beta y=0,\quad \alpha,\beta\in R$$

的解的基本系. 其中 $t_0\in\tau$,此二解的朗斯基行列式为

$$W=qe_{\mu000\beta-\alpha}(\cdot,t_0)$$

而此时式(5-35)始值问题

$$y^{\Delta\Delta}+\alpha^2 y+\beta y=0,\quad y(t_0)=y_0,\quad y^\Delta(t_0)=y_0^\Delta$$

的解为

$$y(\cdot)=[y_0Ch_{q(1+\mu p)}(\cdot,t_0)+(y_0^\Delta-py_0)(1/g)Sh_{q/(1+\mu p)}(\cdot,t_0)]e_p(\cdot,t_0)$$

在证明中简记 $e_p = e_p(\cdot, t_0)$，注意式(5-35)的定理，将方程(5-32)的两个解写为

$$e_{p+q} \text{和} e_{p-q}$$

从而方程(5-32)的另两个解可写为

$$y_1 = \frac{1}{2}(e_{p+q} + e_{p-q}) \text{和} y_2 = \frac{1}{2}(e_{p+q} - e_{p-q})$$

利用公式

$$p \oplus \left(\frac{q}{1+\mu p} \right) = p + \frac{q}{1+\mu p} + \frac{\mu p q}{1+\mu p} = p + q$$

$$p \oplus \left(\frac{-q}{1+\mu p} \right) = p - q$$

由 5.5 节的公式(vi)，计算得到

$$y_1^\Delta = p e_p Ch_{q/(1+\mu p)} + q e_p Sh_{q/(1+\mu p)}$$

$$y_2^\Delta = p e_p Sh_{q/(1+\mu p)} + q e_p Ch_{q/(1+\mu p)}$$

在最后用

$$y_1(t_0) = 1, \quad y_2(t_0) = 0$$

$$y_1^\Delta(t_0) = p, \quad y_2^\Delta(t_0) = q$$

即得到式(5-35)始值问题的解. 而 y_1 和 y_2 的朗斯基行列式为

$$W = q e_{\mu\beta - \alpha}$$

5.10　广义三角函数

下面讨论始值问题，式(5-35)

$$y^{\Delta\Delta} + \alpha^2 y + \beta y = 0, \quad y(t_0) = y_0, \quad y^\Delta(t_0) = y_0^\Delta$$

在 $\alpha = 0$，$\beta > 0$ 时的情况，若 $p \in C_{rd}$，且 $\mu p^2 \in \overline{R}$，则可定义广义三角函数

$$\cos_p = \frac{1}{2}(e_{ip} + e_{-ip}), \quad \sin_p = \frac{1}{2i}(e_{ip} - e_{-ip})$$

注意 μp^2 为回归的，当且仅当 ip 和 $-ip$ 均为回归的，故上面的定义可以成立.

令 $p \in C_{rd}$ 且 $\mu p^2 \in \overline{R}$，则有

$$\cos_p^\Delta = -p \sin_p, \quad \sin_p^\Delta = p \cos_p$$

$$\cos_p^\Delta + \sin_p^\Delta = e_{\mu p^2}$$

当时 $P \in R$ 时，μp^2 为回归的条件恒成立.

类似于 5.9 节定义的广义双曲线函数，对于广义三角函数也有四个基本公式，

当 $p \in C_{rd}$ 且 $\mu p^2 \in \overline{R}$ 时有,

(i) $\cos_p(t,s) + i\sin_p(t,s) = e_{ip}(t,t_0)$

(ii) $\cos_p(t,s) - i\sin_p(t,s) = e_{-ip}(t,t_0)$

(iii) $[\cos_p(s,t_0)\cos_p(t,t_0) + \sin_p(s,t_0)\sin_p(t,t_0)]$
$$\div [\cos_p^2(s,t_0) + \sin_p^2(s,t_0)] = \cos_p(t,s)$$

(iv) $[\cos_p(s,t_0)\sin_p(t,t_0) - \sin_p(s,t_0)\cos_p(t,t_0)]$
$$\div [\cos_p^2(s,t_0) + \sin_p^2(s,t_0)] = \sin_p(t,s)$$

特别是有 Euler's 公式

$$e_{ip}(t,t_0) = \cos_p(t,t_0) + i\sin_p(t,t_0) \tag{5-37}$$

当 $\alpha \in \overline{R}, \tau = R$ 时,

$$\sin_\alpha(t,0) = \sin(\alpha t)$$
$$\cos_\alpha(t,0) = \cos(\alpha t)$$

而 $\alpha \in \overline{R}, \tau = Y$ 时,

$$\sin_\alpha(t,0) = (1/2i)[(1+i\alpha)^t - (1-i\alpha)^t]$$
$$\cos_\alpha(t,0) = (1/2i)[(1+i\alpha)^t + (1-i\alpha)^t]$$

当 $\tau = Y^2 = \{k^2 \mid k \in Y\}$ 时,

$$e_1(t,0) = (\sqrt{t})! \; 2^{\sqrt{t}}$$

$$\sin_1 = \frac{1}{2i}(e_i - e_{-i}), 在 (t,0)$$

$$\cos_1 = \frac{1}{2}(e_i - e_{-i}), 在 (t,0)$$

$$e_i(t,0) = \prod_{k=1}^{\sqrt{t}} [1 + (2k-1)i]$$

$$e_{-i}(t,0) = \prod_{k=1}^{\sqrt{t}} [1 - (2k-1)i]$$

注意等式

$$[\sin_p(t,t_0)]^2 + [\cos_p(t,t_0)]^2 = 1$$

并不需成立.

定理 XLI　设 $\gamma > 0$ 且 $t_0 \in \tau^k$,则方程

$$y^{\Delta\Delta} + \gamma^2 y = 0 \tag{5-38}$$

的解为

$$y(t) = c_1 \cos_y(t,t_0) + c_2 \sin_y(t,t_0)$$

证明时注意方程(5-38)为回归的,因为对 $t \in \tau^k$ 有 $1 + \gamma^2 \mu^2(t) \neq 0$. 解 $\cos_\gamma(t,t_0)$ 和

$\sin_\gamma(t,t_0)$的朗斯基行列式为

$$W=\begin{vmatrix} 0 & 1 \\ \gamma & -\gamma \end{vmatrix}\neq 0$$

设 $\alpha^2-4\beta<0$,定义

$$p=-\alpha/2,\quad q=(1/2)[4\beta-\alpha^2]^{1/2}$$

则有

定理 XLII　若 p 和 $(\mu\beta-\alpha)$ 均为回归的,则

$$\cos_{q/(1+\mu p)}(\,\cdot\,,t_0)e_p(\,\cdot\,,t_0),\quad t_0\in\tau$$

和

$$\sin_{q/(1+\mu p)}(\,\cdot\,,t_0)e_p(\,\cdot\,,t_0),\quad t_0\in\tau$$

组成方程(5-32)

$$y^{\Delta\Delta}+\alpha^2 y+\beta y=0,\quad \alpha,\beta\in R$$

的解的基本系. 此二解的朗斯基行列式为

$$qe_{\mu\beta-\alpha}(\,\cdot\,,t_0)$$

而式(5-35)

$$y^{\Delta\Delta}+\alpha^2 y+\beta y=0,\quad y(t_0)=y_0,\quad y^\Delta(t_0)=y_0^\Delta$$

始值问题的解为

$$y(\,\cdot\,)=[y_0\cos_{q/(1+\mu p)}(\,\cdot\,,t_0)+(1/q)(y_0^\Delta-py_0)\sin_{q/(1+\mu p)}(\,\cdot\,,t_0)e_p(\,\cdot\,,t_0)$$

5.11　二阶方程的降阶法

方程(5-32)

$$y^{\Delta\Delta}+\alpha^2 y+\beta y=0,\quad \alpha,\beta\in R$$

当 $\alpha^2-4\beta=0$ 时,式(5-34)给出

$$\lambda_1=\lambda_2=-\alpha/2=p$$

方程化为

$$y^{\Delta\Delta}-2py^\Delta+p^2 y=0 \tag{5-39}$$

此时,方程的一个解为

$$y_1(t)=e_p(t,t_0),\quad t_0\in R$$

下面用降阶法找方程的另一个线性无关解. 设它具有形式

$$y(t)=\nu(t)e_p(t,t_0) \tag{5-40}$$

用乘积微商规则得

$$\begin{aligned} y^\Delta(t)&=\nu^\Delta(t)e_p^\sigma(t,t_0)+\nu(t)e_p^\sigma(t,t_0)\\ &=\nu^\Delta(t)[1+\mu(t)p]e_p(t,t_0)+pe_p(t,t_0)\nu(t) \end{aligned} \tag{5-41}$$

需要注意,因为在许多时间标度上 $\mu(t)$ 是不可微的,设函数 ν 使得 $[\nu^\Delta(1+\mu p)]$ 为

可微的,则
$$y^{\Delta\Delta}(t)=\{\nu^{\Delta}(t)[1+\mu(t)p]\}^{\Delta}e_p^{\sigma}(t,t_0)$$
$$+\{\nu^{\Delta}(t)[1+\mu(t)p]\}^{\Delta}e_p^{\sigma}(t,t_0)$$
$$+pe_p^{\sigma}(t,t_0)\nu^{\Delta}(t)+pe_p^{\sigma}(t,t_0)\nu^{\Delta}(t)\nu(t)$$
$$=\{\nu^{\Delta}(t)[1+\mu(t)p]\}^{\Delta}e_p^{\sigma}(t,t_0)+\nu^{\Delta}(t)[1+\mu(t)p]pe_p(t,t_0) \quad (5\text{-}42)$$
$$+p[1++\mu(t)p]e_p(t,t_0)\nu^{\Delta}(t)+p^2e_p(t,t_0)\nu(t)$$
$$=\{\nu^{\Delta}(t)[1+\mu(t)p]\}^{\Delta}e_p^{\sigma}(t,t_0)$$
$$+2p[1+\mu(t)p]e_p(t,t_0)\nu^{\Delta}(t)+p^2e_p(t,t_0)\nu(t)$$

利用式(5-40)~式(5-42),由式(5-39)左边可得
$$y^{\Delta\Delta}(t)-2py^{\Delta}+p^2y(t)=\{\nu^{\Delta}(t)[1+\mu(t)p]\}^{\Delta}e_p^{\sigma}(t,t_0)$$

故可得式(5-40)需选定
$$\nu^{\Delta}(t)[1+\mu(t)p]=1$$

最后得到
$$y(t)=e_p(t,t_0)\int_{t_0}^{t}[1+\mu(\tau)p]^{-1}\Delta\tau \quad (5\text{-}43)$$

　　定理 XLⅢ　设 $\alpha^2-4\beta=0$,定义 $p=-\alpha/2$,若 $p\in\overline{R}$,则
$$e_p(t,t_0) \text{ 和 } e_p(t,t_0)\int_{t_0}^{t}[1+p\mu(\tau)]^{-1}\Delta\tau$$

组成方程(5-32)
$$y^{\Delta\Delta}+\alpha^2y+\beta y=0, \quad \alpha,\beta\in R$$

的解的基本系,若附加初条件
$$y(t_0)=y_0, \quad y^{\Delta}(t_0)=y_0^{\Delta}$$

则解为
$$y(t)=e_p(t,t_0)\left[y_0+(y_0^{\Delta}-py_0)\int_{t_0}^{t}\{1+p\mu(\tau)\}^{-1}\Delta\tau\right]$$

上面两个解的朗斯基行列式为
$$e_{\mu\alpha^2/4}(\,\bullet\,,t_0)$$

在特殊情况下,当 $\tau=R$ 时方程
$$y''=2py'-p^2y$$

的解为由式(5-43)给出
$$y(t)=te^{pt}$$

此时 $\mu(t)\equiv0$,而 $e_p(t,t_0)$仍为方程的另一个解.
　　另一个例子是将方程(5-39)写成
$$\Delta^2y(t)-2p\Delta y+p^2y(t)=0 \quad (5\text{-}44)$$

这相当于给定 $\tau=Y$,在 $t_0=0$ 时式(5-43)给出解

$$y(t)=t(1+p)^{t-1}$$

或

$$y(t)=t(1+p)^{t}$$

此时，$\mu(t)\equiv 1.$

5.12　因式分解法

一个二阶方程有时可分解为两个一阶方程来求解，设分解得到的形式为

$$(y^{\Delta}-py)^{\Delta}(t)-q(t)\big[y^{\Delta}(t)-p(t)y(t)\big]=0 \tag{5-45}$$

设 $p,q\in R$，设 y 为方程的一个解. 令

$$\nu(t)=y^{\Delta}(t)-p(t)y(t) \tag{5-46}$$

代入方程后等价于解方程

$$\nu^{\Delta}(t)-q(t)\nu(t)=0$$

其解为

$$\nu(t)=c_2 e_q(t,t_0)=0$$

代入式(5-36)，再解方程

$$y^{\Delta}-p(t)y=c_2 e_q(t,t_0)$$

由 5.7 节变分常数定理 XXXⅡ 得到通解

$$y(t)=c_1 e_p(t,t_0)+c_2\int_{t_0}^{t}e_p(t,\sigma(\tau))e_q(\tau,t_0)\Delta\tau \tag{5-47}$$

下面举例证明. 设有动力学方程

$$y^{\Delta\Delta}-2(t+1)y^{\Delta}+4ty=0 \tag{5-48}$$

写为

$$(y'-2y)'-2t(y'-2y)=0$$

令

$$\nu(t)=y'(t)-2y$$

得

$$\nu'-2t\nu=0$$

其解

$$\nu(t)=c_2 e^{t^2}$$

得另一方程

$$y'-2y=c_2 e^{t^2}$$

乘积因子 e^{-2t} 得

$$(e^{-2t}y)'=c_2 e^{-2t+t^2}$$

将两边由 0 至 t 积分得解

$$y(t)=c_1 e^{2t}+c_2 e^{2t}\int_0^t e^{-2\tau+\tau^2}\,\mathrm{d}\tau$$

这是二阶齐次方程的系数不是常数的例子.

第二个例子为方程

$$y^{\Delta\Delta}-(t+3)y^{\Delta}+3ty=0,\quad \tau=N \tag{5-49}$$

写为因子分解形式

$$\Delta[\Delta y(t)-3y(t)]-t[\Delta y(t)-3y(t)]=0$$

令

$$\nu(t)=\Delta y(t)-3y(t)$$

解 $\Delta\nu-t\nu=0$ 得到

$$\nu(t)=t!\,c_2$$

从而得到方程

$$\Delta y-3y=t!\,c_2$$

注意 $\tau=N$,故方程可改写为

$$y(t+1)-4y=t!\,c_2$$

乘以求和因子 $(1/4^{t+1})$ 得到

$$\Delta\left(\frac{y}{4^t}\right)=c_2\,\frac{t!}{4^{t+1}}$$

两边求和并化简得到

$$y(t)=c_1 4^t+c_2 4^{t-1}\sum_{\tau=0}^{t-1}\left(\frac{\tau!}{4^\tau}\right)$$

这就是方程(5-49)的通解,此齐次方程的系数也不是常数.

定理 XLIV　若方程

$$y^{\Delta\Delta}-a(t)y^{\Delta}+b(t)y=0 \tag{5-50}$$

满足以下二条件之一.

(i) $a=p^\sigma+q$ 且 $b=pq-p^\Delta$

(ii) $a=p+q,\quad b=pq$,而 p 为常数

则方程可按式(5-45)作因式分解. 因为

$$(y^{\Delta}-py)^{\Delta}-q(y^{\Delta}-py)=y^{\Delta\Delta}-p^\sigma y^{\Delta}-qy^{\Delta}+pqy=y^{\Delta\Delta}-(p^\sigma+q)y^{\Delta}+(pq-p^\Delta)y$$

定理得证.

5.13　一般二阶方程

以下综述一般的二阶方程. 但只介绍基本概念,给出结果,而略去推导和证明.

定理 XLV　令 $t_0\in\tau$,则方程

$$x^{\Delta\Delta}-q^{②}(t)\sigma=0 \tag{5-51}$$

的通解为

$$x(t)=\alpha e_q(t,t_0)+\beta e_q(t,t_0)\int_{t_0}^t\frac{e_q^2(t_0,\tau)}{1+q\mu(t)}\Delta\tau$$

其中

$$q^{②}(t) = -q(\ominus q)(t) = q^2/[1+q\mu(t)]$$

$q \in R$ 为常数，α 和 β 为任意常数.

定理 XLVI　设 $z \in \overline{R}$ 为方程

$$z^2 + z^{②}p(t)z^{\sigma} + q(t) = 0 \tag{5-52}$$

的解，则为 $e_z(\cdot,t_0)$，方程(5-30)

$$x^{\Delta\Delta} + p(t)(x^{\Delta})^{\sigma} + q(t)x^{\sigma} = 0$$

的解.

定理 XLVII　若 z 是方程(5-52)的解，则始值问题

$$x^{\Delta\Delta} + p(t)(x^{\Delta})^{\sigma} + q(t)x^{\sigma} = 0, \quad x(t_0) = x_0, \quad x^{\Delta}(t_0) = x_0^{\Delta}$$

的解为

$$x(t) = e_z(t,t_0)\left[x_0 + (x_0^{\Delta} - x_0 z(t_0))\int_{t_0}^{t} \frac{e_{z\oplus z\oplus p}(t,t_0)}{1+\mu(\tau)z(\tau)}\Delta\tau\right.$$

定理 XLVIII　在方程

$$x^{\Delta\Delta} = (p^{\Delta} - p^2 + q^2)x^{\sigma} \tag{5-53}$$

中函数 p 和 q 满足关系

$$2p + \mu(p^2 - q^2) = 0 \tag{5-54}$$

若 p 为可微的，且 q 为常数则方程有二解为

$$e_{p-q}(\cdot,t_0) 和 e_{p+q}(\cdot,t_0)$$

其朗斯基行列式 $W = 2g$.

设 $p, q \in C_{rd}$ 且式(5-54)成立，定义广义双曲线函数

$$Ch_{pq} = (e_{p+q} + e_{p-q})/2, \quad Sh_{pg} = (e_{p+q} - e_{p-q})/2$$

公式

$$Ch_{pq}^{\Delta} = pCh_{pq} + qSh_{pq}, \quad Sh_{pg}^{\Delta} = qCh_{pq} + pSh_{pq}$$
$$Ch_{pq}^2 - Sh_{pg}^2 = 1, \quad Ch_{pq}(t_0,t_0) = 1, \quad Sh_{pq}(t_0,t_0) = 0$$
$$e_{p+q} = Ch_{pq} + Sh_{pq}, \quad e_{p-q} = Ch_{pq} - Sh_{pq}$$
$$|Ch_{pq}| \geqslant 1, \quad Sh_{pq}(t,s) = -Sh_{pq}(t,s)$$
$$Ch_{pq}(t,s) = -Ch_{pq}(t,s)$$
$$Sh_{pq}(t,s) = Sh_{pq}(t,r)Ch_{pq}(r,s) - Ch_{pq}(t,r)Sh_{pq}(s,r)$$
$$Ch_{pq}(t,s) = Ch_{pq}(t,r)Ch_{pq}(s,r) - Sh_{pq}(t,r)Sh_{pq}(s,r)$$
$$Sh_{pq}(t,r) = Sh_{pq}(t,s)Ch_{pq}(s,r) + Ch_{pq}(t,s)Sh_{pq}(s,r)$$
$$Ch_{pq}(t,r) = Ch_{pq}(t,s)Ch_{pq}(s,r) + Sh_{pq}(t,s)Sh_{pq}(s,r)$$

另一方面，代替 p 和 q，下面定义一个新的函数 $\alpha \in \overline{R}$.

定理 XLIX　令 $\alpha \in \overline{R}$，设 α 和 $\ominus\alpha$ 是不同的且对同种微商均可微. 则方程

$$x^{\Delta\Delta} = (\alpha^{\Delta} + \alpha^{②})x^{\sigma} \tag{5-55}$$

的解的基本系为

$$e_{\alpha}(t,t_0) 和 e_{\ominus\alpha}(t,t_0)$$

若定义
$$Ch_a = (e_a + e_{\ominus a})/2 \text{ 和 } Sh_a = (e_a - e_{\ominus a})/2$$
则始值问题
$$x^{\Delta\Delta} = (a^\Delta + a^{②})x^\sigma, \quad x(t_0) = x_0, \quad x^\Delta(t_0) = x_0^\Delta$$
的解为
$$x(t) = x_0 Ch_a(t, t_0) + \frac{2x_0^\Delta - x_0[a + (\ominus a)]}{a - (\ominus a)} Sh_a(t, t_0)$$
现在考虑方程
$$x^{\Delta\Delta} = (p^\Delta - p^2 - q^2)x^\sigma \tag{5-56}$$
相对于式(5-53)和式(5-54),现在的条件设为
$$2p + \mu(p^2 + q^2) = 0 \tag{5-57}$$
为研究方程(5-56)的解,定义另一种广义三角函数. 若 $p, q \in C_{rd}$ 满足式(5-57),则定义三角函数
$$C_{pq} = (e_{p+iq} + e_{p-iq})/2$$
$$S_{pq} = (e_{p+iq} - e_{p-iq})/2$$
若 $p, q \in C_{rd}$ 满足式(5-57)则
$$C_{pq}^\Delta = pC_{pq} - qS_{pq}, \quad S_{pq}^\Delta = qC_{pq} + pS_{pq}$$
$$C_{pq}^2 + S_{pq}^2 = 1$$
还可得到类似于上面双曲函数的公式和方程类似的解.

下面介绍用变分参数法解二阶非齐次方程的定理.

定理 L　令 $t_0 \in \tau^k$,设 y_1 和 y_2 组成齐次方程
$$L_2 y(t) = y^{\Delta\Delta} + p(t)y^\Delta + q(t)y = 0$$
的解的基本系,则始值问题
$$L_2 y(t) = g(t), \quad y(t_0) = y_0, \quad y^\Delta(t_0) = y_0^\Delta$$
的解为
$$y(t) = a_0 y_1(t) + \beta y_2(t) + \int_{t_0}^t \frac{y_1(\sigma(\tau))y_2(t) - y_2(\sigma(\tau))y_1(t)}{W(y_1, y_2)(\sigma(\tau))} g(t)\Delta\tau$$
$$a_0 = \frac{y_2^\Delta(t_0)y_0 - y_2(t_0)y_0^\Delta}{W(y_1, y_2)(t_0)}$$
$$\beta_0 = \frac{y_1(t_0)y_0^\Delta - y_1^\Delta(t_0)y_0}{W(y_1, y_2)(t_0)}$$

解二阶非齐次方程的另一种有用方法称为零化子(annihilator)法. 记 D 为 Δ 微商算符,
$$D^n f(t) \equiv f^{\Delta^n}(t), \quad D^o = I, \quad n = 0, 1, 2, \cdots$$
I 为恒等算符. 称 $f: \tau \rightarrow R$ 为可以零化,若能找到形式为
$$a_n D^n + a_{n-1} D^{n-1} + \cdots + a_0 I$$

的算符使

$$(\alpha_n D^n + \alpha_{n-1} D^{n-1} + \cdots + \alpha_0 I) f(t) = 0$$

其中 $\alpha_i (0 \leqslant i \leqslant n)$ 为常数,但不全为零.

　　例如,求解方程

$$x^{\Delta\Delta} - 5y^{\Delta} + 6y = e_4(t, t_0) \tag{5-58}$$

相应齐次方程的通解为

$$u(t) = c_1 e_2(t, t_0) + c_2 e_3(t, t_0)$$

用变分参数法经复杂计算得到方程的通解为

$$y(t) = c_1 e_2(t, t_0) + c_2 e_3(t, t_0) + \frac{1}{2} e_4(t, t_0)$$

不是所有方程均可用零化子方法. 但方程(5-58)很容易用零化子法求解. 方程可写为

$$(D - 4I)(D - 3I)y = (D^2 - 5D + 6I)y = e_4(t, t_0)$$

因为 $e_4(t, t_0)$ 的零化子为 $(D - 4I)$,以之乘方程两边得到

$$(D - 2I)(D - 2I)(D - 3I)y = 0$$

故方程通解为

$$y(t) = \alpha e_2(t, t_0) + \beta e_3(t, t_0) + \gamma e_4(t, t_0)$$

因 $\alpha e_2(t, t_0) + \beta e_3(t, t_0)$ 为相应齐次方程的通解. 故方程(5-58)有一个解的形式为

$$y_p(t) = \gamma e_r(t, t_0)$$

以之代入方程得到 $\gamma = 1/2$,与变分参数结果相同.

　　一些函数的零化子为:

函数	零化子
1	D
t	D^2
$e_\alpha(t, t_0)$	$D - \alpha I$
$e_\alpha(t, t_0) \int_{t_0}^{t} [1 + r\mu(\tau)]^{-1} \Delta\tau$	$(D - \alpha I)^2$
$\sin_\alpha(t, t_0), \alpha > 0$	$D^2 + \alpha^2 I$
$\cos_\alpha(t, t_0), \alpha > 0$	$D^2 + \alpha^2 I$
$Sh_\alpha(t, t_0),$	$D^2 - \alpha^2 I$
$Ch_\alpha(t, t_0),$	$D^2 - \alpha^2 I$

5.14　广义拉普拉斯变换

以下讨论时间标度 τ_0 具有性质

$$0 \in \tau_0, \qquad \sup\tau_0 = \infty$$

在本节中若设 $z\in\overline{R}$ 为常数,则 $\ominus z\in\overline{R}$ 且 $e_{\ominus z}(t,0)$ 在 τ_0 有定义.

设 $x:\tau_0\rightarrow R$ 为规格的,则可按 Bohner 的方法定义广义拉普拉斯(Laplace)变换为[13]

$$L\{x\}(z)=\int_0^\infty x(t)e_{\ominus z}^\sigma(t,0)\Delta t \tag{5-59}$$

其中 $z\in D\{x\}$,$D\{x\}$ 包括了 $z\in\overline{R}$ 的使积分存在的全部复数.

Hilger 原定义的 τ_0 具有步距 h,这里的定义稍为放宽了,当 $\tau_0=[0,\infty)$ 为实数区间时式(5-59)成为连续分析中的普通拉普拉斯变换,若 $\tau_0=N_0$ 则

$$(z+1)L\{x\}(z)=Z\{x\}(z+1) \tag{5-60}$$

$Z\{x\}$ 为 x 的 Z 变换,定义为

$$Z\{x\}(z)=\sum_{t=0}^\infty \frac{x(t)}{zt}$$

z 为使求和为收敛的复数.

定理 L I　设 x 和 y 均在 τ_0 上为规格的,而 α 和 β 为常数,则

$$L\{\alpha x+\beta y\}(z)=\alpha L\{x\}(z)+\beta L\{y\}(z)$$

其中 $z\in D\{x\}\bigcap D\{y\}$.

定理 L II　若 $z\in C$ 为回归的,则

$$e_{\ominus z}^\sigma(t,0)=\frac{e_{\ominus z}(t,0)}{1+\mu(t)z}=-\frac{(\ominus z)(t)}{z}e_{\ominus z}(t,0)$$

利用定理 L II 可以证明,若对全部 $z\in\overline{R}$ 的复数有

$$\lim_{t\rightarrow\infty}e_{\ominus e}(t,0)=0$$

则

$$L\{1\}(z)=\frac{1}{2}$$

定理 L III　设 $x:\tau_0\rightarrow C$ 使 x^Δ 为规格的,则

$$L\{x^\Delta\}(z)=\alpha L\{x\}(z)-x(0) \tag{5-61}$$

在 $z\in C$ 为回归的时有

$$\lim_{t\rightarrow\infty}\{x(t)e_{\ominus e}(t,0)\}=0 \tag{5-62}$$

当满足适当条件时,有

$$L\{x^{\Delta\Delta}\}(z)=z^2L\{x\}(z)-zx(0)-x^\Delta(0) \tag{5-63}$$

而

$$L\{x^{\Delta^n}\}(z)=z^nLx^nL\{x\}(z)-\sum_{j=0}^{n-1}z^jx^{\Delta^{n-j-1}}(0)$$

定理 L IV　设 $x:\tau_0\rightarrow C$ 为规格的,若对 $t\in\tau_0$ 有

$$X(t)=\int_0^t x(\tau)\Delta\tau$$

则对回归的 $z \in C \backslash \{0\}$ 有

$$L\{X\}(z) = \frac{1}{z} L\{x\}(z)$$

并满足

$$\lim_{t \to \infty} \{ e_{\ominus z}(t, 0) \int_0^t x(\tau) \Delta \tau \} = 0 \tag{5-64}$$

5.15　多　项　式

一般地,普通多项式不存在多于一次 Δ 可微,定义

$$g_2(t, s) = \int_s^t [\sigma(\tau) - s] \Delta \tau, \quad h_2(t, s) = \int_s^t (\tau - s) \Delta \tau$$

计算得到 $g_2(t, s) = h_2(s, t)$,定义函数

$$g_k, k_k : \tau^2 \to R, \quad k \in N_0$$
$$g_0(t, s) = h_0(t, s) \equiv 1 \text{ 对任意 } s, t \in \tau$$

而

$$g_{k+1}(t, s) = \int_s^t g_k(\sigma(\tau), s) \Delta \tau$$

记 $h_k^\Delta(t, s)$ 为固定 s 而对 t 的微商. 则

$$h_k^\Delta(t, s) = h_{k-1}(t, s), \quad k \in N, \quad t \in \tau^k$$
$$g_k^\Delta(t, s) = g_{k-1}(\sigma(t), s), \quad k \in N, \quad t \in \tau^k$$

以上定义给出

$$g_1(t, s) = h_1(t, s) = t - s, \quad s, t \in \tau$$

当 $k > 1$ 时要找到 g_k 和 h_k 并不容易. 但对某些特定的时间标度,还是不难找到
　　例如,对于 $\tau = R$,因 $\sigma(t) = t$,对 $k \in N_0$ 有

$$g_2(t, s) = h_2(t, s) = (t - s)^2 / 2$$
$$g_k(t, s) = h_k(t, s) = (t - s)^k / k! \tag{5-65}$$

对于 $f : R \to R$,下列 Taylor 公式成立

$$f(t) = \sum_{k=0}^{n-1} \frac{(t - \alpha)^k}{k!} f^{(k)}(\alpha) + \frac{1}{(n-1)!} \int_\alpha^t (t - \tau)^{n-1} f^{(n)}(\tau) d\tau$$
$$= \sum_{k=0}^{n-1} h_k(t, \alpha) f^{(k)}(\alpha) + \int_\alpha^t h_{n-1}(t, \sigma(\tau)) f^{(n)}(\tau) d\tau \tag{5-66}$$

$$f(t) = \sum_{k=0}^{n-1} (-1)^k g_k(\alpha, t)^{(k)}(\alpha) + \int_\alpha^t (-1)^{n-1} g_{n-1}(\sigma(\tau), t) f^{(n)}(\tau) d\tau$$
$$\tag{5-67}$$

其中用了 $k \in N_0$ 时的公式

$$(-1)^k g_k(s, t) = (-1)^k \frac{(s - t)^k}{k!} = \frac{(t - s)^k}{k!} = h_k(t, s) \tag{5-68}$$

另一个例子是 $\tau=Y$,此时对 $t=Y$ 有 $\sigma(t)=t+1$,当 $s,t\in Y$ 时

$$h_2(t,s)=\int_s^t h_1(\tau,s)\Delta s=\left[\frac{(\tau-s)^{(2)}}{2}\right]_{\tau=s}^{\tau=t}=\binom{t-s}{2}$$

一般地有

$$h_k(t,s)=\frac{(t-s)^{(k)}}{k!}=\binom{t-s}{k},\quad s,t\in Y \tag{5-69}$$

$$g_k(t,s)=\frac{(t-s+k-1)^{(k)}}{k!},\quad s,t\in Y,\quad k\in N_0 \tag{5-70}$$

$$(-1)^k g_k(s,t)=h_k(t,s),\quad k\in N_0 \tag{5-71}$$

在断续分析中的 Taylor 公式可表达为:设函数 $f:y\to R,\alpha\in Y$ 则对全部 $t\to Y$ 在 $t>\alpha+n$ 时有表示式

$$\begin{aligned}f(t)&=\sum_{k=0}^{n-1}\frac{(t-\alpha)^k}{k!}\Delta^{(k)}f(\alpha)+\frac{1}{(n-1)!}\sum_{\tau=\alpha}^{t-n}(t-\tau-1)^{n-1}\Delta^n f(\tau)\\&=\sum_{k=0}^{n-1}h_k(t,\alpha)\Delta^{(k)}f(\alpha)+\sum_{\tau=\alpha}^{t-n}h_{n-1}(t,\sigma(\tau))\Delta^{(n)}f(\tau)\\&=\sum_{k=0}^{n-1}(-1)^k g_k(t,\alpha)\Delta^{(k)}f(\alpha)+\sum_{\tau=\alpha}^{t-n}(-1)^{n-1}g_{n-1}(t,\sigma(\tau))\Delta^{(n)}f(\tau)\end{aligned} \tag{5-72}$$

Δ^k 表示 k 次 Δ 微商.

在讨论一般时间标度上的 Taylor 公式时要用到下面三个定理:

(i) 令 $n\in N$. 若 f 为 n 次可微且 p_k 在 $t\in\tau$ 可微,$0\leqslant k\leqslant n-1$ 而 $p_{k+1}^{\Delta}(t)=p_k^{\sigma}(t)$,对全部 $0\leqslant k\leqslant n-2$,则在 t 上有

$$\left[\sum_{k=0}^{n-1}(-1)^k f^{\Delta^k}p_k\right]^{\Delta}=(-1)f^{\Delta^n}p_{k-1}^{\sigma}+fp_0^{\Delta} \tag{5-73}$$

(ii) 上面定义的函数对全部 $s,t\in\tau$ 为

$$\begin{aligned}g_0(t,s)&=h_0(t,s)\equiv1\\g_{k+1}(t,s)&=\int_s^t g_k(\sigma(\tau),s)\Delta\tau\\h_{k+1}(t,s)&=\int_s^t h_k(\tau,s)\Delta\tau\end{aligned} \tag{5-74}$$

对全部 $t\in\tau,n\in N$ 和 $0\leqslant k\leqslant n-1$ 有

$$g_n(\rho^k(t),t)=0$$

(iii) 令 $n\in N,t\in\tau$ 并设 f 在 $\rho^{n-1}(t)$ 上为 $(n-1)$ 次可微,则有

$$\sum_{k=0}^{n-1}(-1)^k f^{\Delta^k}(\rho^{n-1}(t))g_k(\rho^{n-1}(t),t)=f(t) \tag{5-75}$$

定理 LV(Taylor 公式)　令 $n\in N$,设 f 为在 τ^{k^n} 上 n 次可微. 令 $\alpha\in\tau^{k^{n-1}}$,$t\in\tau$,按(ii)中定义 h_k,则有

$$f(t) = \sum_{k=0}^{n-1} h_k(t,\alpha) f^{\Delta^k} + \int_\alpha^{\rho^{n-1}(t)} h_{n-1}(t,\sigma(t)) f^{\Delta^n}(\tau) \Delta\tau$$

下面继续讨论拉普拉斯变换.

定理 LVI　用上面定义的 $h_k(t,0), k \in N_0$ 则

$$L\{h_k(\,\cdot\,,0)\}(z) = 1/z^{k+1}$$

$$\lim_{t\to\infty}\{h_k(t,0)e_{\ominus z}(t,0)\} = 0, \quad z \in C \tag{5-76}$$

5.16　拉普拉斯变换的应用

传统的拉普拉斯变换和 Z 变换用来求解常系数高阶微分方程和差分方程. 方法可以发展到统一分析,下面举例加以说明.

先考虑连续分析中的始值问题

$$x'' + 5x' + 6x = 0, \quad x(0) = 1, \quad x'(0) = -5 \tag{5-77}$$

连续分析中传统的拉普拉斯变换定义为

$$L\{x\}(z) = \int_0^\infty x(t)e^{-zt}\,\mathrm{d}t$$

假设其中的积分收敛. 直接计算可得公式

$$L\{e^{\alpha t}\}(z) = 1/(z-\alpha)$$

用分部积分计算可得

$$L\{x'\}(z) = zL\{x\}(z) - x(0)$$

$$L\{x''\}(z) = z^2 L\{x\} - zx(0) - x'(0)$$

将方程两边作拉普拉斯变换得到

$$0 = z^2 L\{x\}(z) - z + 5 + 5[zL\{x\}(z) - 1] + 6L\{x\}(z) = (z^2 + 5z + 6)L\{x\}(z) - z$$

故有

$$L\{x\}(z) = \frac{z}{z^2 + 5z + 6} = \frac{3}{z+3} - \frac{2}{z+2}$$

最后得解

$$x(t) = 3e^{-3t} - 2e^{-2t}, \quad t \in R$$

其次考虑断续的值问题,设 $t \in Y$,

$$x(t+2) + 3x(t+1) + 2x(t) = 0$$

$$x(0) = 1, \quad x(1) = -4 \tag{5-78}$$

传统的 Z 变换定义为

$$Z\{x\}(z) = \sum_{t=0}^\infty \frac{x(t)}{z^t}$$

其中假设了无限项和收敛. 下面是 Z 变换的一些公式.

$$Z\{\alpha^t\}(z)=\frac{z}{z-\alpha}$$

$$Z\{x^\sigma\}(z)=z[Z\{x\}(z)-x(0)]$$

$$Z\{x^{\sigma\sigma}\}(z)=z^2Z\{x\}(z)-z^2x(0)-zx(1)$$

将方程(5-78)两边作 Z 变换得到

$$0=(z^2+3z+2)Z\{x\}(z)-(z^2-z)$$

$$Z\{x\}(z)=-2\cdot\frac{z}{z+1}+3\cdot\frac{z}{z+2}$$

最后得解

$$x(t)=3(-2)^t-2(-1)^t$$

现在考虑差分方程,设 $t\in Y$,

$$\Delta\Delta x+5\Delta x+6x=0,\quad x(0)=1,\quad \Delta x(0)=-5 \tag{5-79}$$

此方程形式上类似于方程(5-77)的断续情况. 但方程(5-78)没有此种类似. 根据式(5-78)定义 $\tilde{Z}$ 变换

$$\tilde{Z}\{x\}(z)=\frac{Z\{x\}(z+1)}{z+1}$$

计算得到

$$\tilde{Z}\{(1+\alpha)^t\}(z)=\frac{1}{z-\alpha}$$

$$\tilde{Z}\{x^\Delta\}(z)=z\tilde{Z}\{x\}(z)-x(0)$$

$$\tilde{Z}\{x^{\Delta\Delta}\}(z)=z^2\tilde{Z}\{x\}(z)-zx(0)-x^\Delta(0)$$

以之代入方程(5-79)两边作 $\tilde{Z}$ 变换得到

$$\tilde{Z}\{x\}(z)=\frac{z}{z^2+5z+6}=\frac{-2}{z+2}+\frac{3}{z+3}$$

故

$$x(t)=-2(1-2)^t+3(1-3)^t=3(-2)^t-2(-1)^t,\quad t\in Y$$

这是在式(5-60)的拉普拉斯变换和 $\tilde{Z}$ 变换有相同形式时的结果. 此结果和方程(5-78)的解相同.

综合以上例子,就可以广义地考虑动力学方程

$$x^{\Delta\Delta}+5x^\Delta+6x=0,\quad x(0)=1,\quad x^\Delta(0)=-5$$

根据定义,式(5-59)

$$L\{x\}(z)=\int_0^\infty x(t)e_{\ominus z}^\sigma(t,0)\Delta t$$

式(5-61)

$$L\{x^\Delta\}(z)=zL\{x\}(z)-x(0)$$

式(5-63)

$$L\{x^{\Delta\Delta}\}(z)=z^2L\{x\}(z)-zx(0)-x^\Delta(0)$$

得到

$$L\{x\}(z) = \frac{3}{z+3} - \frac{2}{z+2}$$

利用变换公式

$$L\{e_a(\bullet,0)\}(z) = 1/(z-\alpha)$$

结果为

$$x(t) = 3e_{-3}(t,0) - 2e_{-2}(t,0), \quad t \in \tau$$

注意

$$e_{-\alpha}(t,0) = \begin{cases} e^{\alpha t}, & \text{若 } \tau = R \\ (1-\alpha)^t, & \text{若 } \tau = Y \end{cases}$$

前面的各种结果现在都包括在内了.

下面给出一些广义拉普拉斯变换的结果.

$x(t)$	$Lx(z)$
1	$1/z$
t	$1/z^2$
$h_k(t,0), k \geq 0$	$1/z^{k+1}$
$e_\alpha(t,0)$	$1/(z-\alpha)$
$Ch_\alpha(t,0), \alpha > 0$	$z/(z^2-\alpha^2)$
$Sh_\alpha(t,0), \alpha > 0$	$\alpha/(z^2-\alpha^2)$
$\cos_\alpha(t,0)$	$z/(z^2+\alpha^2)$
$\sin_\alpha(t,0)$	$\alpha/(z^2+\alpha^2)$
$e_\alpha(t,0)\sin_{\beta/(1+\mu\alpha)}(t,0)$	$\beta/[(z-\alpha)^2+\beta^2]$
$e_\alpha(t,0)\cos_{\beta/(1+\mu\alpha)}(t,0)$	$(z-\alpha)/[(z-\alpha)^2+\beta^2]$
$e_\alpha(t,0)Sh_{\beta/(1+\mu\alpha)}(t,0)$	$\beta/[(z-\alpha)^2-\beta^2]$
$e_\alpha(t,0)Ch_{\beta/(1+\mu\alpha)}(t,0)$	$(z-\alpha)/[(z-\alpha)^2-\beta^2]$

5.17 广 义 卷 积

设 f 为 $e_\alpha, Ch_\alpha, Sh_\alpha, \cos_\alpha, \sin_\alpha, h_k(k \in N_0)$ 中的某一函数且 $f(t) = f(t,0)$, 若 g 是 τ_0 上的规格的(regulated)函数, 则可定义 f 对 g 的广义卷积(convolution)为

$$(f*g)(t) = \int_0^t f(t,\sigma(s))g(s)\Delta s, \quad t \in \tau_0$$

定理 LⅧ 卷积定理. 根据上述定义, 有

$$L\{(f*g)\}(z) = L\{f\}(z)L\{g\}$$

还可证明, 若 f 和 g 都是 $e_\alpha(\bullet,0)$ 等六种函数之一, 则

$$f * g = g * f$$

定理 LⅧ　下列公式成立.

(i) 若 $\alpha \neq \beta$ 则

$$(e_\alpha(\bullet,0) * e_\beta(\bullet,0))(t) = \frac{e_\beta(\bullet,0) - e_\alpha(\bullet,0)}{\beta - \alpha}$$

(ii) $(e_\alpha(\bullet,0) * e_\beta(\bullet,0))(t) = e_\alpha(t,0) \int_0^t [1 + \alpha\mu(s)]^{-1} \Delta s$

(iii) 若 $\alpha \neq 0$ 则

$$(e_\alpha(\bullet,0) * h_k(\bullet,0))(t) = \frac{e_\alpha(t,0)}{\alpha^{k+1}} - \sum_{j=0}^{k} \frac{h_j(t,0)}{\alpha^{k+1-j}}$$

(iv) 若 $\alpha^2 + \beta^2 > 0$ 则

$$(e_\alpha(\bullet,0) * \cos_\beta(\bullet,0))(t) = \frac{\alpha e_\alpha(t,0)}{\alpha^2 + \beta^2} + \frac{\beta \sin_\beta(t,0)}{\alpha^2 + \beta^2} - \frac{\alpha \cos_\beta(t,0)}{\alpha^2 + \beta^2}$$

(v) 若 $\alpha^2 + \beta^2 > 0$ 则

$$(e_\alpha(\bullet,0) * \sin_\beta(\bullet,0))(t) = \frac{\beta e_\alpha(t,0)}{\alpha^2 + \beta^2} - \frac{\alpha \sin_\beta(t,0)}{\alpha^2 + \beta^2} - \frac{\beta \cos_\beta(t,0)}{\alpha^2 + \beta^2}$$

(vi) 若 $\alpha \neq 0$, 则

$$(\sin_\alpha(\bullet,0) * \sin_\beta(\bullet,0))(t) = \frac{\alpha}{\alpha^2 - \beta^2} \sin_\beta(t,0) - \frac{\beta}{\alpha^2 - \beta^2} \sin_\alpha(t,0)$$

(vii) 若 $\alpha \neq 0, \beta \neq 0$ 则

$$(\cos_\alpha(\bullet,0) * \cos_\beta(\bullet,0))(t) = -\frac{\beta}{\alpha^2 - \beta^2} \sin_\beta(t,0) + \frac{\alpha}{\alpha^2 - \beta^2} \sin_\alpha(t,0)$$

(viii) 若 $\alpha \neq 0, \beta \neq 0$ 则

$$(\sin_\alpha(\bullet,0) * \cos_\beta(\bullet,0))(t) = \frac{\alpha}{\alpha^2 - \beta^2} \cos_\beta(t,0) - \frac{\alpha}{\alpha^2 - \beta^2} \cos_\alpha(t,0)$$

(ix) 若 $\alpha \neq 0$, 则

$$(\sin_\alpha(\bullet,0) * \sin_\alpha(\bullet,0))(t) = \frac{1}{\alpha} \sin_\alpha(t,0) - \frac{1}{2} t\cos_\alpha(t,0)$$

(x) 若 $\alpha \neq 0$, 则

$$(\cos_\alpha(\bullet,0) * \cos_\alpha(\bullet,0))(t) = \frac{1}{\alpha} \sin_\alpha(t,0) + \frac{1}{2} t\cos_\alpha(t,0)$$

(xi) 若 $k \geqslant 0$, 则

$(\sin_\alpha(\bullet,0) * h_k(\bullet,0))(t)$

$$= \begin{cases} (-1)^{(k+1)(k+2)/2} \dfrac{1}{\alpha^{k+1}} \cos_\alpha(t,0) + \displaystyle\sum_{j=0}^{k/2} (-1)^j \dfrac{h_{k-2j-1}(t,0)}{\alpha^{2j+1}}, & \text{若 } k \text{ 为偶} \\[3mm] (-1)^{(k+1)(k+2)/2} \dfrac{1}{\alpha^{k+1}} \sin_\alpha(t,0) + \displaystyle\sum_{j=0}^{(k-1)/2} (-1)^j \dfrac{h_{k-2j}(t,0)}{\alpha^{2j+1}}, & \text{若 } k \text{ 为奇} \end{cases}$$

(xii) 若 $k \geqslant 0$,则

$(\cos_\alpha(\cdot,0) * h_k(\cdot,0))(t)$

$$
= \begin{cases}
(-1)^{k(k+1)/2} \dfrac{1}{\alpha^{k+1}} \sin_\alpha(t,0) + \displaystyle\sum_{j=0}^{(k-2)/2} (-1)^j \dfrac{h_{k-2j-1}(t,0)}{\alpha^{2j+2}}, & \text{若 } k \text{ 为偶} \\[3ex]
(-1)^{k(k+1)/2} \dfrac{1}{\alpha^{k+1}} \cos_\alpha(t,0) + \displaystyle\sum_{j=0}^{(k-1)/2} (-1)^j \dfrac{h_{k-2j-1}(t,0)}{\alpha^{2j+2}}, & \text{若 } k \text{ 为奇}
\end{cases}
$$

5.18　紧致和离散的时间标度

上面将一些动力学方程的解写成广义函数. 它决定于三个方面:方程的形式、初条件和时间标度的定义,这是统一分析的特点. 在普通的微分方程中,自变量定义在实数域,故方程和初条件两者就完全和唯一地决定了解的函数形式. 实数集是紧致的. 时间标度的定义则可以很复杂. 下面比较

$$T=[0,T] \quad \text{和} \quad T=\tau N_0, \quad \tau=t/N$$

两种时间标度, N 是很大的整数. 其中,第一种时间标度是紧致的,第二种是离散的. 或者在必要时定义为

$$T=\{t=n\tau \mid n \in N_0, \quad n \leqslant N\}$$

使两种时间标度的上下确界都相同.

集合 $\overline{R}$ 中的回归函数 $p:T \to R$ 为 rd 连续且有 $1+\mu(t)p(t) \neq 0$. 广义指数函数给出一阶齐次方程的通解

$$e_p^\Delta(t,t_0) = p(t)e_p(t,t_0), \quad t,t_0 \in T; \quad p \in \overline{R}$$

$$e_p(t,s) = \exp\int_s^t \xi_{\mu(r)}(p(r))\Delta r$$

$$\xi_h(z) = \frac{1}{h}\log(1+zh), \quad h>0, \quad \xi_h(z)=z$$

$$\xi_h^{-1}(z) = \frac{1}{h}(e^{zh}-1)$$

$$\log z = \ln|z| + i\arg z$$

使解完全确定,设初条为

$$e_p(t_0,t_0)=1, \quad t_0=0$$

在最简单情况下,设 $p(t)=p$ 为非零常数,则

$$
\begin{aligned}
&T=[0,T]\text{时}, \quad e_p(t,t_0)=e^{p(t-t_0)} \\
&T=\tau N_0 \text{ 时}, \quad e_p(t,t_0)=(1+p\tau)^{(t-t_0)/\tau}
\end{aligned}
\tag{5-80}
$$

$e_{p(t)}(t,t_0)$ 作为方程 $y^\Delta = p(t)y$ 的通解, $p(t)$ 决定于方程, t_0 决定于初条件,而 τ 的选择决定了解的最后表示公式.

　　图 5.6 给出了 $p(t)$ 为常数时的广义指数函数. 当 p 固定时 $T=\tau N_0$ 的离散的点在 $\tau \rightarrow 0(N \rightarrow \infty)$ 时趋向于 $T=[0,T]$ 组成的连续曲线.

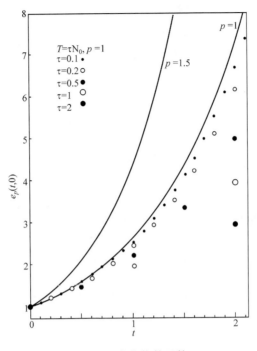

$$\text{图 5.6　广义指数函数}$$

　　在纯数学上, $T=\tau N_0$ 当 $\tau=1$ 时等价于 $T=N_0$. 在物理上, 不存在这种等价. 因为在式(5-80)中, t 和 τ 的单位为 s, p 的单位为 s^{-1}. 在物理上, e^t 和 $(1+p)$ 的表示式是错误的. 类似原因使 5.6 节中其他 T 给出的广义指数在物理学的应用中变得十分困难, 后面将只重点讨论

$$T=R,Y,\tau Y$$

三种时间标度. R 和 τY 可以真正是时间标度. 一般地 Y 只是特殊的时间标度, 在物理上更精确地可称为时间标度. 若定义 $T=Y$, 则 $t \in \tau$ 时只凭 t 确定时间的先后, t 值不能精确给出具有标准尺度单位的时间间隔值. 这是物理应用对数学的限制. 因此, 也可称 $T=Y$ 为纯数标度而不认为是物理标度.

　　注意在图 5.6 中, 同一个函数 $e_p(t,0)$ 在同一个 t 值上, 其取值会因 τ 的定义不同而变得不一样, 即使 p 和 t 固定, 广义指数 $e_p(t,0)$ 也会因 τ 不同而有很大变化.

　　设有常数 $p \in R$, 则组成方程

$$y^{\Delta\Delta}+p^2 y=0$$

其解的基本系的两个函数可定义为广义三角数

$$\cos_p = \frac{1}{2}(e_{ip} + e_{-ip}), \quad \sin_p = \frac{1}{2i}(e_{ip} - e_{-ip})$$

$$\cos_p^\triangle = -p\sin_p, \quad \sin_p^\triangle = p\cos_p$$

$$\cos_p^2 + \sin_p^2 = e_{\mu p^2}$$

$T=R$ 时，$\sin_p(t,0) = \sin(pt)$，　$t_0 = 0$

$$\cos_p(t,t_0) = \cos(pt), \quad t_0 = 0$$

$T=\tau Y$ 时，令 $t_0 = 0$

$$\cos_p(t,0) = \frac{1}{2}\left[(1+ip\tau)^{t/\tau} + (1-ip\tau)^{t/\tau}\right]$$

$$\sin_p(t,0) = \frac{1}{2i}\left[(1+ip\tau)^{t/\tau} - (1-ip\tau)^{t/\tau}\right]$$

$$\cos_p^2(t,t_0) + \sin_p^2(t,t_0) = (1+\mu p^2\tau)^{(t-t_0)/\tau}$$

设 $T=[0,T]$ 时 T 为普通三角函数的周期，

$$pT = 2\pi, \quad \tau = T/N$$

N 为正整数，$n=0,1,2,\cdots,N$. 则 $T=\{t=n\tau\}$ 时，

$$\cos_p(n\tau,0) = \frac{1}{2}\left[(1+ip\tau)^n + (1-ip\tau)^n\right]$$

$$\sin_p(n\tau,0) = \frac{1}{2i}\left[(1+ip\tau)^n - (1-ip\tau)^n\right]$$

$$\cos_p^2(t,0) + \sin_p^2(t,0) = e_{p^2\tau}(t,0)$$

$$= (1+p^2\tau^2)^n$$

$$= (1+(2\pi/N)^2)^n$$

图 5.7 给出 $N=8,16$ 和 10 000 时的广义三角函数值. N 增大使 τ 减小时，广义三角函数趋向于以普通三角函数为极限.

　　图 5.8 给出 $\cos_p^2 + \sin_p^2$ 的值，它和 1 的差别表征了广义和普通三角函数的区别. 此平方和的值随 t 指数增大，当 $t=T$ 时，

$$N=100 \quad 则\cos_p^2 + \sin_p^2 = 1.4829$$

$$1000 \qquad\qquad 1.0403$$

$$10\ 000 \qquad\qquad 1.0040$$

在 $N\to\infty$ 时，此平方和以 1 为极限. 图 5.7 和图 5.8 只给出 $0\leqslant(t-t_0)\leqslant T$ 的结果. 当 N 为有限大整数时，若 $(t-t_0)>T$，则广义和普通三角函数的区别进一步扩大，平方和继续随 $(t-t_0)$ 指数增加.

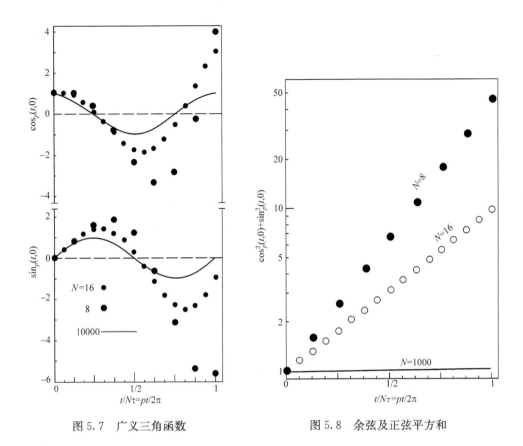

图 5.7 广义三角函数   图 5.8 余弦及正弦平方和

5.19 广义函数的时间反演

前面定义了三种广义函数,在 $p(t)=p>0$ 为常数时

$$e_p^\Delta(t,t_0)=pe_p(t,t_0)$$

$$\cos_p(t,t_0)=\frac{1}{2}[e_{\mathrm{i}p}+e_{-\mathrm{i}p}](t,t_0)$$

$$\sin_p(t,t_0)=\frac{1}{2\mathrm{i}}[e_{\mathrm{i}p}-e_{-\mathrm{i}p}](t,t_0)$$

当 $T=R$ 时,

$$\dot e_p(t,t_0)=e^{p(t-t_0)}$$

$$\cos_p(t,t_0)=\cos[p(t,t_0)]$$

$$\sin_p(t,t_0)=\sin[p(t,t_0)]$$

令 $t_0=0$,无论 t 是正或负,$e_p(t,0)$ 均随 t 指数增大,而 $\cos(t,0)$ 为偶函数,$\sin(t,0)$

则为奇函数. 下面讨论这种广义函数在 T 为完全离散数集时时间反演对称性质的变化.

当 $T=\tau Y$ 时, $t=n\tau,n\in Y$

$$e_p(t,0)=(1+p\tau)^n, \quad t=n\tau, \quad n\in Y$$

$$\cos_p(t,0)=\frac{1}{2}\big[(1+\mathrm{i}p\tau)^n+(1-\mathrm{i}p\tau)^n\big]$$

$$\sin_p(t,0)=\frac{1}{2\mathrm{i}}\big[(1+\mathrm{i}p\tau)^n-(1-\mathrm{i}p\tau)^n\big]$$

(5-81)

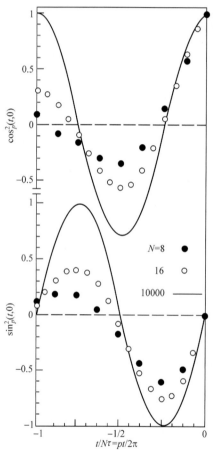

时间反演使 $e_p(-t,0)$ 改变为 $e_p^{-1}(t,0)$. 下面只需讨论广义三角函数, 和 5.18 节一样, 设普通三角函数的周期为 T,N 为正整数, $T=\tau Y$ 时记

$$\tau=T/N; \quad pT=2\pi$$

$$t/\tau=n, \quad n\in Y$$

计算得到在 $n\in N_0$ 时

$$\cos_p(-n\tau,0)=\frac{\cos_p(n\tau,0)}{(1+p^2\tau^2)^n}$$

$$\sin_p(-n\tau,0)=\frac{-\sin_p(n\tau,0)}{(1+p^2\tau^2)^n}$$

$$\cos_p^2(-n\tau,0)+\sin_p^2(-n\tau,0)=(1+p^2\tau^2)^{-n}$$

可见广义三角函数在 N 为有限大时, 时间反演的对称性和反对称性消失.

图 5.9 给出 $t\leqslant 0$ 时的广义三角函数, 和图 5.7 相比较可以看出它在 $t=0$ 两侧的变化. 当 $N=10\,000$ 时, 各孤立点相邻之间距离很近; 作图看起来好像成为一条连续曲线. 实际上这些孤立点和 $N\to\infty$ 时的普通三角函数真正连续的曲线相比, 最大差别可达 0.2%.

在设 $pT=2\pi$ 而 N 为正整数时, 式(5-81)中的 n 可为正负整数或零, 图 5.10 给出 $N=4$ 时 $-2T\leqslant t\leqslant 3T$ 范围的 $\cos_p(t,0)$, 黑点为正值, 空点为负值.

图 5.9　广义三角函数的时间反演

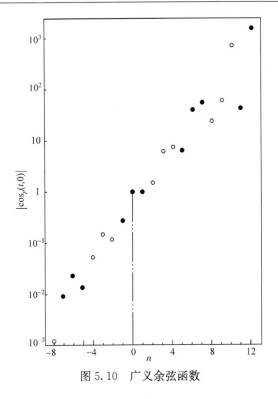

图 5.10　广义余弦函数

5.20　双时标度

设有由先到后的时间序列

$$t_0, t_1, t_2, t_3, \cdots$$

由此可定义时间标度

$$T_+ = \bigcup_{n=0}^{\infty} [t_{2n}, t_{2n+1}]$$

$$T_- = \bigcup_{n=0}^{\infty} [t_{2n+1}, t_{2n+2}]$$

若有相关的两个连续函数 $X(t)$ 和 $Y(t)$,其变化规律为

$$X^{\delta} = \alpha X + f(x), \quad t \in \bigcup_{n=0}^{\infty} (t_{2n}, t_{2n+1}]$$

$$Y^{\delta} = \beta Y + g(x), \quad t \in \bigcup_{n=0}^{\infty} [t_{2n+1}, t_{2n+2}]$$

记 $T = T_+ \bigcup T_-$. 在数集 $T \backslash T_-$ 上 Y 是否有定义,以及在 $T \backslash T_+$ 上 X 是否有定义, 均可另加规定. 只要初条件 $X(t_0) = X_0$ 为已知,并且在公共定义点上

$$X(t_{2n+1})=X_{2n+1} \quad 和 \quad Y(t_{2n+1})=Y_{2n+1}$$
$$X(t_{2n+2})=X_{2n+2} \quad 和 \quad Y(t_{2n+2})=Y_{2n+2}$$

之间的关系

$$Y_{2n+1}=F(X_{2n+1}), \quad X_{2n+2}=G(Y_{2n+2})$$

为已知,则 $X(t),t\in T_+$ 和 $Y(t),t\in T_-$ 完全确定. 在这类问题中定义了两个标度.一个是时间标度 T_+ 或 T_-,另一个是时序标度 $n\in N_0$,称为双时标度. 注意,这里并未限制相邻 t_n 之间的间隔是否相等.

　　这是一个十分常见的统一分析问题. 用时间标度方法一般很难严格求解,但若用变数分离方法化为普通微积分问题,则求解可以简化. 问题等价于

$$dX/dt=\alpha X+f(t), \quad t\in(t_{2n},t_{2n+1}]; \quad n\in N_0$$

初条件为

$$X(t_0)=X_0, \quad X(t_{2n+2})=X_{2n+2}$$

另一方面,关于函数 $Y(t)$ 有

$$dY/dt=\beta Y+g(t), \quad t\in(t_{2n+1},t_{2n+2}]; \quad n\in N_0$$

初条件为

$$Y(t_{2n+1})=Y_{2n+1}$$

由初条件 X_0 和 X 的方程可解得 X_1. 由 $Y_1=F(X_1)$ 得 Y 的方程的第一个初条件,和方程一起可解出 Y_2. 再由 $X_2=G(Y_2)$ 得到 X 的方程的第二个初条件. 如此下去,T_+ 上的全部 $X(t)$ 和 T_- 上的全部 $Y(t)$ 可解出.

　　在 3.16 节和 5.3 节讨论的植物集居数问题中作了两个近似假设. 首先近似认为可以设

$$t_0=0, \quad t_n=n; \quad n\in N_0$$

参见图 3.6. 其次,近似地认为可考虑在 $t\in T_+$ 时的植物集居数 $X(t)=N(t)$. 和植物数目相关的是其存活及发芽中的种子数目 $Y(t)$ 在 $T=T_+\bigcup T_-$ 均有定义,但不详细考虑,只简单近似为

$$X_{2n+2}=2X_{2n+1}$$

于是在分离变数方法中可用普通微积分写为

$$dX/dt=X(t), \quad t\in(t_{2n},t_{2n+1}]; \quad n\in N_0$$

令初条件 $X(t_0)=X_0=1$,可以解得

$$X(t)=e^{(t-t_{2n})}X_{2n}, \quad t\in T_+; \quad n\in N_0$$

其中

$$X_{2n}e^{-t_{2n}}=(2/e)^n\equiv A^n$$

可视为初条件而将解写为

$$X(t)=A^n e^t, \quad t\in[t_{2n},t_{2n+1}], \quad n\in N_0$$

从而断续变量 n 和连续变量 t 分别只出现于解的不同因子中,实现了变数分离.

在这个例子中,$\alpha=1$,$f(t)=0$,并且对 Y 的考虑近似地简化了. 因此,在式(5-16)和式(5-16′)中才能用广义指数写出问题的解. 在 2.1 节讨论铁电螺线的测量时,

$$X(t)=Q^+, \quad Y(t)=Q^-, \quad \alpha=\beta=0$$

但 $f(t)$ 和 $g(t)$ 为不同的高斯函数,相邻各 t_n 之间的距离也不尽相同. 这时,单独用 Δ 或 δ 微积分处理变得十分困难,只能采用变数分离方法.

在 1.13 节讨论极化疲劳时,情况更为复杂. 这时不仅出现紧致的时间变量 t 和离散的时序变量 n,分别构成时间标度和时序标度. 还出现 N 构成的纯数标度. N 是极化反转的次数,是无量纲的纯数. 分离变数仍是处理问题的好方法.

统一分析研究的函数中,自变量可定义在紧致的,或稠密的,或分片稠密的,或完全离散的实数集的闭子集中,Δ 和 δ 微积分是处理这个问题的好方法. 变数分离将其中分段稠密的变数分出来用普通微积分方法处理.

在 Bohner 给出的某个种属植物的集居数问题[13],采用变数分离方法就可引入时序标度写为 $N(t)=X(n,t)$. 从而解决了平年和润年各 t_n 之间日数不相等的困难. 进一步还可研究不同经纬度(φ,θ)地面上的集居数 $X(\varphi,\theta;n,t)$. 当该种属只能生长于地面而不能生长于水面时,φ 和 θ 可能出现的数值也只能构成实数集的非空闭子集 Φ 和 Θ. 但 Φ 和 Θ 不是时间标度而是空间标度.

经典的连续分析所研究的函数中,自变量定义在实数集上. 统一分析研究的函数中,自变量定义在实数集的某个非空闭子集上. 这个子集上的数可以是左右稠密的,或左稠密右散布的,或左散布右稠密的,还可以是孤立的. 在统一分析中必须区分左(δ)微商和右(Δ)微商,从而函数在自变数出现连续或断续变化时均可以存在确定的导数(微商). 自变数的连续或断续决定于标度. $\mu(t)=\sigma(t)-t$ 和 $\nu(t)=t-\rho(t)$ 规定的就是标度. 标度可以分为纯数标度、时间标度、时序标度、空间标度和其他标度. 为了强调在 $\nu(t)\neq0$ 或 $\mu(t)\neq0$ 时的统一分析的特点,可以采用标度微积分的术语. 在这里,t 可以代表纯数或任何物理量,而不只限于代表时间. 当 $\nu(t)\equiv0$ 或 $\mu(t)\equiv0$ 时,统一分析便成为普通的连续分析.

第6章 统一分析和量子化

6.1 时间的量子化

第1章和第2章从宏观实验数据处理指出作为函数自变量的时间 t 在数学上可以出现三种不同情况：$t \in R, t \in \tau R, t \in \tau Y$ 和 $t \in Y$. 在数学上 $t \in R$ 和 $t \in \tau R$ 是等价的,属于同一种情况,τ 为计时单位,例如 1 秒,但实验总是只能在有限时间进行,故严格地只可以说 $t \in [a, b] \subset R$. 在连续周期性测量中出现 $t \in \tau Y$,此时的 t 也只能构成 R 的闭子集. $t \in R$ 和 $t \in \tau Y$ 构成的 R 的非空闭子集称为时间标度. $t \in Y$ 出现于例如研究材料的老化和疲劳,以及慢效应. 此时,t 只表示时间的先后次序而不是时间间隔,在物理上这时的 t 是没有量纲的,这样的 t 组成的 R 的非空闭子集称为时序标度. 还会出现其他的物理标度和纯数标度. 允许自变量出现连续和断续变化的函数分析可称为标度分析或标度微积分,也就是统一分析. 第3章从纯数学角度介绍了统一分析. 第4章将统一分析用于统计热力学,得出许多有趣的新结果. 特别是根据黑体辐射实验结果说明了在微观物理中,能量量子化要求坐标和动量也只能量子化,一个微观量只能以 q 整份地变化时,以之为自变量的函数分析就是定义在数集 qY 上,称为 q 标度,记 4.1 节给出的普朗克时间间隔为

$$\tau = 5.4 \times 10^{-44} \text{ s}$$

若 τ 就是量子化时间,则量子力学中以时间 t 为自变量的函数分析就是定义在时间标度 $t \in \tau Y$ 上的断续分析. 但量子力学中很少提及时间量子化问题. 下面作简单的讨论,但只限于目前实验所能及的问题.

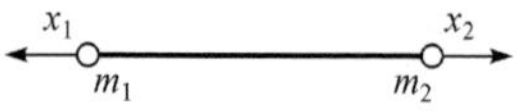

图 6.1 氢分子的振动

考虑 H_2 分子的振动,O_2 和 N_2 等分子的振动有类似情况. 在经典力学中质量为 $m_1 = m_2$ 的原子平行于键朝反方向离开平衡位置位移 $x_1 = -x_2$,如图 6.1 所示. 此时分子质心不动,记广义位移

$$x = x_2 - x_1$$

$$K = \frac{1}{2} m_1 \dot{x}_1^2 + \frac{1}{2} m_2 \dot{x}_2^2 = \frac{1}{2} m \dot{x}^2$$

分子动能

$$m = m_1 m_2 / (m_1 + m_2)$$

m 称为双原子分子振动的折合质量. 广义动量为

$$P = m\dot{x} = m \mathrm{d}x / \mathrm{d}t$$

分子的动能 K、势能 U 和哈密顿函数 H 可写为

$$K=\frac{1}{2m}p^2, \quad U=\frac{1}{2}gx^2$$

$$H=p^2/2m+gx^2/2$$

振动的动力学方程为

$$\ddot{x}=-\omega^2 x, \quad \omega=(g/m)^{1/2} \tag{6-1}$$

$$H=p^2/2m+m\omega^2 x^2/2 \tag{6-2}$$

适当选取时间原点使 $t=0$ 的初条件

$$x=b, \mathrm{d}x/\mathrm{d}t=0$$

得解

$$x=b\cos(\omega t)$$

$$H=\frac{1}{2}m\omega^2 b^2[\cos^2(\omega t)+\sin^2(\omega t)]$$

$$=m\omega^2 b^2/2 \tag{6-2'}$$

b 为常数. 此时 H 与 t 无关.

对于 H_2 分子, 氢原子质量

$$m_1=m_2=2m=1.673\times10^{-24}\ \mathrm{g}$$

1950 年公认的 H—H 键长力系数[61]

$$g=5.7\times10^5\ \mathrm{g/s^2}$$

由此可得振动频率

$$\omega/2\pi=1.31\times10^{14}\ \mathrm{Hz}$$

同频率电磁波波长为 2.29 μm, 波数为 4.3×10^3 cm^{-1}. H_2 分子没有电偶极矩, 不是红外激活的, 但可拉曼激活. 氢气体在 300 K 和 25 atm 下测得的拉曼谱为 4156 cm^{-1}, 与计算值符合[62]. 可见使用连续分析数学方法的经典力学在分子振动问题中仍是很成功的.

下面再考虑量子化时间 τ 的问题. 在数学上, 式(6-1)是动力学方程

$$x^{\Delta\Delta}(t)=-\omega^2 x(t), \quad t\in\tau Y \tag{6-3}$$

或

$$x^{\delta\delta}(t)=-\omega^2 x(t), \quad t\in\tau Y \tag{6-4}$$

式(6-3)和式(6-4)是统一分析, 其在 $\tau\to0$ 时的极限形式便是式(6-1). 在和式(6-1)相同的初条件下, 式(6-3)的解为

$$x=b\cos_\omega(t,0)$$

连续分析的三角函数在统一分析中数学形式上变成了广义三角函数. 而式(6-2)中的哈密顿函数变为

$$2H=m\omega^2 b^2[\cos_\omega^2(t,0)+\sin_\omega^2(t,0)]$$

$$=m\omega^2 b^2[1+\omega^2\tau^2]^{t/\tau} \tag{6-5}$$

式(6-5)和式(6-2′)表现出明显的差别,现在,H 中显含 t.

下面以此为例说明从连续分析提高到数学上更广泛的统一分析,并不一定意味着用相应方法描述的物理定律也会自动提高为更广泛正确的定律.在连续分析中有严格定义的物理量在断续分析中也不一定再有定义.

6.2　断续分析和经典力学的矛盾

上节给出 H_2 分子的振动周期

$$T=N\tau=2\pi/\omega=7.63\times10^{-15}\ \text{s}$$
$$N=T/\tau=1.414\times10^{29}$$

τ 为普朗克量子化时间.计算得到

$$NT=1.08\times10^{15}\ \text{s}$$

NT 值约为 3.4×10^{7} 年,式(6-5)右边含 t 的因子可写为

$$B=[1+\omega^2\tau^2]^{t/\tau}=[1+(2\pi/N)^2]^{t/\tau}$$
$$\ln B=(t/\tau)\ln[1+(2\pi/N)^2]$$
$$\ln B=\frac{t}{\tau}\left[\left(\frac{2\pi}{N}\right)^2-\frac{1}{2}\left(\frac{2\pi}{N}\right)^4+\frac{1}{3}\left(\frac{2\pi}{N}\right)^6-\cdots\right]$$

设以人类文明史总时间 t 作观察,仍有 $t\ll NT$,得到的结果足够近似的仍有 $\ln B=0$,$B=1$,即人类直接测量不可能观察到式(6-5)和式(6-2′)的差别.就是说,既然宏观实验证明了式(6-1)正确,也可认为宏观足够正确地证明了式(6-3)也正确.

但是,时间 NT 比之宇宙的历史还微不足道.当 t 值接近 NT 并继续增大时,式(6-5)的 H 将随 t 指数增加.增加至 H_2 分子的结合能为 4.75eV 时,分子将因振动而分解为两个氢原子.增加的能量可解释为通过非简谐效应来自分子的旋转和质心平移的动能.宇宙空间没有碰撞的分子,若式(6-3)成立,则 H—H 键稳定的时间约为 NT.因此,直接从实验还不能证明式(6-1)、式(6-3)、式(6-4)哪个动力学方程更为普遍正确.

这时就要从物理原理来考虑.1.4 节简单介绍了在数学史上连续分析发展的艰难过程.这种数学严格建立起来的重要物理意义在于证明了经典力学建立在时间标度 $\tau=R$ 上,使得在同一时间 t、坐标 $x(t)$、速度 $x'(t)$ 和加速 $x''(t)$ 都有严格定义和同时确定的值,故式(6-1)正确.

类似地,统一分析数学的发展的物理意义在于证明了当时间出现量子化使 $t\in\tau Y$ 时,坐标 $x(t)$、速度和加速度不存在同时严格的定义,也不存在同时确定的值.在时间标度 $\tau=\{t\,|\,t\in\tau Y,t>0\}$ 上定义的函数

$$x(t)=x,x\in R,t\in\tau$$

只能作完全离散的断续分析,不存在 dx/dt 和 d^2x/dt^2 等连续分析中的定义,而只

存在定义

$$x^{\Delta}(t)=[x(t+\tau)-x(t)]/\tau$$
$$x^{\Delta\Delta}(t)=[x(t+2\tau)-2x(t+\tau)+x(t)]/\tau^2$$
$$x^{\delta}(t)=[x(t)-x(t-\tau)]/\tau$$
$$x^{\delta\delta}(t)=[x(t)-2x(t-\tau)+x(t+2\tau)]/\tau^2$$

若有确定值的 $x(t)$ 存在,则按经典力学的定义在 $x(t)$ 代表原子 t 时的位置时,
$x^{\Delta}(t)$ 和 $x^{\delta}(t)$ 就不是 t 时的原子运动速度.只能称 $x^{\Delta}(t)$ 为在时间 t 和 $(t+\tau)$ 期间
的原子的平均速度.在此期间原子如何由位置 $x(t)$ 到达 $x(t+\tau)$ 的路径问题是没
有意义的.例如可以说原子在实空间 $x(t)$ 瞬时出现后就立即消失,可解释为跑到
虚空间去了.然后在 $t+\tau$ 时又出现在实空间 $x(t+\tau)$. $x^{\delta}(t)$ 则是时间 $t-\tau$ 至 t 期
间原子的平均速度,而不存在此期间原子在实空间 $x(t)$ 的运动路径问题.类似地
$x^{\Delta\Delta}(t)$ 和 $x^{\delta\delta}(t)$ 也都不是原子在 t 时的加速度.就是说,统一分析在数学上严格证
明了出现时间量子化时,经典物理中许多熟知的概念的定义不再存在,相应概念也
就不再正确.物理学不接受一个不存在明确定义的概念.

相同函数形式的三个动力学方程

$$F(t,x,x',x'',\cdots,x^{(r)})=0,\quad x(t)\in R,\quad t\in R$$
$$F(t,x,x^{\Delta},x^{\Delta\Delta},\cdots,x^{\Delta^r})=0,\quad x(t)\in R,\quad t\in\tau Y$$
$$F(t,x,x^{\delta},x^{\delta\delta},\cdots,x^{\delta^r})=0,\quad x(t)\in R,\quad t\in\tau Y$$

统一分析中都有明确的数学意义,后两方程是第一个方程的发展和推广.当 $\tau\to0$
时,三个方程的数学本质完全相同.但是在物理意义上,三个方程描述的运动规律
是完全不同的.实验若证明了其中某个方程正确,则其他两个方程未必也正确.

时间量子化使原子的位置 $x(t)$ 和速度 $x'(t)$ 在同一时间 t 不能同时有严格定
义和同时确定的值,而原子的动量 $p(t)=mx'(t)$ 和速度只差一个比例常数,故微
观的位置和动量也不存在同时严格的定义和同时确定的值.另一方面,时间量子化
只允许 $t\in\tau Y$. 若有 $x(t-\tau)<x(t)<x(t+\tau)$,则必有实数 x_1 和 x_2 使

$$x(t-\tau)<x_1<x(t)<x_2<x(t+\tau)$$

这时若以 x 为自变量,则它也只能断续地变化,即出现某种形式的"量子化".类似
地动量 $p(t)$ 也只能量子化.在 4.2 节中,已说明了位置和动量量子化的问题.因
此,只要确认了微观运动中时间是量子化的,就会引起一系列物理量出现量子化.
在这种意义上,式(6-1)用于 H_2 分子的振动,只能认为是一种近似.此外,也还没
有任何证据说明式(6-3)或式(6-4)适用于描述 H_2 分子的振动.

一个数集,若包含了右稠密的下确界和左稠密的上确界,而且数集中的其他多
个数都是左右均稠密的,则可称为稠密数集.一个数集,若其中每个数都是孤立的,
则可称为离散数集.自变量定义在稠密数集上的连续分析已发展成熟并广为人知.

第 3 章和第 5 章说明了自变量定义在离散数集的纯断续分析也不会比纯连续分析更为复杂.但连续和断续混杂在一起,或未能确认自变量定义的数集是稠密的或离散的,这时的统一分析是比较复杂的.在第 1 和第 2 章引入出现于宏观物理的统一分析时,一开始就用变数分离方法将连续分析和纯断续分析分开处理.

　　研究微观运动的量子力学能够在数学上出现统一分析之前就建立了起来,关键之处也是一开始就巧妙地,也许是偶然地采用了变数分离方法将断续分析的时间变量分离出去.原子位移和动量的确定不是空间本身的属性.空间坐标(x,y,z)是定义在稠密的整个实数域的.只是物质以粒子形式描述时其位移和动量不能随时间连续变化.因为时间本身是量子化的.但是,根据 3.20 节的方法用微观粒子运动的波的形式来描述运动规律,就保留了粒子位置的不确定性而将量子化的时间变量分离出去.从而在讨论空间变量的函数时可以只采用已成熟的连续分析数学方法.下面继续以 H₂ 分子振动为例作简单的讨论.

6.3　量子化时间变量的分离

　　前面两节讨论了时间量子化的重要意义.在描述微观运动的量子力学的建立过程中,从一开始就用变数分离方法将 t 的变化分离出去而回避讨论.当用函数 Ψ 描述粒子的运动时,$\Psi * \Psi$ 代表粒子在空间某点上出现的概率密度.$\Psi(x,y,z,t)$ 表示粒子在任意 t 时没有确定位置,而是可出现于任意的(x,y,z)位置,定义

$$x\in R,\quad y\in R,\quad z\in R$$

微观运动规律描述为 Schrödinger 方程

$$ih\frac{\partial}{\partial t}\Psi(x,y,z,t)=\hat{H}(x,y,z,t) \tag{6-6}$$

$\hat{H}$ 为哈密顿算符,规定将相应经典哈密顿函数中的动量矢量 $\vec{p}$ 换为动量算符 $(h/i)\nabla$,就得到 $\hat{H}$,参见 3.20 节,哈密顿函数 H 不显含 t 时的情况称为定态.在定态问题中可以将 Ψ 中含 t 的因子分出而将波函数分离为

$$\Psi=\Psi e^{Et/ih},\quad \hat{H}\Psi(x,y,z,t)=E\Psi(x,y,z) \tag{6-7}$$

从而含 t 的动力学问题化为数集 R^3 上的普通微分方程问题,E 为定态能量.

　　式(6-1)是描述 H₂ 分子中某一个氢原子运动的经典力学规律的动力学方程.以波的形式描述原子的运动时,动力学方程改变为式(6-6)和式(6-7).这时的运动为一维,故波函数可改变为 $\Psi(x,t)$ 和 $\Psi(x)$.式(6-2)已给出 H₂ 分子中两个原子按照图 6.1 方式同步振动的总哈密顿函数为

$$H=m\omega^2 x^2/2+p^2/2m$$

这时 H 不显含 t,故式(6-7)成立.所讨论的原子出现于全空间的总概率必为 1,故

$$\int_{-\infty}^{\infty}\Psi * \Psi dV=\int_{-\infty}^{\infty}\Psi * \Psi d(x)=1$$

根据 $\vec{p} \to (h/\mathrm{i})\nabla$ 的转换规则由 H 得到分子振动的哈密顿算符为

$$\hat{H} = -(h^2/2m)\partial^2/\partial x^2 + m\omega^2 x^2/2$$

决定振幅波函数 $\Psi(x)$ 的微分方程为

$$-\frac{h^2}{2m}\frac{\mathrm{d}^2\Psi}{\mathrm{d}x^2} + \frac{m\omega^2}{2}x^2\Psi = E\Psi \tag{6-8}$$

分离变数方法使式(6-6)以 t 为自变量的动力学方程化为式(6-8)消去了 t 的方程. 式(6-8)通常不称为动力学方程,它决定了与 t 无关的定态概率分布 $\Psi * \Psi$,$\Psi(x)$ 是定义在 $x \in R$ 上的实函数.

作标度变换,引入无量纲的坐标 ξ 和能量 η,

$$\xi = x/a, \quad a = \sqrt{h/m\omega}$$

$$\eta = 2E/h\omega$$

得到方程

$$\mathrm{d}^2\Psi/\mathrm{d}\xi^2 + (\eta - \xi^2)\Psi = 0 \tag{6-8'}$$

方程在 $-\infty < \xi < +\infty$ 具有有限单值的连续的解 $\Psi(\xi)$ 的条件为

$$\eta = 2n+1, \quad n \in N_0$$

相应的解为

$$\Psi_n(\xi) = e^{-\xi^2/2}H_n(\xi)$$

$$H_n(\xi) = \frac{(-1)^n}{\sqrt{2^n n! \sqrt{\pi}}}e^{\xi^2}\frac{\mathrm{d}^n e^{-\xi^2}}{\mathrm{d}\xi^n}$$

$$\int_{-\infty}^{\infty}\Psi_n^2(\xi)\mathrm{d}\xi = \int_{-\infty}^{\infty}e^{-\xi^2}H_n^2(\xi)\mathrm{d}\xi = 1$$

这些解保证了 $\Psi_n^*(x)\Psi_n(x)$ 为归一化的,其中

$$\Psi_0(x) = \frac{1}{\sqrt{a\sqrt{\pi}}}e^{-x^2/2a^2}$$

$$\Psi_1(x) = \frac{1}{\sqrt{2a\sqrt{\pi}}}e^{-x^2/2a^2}\left(\frac{2x}{a}\right)$$

$$\Psi_2(x) = \frac{1}{\sqrt{8a\sqrt{\pi}}}e^{-x^2/2a^2}\left(\frac{4x^2}{a^2} - 2\right)$$

$$E_n = h\omega\left(n + \frac{1}{2}\right), \quad n \in N_0$$

相应于定态 $\Psi_n(x)$ 的能量为 E_n. $n=0$ 时 H_2 分子的最小振动能量 $E_0 = h\omega/2$ 称为零振动能,函数 $\Psi_0(x)$ 很像高斯函数 $G(x)$. 区别在于 $G(x)$ 不是归一化的,而 $\Psi_0^2(x)$ 是归一化,故有不同的归一化常数因子.

记 H_2 分子的实验键长平衡值为 b,用前面的数据得到

$$a=1.24\times10^{-9}\ \mathrm{cm}, \quad b=7.42\times10^{-9}\ \mathrm{cm}$$

图 6.2 给出 H_2 分子的无量纲化概率 $a\Psi_0^2$、$a\Psi_1^2$ 和 $a\Psi_2^2$. 广义坐标 x 和图 6.1 中以两原子平衡位置为原点的空间位置 x_1 和 x_2 的关系为

$$|x_1|=|x_2|=\frac{1}{2}|x|$$

Ψ_2 在 $x=a/\sqrt{2}$ 上有一个节点,在节点上 $\Psi_2=0$. $|x|=a/\sqrt{2}$ 时 $\Psi_2<0$,而 $|x|a/\sqrt{2}$ 时 $\Psi_2>0$. 以波的形式描述 H_2 分子的原子时,它表现为一种驻波. 由图 6.2 可见,Ψ_0^2 的最大值出现在经典观点的分子中原子的平衡位置. 随着 n 的增大,Ψ_n^2 的最大值离平衡位置越来越远.

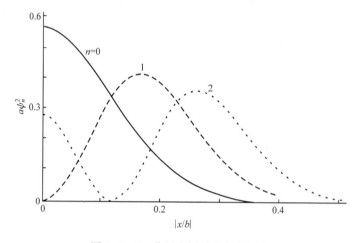

图 6.2　H_2 分子中原子出现的概率

6.4　动力学方程中的时间变量

在描述微观运动规律的量子力学中,用波函数 Ψ 和式(6-6)、式(6-7)的方法称为波动力学,从经典力学发展到量子力学的过程中,哈密顿函数 H 的形式起了决定性作用. 下面来比较两种力学中用函数 H 和算符 $\hat{H}$ 表示的动力学方程. 为了具体,仍以 H_2 分子的自由振动为例. 在这个特例中,不同的实验分别证明了两种力学的结果都有各自正确的一面. 就是说,同一个问题允许用两种不同的观点和方法来研究,得到的结果是相容和互补的,在经典力学中,这种振动称为稳定的振动,在量子力学中,更明确称之为定态. 我们要比较的是定态运动中两种力学的动力学方程.

H_2 分子振动的折合质量为 m,广义位移为 x. 引入简正坐标

$$Q=\sqrt{m}x$$

则分子振动的势能 U 和动能 K 分别为

$$U=\frac{1}{2}gx^2=\left(\frac{g}{2m}\right)Q^2=\frac{1}{2}\omega^2Q^2$$

$$K=\frac{1}{2m}p^2=\frac{m^2}{2m}\dot{x}^2=\frac{m}{2}\dot{x}^2=\frac{1}{2}\dot{Q}^2$$

在经典力学中分别定义分子振动的哈密顿函数 H 和拉氏函数 L 为

$$H=K+U$$
$$L=K-U$$

而定义和 Q 相应的广义动量为

$$P=\partial L/\partial\dot{Q}=\dot{Q}$$

故动能 K 和哈密顿函数 H 可写为

$$K=\frac{1}{2}P^2$$

$$H=\frac{1}{2}(P^2+\omega^2Q^2)$$

经典力学中的动力学方程为正则方程

$$\dot{P}=-\frac{\partial H}{\partial Q},\quad \dot{Q}=\frac{\partial H}{\partial P} \tag{6-9}$$

由正则方程得到

$$\ddot{Q}=\dot{P}=-\frac{\partial H}{\partial Q}=-\omega^2Q \tag{6-9'}$$

这说明正则方程和式(6-1)的牛顿方程是等价的. 所谓等价,是指用作为经典力学基础的连续分析数学,可以由牛顿方程推导出正则方程,反过来由正则方程也可推导出牛顿方程. 两者共同之点在于都以时间为自变量.

但是式(6-9)的正则方程在数学上比牛顿方程发展的内容更为丰富. 它表明一般地作为能量的哈密顿函数中,除了时间 t 以外坐标 Q 和动量 P 也是自变量,故应记为 $H(t,Q,P)$,而记号

$$\dot{Q}=dQ(t)/dt,\quad \dot{P}=dP(t)/dt$$

$Q(t)$ 和 $P(t)$ 中 t 为唯一的自变量. 当 H 中不显含 t 时的运动称为定态. 例如,式(6-2)中 H 的表示式就不出现 t,而只出现 x 和 p. H 不显含 t 在物理上表示所研究的体系的运动中保持能量守恒.

在波动力学的式(6-6)中,原则上保持以 t 为自变量. 但当 H 不显含 t 时,解动力学方程式(6-6)的问题化为解式(6-7)中的定态方程

$$\hat{H}\Psi=E\Psi$$

这时,作为自变量的时间 t 不再出现.

以 H₂ 分子的振动为例,由 H 转换为 $\hat{H}$ 的规则为 $Q \to Q, P \to (h/\mathrm{i})\partial/\partial Q$. 计算

$$[P,Q]\Psi \equiv [PQ-QP]\Psi$$

$$= \frac{h}{\mathrm{i}}\frac{\partial}{\partial Q}[Q\Psi] - Q\frac{h}{\mathrm{i}}\frac{\partial}{\partial Q}\Psi$$

$$= \left[\frac{h}{\mathrm{i}}\Psi + Q\frac{h}{\mathrm{i}}\frac{\partial}{\partial Q}\Psi\right] - Q\frac{h}{\mathrm{i}}\frac{\partial}{\partial Q}\Psi$$

$$= [-\mathrm{i}h]\Psi$$

称 $[P,Q]\Psi \equiv [PQ-QP]\Psi = -\mathrm{i}h$ 为对易关系,按定义计算还可得到对易关系

$$[Q,P] = \mathrm{i}h = -[P,Q]$$
$$[Q,Q] = 0, \quad [P,P] = 0 \tag{6-10}$$

故量子力学以 $\Psi(Q,t)$ 描述体系的态时必有式(6-10)的对易关系. 从而可视式(6-10)为量子力学的动力学方程. 这时,时间变量 t 完全不再出现了.

统一分析证明了当时间出现量子化时,不存在初条件 $t=t_0$ 时同时确定的

$$Q(t_0) \text{ 和 } \mathrm{d}Q/\mathrm{d}t = P(t_0)$$

故也就说明式(6-9′)的二阶方程不存在确定和唯一的解 $Q(t)$,视对易关系为量子力学动力学方程回避了找寻 $Q(t)$ 的数学困难.

6.5 二次量子化和表象

上面将动量 P 视为算符 $(h/\mathrm{i})\partial/\partial Q$ 的方法称为第一量子化. 从数学观点看来,在对易关系中既可视 P 为算符,也应视 Q 为算符,只要定义其运算规则为

$$Q\Psi = Q\Psi = Q\Psi$$

将 Q 视为算符的方法称为第二次量子化.

从而在二次量子化中可以定义两个新的算符 a 和 a^+,

$$a^+ = \sqrt{\frac{\omega}{2h}}\left(Q + \frac{1}{\mathrm{i}\omega}P\right)$$

$$a = \sqrt{\frac{\omega}{2h}}\left(Q - \frac{1}{\mathrm{i}\omega}P\right)$$

算符的乘法是不可对易的,这在式(6-10)中已可看到,计算

$$h\omega a^+ a = h\omega \cdot \frac{\omega}{2h}\left(Q + \frac{1}{\mathrm{i}\omega}P\right)\left(Q - \frac{1}{\mathrm{i}\omega}P\right)$$

利用对易关系可以得到

$$h\omega a^{+}a=\frac{1}{2}(\omega^{2}Q^{2}+P^{2})-\frac{1}{2}h\omega$$

$$=H-\frac{1}{2}h\omega \qquad (6\text{-}11)$$

$$H=h\omega\left(a^{+}a+\frac{1}{2}\right)$$

类似地可得

$$h\omega a^{+}a=H+\frac{1}{2}h\omega$$

故有对易关系

$$[a,a^{+}]=aa^{+}-a^{+}a=1$$
$$[a,a]=0, \quad [a^{+},a^{+}]=0$$

式(6-7)的方程 $\hat{H}\Psi(Q)=E\Psi(Q)$ 在数学上称为本征方程,E 为算符 $\hat{H}$ 的本征值,相应的本征矢 $\psi(Q)$ 描述 H_2 分子的振动状态. 可以定义一个更普遍的抽象矢 $|>$,用来描述体系的态,称 $|>$ 表示为 ψ 或 $\psi(Q)$ 时是 $|>$ 在坐标表象的具体形式. 故本征方程可更广泛地写为

$$H|>=E|>$$

在式(6-11)中 H 已用算符表示,故不必再强调记为 $\hat{H}$,设体系最低的能量为 E_0,相应的态记为 $|0>$,记(取 E_0' 为能量计算起点)

$$E'=E-h\omega/2, \quad E_0'=E_0-h\omega/2=0$$

由式(6-11)可将本征方程写为

$$h\omega a^{+}a|>=E'|> \qquad (6\text{-}11')$$

由

$$h\omega a^{+}a|0>=E_0'|0>$$

用对易关系 $[a,a^{+}]$ 计算

$$h\omega aa^{+}a|0>=E_0'a|0>$$
$$h\omega(1+a^{+}a)a|0>=E_0'a|0>$$
$$h\omega a^{+}a(a|0>)=(E_0'-h\omega)(a|0>)$$

故 $(a|0>)$ 也是式(6-11$'$)的一个解,相应于能量

$$E=E'+\frac{1}{2}h\omega=E_0'-\frac{1}{2}h\omega<E_0$$

这与 E_0 为最低能量的假设矛盾,故可能有

$$a|0>=0$$

类似地计算

$$h\omega a^{+}a^{+}a|0>=E_0'a^{+}|0>$$

得到

$$h\omega a^+(aa^+-1)|0> = E_0' a^+|0>$$
$$h\omega a^+ a(a^+|0>) = (E_0' + h\omega)(a^+|0>)$$

故$(a^+|0>)$也是式(6-11$'$)的一个解,相应能量 $E=E_0+h\omega=E_1$. 类似地可得

$$h\omega a^+ a(a^{+n}|0>) = nh\omega(a^{+n}|0>)$$

相应于能量

$$E_n = \left(n+\frac{1}{2}\right)h\omega, \quad n\in N_0$$

式(6-11$'$)的解$(a^{+n}|0>)$未归一化.

为计算归一化常数,记本征矢

$$|n> = \lambda_n a^+|n-1>$$
$$<n| = \lambda_n^* <n-1|a$$

故归一化要使

$$<n|n> = |\lambda_n|^2 <n-1|aa^+|n-1> = 1$$

解得

$$\lambda_n = 1/\sqrt{n}$$

最后得到运算规则

$$a^+|n> = \sqrt{n+1}|n+1>, \quad n\in N_0$$
$$a|n> = \sqrt{n}|n-1>, \quad n\in N_0 \tag{6-12}$$

如果不计归一化常数,则式(6-12)表明 a^+ 对状态$|n>$的作用为使状态改变为$|n+1>$,故可称 a^+ 为产生算符,a 对状态$|n>$的作用为使状态改变为$|n-1>$,故 a 称为湮没算符.

上面的计算给出用式(6-11)表示的本征方程的解为

$$H|n> = E_n|n>, \quad E_n = \left(n+\frac{1}{2}\right)h\omega, \quad n\in N_0$$

称用式(6-11)表示能量算符,用$|n>$表示状态的方法为采用二次量子化表象. 在坐标表象中,对于双原子分子的振动,算符 H 和状态$|>$表示为

$$H = -\frac{1}{2}\frac{h^2\partial^2}{\partial Q^2} + \frac{1}{2}\omega^2 Q^2$$

$$|> = |\Psi_n> = \Psi_n$$

$$<|> = <\Psi_n|\Psi_n> = \int_{-\infty}^{\infty}\Psi^*(Q)\Psi(Q)\,\mathrm{d}Q = 1$$

$$<\Psi_n|H|\Psi_n> = <\Psi_n|E_n|\Psi_n> = E_n, \quad n\in N_0$$

在坐标表象解出的能量 E_n 和二次量子化的结果相同.

束缚原子体系中各原子集体作简谐振动时的一份能量 $h\omega$ 称为简谐子,记算符

$$\hat{n} = a^+ a$$

$$\hat{H} = \left(\hat{n} + \frac{1}{2}\right)h\omega$$

$$\hat{n}|n> = n|n>$$

$\hat{n}$ 称为粒子数算符，n 为粒子数，即简谐子的数目，二次量子化表象也可称为粒子数表象.

　　H_2 分子是最简单的束缚原子体系，s 个原子互相束缚组成的稳定结构可以是小分子、大分子乃至晶体，这些体系中每个原子都在其平衡位置附近作微小振动，构成了体系内部的热运动，s 个原子的这种运动共有 $3s$ 个自由度. 可以分解成 $3s$ 种不同模式（花样）的简谐独立振动[1]. 第 j 种模的角频率记为 ω_j，简正坐标为 Q_j. 类似于上面的方法可以引入第 j 种简谐子的产生算符 a_j^+ 和湮没算符 a_j. 因为在简谐近似中不同 ω_j 的运动互相独立，故有对易关系

$$[a_j, a_j^+] = s_{jj'}$$

$$[a_j, a_{j'}] = [a_j^+, a^+] = 0$$

记第 j 种独立简谐运动的哈密顿函数为 H_j，体系的总哈密顿函数为 H，则

$$H = \sum_j^{3s} H_j, \quad H_j = \frac{1}{2}(P_j^2 + \omega_j^2 Q_j^2)$$

在二次量子化表象.

$$\hat{n}_j = a_j^+ a_j, \quad \hat{n}_j \mid n_j > = n_j \mid n_j >$$

$$\hat{H}_j = \left(\hat{n}_j + \frac{1}{2}\right)h\omega_j$$

$$H = \sum_j^{3s} E_j, \quad E_j = \left(n_j + \frac{1}{2}\right)h\omega_j$$

E_j 为第 j 种简谐子的能量，E 为各种简谐子的总能量.

　　上述方法并无限制体系中原子的数目 s，只要求 $s \geqslant 2$，也没有限制体系中原子平衡位置分布（体系结构）的空间对称性，只要求结构是稳定的. 当方法用于宏观晶体或非晶固体时，E 便是体系中的热运动总能量. 重要的是这里的 E 将体系的宏观运动能量分出去了，体系振动的 $3s$ 个自由度中，$s > 2$ 时有 $j = (1,2,3)$ 三个自由度为平移，$j = (4,5,6)$ 三个自由度为旋转. $s = 2$ 时只有 $j = (4,5)$ 两个自由度为旋转，当 j 标志的为平移或旋转时，均有 $\omega_j \equiv 0$. 故上面对 j 的求和虽由 1 至 $3s$，但 E 中并不包含体系整体的平移和旋转能量，H_2 分子 $s = 2$，故只有一个非零 ω_j.

6.6　简谐子的统计力学

　　前面以 H_2 分子为例讨论了物质中原子的运动，介绍如何由经典力学过渡到量子力学方法. 许多作者常强调两种力学的矛盾方面. 统一数学分析却侧重说明两

者的统一性. 物质运动的波的性质和粒子性本来就是同一个问题的两个方面, 两种力学给出的结果是互补的. 对于原子的运动, 恰好两种力学都能适用; 这种互补性特别明显.

经典力学正确描述了图 6.1 的 H_2 分子振动中两个原子位移坐标 x_1 和 x_2 的反对称性, 定义出两个特殊的点 $x_1 = x_2 = x$. 还正确计算出简谐振动的频率 $1/T$. 经典力学认为简谐振动是稳定运动的结论, 在远大于量子化时间 $\tau(10^{-43}$ s) 和远小于时间 NT(三千万年) 的时间间隔内的实验都无法否定. 事实上, 至今为止的大量简谐子频率都无例外地是用经典力学方法计算的[1,56].

统一分析说明了原子振动的动力学方程无法求解. 因为时间量子化使初条件 dx/dt 在数学上没有定义. 所以只能由经典力学的哈密顿函数过渡到不出现时间变量的定态波动力学. 从而改变为在位置 x_1 和 x_2 描述氢原子的出现概率.

二次量子化将方法推广到可以描述大分子和晶体中氢原子出现概率的空间分布. 这时有 $(s-6)$ 个非零频简谐子波函数 $\Psi(Q_j)$ 用来描述氢原子的分布. 总概率密度比例于 $(s-6)$ 项共轭平方之和. 但是波函数 $\Psi(Q_j)$ 和简谐子数 n_j 有关. 在经典意义上, n_j 表征了第 j 种简谐振动的振幅. 经典力学因为初条件无法定义而无法计算 n_j. 量子力学本身只证明了简谐子数目 $n_j \in N_0$. 但这就确认了宏观体系在热平衡下可用玻色统计来决定 n_j[50],

$$n_j = \frac{1}{e^{h\omega_j/kt} - 1}$$

但公式只给出热平衡下的 n_j, 更精确地应记为 $\bar{n}_j$, 它不一定再是零或正整数. 例如用 H_2 分子的 ω 值计算, 在室温氢气体的分子振动中有

$$\bar{n}_j = 7.6 \times 10^{-10}$$

这表明绝大多数分子均有 $n=0$. 这时由图 6.2 可以看出, 在原子的平衡位置 $x_1 = x_2 = x$ 上出现原子的概率最大. 在晶体中, 某些振动模的 ω_j 比较小, 这些模描述的晶体中氢原子的振动若出现 $n=1$, 许多模叠加的结果, 原子就会在两个位置上出现概率极大. 图 6.2 的 $n=1$ 曲线表明同一个氢原子可以在 $x/b = \pm 0.182$ 两个位置上出现概率极大.

通常用 x 光衍射来观察晶体中原子的位置. x 光衍射是电子对电磁波散射的结果. 氢原子中的电子太少, 故用 x 光看不见晶体中的氢原子. 观察晶体中氢原子的位置要用中子散射方法. 电子的质量比中子小得太多, 对中子的散射作用微不足道. 故中子散射是晶体中原子核的贡献.

氢核就是质子. 用中子散射数据可以分析作出晶体中各种原子核出现的等概率分布曲线. 证明代表原子位置的核可以出现在晶胞内的很大范围, 只是在平衡位置上出现的概率最大. 图 6.3 和图 6.4 是同一种晶体中原子位置的经典和量子力学图像的比较.

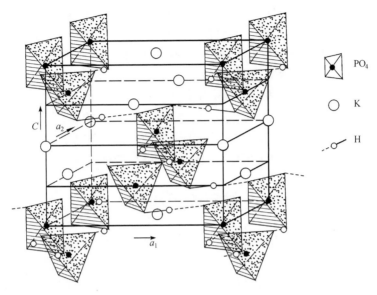

图 6.3　KH_2PO_4 的晶胞结构

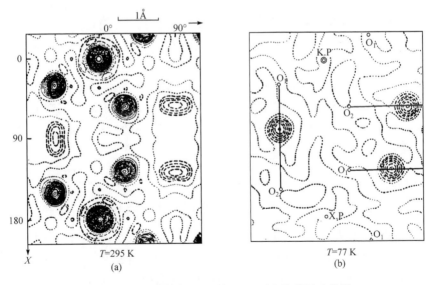

图 6.4　中子散射在 KDP 的 (001) 面上的傅里叶投影

磷酸二氢钾 KH_2PO_4 (KDP) 晶体在温度高于 123K 时为顺电相,在较低温度为铁电相[63]. 用 x 射线分析得到的晶体结构示于图 6.3. Slater 在 1941 年提出一个理论解释 KDP 的铁电相变. 在晶胞中氧原子位于 PO_4 四面体的顶角,相隔两个 O 之间有一个 H,构成 O—H⋯O 氢键或 O⋯H—O 键. 就是说 H 不是在两个 O 核连线的中点,而是略为靠近其中的某个 O. 或者说在氢键中质子有两个平衡位置.在室温顺电相,质子占据两个平衡位置的机会均等.在低温下质子按规律占据某固定位置形成质子有序,产生铁电性.区别记 PO_4 四面体下面两个项角上的氧为 O_1,上面两个顶角上的氧为 O_2,图 6.3 作出的氢键 O_1—H…O_2,离四面体较近的下面两个质子的电场使 PO_4 四面体产生一个 C 轴方向的电偶极矩提供铁电性.

图 6.4(a)为室温顺电相情况,短划线为质子在(001)面的投影,黑线为其他原子核的投影.在图 6.4(b)为低温铁电相情况,只画出质子的投影,但标出了其他原子的投影位置,还用黑线标出了氢键.低温下质子最大出现概率位置较接近 O_1.而在顺电相,图 6.4(a)表明质子出现概率距 O_1 和 O_2 是对称的.

6.7　一维双原子链的简谐子

上面以质子为例说明了为确定原子在晶体中的位置,要用到经典力学、量子力学和统计力学.三方面的理论不是互相矛盾而是相容和互补的.量子力学说明了由于时间的量子化使原子只能以概率 $|\Psi(Q_j)|^2$ 方式出现于空间各处,并给出了用量子数 n_j 表征的各种不同的波函数 $\Psi(Q_j)$.统计力学给出微观的 n_j 和宏观的温度的关系.而第 j 个模的频率 ω_j、以及简正坐标 Q_j 和晶体中每个原子的振动位置花样的关系,都还要用经典力学来决定.图 6.1 给出了一个简正坐标 $Q=x$ 所代表的两个原子的 x_1 和 x_2 花样.在晶体中,类似花样十分复杂,而且不同的 j 有不同花样,花样在计算原子出现概率时有确切意义.

图 6.5 的数集 $\{\alpha|\alpha=1,2,\cdots,s\}$ 描述了一个双原子一维晶体中各原子的平衡位置,s 为偶数,下面用两种方法给出体系中各原子沿 x 方向振动位移的花样.第 α 个原子的质量为 m_α,离平衡位置振动位移为 x_α,α 为奇时 $m_\alpha=m_-$,偶 α 时 $m_\alpha=m_+$,恢复力系数记为 g.

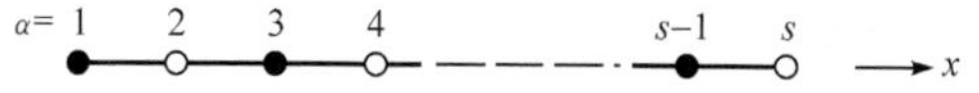

图 6.5　一维双原子链的振动

第一种方法是大半个世纪以来各种著作中广泛公认的,称为循环边界条件,将图 6.5 中晶体沿 x 方向循环配置,使第 $\alpha=1$ 的原子左边还出现第 $\alpha=s$ 原子,而第 $\alpha=s$ 的原子右边还有第 $\alpha=1$ 原子,于是各原子的振动方程可写为

$$m_1\ddot{x}_1=g(x_s-x_1)-g(x_1-x_2)$$
$$m_2\ddot{x}_2=g(x_1-2x_2+x_3)$$
$$m_3\ddot{x}_3=g(x_2-2x_3+x_4)$$
$$\cdots\cdots$$
$$m_s\ddot{x}_s=g(x_{s-1}-x_s)-g(x_s-x_1)$$

$$(6\text{-}13)$$

记晶体中最近邻原子间距离为 $b/2, b$ 就是晶格常数.引入循环边界条件等价于引入一个波矢量 q,用来描述振动模花样.为了由式(6-13)解得的一个本征频率 ω 对应于一个确定的 q,限制 q 的可能取值为

$$-\frac{1}{2} \leqslant qb < \frac{1}{2}$$

称为第一布里渊区[64],对于区中的每一个 q,可由式(6-13)解出 $\omega = \omega_\pm$ 两个角频率

$$\omega_-^2 = g\left[\left(\frac{1}{m_+} + \frac{1}{m_-}\right) - \left(\frac{1}{m_+^2} + \frac{1}{m_-^2} + \frac{2}{m_+ m_-}\cos 2\pi qb\right)^{1/2}\right]$$

$$\omega_+^2 = g\left[\left(\frac{1}{m_+} + \frac{1}{m_-}\right) + \left(\frac{1}{m_+^2} + \frac{1}{m_-^2} + \frac{2}{m_+ m_-}\cos 2\pi qb\right)^{1/2}\right]$$

$q = 0$ 时得到 ω_+ 给出的最高频率 ω_m,

$$\omega_m^2 = 2\left[\left(\frac{1}{m_+} + \frac{1}{m_-}\right)g\right]$$

记

$$F_\pm = \sqrt{m_+ m_-}\, \omega_\pm^2 / g$$
$$F_m = \sqrt{m_+ m_-}\, \omega_m^2 / g$$

定义谱分布函数 $\Phi(F)$,

$$\int_0^{F_m} \Phi(F)\mathrm{d}F = s$$

上面计算给出的函数 $F(q)$ 和 $\Phi(q)$ 示于图 6.6. F_- 支描述的是晶胞中两个原子的质心的运动,称为声学支,F_+ 支描述晶胞中两原子的反向运动而共同质心保持不动,称为光学支,以 $\omega_\pm(q)$ 为标志的简谐独立模量子化后的一份能量 $h\omega$ 称为声子.声学支和光学支各有 $s/2$ 个不同的独立模.ω 对于 $\pm q$ 是二重简并的.$|q|$ 较小的长波声学支被认为就是宏观的声波.以上方法被推广用于三维晶体.

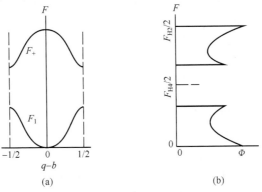

图 6.6 一维声子频谱

第二种方法称为自由边界条件,式(6-13)第一个方程的项 $g(x_s - x_1)$ 和最后一个方程的类似的项是人为地无理加上的,应该除去[1,65].这时,记

$$m = \sqrt{m_- / m_+}$$

将振动方程的解写为

$$x_\alpha = (A_\alpha / \sqrt{m_\alpha})\cos(\omega t + \phi), \quad \alpha = 1, 2, \cdots, s$$

则可将振动方程写成矩阵本征方程形式

$$GA = FA \tag{6-14}$$

F 为本征值, A 为由 $(A_1, A_1, \cdots, A_s)$ 组成的归一化列矩阵

$$\sum_{\alpha=1}^{s} A_\alpha^2 = 1 \tag{6-14'}$$

可视 A 为 s 维单位矢. 而力系数矩阵为

$$G = \begin{bmatrix} 1/m & -1 & 0 & & & & \\ -1 & 2m & -1 & & & & \\ 0 & -1 & 2/m & & & & \\ & & & \cdots & & & \\ & & & & 2m & -1 & 0 \\ & & & & -1 & 2/m & -1 \\ & & & & & -1 & m \end{bmatrix}$$

只要给定 m 值, 即可将 G 对角化以给出 s 个本征值 $F = F_j$ 和相应的 $A_\alpha = A_\alpha(j)$, 同时决定了角频率 ω_j

$$\omega_j = \sqrt{g F_j / \sqrt{m_+ m_-}}$$

即使对 $s > 10^6$ 的大自由度, 用现代计算机解决问题也并无任何困难. 规定 F_j 按 $j = 1, 2, \cdots, s$ 由小到大排列, 记

$$F_m = 2(m + 1/m)$$

和循环边界条件相同. 计算出 ΔF 中本征值的个数, 便可得到谱分布函数 $\Phi(F)$. 当 s 很大时 $\Phi(F)$ 趋向于图 6.6(b), 但低频支有 $s/2$ 个模而高频支只有 $(s/2-1)$ 个模. 另外还有一个中频支, 其中只有一个本征值为

$$F = F_m / 2$$

的模.

图 6.7 给出了 $s = 100, m = 4$ 时自由边界条件下的一些振动模花样. 粗线代表质量为 m_-, α 为奇数的重原子的归一化振幅, 细线代表质量为 m_+, α 为偶数的轻原子的归一化振幅. 晶体中原子的振动位移平行于晶列, 参见图 6.5. 图 6.7 中的垂直于晶列的短线的长度比例于该位置上原子的振幅, 向上为正, 向下为负. 图中每个花样均标出了编号 j 和相应的本征值 F_j. 最大本征值

$$F_s = 8.4995 \approx F_m = 2 \times (4 + 1/4)$$

F_m 值只决定于 m 而与 s 值无关. 图 6.7(e) 示出在 $F = F_s$ 的模中, 晶胞中两个原子

的位移方向相反. 全部重原子同向运动,全部轻原子反向位移. 图 6.7(d)模中,全部重原子几乎不动而只有轻原子在运动,(d)和(e)两个模均为高频支模,但和循环边界条件中的光频支模并无共同之处. 在图 6.6(a)中 $F=F_m$ 的光支声子波矢 $q=0$,全部轻原子同向有相等位移,全部重原子的反向位移也相等,而保证每两个原子组成的质心不动. 图 6.7(e)中 $F=F_m$ 的高频支模只保持整个晶体的质心不动,并不要求每个晶胞的质心不动. 高频支模的个数也比光支声子模少一个.

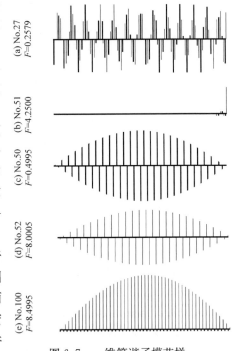

图 6.7(a)的标注：(a) No.27　$F=0.2579$
(b) No.51　$F=4.2500$
(c) No.50　$F=0.4995$
(d) No.52　$F=8.0005$
(e) No.100　$F=8.4995$

图 6.7　一维简谐子模花样

图 6.7(a)和(c)是低频支模,但有别于声学支声子模. 后者同一晶胞内两原子应同向运动. 图 6.7(a)中 $j=27$ 的中同晶胞的两个原子运动方向就相反. 低频支模也不是宏观声学振动. 在声学振动中,自由边界条件下晶体两端边界上应出现驻波的波腹. 但图 6.7(a)、(c)中在两个自由端出现的却是波节或驻波同步振动的最小值.

图 6.7(b)中 $j=51$ 的中频支模则是声子频谱中完全没有的. 在一维晶体中的中频支只有一个模. 在三维双原子晶体例如 NaCl 中,中频支有许多模,其频谱组成一个中频带,在高频带和低频带之间,三者彼此隔着两个禁区.

因此,自由边界简谐振动模量子化后得到的简谐子完全不同于声子.

6.8　中频支简谐子

简谐子模和声子模之间不仅不相同,而且一般地没有一一对应关系. 只有两个特殊的模可以互相比较,一个是 $\omega=0$ 的平移模,在简谐子和声子中都出现. 另一个是中频支中的简谐子模. 要作进一步讨论. 对于一维原子链的数字计算表明,最高频的模总有 $F_s<F_m$,而

$$\lim_{s\to\infty}F_s=F_m$$

但对任意偶数 s,总有一个中频模 $j=(1+s/2)$ 为

$$F_j=F_m/2$$

因为中频模的编号 j 已经确定,故下面讨论中频模时可以略去附标 j.

对于任意偶数 $s\geqslant2$,直接计算可以证明若令

$$F = F_m/2 = m + 1/m$$

则式(6-14)的齐次线性方程组有解

$$A_\alpha = (-1)^{(s+1-\alpha)/2} B m^{\alpha-s}, \quad \text{若 } \alpha \text{ 为奇}$$

$$A_\alpha = (-1)^{(s-\alpha)/2} B m^{\alpha-s}, \quad \text{若 } \alpha \text{ 为偶}$$

为保证式(6-14′)的归一化,常数

$$B = \left[g \left(\sqrt{\frac{m_-}{m_+}} + \sqrt{\frac{m_+}{m_-}} \right) \sqrt{m_+ m_-} \right]^{1/2}$$

$$= \left[g \left(\frac{1}{m_+} + \frac{1}{m_-} \right) \right]^{1/2}$$

若 $m_+ = m_-$, $m = 1$,则结果与 6.1 节中关于 H_2 分子振动的式(6-1)一致. 这个中频 ω 和 s 无关. 故双原子分子的振动频率 ω 一直保持在由 $(s/2)$ 个分子组成的双原子一维晶体中,而且变成了中频模. 这说明了在高分子聚合物中常可找到其中所含的小基团或特殊键的振动本征频率. 这个事实已被广泛用于化学结构分析,自由边界晶格动力学从理论上说明了这种现象.

现在回到 6.7 节式(6-13)和图 6.6(a)描述的循环边界条件下的声子图像,这时也只规定了偶数 $s \geq 2$,而没有要求 s 为什么具体的值. 因此也可在特殊情况下令 $s = 2$. 这时允许的波矢只可能为 $q = 0$. 图 6.6(a)给出只出现

$$F_- = 0 \text{ 和 } F_+ = F_m = 2(m + 1/m)$$

两个本征值. 而且 $F_+ = F_m$ 一直也保存在任意更大的 s 值情况下,因此,零波矢光频支声子对应于中频支简谐子. 但两者的本征值 F 和模花样完全不同. 在 $s = 2$ 和 $m_+ = m_-$ 情况下循环边界条件的声子频率对于 H_2 分子是完全错误的.

在未有计算机的 1912 年,Born 和 Kaman 提出循环边界条件[66],对固体理论的发展有着重要的历史意义. 当 $s \to \infty$ 时,波矢 q 成为区间 $[-b/2, b/2]$ 上可以连续变化的量子数. 这使得在以 q 为自变量时可以采用成熟的连续分析数学方法. 但循环边界条件在经典力学和量子力学方面本质上都是十分错误的,出现统一分析之后,循环边界条件的历史任务已经完成,应该放弃.

下面讨论中频模的简正坐标. 方程式(6-14)是齐次线性的. 它的解精确到可以附加一个非零常数因子 D,故

$$x_\alpha = (D A_\alpha / \sqrt{m_\alpha} \cos(\omega t + \phi)$$

也是方程的解;相应的 F 和 ω 不变,计算中频模的总动能

$$K = \frac{1}{2} \sum_\alpha^s m_\alpha \dot{x}_\alpha^2$$

$$= \frac{\omega^2}{2} D^2 \sin^2(\omega t + \phi) \sum_\alpha^s A_\alpha^2$$

$$= \frac{\omega^2}{2} D^2 \sin^2(\omega t + \phi)$$

令

$$P=-\omega D\sin(\omega t+\phi)$$

则

$$K=\frac{1}{2}P^2$$

故 P 就是相应于简正坐标 Q 的动量,因为

$$P=\dot{Q}$$

故

$$Q=D\cos(\omega t+\phi)$$

更严格地应视 A 为 s 维抽象空间的单位矢量,其分量为 A_α, $|A|^2=\sum A_\alpha^2=1$. 从而将简正坐标矢量写为 QA,于是得到

$$x_\alpha=QA_\alpha/\sqrt{m_\alpha}$$

可以适当选取 t 的原点使 $\phi=0$. 但无法给出初条件以定出 D 值.

上面的讨论可推广至任意第 j 个模的简正坐标 Q_j,

$$Q_j=D_j\cos(\omega_j t+\phi_j)$$

$$x_\alpha(j)=Q_jA_\alpha(j)\sqrt{m_\alpha}$$

$A_\alpha(j)$ 是 $F=F_j$ 和 $\omega=\omega_j$ 时方程式(6-14)的归一化解. 在 s 个模中只有 $j=1$ 描述的是晶体的宏观运动,这时经典力学完全正确,可以将坐标系固定在晶体上,使

$$D_j=0,\quad j=1$$

就是说只考虑其余 $s-1$ 个模的微观运动,根据 6.6 节和 6.3 节的量子力学方法, $D_j(j\geqslant2)$ 失去意义. 第 α 个原子在第 $j(\geqslant2)$ 个模中,以概率

$$Q_j=\sqrt{m_\alpha}\,x_\alpha(j)/A_j(j)$$

出现在 x_α 附近,故　　$\xi_j=(\sqrt{\omega_jm_\alpha/h}/A_\alpha(j))/x_\alpha(j)$

因为这 $s-1$ 个模对第 α 个原子出现在 x_α 附近贡献的概率密度是等效的,而 $\psi(n_j,\xi_j)$ 是归一化的. 故第 α 个原子出现的概率为

$$\frac{1}{s-1}\sum_{j=2}^s|\psi(n_j,\xi_j)|^2\frac{\sqrt{\omega_jm_\alpha/h}}{A_\alpha(j)}dx_\alpha=W(x_\alpha)dx_\alpha$$

上式对 dx_α 的积分等于1,表示第 α 个原子一定出现于晶体中, $W(x_\alpha)$ 便是概率密度.

因此,只要用经典力学计算出晶体的 $A_\alpha(j)$ 和 ω_j,由平衡态玻色统计定出简谐子数目 n_j,从而选取相应的波函数 $\psi(n_j,\xi_j)$,便可计算第 α 个原子出现于 x_α 位置的概率密度 $W(x_\alpha)$. 方法可以推广到三维真实晶体,一般晶体在自由边界条件下已经有了成熟的动力学求解方法[1]. 以上结果解决了从理论上研究中子散射的关键困难,从而可由理论上给出类似于图 6.4 的实验结果. 余下的问题是玻色统计给出的, $\bar{n}_j$ 往往不是整数,可以选取和 $\bar{n}_j$ 最接近的整数 n_j 以近似决定 $\psi(n_j,\xi_j)$.

声子是一种行波,它本质上保持了以时间为连续自变量的经典力学特点.无法回避当时间出现断续变化时存在的困难.行波使得对于任一声子模,其能量按时间平均总是均匀地分布在晶体的每一个晶胞中.由此可以推论当温度变化时,晶体的结构转变总是同步地发生于所有晶胞,例如横光支模的软化理论要求顺电晶体冷却时每个晶胞都同步出现一个同向相等的电偶极矩,使晶体转变为单畴化的铁电相,这个铁电软模理论已被公认经过了半个世纪,但始终未发现过任意一个实验例子可以证明这个结论.顺电单晶自由冷却转变成的铁电体内总是形成复杂的畴结构.不同畴内的自发极化方向并不完全相同.

简谐子不是行波,甚至也不能称为驻波,从经典力学观点,说明了图 6.7 的振幅($A_a/\sqrt{m_a}$)的分布不是正弦或余弦式的.从量子力学观点,说明了同一个简谐子模的能量并非均匀分布于每个晶胞中,图 6.7(b)的中频模更是极端的例子.当 $m_- \neq m_+$ 使 $m>1$ 时,中频模的全部能量都只集中于晶体的轻原子端的少数几个晶胞中,和这个模有关的结构转变必然先出现于轻原子端,因为在这个模中,晶体的绝大多数其他原子都保持几乎完全不动.在量子力学中,晶体的总哈密顿量

$$H = \sum_{j=2}^{s} (\omega_j^2 Q_j^2 + P_j^2)/2$$

并不显含时间 t,从而消去了以 t 作为自变量而只保留 (Q_j, P_j) 为自变量.因此在晶体的微观运动中,可以用每个原子的概率密度函数 $W(x_a)$ 来详尽地描述. $W(x_a)$ 和时间 t 无关.无论 t 的变化是连续或断续的,都不影响量子力学的计算结果.

从 H_2 分子到一维双原子晶体,我们用束缚原子体系为例,说明了研究微观运动的量子力学本质上的特点之一是消去时间自变量,完全回避时间量子化的困难,从而保持采用连续数学分析方法.

6.9 真空中电磁场的振动

研究物质的运动要引入空间距离和时间间隔为变量,在经典物理中使用连续分析数学方法,就是假设了这些变量定义在实数集,可以作无限小的变化,相对论仍使用连续分析,故原则上仍属经典的.这时,式(6-1)、式(6-3)和式(6-4)是等价的,经典力学是定量十分精确的,在计入相对论修正后,理论结果和实验相比较,可以精确到 13 位有效数字,即达到铯原子钟的精度.

当时空变量不能作无限小的变化,而只能按某个有限值的整倍数变化时,就称时空为量子化的,由 6.1 节至 6.8 节,说明了在束缚原子体系的稳定振动中觉察不到时空量子化的原因,下面再讨论真空中电磁场的振动.由此将得到一个重要结果,时间只能是量子化的,因而使得许多其他物理量也出现量子化.

电磁理论可用麦克斯韦方程组描述为:

$$\nabla \times H = \rho v + \dot{D}$$
$$\nabla \times E = -\dot{B}$$
$$\nabla \cdot B = 0 \tag{6-15}$$
$$\nabla \cdot D = \rho$$
$$B = \mu\mu_0 H, \quad D = \varepsilon\varepsilon_0 E$$
$$\mu_0 = 4\pi \times 10^{-7}\,\mathrm{H/m}$$

其中,ρ 为空间中以速度 $\vec{v}$ 运动着的电荷密度,ε 为空间中存在的物质的相对介电常量,μ 为物质的相对导磁系数. 考虑一大片广阔的空间,其中为真空,边界以外可能存在的物质因距离太远,对此空间的影响可以忽略不计,因而在此片真空中有

$$\rho = 0, \quad \mu = \varepsilon = 1$$
$$\nabla \times H = \dot{D}, \quad \nabla \cdot B = 0 \tag{6-15'}$$
$$\nabla \times E = -\dot{B}, \quad \nabla \cdot D = 0$$

通常 μ_0 称为真空的导磁系数,ε_0 称为真空的介电常数. 如果认为电磁场也是物质存在的一种形式. 则所谓“真空”中并非什么也没有,至少还存在电磁场,它按式 (6-15′)的规律运动.

下面来求式(6-15′)中方程组的解,计算

$$\begin{aligned}
\varepsilon_0 \ddot{E} = \dot{D} &= \nabla \times H \\
&= \nabla \times (\dot{B}/\mu_0) \\
&= -(1/\mu_0)\nabla \times (\nabla \times E) \\
-\varepsilon_0\mu_0 \ddot{E} &= \nabla \times (\nabla \times E) \\
&= \nabla(\nabla \cdot D/\varepsilon_0) - \nabla^2 E
\end{aligned} \tag{6-16}$$

$$\nabla^2 E = \varepsilon_0\mu_0 \ddot{E}$$

这是波的方程,对于 H,也可得到相同形式的波方程. 由电磁波方程得到电场的解为

$$E(r,t) = E_0 \exp[2\pi\mathrm{i}(\nu t - k \cdot r)] \tag{6-17}$$

其中 r 为空间的位置矢,波矢 k 的长度 $k = 1/\lambda$,λ 为波长,ν 为频率. 波沿 k 方向传播的速度为光速

$$c = \sqrt{1/\varepsilon_0\mu_0} = 2.99792458 \times 10^8\,\mathrm{m/s}$$

光速是一个自然常数,对于磁场 $H(r,t)$,可以得到类似于式(6-17)的结果.

必须强调指出,麦克斯韦方程组是定义在实数域的,应该给出实数解 $E(r,t)$ 和 $H(r,t)$,式(6-17)右边写为复数纯粹是为了习惯上的方便,即用 E 的实部表示 E 值,而同时用其虚部表示振动的位相. 在最简单的单色平面波情况下,沿 k 指出的波的传播方向取右旋直角坐标系的 x 轴,则 E 沿 z 方向,而 H 沿 y 方向. 这时,适当选取时间 t 的原点,就可以得到麦克斯韦方程组在真空中的实数解写为

$$E = E_z = E_0 \cos 2\pi\nu(t - x/c)$$

$$H = H_y = -E_0 \sqrt{\frac{\varepsilon_0}{\mu_0}} \cos 2\pi\nu(t - x/c) \tag{6-18}$$

由此可见,电磁波中的 $E(r,t)$ 和 $H(r,t)$ 不是互相独立的.

式(6-18)右边出现 $(t-x/c)$,光速 c 不变的事实表明用 (ct) 来衡量时间,则时间和空间的一个维度(例如 x)有相同性质.因此,在相对论中称 (x,y,z,ct) 为四维时空,c 称为时间轴单位变换中的比例常数.一切可能的四维时空称为宇宙(universe),汉字中"宇"指一切的空间,"宙"指一切的时间,在四维时空中,式(6-16)可写为

$$\frac{\partial^2 E}{\partial x^2} + \frac{\partial^2 E}{\partial y^2} + \frac{\partial^2 E}{\partial z^2} - \frac{\partial^2 E}{(\partial(ct))^2} = 0 \tag{6-19}$$

对于 H,有类似的方程.

在量子电动力学中,将真空中电磁场的能量写成哈密顿函数的形式,类似于处理前面的简谐子方法,经过二次量子化后得到电磁场的能量为

$$U(\mathbf{k}) = \left[n(\mathbf{k}) + \frac{1}{2}\right] h\nu(\mathbf{k})$$

$$n(\mathbf{k}) = 0, 1, 2, 3, \cdots$$

将 $U(\mathbf{k})$ 对 $\mathbf{k}$ 求和,便得到电磁场的总能量,用波矢 $\mathbf{k}$ 和频率 $\nu(\mathbf{k})$ 标记的电磁波的一份能量 $h\nu$ 称为一个光子.电磁波的波长 $\lambda = 1/k$, $\nu\lambda = c$,周期 $T = 1/v = \lambda/c$.

6.10　电磁波谱的频率高限

电磁理论建立在实数域的连续分析数学基础上,频率 ν 为非负值.故 ν 的低限为 $\nu = 0$,这无非指 E 和 H 均不随 (r,t) 而变的空间均匀的静态电磁场情况.在我们讨论的真空中,不随 (r,t) 而变的 E 和 H 都必须等于零;否则,真空就不是各向同性的.

在数学上,可以允许频率 $\nu = \infty$.但物理上不允许存在无限大的电磁波频率,因为光子的能量等于 $h\nu$;若 $\nu = \infty$,则 $h\nu = \infty$.如果出现一个 $\nu = \infty$ 的光子,则它的能量就足以毁灭整个宇宙,但宇宙已出现了 137 亿年,仍在按它自己的规律演化,并未出现 $\nu = \infty$ 的光子的干扰.故可确信物理规律不允许 $\nu = \infty$,记可能出现的光子最高频率为 ν_p,相应的电磁振动周期为

$$T_p = 1/\nu_p$$

$\nu_p < \infty$ 表明 $T_p > 0$,更精确地说,就是宇宙存在的历史证明了周期 T_p 不可能是无限小值,而只是某个确定的小值.T_p 是时间 t 的变化间隔,以上事实表明麦克斯韦方程组成立的条件不是 $t \in R$,而是

$$t \in T_{\mathrm{p}}y; \quad y=\{0, \pm 1, \pm 2, \cdots\} \quad (6\text{-}20)$$

T_{p} 相应的波长记为 $\lambda_{\mathrm{p}}=cT_{\mathrm{p}}$. 前面指出时间和空间相同的性质给出麦克斯韦方程中的坐标 (x, y, z) 应定义在

$$x, y, z \in \lambda_{\mathrm{p}}y; \quad y=\{0, \pm 1, \pm 2, \cdots\} \quad (6\text{-}21)$$

式(6-20)和式(6-21)是 137 亿年来观察到的实验结果,证明时空是量子化的.

图 6.8 给出电磁波谱中各段的常用名称,事实上,在宇宙空间已找到能量 $h\nu$ 最高的 γ 光子均小于 1000 MeV(10^9 eV)[67]. 因为宇宙在膨胀,特别是早期的膨胀速度接近光速,故从远离地球的天体在宇宙早期发出的高频 γ 光子传到太阳系时,频率因多普勒效应而减小,甚至可成为微波本底. 图 6.8中还标出了电子和正电子相遇湮没而产生的一对频率 ν 相同的 γ 光子的能量

$$h\nu=0.511 \text{ MeV}$$

式(6-19)中,x, y, z 和 (ct) 的单位都可以为光秒、光分或光年,地球距太阳约 8 光分,我们见到的阳光是太阳从 8 分钟前发出的,在太阳系可以接收到 137 亿光年外的最远天体发出的电磁波,这是该天体在 137 亿年前发出的.因此,电磁波频率有个上限 ν_{p},即时间有某个最短间隔 $T_{\mathrm{p}}=1/\nu_{\mathrm{p}}$ 是宇宙存在的历史所证明了的. 下面来估计 T_{p} 值.

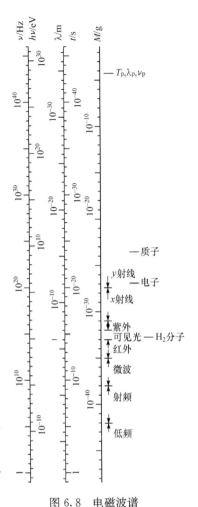

图 6.8　电磁波谱

频率为 ν 的光子的相对论质量

$$M=h\nu/c^2$$

两个频率为 ν_{p} 的光子接近到可能的最小距离

$$r=cT_{\mathrm{p}}=\lambda_{\mathrm{p}}$$

时的引力势能为

$$-GM_{\mathrm{p}}^2r=-Gh^2\nu_{\mathrm{p}}^2/c^5T_{\mathrm{p}}=-Gh^2\nu_{\mathrm{p}}^3/c^5$$

能量为 $h\nu \leqslant h\nu_{\mathrm{p}}$ 的任意两个光子接近到可能最小的距离后应仍能自由地分开,即光子此时的总能量应不是束缚态的负值. 这个极限条件给出

$$h\nu_{\mathrm{p}}-GM_{\mathrm{p}}^2/r=0$$

即

$$\nu_{\mathrm{p}}=Gh\nu_{\mathrm{p}}^3/c^5$$

$$T_p = \sqrt{\frac{Gh}{c^5}}$$

$$\lambda_p = \sqrt{\frac{Gh}{c^3}} \qquad (6\text{-}22)$$

以实验值

$$G = 6.670 \times 10^{-8} \ \text{cm}^3/\text{g} \cdot \text{s}^2$$

$$h = 6.6252 \times 10^{-27} \ \text{g} \cdot \text{cm}^3/\text{s}$$

$$c = 2.997924 \times 10^{10} \ \text{cm/s}$$

代入式(6-22)得到时间变化的最小间隔为

$$T_p = 1.3509 \times 10^{-43} \ \text{s}$$

通常,习惯地用 ω 代替 ν,用 $\hbar = h/2\pi$ 代替 h. 若将式(6-22)中的 h 改为 k,就得到 4.1 节给出的普朗克时间间隔[68] $\tau = T_p / \sqrt{2\pi}$.

在断续分析中记 $\delta t = T_p$,则极限频率 ν_p 的电磁波的光子能量

$$\delta U = \hbar \nu_p = \hbar / T_p$$

$$\delta U \delta t = \hbar \qquad (6\text{-}23)$$

这是和不确定关系式相应的另一结果.

图 6.8 还标出了质子质量 M 按 $Mc^2 = h\nu$ 计算出的 γ 光子的 ν 和 λ. 对于更高频率的 γ 光子,现在还所知甚少,是否存在和 ν_p 同数量级的频率的 γ 光子,目前还一无所知.

6.11 经典的动力学方程

作为麦克斯韦方程的解,式(6-17)和式(6-18)的主要意义在于说明真空中可以独立存在图 6.8 频率范围的电磁波. 麦克斯韦电磁理论属于经典物理. 经典的动力学方程中的时空变量定义在实数域,应用连续分析数学. 一般地,动力学方程中含有对时间 t 的微商,故需要有给定的初条件,才能确定方程的解,当动力学方程中还含有对空间变量 (x, y, z) 的微商时,还要有给定的边界条件,就是说,动力学方程、初条件和边界条件三者共同确定了物理问题的解. 在四维时空中,初条件就是第四维(ct)的边界条件.

若设边界条件为 $y^2 + z^2 = (\phi/2)^2$ 时式(6-18)中的 E_0 和 (x, y, z, t) 无关,而 $y^2 + z^2 \geqslant (\phi/2)^2$ 时 $\boldsymbol{E}$ 和 $\boldsymbol{H}$ 迅速衰减至零,并设初条件为($t = x/c$)时

$$E = E_z = E_0$$

$$dE/dt = 0$$

则式(6-18)描述了截面直径很小的一束激光. 这时,电位移 D 的动力学方程可写为

$$\mathrm{d}^2 D_z / \mathrm{d}t^2 = -\omega D_z, \quad \omega = 2\pi\nu \tag{6-24}$$

$$D = D_z = \varepsilon_0 E_0 \cos\omega(t - x/c)$$

将式(6-24)与式(6-9′)或式(6-13)比较,可看出 D 无非是一种广义位移. 上述激光束无非是真空中电位移的简谐振动. 此时式(6-18)描述的电磁波为横波,E、H 和电磁波前进的 x 方向互相垂直,它由无限多个相干光子的电磁场互相加强地叠加而成,图 6.8 还标出了 H_2 分子中简谐子频率的位置.

在 6.1 节和 6.2 节中,曾以 H_2 分子广义位移 $Q(t)$ 的简谐振动为例,说明连续分析中的动力学方程

$$\mathrm{d}^2 Q / \mathrm{d}t^2 = -\omega^2 Q \tag{6-25}$$

可以作为统一分析中的动力学方程

$$Q^{\triangle\triangle}(t) = -\omega^2 Q(t) \tag{6-26}$$

的很好的近似. 现代技术已可产生 x 光激光,x 光的典型周期可取为 $T = 10^{-18}$ s.

$$N = T/\tau = 1.8 \times 10^{25}$$

$$NT = 1.8 \times 10^7 \text{ s}$$

类似讨论可认为 $t \ll NT$(约五千小时)时,对于 x 光束中电位移简谐振动方程式(6-25)仍可作为式(6-26)的近似. 对于电子和正电子相遇湮灭所产生的光子

$$NT = 1.8 \times 10^7 \text{ s}$$

这时若再限制 $0 \leqslant t \ll NT$,在宏观实验范围显得不再合理. 因此可以推论,高频相干的 γ 光子的存在性将受时间量子化的限制.

式(6-26)是广义位移 $Q(t)$ 作简谐振动的动力学方程,黑体辐射规律和宇宙存在的事实证明 t 是量子化的,函数 $Q(t)$ 只能定义在实数集的一个闭子集

$$\tau = \{n\tau \mid n = 0, 1, 2, \cdots, N\} \tag{6-27}$$

其中 τ 为普朗克时间,N 为很大的正整数,对于函数 $Q(t)$,$t \in \tau$,不存在 $\mathrm{d}Q/\mathrm{d}t$ 和 $\mathrm{d}^2 Q/\mathrm{d}t^2$. 故式(6-25)的经典动力学方程在连续数学分析上,严格地说是错误的. 但是当我们观察时间的尺度远大于 τ 时,式(6-25)可作为式(6-26)的近似. 在统一分析中,方程式(6-26)和方程

$$Q^{\delta\delta}(t) = -\omega^2 Q(\rho(\rho(t))) = -\omega^2 Q(\rho^2(t)) \tag{6-28}$$

有相同的解,故也可认为简谐运动的动力学方程式(6-25)在数学上是式(6-28)的近似.

对于电位移的动力学方程,视式(6-25)为更严格的式(6-28)的近似在物理上有重要意义. 因为统一分析表明式(6-28)定义于区间

$$t \in \tau, \quad \tau \to 0$$

相应于定义在紧致的实数集 $\{t \mid 0 \leqslant t \leqslant N\tau\}$. 就是说在初条件时刻 $t = 0$ 和 τ 上,式(6-25)也正确,但统一分析将式(6-28)定义于区间

$$t \in \tau_{kk} = \{t = n\tau \mid n = 2, 3, 4, \cdots, N\}$$

在初条件时刻 $t=0$ 和 τ 上,并未要求动力学方程本身也正确. 从而初条件和动力学方程完全互相独立.

近年流行的时空概念认为[69],时间 $t=0$ 开始于宇宙大爆炸,在 $t=0$ 附近,已知的物理定律都不再正确. 因此,动力学方程式(6-28)只定义在离散数集 τ_{hk} 上正反映了这个要求.

从纯统一分析数学也可以说式(6-25)是方程

$$Q^{\delta\delta}(t)=-\omega^2 Q(t),\quad t\in\tau_{hk} \tag{6-29}$$

在 $\tau\to 0$ 时的近似. 但这个方程的解尚有待研究. 甚至,方程式(6-29)是否可精确解出,也还不知道,因此,还不能确信是式(6-28)还是式(6-29)才是简谐振动的更正确的动力学方程. 统一分析只根据实验从数学上严格证明了公认的简谐运动动力学方程式(6-25)是不存在的.

6.12　经典物理和科学决定论

经典物理学在 19 世纪已经完备和成熟,这种理论在定量上是如此之精确,以致在西方一神教的历史和社会背景下走向极端形成了超出物理和数学范围的一种哲学思想,称为科学决定论. 这是由数学家 Laplace 提出来的,但是他首先将这种哲学思想奉献给了拿破仑. 科学决定论对物理学的发展影响不大,但却影响了 20 世纪近百年的人类历史. 马克思主义就是在科学决定论的 19 世纪高潮中出现的. 科学决定论的最后被否定,成为 20 世纪的终结和 21 世纪开始的标志.

科学决定论(scientific determinism)认为存在严格的定律,使得现在的起始条件为已知时,此后宇宙中发生的一切事件,当然也包括社会事件,就可以唯一地完全被决定下来. 作为科学分支之一的物理学完全不按科学决定论发展. 许多著名物理学家例如 Planck 和 Einstein,在意识形态上是科学决定论和一神教的坚定的卫道士. 但当他们回到物理学领域日常工作时,却为反科学决定论而在量子力学的基础上作出重大贡献. 他坚持科学决定论而说了一句典型的话,他说:上帝从不掷骰子(God does not play dice). 对于受人尊敬的著名物理学家的这种双重人格,后人回敬了一句风趣的话:上帝不仅爱掷骰子,而且常将骰子掷到人类找不着的地方.

科学决定论是数学家提出的,其彻底否定还要从数学入手. 首先,图 6.8 说明了经典物理为什么能定量地如此精确. 从图中可以看出,人类力所能及地观察到的最小时间间隔,例如电磁波同一空间位置上出现两次波峰的间隔即周期 T,约为 10^{-22} s. 相应频率的 γ 光子在宇宙空间的本底中,平均每立方光年才能找到不超过 1 个[69]. 但 T 已比量子化时间 $\delta t=\tau$ 大 10^{21} 倍. 相对于 T,视

$$\delta t=\tau\approx \mathrm{d}t\to 0$$

已是非常好的近似. 故将 $Q^{\delta\delta}(t)$ 近似为 $\mathrm{d}^2Q/\mathrm{d}t^2$ 而在经典物理中用普通微积分描述定律可以精确到 10^{13} 分之一(近代原子钟计时精度).

第 3 章和第 5 章已详细证明统一分析不仅和连续分析同样严密,而且证明了连续分析无非是统一分析的一个特例. 宇宙的存在本身证明了 $\tau\neq0$, 故严格地在数学上只存在 $Q^{\delta\delta}(t)$ 而不存在 $\mathrm{d}^2Q/\mathrm{d}t^2$. 但上面指出式(6-28)和式(6-29)都可近似为式(6-25)以描述简谐运动定律. 科学决定论无法决定该在两个公式中作如何选择,而这两个公式的解显然是不同的.

其次,科学决定论还是选择起始条件和边界条件,仍以电磁波为例. 由原子发射的一个光子是电磁波,这已是众所周知的事实. 但物理学家和数学家始终找不到合适的初条件和边界条件来由麦克斯韦方程组唯一地解出单个光子的电场 $\boldsymbol{E}(x,y,z,t)$. 这个问题也只能等找到了上帝才去解决,科学决定论是无法决定的.

上面的讨论还说明了一个重要问题. 尽管统一分析在数学上是连续分析的进一步发展和推广,但不能认为将经典物理中动力学方程的普通微商简单地换成 δ 微商就可以使物理学发展下去,因为也可以换成 Δ 微商,两种更换都无实验根据,而且结果也并不相同. 因此,在第 1 章和第 2 章我们不由时空量子化而由宏观实验结果来引入断续分析的基本概念.

经典物理并不等同于宏观物理. 前者是和连续分析互相联系在 19 世纪发展到基本完善的. 但还有不少宏观问题经典物理至今未能解决. 必须使用断续分析数学的宏观问题便是例子. 量子物理用算符描述动力学变量. 当算符表示为微商形式时,在统一分析中成为有趣问题.

下面继续讨论原子发射的单个光子的电场,其中的初条件和边界条件也以概率形式出现,而不是科学决定论所能确定的.

6.13　单个光子的电场

设坐标 (x,y,z) 点上有一原子,其基态能级为 U_η,第一激发态能级为 U_ξ. 设此两能级之间的光跃迁是许可的,$U_\eta-U_\xi=h\nu$,参见图 6.9(a). 设时间 $t\leqslant0$ 时两能级均空着. 在 $t=0$ 开始,原子以非零概率占有 U_ξ 态,例如由更高能态开始跃迁至 U_ξ 态,使 U_ξ 态占有概率由 $t=0$ 开始增加. 但 U_ξ 态是不稳定的,故由 $t=0$ 开始也出现由 U_ξ 到 U_η 态的自发跃迁. 若 $x=x_0$ 点因此产生的单个光子的电场可描述如图 6.9(b);$x_0=ct_0$. 由更高能态完成向 U_ξ 态继续向 U_η 过渡使原子占有 U_ξ 态的概率由最大值开始减小,相应于 $E(x_0,0,0,t)$ 的幅值达到最大后开始衰减.

原子发射光子的持续时间记为 τ_ξ,τ_ξ 称为原子在 U_ξ 态的寿命,光子沿 x 轴作直线运动,某一时间 t,光子电场在 x 轴的分布类似于图 6.9(b),只需将 t 轴换成 x 轴,非零的 E 值只出现于长度为

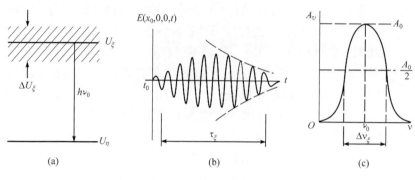

图 6.9　原子发射的单个光子

$$\Lambda_\xi = c\tau_\xi$$

的一段 x 轴上,同时,当 $(y^2+z^2)^{1/2}$ 大于光子波长时,电场 $\boldsymbol{E}(x,y,z,t)$ 迅速衰减为零,根本无法定出原子中电偶极矩的振动方式(边界条件)来由麦克斯韦方程组解出这样的 $\boldsymbol{E}(x,y,z,t)$. 此外,原子发射的光子沿 x 方向运动,也只是以概率方式出现,可以沿不是 x 轴的其他方向发射由 U_ξ 到 U_η 态跃迁的光子,自发射辐射的光子的位相,一般亦无法决定,从而初条件也失去意义,Λ_ξ 称为光子的相干长度.

图 6.9(b)形式的波的频率 ν 不是单一的. 若波的衰减按图中短划线示出的指数方式,则由傅里叶分析可给出图 6.9(c)的频谱分布曲线 A_ν. 图中的 $\Delta\nu_\xi$ 称为线宽,当 $\nu=\nu_0$ 时 $A_\nu=A_0$ 达到最大,实验给出的 A_ν 曲线常是高斯函数. 这时,图 6.9(b)的曲线称为高斯波列. 将高斯函数 A_ν 作傅里叶变换,就可得到图 6.9(b)的曲线,故单个光子的电场 $\boldsymbol{E}(x,y,z,t)$ 曲线可认为是由实验而不是由理论得到的.

根据能量守恒,ξ 态原子的能量也是不确定的,而是有一定分布宽度

$$\Delta U_\xi = h\Delta\nu_\xi$$

参见图 6.9(a),高斯线型的傅里叶分析给出

$$\tau_\xi \Delta\nu_\xi = 1$$

故

$$\tau_\xi \Delta U_\xi = h \tag{6-30}$$

这就是量子力学中能量和时间的不确定关系式. 原子的基态在时间 τ_ξ 内都是稳定的. 故能量 U_η 可以完全确定,即能级的分布宽度可视为零.

原子发射的光子一般在可见光范围,这时有关参数的数量级为

$$\nu_0 : 10^{14}\ \mathrm{s}^{-1}; \quad \tau_\xi : 10^{-8}\ \mathrm{s}$$

$$\nu_0 \tau_\xi \approx 10^6$$

即图 6.9(b)中的波经历了约 10^6 次振动. 故若干个周期范围以内的振动可近似认为是等幅的.

6.14　虚时间轴

式(6-15)的麦克斯韦方程组定义在实数集,完全可以用实数来描述它的解.在电磁理论中常出现复数的描述方法只是习惯上为了计算方便,并非必要;这时必须另加约定,复数的实部和虚部各表示什么不同的物理量.电磁理论中的一个物理量,严格地只能用一个实数描述.

在量子力学的定态问题中,式(6-7)的振幅波函数基本方程

$$\hat{H}\Psi(x,y,z)=E\Psi(x,y,z) \tag{6-31}$$

也是实的.类似地,波函数 Ψ 也可用实数或复数描述.正确理论推导,用复 Ψ 较方便,例如在氢原子问题中,立刻可得出

主量子数 $n=1,2,3,\cdots$

角量子数 $l=0,1,2,\cdots,(n-1)$

磁量子数 $m=0,\pm1,\pm2,\cdots,\pm l$

但是在量子化学的具体数字计算中,用实 Ψ 更为方便,这时,(n,l,m) 不同的 Ψ 可记为

$$1s,2s,2P_x,2P_y,2P_z,3s,\cdots$$

但是在含时间 t 的量子力学问题中,基本方程式(6-6)

$$\mathrm{i}h\frac{\partial}{\partial t}\Psi(x,y,z,t)=\hat{H}\Psi(x,y,z,t)$$

本身含有虚因子 $\mathrm{i}=\sqrt{-1}$.故 Ψ 只能是复数的,其主方程不是推导出来的,而是作为公理假设的.其正确性由它得出的结果和实验相比较来判断,下面介绍这个假设是怎样被"猜"出来的.

回到 3.20 节的讨论.经典力学将粒子的总能量 H 记为动能 K 与位能 V 之和.称 $H=K+V$ 为哈密顿函数,在实验证明微观粒子运动以关系式

$$\boldsymbol{P}=h\boldsymbol{k},\quad U=h\nu \tag{6-32}$$

相联系的波粒二象性后,de Broglie 提出用波函数 $\Psi(\boldsymbol{r},t)$ 描述系统的运动状态.当 H 不显含 t 时定态 Ψ 可以分离变量

$$\Psi(\boldsymbol{r},t)=\Psi(\boldsymbol{r})\Phi(t)$$

$\Psi(\boldsymbol{r})$ 可以写为实数或复数

$$\Psi(\boldsymbol{r})=\Psi_0\cos(2\pi\boldsymbol{k}\cdot\boldsymbol{r})$$

或

$$\Psi(\boldsymbol{r})=\Psi_0\mathrm{e}^{2\pi i\boldsymbol{k}\cdot\boldsymbol{r}} \tag{6-33}$$

当 $\nu=0$(自由粒子)时,由两种写法均可得到

$$\nabla^2\Psi=-4\pi^2k^2\Psi$$

利用 $\boldsymbol{P}=\hbar\boldsymbol{k}$ 并推广（即"猜"）到 $V=V(\boldsymbol{r})\neq 0$ 的情况，得到定态波方程

$$\hat{H}\Psi=U\Psi, \quad \hat{H}=\frac{-h^2}{8\pi^2 m}\nabla^2+V(\boldsymbol{r})$$

称 $\hat{H}$ 为能量算符，U 为本征值，U 相当于经典的 H，$\hat{H}$ 为由 Ψ 计算 U 的方法. 由经典力学的

$$H=\frac{1}{2m}|\boldsymbol{P}|^2+V(\boldsymbol{r})$$

可假设（猜出）一条公理：在 H 中令动量

$$\boldsymbol{P}=-\mathrm{i}\hbar\,\nabla, \quad h=\hbar/2\pi \tag{6-34}$$

便可由 H 得到 $\hat{H}$.

在自由粒子的 de Broglie 波中，粒子的质量 $m\neq 0$，而 $\Psi(\boldsymbol{r},t)$ 的时间因子为

$$\phi(t)=\mathrm{e}^{-2\pi\mathrm{i}\nu t}$$

应用波粒二象性的另一关系式，可写

$$\Psi(\boldsymbol{r},t)=\Psi(\boldsymbol{r})\mathrm{e}^{-2\pi\mathrm{i}(U/h)t}$$

$$\frac{\partial\Psi}{\partial t}=-2\pi\mathrm{i}\frac{U}{h}\cdot\Psi=\frac{1}{\mathrm{i}\hbar}U\Psi$$

作为公理可假设 $\hat{H}\Psi=U\Psi$ 仍满足 H 显含 t，即

$$H=\frac{1}{2m}P^2+V(\boldsymbol{r},t)$$

的情况，于是

$$\frac{\partial\Psi}{\partial t}=\frac{1}{\mathrm{i}h}\phi(t)\bigcup\Psi(\boldsymbol{r})=\frac{1}{\mathrm{i}h}\phi(t)\hat{H}\Psi$$

$$=\frac{1}{\mathrm{i}h}\hat{H}\Psi \tag{6-35}$$

$$\mathrm{i}h\frac{\partial\Psi}{\partial t}=\hat{H}\Psi$$

式(6-35)就是猜出来的量子力学含时间 t 的总能量公理，它同时满足式(6-32)的波粒二象性的两个条件.

式(6-35)是微观运动的运力学方程，它是定态 Ψ 经求微商得到的方程，假设为在非定态仍正确而猜出来的. 由此得到的结果在 20 世纪都和实验一致而被公认. 它当然能得到定态解，下面以自由空间的氢原子中的电子运动为例，说明式(6-35)的结果是和科学决定论相矛盾的.

以自由空间一个氢原子的核位置为坐标的原点 $r=0$. 记电子的质量为 μ，体系的哈密顿算符为

$$\hat{H}=-\frac{h^2}{2\mu}\nabla^2-\frac{e^2}{r}$$

e 为电子电荷绝对值,这时式(6-35)有精确解

$$\Psi = \Psi_{nlm}\, e^{-i(U_n/h)t}$$

$$U_n = -\frac{e^2}{2a_0 n^2}, \quad a_0 = \frac{h^2}{\mu e^2} \tag{6-36}$$

理论给出的能量 U_n 和氢原子光谱数据实验值相比,可以精确到七位有效数字. 故式(6-35)表达的动力学规律是非常成功的.

但这个微观运动规律彻底否定了科学决定论的信仰. 方程给出的结果是不能决定的,Ψ_{nlm} 中的量子数(n,l,m)可取无限多组数,动力学方程的初条件也是不能决定的. 例如,设 $t=0$ 时 $n=3$,但$(n=3,l,m)$中不同的(l,m)相应的 U_n 是简并的,没有可靠的根据决定初条件中的 l 和 m 值. 即使凭主观指定了 $t=0$ 时的初条件为

$$n = n' > 1, \quad m = m', \quad l = l'$$

并且原子是孤立的,不存在任何外加作用,由微观规律也不能决定 $t>0$ 时的

$$n = n'', \quad l = l'', \quad m = m''$$

中的(n'',l'',m'')数组. 由于原子可能发生了自发辐射,故 $t>0$ 时只能决定到 $n'' \leqslant n'$.

更为严重的是,式(6-35)既用来描述微观运动规律,则时间 t 只能定义在离散实数集

$$t \in \{\alpha\tau \mid \alpha = 0,1,2,\cdots\}$$

其中,τ 为普朗克时间. 统一分析证明了此时 $\partial\Psi/\partial t$ 并不存在,但又不知它是 $\Psi^{\triangle}(\boldsymbol{r},t)$ 还是 $\Psi^{\circ}(\boldsymbol{r},t)$ 的近似. 故统一分析证明了在严格意义上式(6-35)描述的"规律"是不存在的. 这是一个非解决不可的基本问题,可能的解决方法之一是将式(6-35)改写为

$$-h\frac{\partial\Psi}{\partial(it)} = \hat{H}\Psi \tag{6-37}$$

这就出现了虚时间轴(it). 虚时间是不能测量的,因此,可将(it)中的 t 定义在紧致的实数集上,从而微观体系可在虚时间中运动,以给出实时间测量中的以概率方式出现的不同结果.

在数学上,虚时间轴和实时间轴互相正交,式(6-37)因为含有对虚时间的微商,故描述微观状态的波函数 $\Psi(\boldsymbol{r},t)$ 只能是复数. 许多著名物理学家如 Feynman 和 Hawking(霍金)等在量子力学中对虚时间的概念都很重视.

如果引入虚时间的概念,则 6.9 节式(6-19)可改写为

$$\frac{\partial^2 \boldsymbol{E}}{\partial x^2} + \frac{\partial^2 \boldsymbol{E}}{\partial y^2} + \frac{\partial^2 \boldsymbol{E}}{\partial z^2} + \frac{\partial^2 \boldsymbol{E}}{(\partial(ict))^2} = 0 \tag{6-38}$$

从而在方程中(ict)和(x,y,z)有同样的性质. 为了区别,可将虚时间轴(ict)记为 t_I,而将实时间轴记为 t_R. 宇宙的存在只证明了实时间 t_R 定义在离散实数集$\{t_R = \alpha\tau \mid \alpha = 0,1,2,\cdots\}$.

但 t_I 只是用来计算的纯数学变量,故可定义在紧致的实数集 R. 类似地,(x,y,z) 也可定义在实数集 R. 从而保证了在量子力学中可以用连续分析方法,至于微观效应中的各种量子化现象和不确定关系式,均可认为归因于实 t_R 时的离散化. 例如在 6.10 节中就是根据这种思想推理的.

常数 c 是单位变换所需,使时间的单位和空间相同. 在复数

$$t=t_R+\mathrm{i}t_I$$
$$ct=ct_R+\mathrm{i}ct_I$$

中,实部和虚部各代表什么是凭应用指定的,在经典物理中已指定了 t_R 为宏观测量到的时间,但觉察 t_I 的存在而把它略去. 此时将 t_R 近似为可连续变化已足够精确. 量子力学的式(6-37)表明在微观现象中,t_I 不能再被略去,但虚时间的意义仍是物理学前沿正在研究的问题.

Laplace 宣称科学决定论适用于物理学、人类社会乃至全宇宙的科学决定论信仰是一种三段论. 第一,认为现状可无误地全面知道,称为初态. 第二,认为存在严格的随时间发展的规律. 第三,认为由初态和规律可唯一决定未来的发展. 在科学决定论基础上出现的意识形态,长期以来抑制了科学的发展,它本身就是反科学的.

相对论和量子力学是 20 世纪物理学的两大成就. 量子力学从基本概念上完全否定了科学决定论. 过去虽然已经发生了,但不存在描述初态的全面精确的方法,即使初态假设确定了,将来的状态也只能以概率方式存在而不能唯一决定,至于状态随时间发展的规律,若按科学决定论理解时间为可以测量的实时,则这种规律并不存在. 量子力学的动力学方程中出现的是虚时,虚时是不能测量的,在实时和虚时中到底哪个更为基本,现在还不知道.

Einstein 是科学决定论的信仰者,但由他的相对论方程解出的时空却以奇异点的大爆炸开始. 这是难以理解和无法确切描述的初态,由这个初态发展成今天的宇宙和其中的生命现象的规律,即使存在,恐怕也难以说明,因此,他是从经典物理的要领出发,最后否定了自己的信仰.

6.15　零光子能量和质量

下面的讨论涉及宇宙的结构和成因,离本书内容太远. 故只简单地提出一个未被注意的有趣问题以供参考而不作深入讨论.

考虑一个作非简谐振动的电偶极矩,在 $t=0$ 时开始发射电磁波. 因为振动是非简谐的,通过傅里叶分析知其中含有各种可能的频率 ν,相应于波长

$$\lambda=c/\nu=n\delta x, \quad n=1,2,3,\cdots$$
$$\delta x=c\tau$$

τ 为量子化时间. 根据量子力学,全部电磁波的总能量

$$U = \sum_\nu \sum_k \left(\frac{1}{2} + \eta(\nu(\boldsymbol{k})) \right) h\nu(\boldsymbol{k})$$

$\eta(\nu(\boldsymbol{k}))$ 为以频率 ν 和波矢 $\boldsymbol{k}$ 表征的光子数目,在 ν 和 λ 一定时,波矢 $\boldsymbol{k}$ 的不同可能方向数目记为 N_λ. 故

$$U = \sum_\nu \left(\frac{1}{2} + \eta \right) N_\lambda hc / \lambda$$

根据电偶极辐射的电磁理论. 波矢 $\boldsymbol{k}$ 应分布在和电偶极矩垂直的一个平面上.

在时间 t,能量 U 分布在半径为 R 的圆盘内,

$$R = ct$$

此时,并非所有的波长相应的光子都已发射了出来. 根据图 6-9(b),可近似认为出现上千个波峰的光子已被发出. 故波长的上限可记为

$$\lambda_m = R \times 10^{-3}$$

即

$$\lambda = nc\tau, \quad n = 1, 2, 3, \cdots, N$$

$$N = \frac{R \times 10^{-3}}{\delta x} = \frac{R \times 10^{-3}}{c\tau} = \frac{\lambda_m}{c\tau}$$

以 λ_m 为半径的圆周长为 $2\pi\lambda_m$,约每隔 δx 即可允许一个不同方向的波矢 $\boldsymbol{k}$,故

$$N_\lambda = \frac{2\pi\lambda_m}{\delta x} = 2\pi N$$

最后得出在时间 t,空间出现的能量

$$U = \sum_\lambda \left(\frac{1}{2} + \eta \right) \times 2\pi Nhc / \lambda$$

频率最高的光子的波长记为 λ_0,相应于光子能量 $h\nu_0$,相对论质量 m_0.

$$m_0 = \frac{h\nu_0}{c^2} = \frac{h}{c\lambda_0} = \frac{h}{c^2\tau} = 1.4 \times 10^{-4} \text{g}$$

$$U = \sum_{n=1}^{N} \left(\frac{1}{2} + \eta \right) \times 2\pi Nhc / nc\tau$$

$$U = \frac{2\pi Nh}{\tau} \sum_{n=1}^{N} \left(\frac{1}{2} + \eta \right) \frac{1}{n}$$

我们感兴趣的是下面对全部 $\boldsymbol{k}$ 和可能的 λ 均有

$$\eta(\nu(\boldsymbol{k})) \equiv 0$$

的特殊情况.

称 $\eta \equiv 0$ 时的总能量 U_0 为零光子能量,相应的相对论质量 $M_0 = U_0/c^2$ 为零光子质量.

$$M_0 = 2\pi Nm_0 \sum_{n=1}^{N} \left(\frac{1}{2} \cdot \frac{1}{n} \right)$$

$$M_0 = \pi N m_0 \sum_{n=1}^{N} \frac{1}{n} \tag{6-39}$$

当 N 很大时上式的求和结果可近似为 $\ln N$,

$$M_0 = \pi N m_0 \ln N$$

相对论零光子总质量分布于半径为 R 的圆盘状空间内,这是在时间 t 估计的结果.

宇宙大爆炸始于 $t=0$,至今 $t=137$ 亿年,故

$$R = ct = 1.3 \times 10^{28} \ \text{cm}$$

$$N = \frac{R \times 10^{-3}}{c\tau} = 8 \times 10^{57}$$

直至近年,一些学者认为宇宙是扁平的,故可用式(6-39)得出宇宙中的零光子质量

$$M_0 = 4.7 \times 10^{56} \ \text{g}$$

据观测估计[69],宇宙质量约为太阳质量的 10^{23} 倍,即约为 2×10^{56} g,和 M_0 具有同数量级.

　　注意上面只根据实时间量子化 $\delta x = c\tau$ 的来自实验的基本概念,就粗略估计出了 M_0 值,而宇宙质量也是估计出来的,对宇宙外边缘尚所知甚少,两者有相同数量级就可认为一致. 由此得到的结论是:宇宙自大爆炸以来所发射的零光子在研究宇宙问题中是不容忽视的,但有关学者从来都未注意到这个问题[70]. M_0 不是静止质量,而是来自零光子电磁波能量 U_0 的相对论质量,U_0 是看不见的,即不能直接检测的,故 U_0 应是暗能量. 可以通过间接方法证明 U_0 的存在,例如 M_0 产生的引力,在宇宙中,引力倾向于减慢宇宙膨胀. 运动着的能量 U_0 还可产生另一种效应. 既然零光子可以有能量 $h\nu/2$,也应可以有动量

$$\boldsymbol{p} = h\boldsymbol{k}/2$$

$\boldsymbol{p}$ 和 $\boldsymbol{k}$ 的方向指向宇宙膨胀方向. 其"光压"效应将成为一种反引力,使宇宙加速膨胀. 许多作者都提及宇宙中存在暗能量及其产生的反引力,并且估计暗能量的相对论质量占了宇宙总质量的 73%,如果认为暗能量主要来自 U_0,就和上面的简单估计一致了.

　　近几十年对宇宙的理论研究主要是求解广义相对论方程. 物理学目前发展的主要前沿问题是如何将量子力学和广义相对论结合起来,找寻统一的物理学(the unification of physics)理论. 1984 年出现的弦(string)理论是这方面的一步进展. 但可能根本不存在最后的宇宙理论,而只能分阶段逐步更精确地描述宇宙.

　　在宇宙问题中,称静止质量非零的客体为物质,称静止质量为零的客体为能量,例如电磁场,物质质量与能量的相对论质量之和为宇宙的总质量. 有些天体在很小空间内集中了大量物质,以至其表面上的重力如此之大,连光子也被吸引住而不能逃脱. 故这种天体是看不见的,称为黑洞,黑洞中的物质称为暗物质. 据 2000 年《自然》公布,银河系中心存在的黑洞质量为太阳的 2.60×10^6 倍. 光子是看得见

的. 但 U_0 中没有光子, 故 U_0 是看不见的, 它属于暗能量.

经典力学将粒子(物质)和电磁场(波)的运动规律描述方法截然分开. 量子力学注意到波粒二象性, 用概率波 $\Psi(r,t)$ 的方法描述粒子的运动, 得到量子化结果. 再将量子化方法用于电磁波, 解释了光子的概念. 在不同深入层次上, 经典力学和量子力学都是很成功的; 但也都不是完美无缺的. 量子力学说明了零光子可独立存在于真空. 我们将一份能量 $h\nu(k)/2$ 称为零光子. 但不能说明是否存在没有零光子的真空. 量子力学也不能说明零光子和物质体系之间的相互作用.

6.16　统一分析应用的评论

在 1.4 节、3.6 节和 3.15 节介绍了物理学和连续分析数学发展的历史, 说明了连续分析是经典物理的数学基础. 在经典物理中, 假设了包括时空在内的一切物理量都可以连续变化. 在量子力学中出现了量子化, 初看起来似乎断续分析和统一分析会大有用武之地. 经过上面的讨论, 说明了量子力学也是建立在连续分析的数学基础上.

量子力学以时空为基本自变量, 用波函数 $\Psi(x,y,z,t)$ 描述体系的状态. 共轭平方

$$\Psi^*(x,y,z,t)\Psi(x,y,z,t)$$

描述粒子出现于空间点 (x,y,z) 的概率密度. 按定义 Ψ 存在于连续的 (x,y,z) 实数集. 但式(6-37)关于 Ψ 的动力学方程表明它定义在虚时(it), 在虚时中的 t 也定义在连续的实数集 $t\in R$. 故量子力学也只用了连续分析.

在经典力学中, 哈密顿函数 H 中的变量 (r,p,t) 都是在实时空定义的. 但根据式(6-34)将 H 转换为哈密顿算符

$$\hat{H}(r,-\mathrm{i}h\nabla,t)$$

时就出现了虚因子 i, 对质量为 m 的粒子, $p=m\mathrm{d}r/\mathrm{d}t$. 若定义在虚时(it)中运动的虚动量为

$$p_I=m\mathrm{d}r/\mathrm{d}(\mathrm{i}t)$$

则式(6-34)可补充为

$$-\mathrm{i}\hbar\nabla=p=+\mathrm{i}p_I,\quad p_I\rightarrow-\hbar\nabla$$

则转换中的虚因子(i)消失.

量子化出现在以经典的粒子图像描述体系的能量 U 和动量 p. 黑体辐射实验说明 U 是量子化的,

$$\delta U=h\nu=h/T$$

T 为周期, 即一个光子的电磁波中两个波峰之间的时间间隔. 光子的能量 h/T 必须为有限值, 否则只要出现一个频率足够高的光子就足以毁灭宇宙. 记可能最小的

时间间隔为 τ. 因而时空变量中首先是时间出现量子化

$$\delta t = \tau$$

δt 是在研究电磁波以光子(粒子)图像出现时发生的. 故在经典的粒子图像中, 粒子的位置 x 也出现量子化

$$\delta x = c \delta t$$

这时假设了光子沿 x 方向运动. 类似地, 粒子在空间的位置 (x, y, z) 都出现了量子化. 经典粒子的动量是在实时空 (x, y, z, t) 中定义的, 从而动量 (p_x, p_y, p_z) 也出现量子化. 故经典的哈密顿函数 $H(r_\alpha, p_\alpha, t), \alpha = x, y, z$, 其中的变量全部严格地说都不能连续变化. 统一分析只说明了经典的动力学方程

$$\dot{r}_\alpha = \frac{\partial H}{\partial p_\alpha}, \quad \dot{p}_\alpha = -\frac{\partial H}{\partial r_\alpha} \tag{6-40}$$

使用普通微商是很好的近似. 将式(6-40)中的普通微商改成 Δ 微商和 δ 微商得到的仍是经典的动力学方程. 虽然在数学上更为严密, 但求解变得困难, 甚至不再存在精确的解. 实验证明了的是作为近似的式(6-40). 实验并未证明将其中的普通微商改为 Δ 或 δ 微商得到的新的方程会更为精确.

　　将式(6-40)的普通微商改为 Δ 或 δ 微商也不能由经典力学过渡到量子力学. 量子力学不像经典力学那样用位置 $\boldsymbol{r}$ 和动量 $\boldsymbol{p}$ 研究粒子的运动, 而是通过波粒二像性从波的图像研究物质的运动. 波并非存在于某个或某些位置 $\boldsymbol{r}$ 上, 而是运动于任意实数值 (x, y, z) 的整个空间, 故波函数 $\Psi(x, y, z, t)$ 存在(定义)于三维实数连续空间. Ψ 的动力学方程是虚时间 (it) 上的方程. 将 $\hat{H}\Psi$ 对虚时 (it) 积分才得到实时 t 的 $\Psi(x, y, z, t)$. 作为一种纯数学计算方法, 虚时 (it) 中的 t 应可连续变化, 故在量子力学中并无必要考虑将普通微商改为 Δ 或 δ 微商. 量子力学本身不能说明虚时的意义及其与实时的关系.

　　关于宇宙的维度数目, 是当代物理学未解决的重大问题. 近三十年发展起来的弦理论一般认为宇宙是 11 维的, 但也可能是 10 或 26 维的[69]. 要从四维时空猜想其他维度上的规律, 是只能逐步去接近真实的问题. 物理学的重要特点是建立数学模型, 以便定量地描述客观规律. 数学上将连续分析和断续分析统一起来, 使物理学建立数学模型时, 概念更加严格了.

　　上面提到, 将经典力学动力学方程中的普通微商改为 Δ 或 δ 微商得到的仍是经典动力学方程, 实验并未证明这种修改可得到更精确的结果. 但实验也没有否定数学上更严格的这种修改的物理意义. 因为实时 t 是量子化了的, 数学上的这种修改是必要的. 这种修改在物理上意味着, 若位置 $\boldsymbol{r}(t)$ 有确定值, 则 $\mathrm{d}\boldsymbol{r}(t)/\mathrm{d}t$ 没有定义, 断续分析中不存在 $\mathrm{d}t$. 故位置 $\boldsymbol{r}$ 与动量 $\boldsymbol{p}$ 不能同时确定. 参见 6.2 节的讨论. 6.2 节中的式(6-35)还表明, 当 $t \in \tau y$ 时, 经典力学中的能量守恒也只是近似的, 或者说时间和能量不能同时确定, 当 ω 和 $1/\tau$ 有同数量级时, H 随 t 迅速增大, 这

是否意味着在宇宙诞生之时的高频 γ 射线大爆炸,尚待研究.

经典物理只研究宏观问题,但还有许多宏观问题在用连续分析的经典物理中无法解决,《电介质理论》中讨论的就属于这方面的问题.统一分析可能发挥作用的领域有三个方面.第一,宏观测量过程中,体系因外作用的变化而在不同时间遵从不同物理规律的问题.第二,更高级的运动,例如和生命现象有关的运动,在白天或黑夜,在不同季节,都有不同的变化规律.这关系到将物理学定量方法推广到其他学科.必须注意,这种定量结果也只能按概率的意义来理解.否则将重犯科学决定论的世纪性严重错误.第三,量子力学发展成为更高级更深入的新理论,例如计入广义相对论的理论.

下面只限于讨论统一分析的第一个方面的应用,并且主要讨论和电介质有关的问题.

第7章 电介质的时间标度实验研究

7.1 宏观物理的非经典发展

经典物理是用连续分析数学方法研究宏观问题的. 连续分析研究的函数通常都假设它和它的任意阶微商都是连续的. 若自变量取某个值时不满足这个假设,便称函数在该值上有个奇异点. 一般说来,连续分析无法处理奇异点. 故经典物理在连续分析的奇异点上失去意义. 用连续分析描述的物理定律在奇异点甚至在其附近不再成立. 所谓奇异,可以是发散(等于 $+\infty$)或没有确定的值. 对于凝聚态物理,热力学函数的奇异点往往联系着所研究物质体系的结构相变. 近年最引起注意的是广义相对论方程的解给出宇宙大爆炸的奇异点,即在时间 $t=0$ 的开始,宇宙的一些性质出现了奇异.

经典力学在解释行星绕太阳的运动时十分成功,但这只是力学最简单的二体问题. 稍为复杂一点的三体问题,经典动力学方程就无法精确求解而只能采用微扰法近似处理. 微扰法更广泛地发展使用于量子力学时又出现发散困难,在量子力学中也用了连续分析数学. 这种发散最先发现在计算电子的质量问题中,一般认为电子具有某个固定质量. 但电子的电荷可产生电磁场,真空中的电磁场具有的能量可折合为电子的电磁质量. 当用微扰法计算电子的电磁质量,在一级微扰下得出了很好的结果. 但当计入高级微扰时却发现电子的电磁质量是发散的. 由于理论上也不能确认电子的固定质量值,只能认为电子的固定质量与电磁质量之和等于实验测出的电子总质量,这种处理称为重整化. 在用微扰法计算电子电荷时,也要用重整化处理. 重整化在连续分析中等价于承认一个没有意义的等式.

$$\infty + (-\infty) = 某确定有限值$$

这只能认为是连续分析用于物理学时造成的数学上的自相矛盾.

经典物理最早是研究宏观运动的. 但是在电介质物理方面,使用连续分析的经典物理甚至连最简单和最基本的问题都很难解决. 例如有外电压

$$\begin{aligned} V(t) &= V_0\sin\omega t, \quad t_0 \leqslant t \leqslant t_1 \\ V(t) &= 0, \quad t < t_0 \text{ 或 } t > t_1 \end{aligned} \tag{7-1}$$

其中,$t_0 = 0$,$t_1 = 2\pi N/\omega$,N 为正整数,将电压 $V(t)$ 加于一个含介质的电容器 C 上,测量流过 C 的电流 $I(t)$,现代技术可以测量得十分精确. 但使用连续分析的经典物理却难以由 V 和 C 计算出 $I(t)$,因为在 $t = t_0$ 和 t_1 上 $V(t)$ 出现了奇异,在奇异点上 $V(t)$ 不存在确定的微商.

　　这是很常见的实际问题,但经典物理一向回避如何正面去解决,而理想化的作近似处理,代替式(7-1)而考虑电压[30]

$$V(t)=e^{\eta t}V_0\sin\omega t, \quad -\infty\leqslant t+\infty \tag{7-2}$$

其中 η 为足够小的正数,在 $t=-\infty$ 时 $V(-\infty)=0$,即考虑时间足够长以前将振幅无限缓慢地增加的交流电压 $V(t)$ 加于电容 C. 并且只考虑

$$|\eta t|\approx 0, \quad e^{\eta t}\approx 1$$

时流过 C 的电流 $I(t)$,从而得到众所周知的交流电路方程,用介质的复介电常量 ε 描述

$$C=\varepsilon C_0$$

C_0 为电容器极间介质为真空时的电容量.

　　用交流电路方程来处理式(7-1)的 $V(t)$ 加于 C 上所产生的电流 $I(t)$ 和实验测得的结果相比,其差别是不能容忍的. 这主要表现在两个方面. 第一,当 $1\leqslant N<100$ 时,实验表明 $I(t)$ 要建立稳定的振幅以及相对于 $V(t)$ 的位相差的过程是交流电路方程原则上不能解释的. 第二,$t\geqslant t_1$ 时虽然已经没有外电压,但 $I(t)$ 仍可不为零. $I(t)$ 此时的衰减规律甚至和 N 有关而不仅决定于 $t\geqslant t_1$ 时的初条件 $I(t_1)$. 通常第一种过程称为暂态过程,第二种过程称为弛豫过程. 类似的过程可出现于电学以外的各种运动,经典物理显得研究乏力,因为连续分析数学方法出现了奇异点.

　　经典物理中的平衡态热力学理论只研究宏观均匀系. 只有物质的一级结构的运动,才适宜用经典热力学理论研究. 宏观物质一级结构运动产生的效应称为快效应,经典热力学理论只适用于快效应. 宏观物质的二级和更高级结构运动产生的效应称为慢效应[1]. 经典物理中的许多定律都不适用于慢效应. 例如,慢极化效应就不遵从麦克斯韦方程组描述的电磁运动定律.

　　高级结构要考虑到凝聚介质的形状尺寸,在体系的界面上,空间变化出现奇异,故体系不再存在空间的平移对称. 关于物性的以空间平移对称为假设条件的一切理论结果不再正确. 传统的声子概念和有关理论失去意义,而必须建立简谐子的新理论. 这种新理论以空间的断续分析为基础[1].

　　经典物理的动力学方程对时间 t 的反演变换(即 $t\to-t$)是不变的. 60 年代以后,根据这一原理逐步建立了非平衡态热力学理论,并得到广泛的应用[31]. 但是,1982 年发现电介质的自由弛豫和随机弛豫的大量实验结果确证了在非平衡态热力学公式中,不存在时间反演不变的规律[1]. 统一分析说明了时间反演不变的规律不是正确的物理定律,而是经典物理所用的不恰当的连续分析数学方法所带来的. 根据 1.6 节的式(1-24)和 1.7 节的式(1-32)的定义,时间反演变换的数学本质等价于函数 $F(t)$ 的微商 $F^\Delta(t)$ 和 $F^\delta(t)$ 之间的变换. 而连续分析数学存在的充要条件为

$$F^\Delta(t)=F^\delta(t)=\mathrm{d}F(t)/\mathrm{d}t \tag{7-3}$$

作为物理定律,6.10 节已从实验证明了式(7-3)是不可能成立的. 它只能在某

些特殊情况下作为理想化近似来应用. 在研究自由弛豫中采用了扩散方程[1], 就是因为扩散方程不是对时间反演不变的. 要改用 Δ 或 δ 微商从头再建立非平衡态热力学理论, 尚有待于利用时间标度方法取得更多的实验依据. 本章将侧重讨论有关的实验方法.

时间是什么? 在四维时空中, 选定三维空间的原点后, 描述空间位置的 (x, y, z) 直角坐标系的方向是任意的. 但时间轴的原点选定后, 其方向不能任意. 至少有三种不同的决定时间轴正方向的方法, 其结果一致. 第一种, 因果律方向, 先因后果, 也可认为这是心理学方向, 只记得过去, 不记得未来. 第二种, 热力学方向, 体系熵增为时间正向, 孤立体系趋向无序. 第三种, 宇宙学方向, 宇宙在膨胀. 因此, 在统一分析保留"时间标度"概念以确认时间的有向性是有意义的. 但是, 在实空间中不能确定虚时间轴的方向.

麦克斯韦方程组只适用于线性电介质. 当电路中的电容 C 含有线性电介质时, 由麦克斯韦方程组可以得出 RLC 线性电路方程以描述电流随外加电压变化的规律, 从而复 $\varepsilon(\omega)$ 成为角频率 ω 的函数, 这时, 电容 C 的两个电极接线是等价的, 就是说将电容反向接入时电路特性不变, 在引入表面屏蔽电荷方法描述 C 中介质极化时, 可以允许 C 中介质和电极相邻的两个表面有不同性质. 这时, 电容 C 就成为有方向性的非线性元件, 当介质出现铁电性时, 它就不再是线性的. 在现代薄膜材料工艺中, 介质的体积性质虽是线性的, 但作为亲底的薄膜的底电极的加工工艺往往有别于上电极. 从而也可以使电容器的两电极有不同性质, 成为非线性元件. 当出现非线性效应时, 复 $\varepsilon(\omega)$ 的频域方法和概念不再正确, 而只能采用时间标度方法.

对于线性电介质, 认为时间反演对称的现有非平衡态统计热力学证明了时域方法和频域方法是等价的. 但大量实验证明[1], 慢极化效应即使是线性的, 这种等价性也不存在. 因为产生慢效应的二级和更高级结构的运动对时间的反演不对称. 为了不和错误的习惯认识混淆, 将时域方法改称为时间标度方法, 以强调时间反演可以不对称.

在 6.10 节的图 6.8 中, 高频端还有许多空白, 人类还未有能力作实验研究. 类似地低频端也有许多空白, 技术上虽然可以但仍未有人注意去深入研究, 一般误认为这无非是 $\omega \approx 0$ 的静态问题. 宏观物质的高于一级结构的运动较慢, 故所产生的效应称为慢效应, 常只表现于低频端. 但高级结构的运动很复杂. 虽然外加作用是周期性的, 但体系可能在一个周期的某一些时间内响应遵守某个规律, 而其余时间遵守不同规律, 这就使得频率的概念在描述响应时完全失去意义.

生命物质存在的不同层次高级结构的运动甚至使得更多的物理原理失去意义. 例如, 前述热力学原理要求体系趋向无序 (热力学第二定律), 但生物的进化证明了生命体系趋向有序. 因此, 热力学只将自己局限于孤立体系就使物理学无法发展.生命的物质不能作为孤立体系存在,它是一个开放体系,孤立意味着死亡.

时间标度方法侧重研究物质高级结构的运动规律.统一分析为此提供了数学工具.现代电子技术发展提供了前所未有的实验手段.本章主要介绍有关的实验原理.

7.2　时间标度谱仪

《电介质理论》中提出了许多新的宏观实验方法,得到的大量结果都已超出了经典物理基础理论所能解释的范围[1].本书第 1 章和第 2 章发展了这些实验方法,说明经典物理所依赖的连续数学分析方法本身在有关问题中不再正确.以实验为基础建立了断续分析和统一分析的数学新概念.后来发现,国外近几年也从纯数学角度提出了类似问题.为了和国外一致,暂时将新的数学方法称为时间标度微积分,与此相应,综合有关的实验技术成为新的系统设备,称为时间标度谱仪.新的数学和实验方法侧重研究凝聚介质中高级结构的严格定量运动规律.由于传统的从牛顿以来的经典物理只研究一级结构的运动,这种研究已超出了经典物理学的范围.注意到生命现象是高级结构所提供,有关的新的实验和理论研究具有特殊意义.

图 7.1 示出时间标度谱仪的主要部件.主控计算机按设定程序将测量全部自动化,并实时以规定方式显示测得数据及其测点分布在对数或线性坐标系中组成的曲线,测量完成后计算机还自动处理数据,找出拟合公式,并打印数表和绘制测点和拟合曲线.

计算机控制函数发生器、脉冲触发器和电流发生器产生测量所需的各种讯号,函数发生器由计算机的中心时钟通过十四位 D/A 产生随时间 t 变化的任意设定的电压函数 $U(t)$,其正负峰值可任意设定但不超过 $\pm 1.5000 V_p$.这个电压可直接加于样品 C_x 作小讯号线性测量,其输出阻抗不超过 $1\,k\Omega$.$U(t)$ 还可通过电压放大器产生较高电压供非线性及电滞螺线研究,其电压放大倍数固定为 1000,在高电压下样品容易被击穿,故电压放大器必须具有短路自动保护装置,最常用的 $U(t)$ 为正弦波和三角波,其特殊之处为 $U(t)$ 只是 7.1 节的式(7-1)规定的只有 N 个周期的准正弦波和准三角波,这是普通振荡器所不能产生的波形.N 值和频率 $\omega/2\pi$ 可以设定,$1 \leqslant N \leqslant 10^3$,频率范围为 $10^{-6} \sim 10^5$ Hz.

脉冲触发器在计算机控制下产生上升和下降时间小于 $1\,\mu s$ 的方波,周期为 T($>$1ms).在时间为 $0 \leqslant t < T_1$ 时电压 $U(t)=U_1$;$T_1 \leqslant t < T$ 时,$U(t)=U_2$.U_1 和 U_2 在 ± 100 V 之间可以设定,它产生的 $U(t)$ 可供研究铁电脉冲反转和介电自由弛豫或随机弛豫之用.初步的研究结果和数据拟合(解谱)方法在《电介质理论》中已有所介绍,但方法的应用还很不全面,研制一台综合的时间标度谱仪有助于方法的推

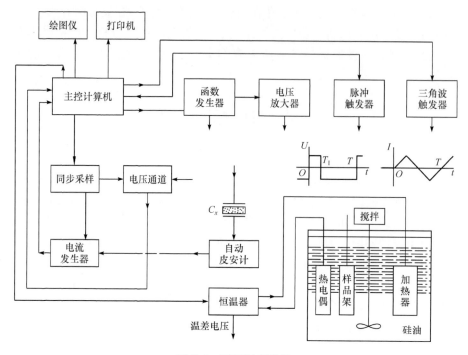

图 7.1　时间标度谱仪

广应用. 其最后目的为严格查明频域复介电常量 $\varepsilon(\omega)$ 概念在何种精确范围才有意义, 以及 Kramers-Kronig 关系式在什么情况下才近似正确.

在研究自由弛豫时, 一向只令 $U_1>0, U_2=0$, 而 T_1 为足够长时间(一般为 20 min). 自由弛豫谱参数随 T_1 的变化, 以及 U_1 和 U_2 都不等于零的情况都未作充分研究. 此外, 在样品经历式(7-1)的电压作用后, 时间 $t>t_1$ 的自由弛豫规律过去亦未能研究. 用时间标度谱仪可补充这种研究, 特别是谱参数随式(7-1)中 ω 的变化, 可能含有高级结构运动的信息.

近年出现研究铁电铁磁性材料的兴趣, 故谱仪还具备三角波电流发生器. 电流 $I(t)$ 可供铁磁性测量之用. $I(t)$ 的峰值可在 $\pm1\mathrm{A_p}$ 范围内设定, 驱动 $I(t)$ 的电压高达 $\pm15\mathrm{V_p}$, $I(t)$ 的周期可在 $0.02\ \mathrm{s} \leqslant T \leqslant 100\ \mathrm{s}$ 设定, 第 2 章提及了电滞螺线, 但用三角波 $I(t)$ 测量磁滞螺线可免除类似干扰, 对于证明时间标度微积分在技术上的应用有重要意义.

设备有电压和电流两个测量通道. 两通道由计算机控制同步采样, 所得数据存于计算机, 电压通道分六挡, 各挡最大电压为
$$\pm0.01, \pm0.1, \pm1, \pm10, \pm100, \pm1000\ \mathrm{V}$$
由 12 位 A/D 转换为数字讯号, 各挡输入电阻均为 10 MΩ. 所用挡位由键盘设定, 电压通道用来测量加于样品 C_x 上的电压. 研究温度谱时用来测量恒温系统的温

差电压,经存于计算机的校正公式转换成温度寄存.

电流通道经皮安计将电流转换为满挡 ± 5 V 的电压后,再用 14 位 A/D 转换成数字讯号,自动化的皮安计分四挡,满挡分别为

$$\pm 5 \times 10^{-3}, \pm 5 \times 10^{-5}, \pm 5 \times 10^{-7}, \pm 5 \times 10^{-9} \text{ A}$$

最灵敏挡每个数字相当于 0.61 pA. 皮安计可由键盘设定挡位,也可由硬件自动切换,采用 14 位 A/D 和差距达两个数量级的相邻挡位的原因是为了减少在测量过程中因换挡而造成的干扰. 皮安计也可单独手动使用,后面还要详细介绍.

采样时间距离 $\sigma_m (m=1,2,\cdots)$ 共设八挡,依次为

$$10^{-5}, 10^{-4}, 10^{-3}, 10^{-2}, 10^{-1}, 1, 10, 10^2 \text{ s}$$

每挡设定一个测量次数 M_m,原则上 M_m 值可任意设定. 为方便计算测量时间 t,优先选用以下 M_m 值,

$$10, 20, 50, 100, 200, 500, 1000, \cdots$$

设定一个 σ_1 值和各 M_m 值后,在某时间 $t=\sigma_1$ 作第 1 次测量,再隔时间 σ_1 作第 2 次测量,依次测量共 M_1 次后,改为间隔时间 $\sigma_2 = 10\sigma_1$ 测量. 以 $\sigma_m (m=2,3,\cdots)$ 测量 M_m 次后再改为间隔时间 $\sigma_{m+1} = 10\sigma_m$ 测量. 这使每次测量的时间 t 值很容易计算出来而不必记存 t 值.

图 7.1 示出的为 $0\sim180$ ℃的恒温系统,用热电偶测温. 若改用本实验室研制的热释电微温计,则精度可达 ± 0.001 ℃,但这时只限于在 $0\sim60$ ℃使用. 设备还要具备 $-180\sim+50$ ℃的液氮冷却系统. 设备可供铁电临界现象,恒速或阶跃升温热刺激电流谱,冷冻介电谱等研究之用.

7.3 频域介电谱方法的评论

以 7.1 节的式 (7-1) 形式的电压 $U(t)$ 加于样品 C_x 后产生的电流 $I(t)$ 示于图 7.2,黑线代表电压,短划线代表电流. 因为

$$t \leqslant 0 \text{ 和 } t \geqslant t_1 = NT = 2\pi N/\omega$$

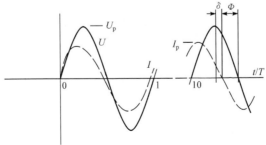

图 7.2 正弦电压产生的电流

时 $U(t)=0$，故 $U(t)$ 只能称为准正弦电压，T 为准周期，N 为正整数，电流 $I(t)$ 也只是准正弦式的. 因为只在

$$10T \ll t \leqslant t_1 = NT$$

时 $I(t)$ 才近似为正弦式的. 这时称为稳态，振幅 I_p 和相角差 $\phi = (\pi/2 - \delta)$ 达到稳定值. 频域介电谱的有关概念只适用于稳态过程. 时间标度谱仪不仅可以研究允态过程，还可研究 $0 \leqslant t \leqslant 10T$ 的暂态过程和 $t \geqslant t_1$ 的弛豫过程，其中含有介质中高级结构运动的许多重要信息.

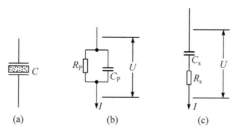

图 7.3　频域等效电路

在稳态，图 7.3(a) 的含介质电容 C 可描述为 (b) 的并联和 (c) 的串联等效电路. 当电容器中的介质为真空时的电容量记为 C_0. 定义复介电常量为

$$C = \varepsilon C_0, \quad \varepsilon(\omega) = \varepsilon'(\omega) - \mathrm{i}\varepsilon''(\omega)$$

$$\varepsilon' C_0 = C_p, \quad 1/\omega\varepsilon'' C_0 = R_p$$

$$\tan\delta = \varepsilon''/\varepsilon', \quad \delta + \phi = \pi/2$$

两种等效电路参数间有关系

$$\omega C_p R_p = 1/\omega C_s R_s = 1/\tan\delta$$

$$\omega C_s R_s + \omega C_p R_p = \omega C_s R_p$$

只要从 $U(t)$ 和 $I(t)$ 的测量数据定出幅值 U_p 和 I_p 以及相角差 ϕ，即可计算出图 7.3 中的电路参数 $(C_p, R_p; C_s, R_s)$ 和材料参数 $(\varepsilon', \varepsilon'')$，复 $\varepsilon(\omega)$ 随 ω 的变化关系称为频域介电谱.

并联模式描述了 C 在电路中形成的导纳

$$Y = G + \mathrm{i}B$$

$$I = YU$$

G 为电导，B 为电纳，有关系式

$$|Y| = (G^2 + B^2)^{1/2}$$

$$\tan\delta = G/B, \quad B = \omega C_p$$

串联模式描述了 C 在电路中形成的阻抗

$$Z = R + \mathrm{i}x = 1/Y$$

$$U = ZI$$

R 为电阻,X 为电抗,有关系式

$$|Z| = (R^2 + x^2)^{1/2}$$
$$\tan\delta = R/X, \quad X = -1/\omega C_s$$

这时,我们假设了用复数记法,

$$U(t) = U_p e^{i\omega t}, \quad -\infty \leqslant t \leqslant +\infty$$
$$I(t) = I_p e^{i(\omega t + \phi)}$$

可见频域是在极端简化的理想情况下定义的. 如果外加电压只是 7.1 节的式(7-1)所示可以实际做到的准正弦式,则要在 $t > 10T$ 时才能得出近似稳定的 (I_p, δ) 值. 若在 10^{-5} Hz 情况下测量,则按定义要花 12 天才能测出一对 $(\varepsilon', \varepsilon'')$ 值. 故在更低频率下频域方法本身失去意义.

由交流电路方程可得计算公式

$$C_p = (I_p \cos\delta)/\omega U_p, \quad R_p = U_p/(I_p \sin\delta)$$
$$C_s = I_p/\omega U_p \cos\delta, \quad R_s = (U_p \sin\delta)/I_p$$

频域复介电谱的基本概念是按技术应用上的方便而人为约定的,这种习惯约定在物理意义上并不严格. 不严格的定义常引起混淆和误解. 当纯粹讨论物质的介电行为时,本应理想化地排除其他效应对基本定义的干扰. 例如,定义介电常量时应认为体系是理想绝缘体,避免漏电电导的干扰,一般地在弱场下这种电导是可以略去的. 因此,比之上面定义 $\varepsilon' = C_p/C_0$,改变为定义 $\varepsilon' = C_s/C_0$ 显得更为合理. 注意 $C_p/C_s = \cos^2\delta$,用 C_p 或 C_s 来定义 ε' 的差别可以很大,除非 $\delta \to 0$. 用 C_p 或 C_s 来定义的争议是没有意义的. 一个物理量只能是实数,当为了方便而用复数描述某种现象时,其实部和虚部的意义完全可以凭主观约定. 只要记住,频域复介电常量的实部并不等同于实介电常量.

研究纯介电谱时,应该将测量中样品的微小电导效应扣除. 通常认为物质的电导率在低于微波段时和频率无关,故原则上很容易将上面的公式扣除电导的贡献. 但文献上报道的复 $\varepsilon(\omega)$,几乎都没有作出这种修正.

70 年代以后,发现了快离子导体,才知道离子导电固体的电导率 σ 和频率 ω 有关,从而出现电导谱 $\sigma(\omega)$ 的研究. 许多固态电介质的微弱电导都是离子导电. 这时,复 $\varepsilon(\omega)$ 谱和复 $\sigma(\omega)$ 谱原则上不能分开,只能用 $Y(\omega)$ 导纳谱说明两者的总效应[70,71],而时间标度测量则可得到实介电常量时间标度谱.

一些固态电介质虽然属于电子导电,σ 与 ω 无关. 但 σ 值不够小时使损耗角增大,难以作精确的频域测量. 历史上的解决方法是用热刺激电流(TSC)测量来近似地间接得到频域介电谱. TSC 方法本身就是不很严格的时间标度测量,用时间标度方法可以得到更精确有用的结果,强求近似转换为频域介电谱并非必要[1].

事实上不可能在时间 $-\infty \leqslant t \leqslant +\infty$ 加一个等幅正弦电压来测量复 $\varepsilon(\omega)$. 只能在 $0 \leqslant t \leqslant t_1$ 加上类似于 7.1 节的式(7-1)的准正弦电压作测量. 故时间标度谱仪不

仅也可得出稳定的频域 $\varepsilon(\omega)$，还可得出 $0\leqslant t\leqslant10T$ 的暂态电流 $I(t)$，以及 $t\geqslant t_1$ 时的正弦激发自由弛豫电流 $I(t)$[1]，这些新结果的意义尚待研究.

　　频域测量在技术上是十分方便和有用的方法，但作为介电谱的物理研究，它既非唯一的也不是最好的方法. 实验已经证明了由于慢极化效应的广泛存在，频域方法和时域方法是不等价的[1]，但现有的统计热力学理论却证明了两者等价. 关键在于理论上假设了时间是反演对称的. 时间反演是否对称，是物理学的重要基本问题，时间标度谱仪的应用将为解决这个问题提供更多的实验依据.

7.4　时间标度测量原则

　　对于凝聚态电介质的研究，比之经典物理的实验方法，时间标度测量方法的要求要严格得多，其基本假设只有一条公理：在时间 $t=0$ 的体系处于原始态时，只要热力学路径相同，测量结果可以重现. 这是物理学的基本要求，物理学不研究不能重现的效应.

　　在宏观测量中，被测量的体系是一个充满介质的电容器 C_x. 它所受外加作用为电极上的电压 U、样品的温度 T、所受外力（或应力）X，此外，有时还要考虑化学环境的作用，热力学路径用时间 $t>0$ 时定义的函数 $U(t)$、$T(t)$、$X(t)$ 描述. 要测量的是样品电极上的电荷 $Q(t)$，用谱仪直接测出的是 $Q(t)$ 的左微商，即电流

$$I(t)=\delta Q(t)/\delta t=Q^{\delta}(t)$$

由实验得出的动力学方程，积分即得 $Q(t)$. 根据 $Q(t)$ 的函数关系来研究体系中各级结构的运动规律.

　　原始态是时间标度测量中引进的一个重要概念. 其定义为按严格规定工艺加工出来的 C_x 形式的样品，在时间 $t=0$ 时

$$U(0)=0, \quad X(0)=0, \quad T(0)=0\ ℃（或室温）$$

条件下的态，一般情况下，体系高级结构在原始态的分布是随机的，故电极上的极化电荷

$$Q(0)=0$$

对于 LATGS 等的特殊情况，$Q(0)$ 可以是非零常数.

　　因为研究的问题已超出了经典物理，故不必先验地认为经典物理中熟知的各种概念和定律都是正确可用的. 例如，仍定义比值

$$Q/U=C$$

C 称为电容，但经典物理中介电常量 $\varepsilon=C/C_0$ 的定义就不一定再正确. 平衡态热力学只对均匀系定义 ε. 现在要研究体系中高级结构的运动，就会出现非均匀系甚至非平衡态. 高级结构包括样品的外型尺寸. 理论曾经预言，同种介质制成的 C 值相等的不同样品的慢极化弛豫时间比例于电极距离的平方，实验证明了这个预言[1].

因此,用 $\varepsilon(\omega)$ 描述介电弛豫完全失去意义. ε 是材料参数, C 是包括电极尺寸规定的样品参数. 样品存在边界,使之在空间分布不再是均匀系,对测量结果的解释应该考虑边界效应.

所有测量值均为实数,用实函数分析命名物理意义可更为清楚,函数 $U(t)$、 $T(t)$、 $X(t)$ 按程序的设计出现的奇异点依次记为

$$t_0 = 0 < t_1 < t_2 < \cdots < t_n < \cdots$$

t_n 将 $0 \leqslant t < \infty$ 分为一些区间. 测量结果用数值方式给出各区间的动力学方程

$$Q^\delta(t) = I(t), \quad t_{n-1} < t < t_n; \quad n = 1, 2, \cdots$$

在区间 $(t_{n-1}, t_n]$,可以用普通微积分代替 δ 微积分. 但统一分析中

$$Q_n = \int_0^{t_n} I(t) \delta t = Q(t_n)$$

Q_n 的分析就变成断续分析. 研究的目的是由 $I(t)$ 数据组通过拟合找到 $Q(t)$ 或 $Q^\delta(t)$ 的统一分析表示公式,后者描述了极化电荷的动力学规律.

由此得到的物理定律将显著区别于经典物理中熟知的定律,例如经典物理认为按定义

$$Q(t)/U(t) = C$$

C 和 t 无关. 但实际上 C 应写为 $C(t)$,它和时间 t 有关. $C(t)$ 的函数关系描述了体系 C_x 的疲劳和老化规律. 在第 1 章已提及类似问题. 第 2 章提到的电滞螺线和磁滞螺线,是时间标度方法处理暂态问题的例子. 在经典的电介质理论中,可以随意令时间 t 趋向 $-\infty$ 或 $+\infty$[30]. 在时间标度方法中,这是不允许的, $t = -\infty$ 时被研究的体系尚未存在, $t = +\infty$ 时加工出来的样品已经消失了. 时间标度理论并不否定经典物理,而是指出其近似性质,在理论和实验方法上作出更好的发展.

关于时间标度理论和实验数据 $I(t)$ 的公式拟合,在介电自由弛豫中已作了较多的研究[1]. 为方便起见,设 $t = -t_0$ 时图 7.3 样品处于原始态. 在 $t_0 < t \leqslant 0$ 用恒定电压 $U = U_0$ 将样品极化, t_0 值约为 $20 \sim 30$ min 以保证极化达到了稳定的热平衡. 在 $t = 0$ 时除去外电压 U_0,令图 7.1 中的样品 C_x 自由放电,并在 $t \geqslant 0$ 测量放电电流 $I(t)$. 直至电流衰减至低于皮安计的灵敏度为止. 自由放电电荷 $Q(t)$ 可用公式拟合为

$$Q(t) = Q_0 \Big[1 - \sum_n F_n G(t; \tau_n, \alpha_n) \Big]$$

$$Q_0 = C_T U_0, \quad \sum_n F_n = 1, \quad F_n C_T = C_n \tag{7-4}$$

$$G(t; \tau, \alpha) = \exp[-(t/\tau)^\alpha] \tag{7-4'}$$

其中, $\alpha_1 = 1$; $n > 1$ 时 $\tau_n \neq RC_n$, R 为自由放电电路总电阻. 在求和中 $n = 1, 2, \cdots,$ N,通常 $N \leqslant 4$. 从而介电谱将样品的极化机构分解为 N 种,总电容 C_T 分解为 N 个分量. 第 $n = 1$ 个机构称为快极化机构,其余为慢极化机构. N 的排序规定

为 $\tau_1 < \tau_2 < \tau_3 < \cdots$.

因为

$$dQ/d\ln t = t\,dQ/dt = tI(t)$$

故由式(7-4)可得

$$tI(t) = \sum_{n}^{N} F_n Q_0 \alpha_n g(t;\tau_n,\alpha_n)$$

$$g(t;\tau,\alpha) = (t/\tau)^{\alpha}\exp[-(t/\tau)^{\alpha}]$$

$$0 < t \leqslant t_1 \tag{7-5}$$

当 $t=0$ 或 ∞ 时 $g=0$，$g(t;\tau,\alpha)$ 在 $t=\tau$ 时有唯一的峰值. 故若以 $\log t$ 为横坐标以 $\log(tI)$ 为纵坐标作图，式(7-5)的实验点分布在有 N 个峰的曲线上，峰的位置决定了 τ_n，峰的高度决定了 $(F_n Q_0)$，峰的上升的斜率等于 α_n. N 个形状相同的峰叠加给出 $\log(tI)$ 实验点的拟合曲线. 称 $g(t;\tau,\alpha)$ 为微分介电谱线型函数，α 为线型参数，τ_n 为第 n 种极化机构的弛豫时间；F_n 为这种机构所占的比例.

根据最基本的定义，$C_T = Q_0/U_0$ 是样品的总电容量. $C_1 = F_1 C_T$ 是体系一级结构的贡献，它服从交流电路方程的规律. 按频域等效电路的定义，记极限值

$$\lim_{\omega \to \infty} C_p \equiv \lim_{\omega \to \infty} \varepsilon' C_0 = C_{ps}$$

$$\lim_{\omega \to 0} C_s = C_{ss}$$

通常称 C_{ps} 为静态介电常量，$\varepsilon'(\omega \to 0) = \varepsilon_s$ 给出静态电容 $\varepsilon_s C_0$，而认为虚部 $\varepsilon''(\omega \to 0) = 0$. 一般说来 $C_p \neq C_s$. 但从时间标度测量方法看出 C_T 应等于 C_{ss} 而不是所谓"静态电容"，除非能证明 $C_{ps} = C_{ss}$. 这是频域概念定义引起的矛盾.

介电随机弛豫测量方法类似，只是改变为在时间 $-t_0 \leqslant t < 0$ 时外电压 $U(t) = 0$，而 $t \geqslant 0$ 时外电压 $U(t) = U_0$ 为常数值. 此时，拟合公式中一般地有 $\alpha_n \equiv 1$.

热释电弛豫和压电弛豫测量方法类似. 在热释电弛豫测量中，可在 $t=0$ 时将样品架由一个恒温器迅速移至另一恒温器以产生温度阶跃变化，外电压和温度的联合变化提供了 TSC 和冷冻介电谱的研究方法. 在压电弛豫测量中，原则上可令外力 X 作阶跃变化以测量 $I(t)$，再积分得到 $Q(t)$. 但因压电样品有热释电效应，恒温系统的微小温度变化即足以严重干扰 $I(t)$ 的测量. 这时，测量最好改变为对样品施加一个阶跃电压，由微位移计或干涉仪给出样品的应变随时间的变化 $S(t)$. 由此还可观察铁电体的压电螺线或压电回线.

样品经过测量后一般不再是原始态，但只要经历的外作用不太强，湿度不太高，时间不太长，可以采用热清洗等方法使之回到原始态.

时间标度谱仪还可以用脉冲反转方法研究铁电体中电畴的生长速度和电畴尺寸分布. 这是最典型的体系中二级结构运动的研究.

时间标度谱仪包含了阻抗分析仪的全部功能. 高频端可达 10^5 Hz，低频端原则上没有限制. 若连续测量两星期，则可达 10^{-6} Hz.

7.5　补偿式微电流的测量

现代微电流的测量灵敏度可达 10^{-16} A,但仪器的输入电阻一般都很高,可高达 10^{12} Ω. 应用近代电子技术,可制成适合时间标度测量的补偿式低输入电阻皮安计. 它是图 7.1 中两个通道讯号测量的基础.

图 7.4 是一个经多年使用优选出来的成功例子,它实际上是一个反相放大器,由两片集成运算放大电路组成. 被测电流 I_{in} 经 P_1 点流至 P_2 点. P_2 是虚地点,其上的微小电压(10^{-7} V 级)经放大后在 P_3 点得到输出电压 U_{out}. 当开关 K_3 置 OFF 时,后者在 P_4 点产生 $U_{out}/100$ 的分压. 这个分压通过电阻 R_3、R_2 和 R_1 流进一个反号电流到 P_2 点,恰好补偿了电流 I_{in},使流到虚地端的总电流为零. 运算放大器的这个输入端要有高漏电电阻,使流到 P_2 点的总电荷不会散失.

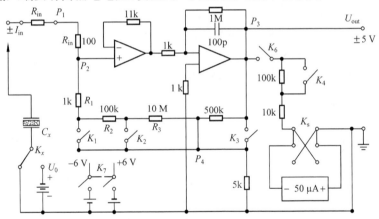

图 7.4　低阻皮安计原理图

规定 $U_{out}=\pm5$ V 为满偏挡. 按照图中标出的电阻参数,开关 K_1 至 K_3 的位置与 U_{out} 满偏挡的关系为:

K_1	K_2	K_3	I_{in}/A
ON	ON	ON	$\pm5\times10^{-3}$
OFF	ON	ON	$\pm5\times10^{-5}$
OFF	OFF	ON	$\pm5\times10^{-7}$
OFF	OFF	OFF	$\pm5\times10^{-9}$

用 12 位 A/D 将 ±5 V 转换为十进制四位数 ±5000 时,最灵敏挡每个数字为 1 pA,仪器的精度决定于集成电路的噪声、稳定度和输入端绝缘电阻. 好的器件可以使仪器设计得灵敏度提高一个数量级. 为了减少干扰,皮安计用直流 ±6 V 电池供电.

皮安计设计得可以单独使用. 开关 K_6 置于 ON 时用满格 $50~\mu\text{A}$ 的电流计指示 U_out. 当 $U_\text{out}=\pm5~\text{V}$ 时表头指示 50 个分划,最灵敏挡每分划为 100 pA. 令开关 K_4 置于 ON 时,$U_\text{out}=\pm0.5\text{V}$ 即可使表头指示 50 分划,每分划在最灵敏挡为 $I_\text{in}=\pm10~\text{pA}$, 估计到 ±1 pA. 开关 K_5 供 I_in 改变正负用. 在不同的挡位,50 分划的表头指示每分划代表的 I_in 为:

K_1	K_2	K_3	K_4	A/分划	满挡
ON	ON	ON	OFF	10^{-4}	5 mA
ON	ON	ON	ON	10^{-5}	0.5 mA
OFF	ON	OFF	ON	10^{-6}	$50~\mu\text{A}$
OFF	ON	ON	ON	10^{-7}	$5~\mu\text{A}$
OFF	OFF	ON	OFF	10^{-8}	$0.5~\mu\text{A}$
OFF	OFF	ON	ON	10^{-9}	50 nA
OFF	OFF	OFF	OFF	10^{-10}	5 nA
OFF	OFF	OFF	ON	10^{-11}	0.5 nA

当 $R_\text{in}=0$ 时,皮安计理论上的输入电阻为 $R_\text{in}'=100~\Omega$.

在作随机弛豫测量时,样品 C_x 处于原始态. 在 $t\leqslant0$ 时开关 K_x 接地,皮安计置于最大量程,令

$$R_\text{in}=|U_0|/5~\text{mA}$$

5 mA 就是最大量程. 在 $t=0$ 时令 K_x 改接 U_0,仪器由程序控制开始自动测量充电电流 I_in. 衰减至 $|I_\text{in}|<50~\mu\text{A}$ 时,由硬件控制使皮安计自动转换为下一挡,即 $\pm50~\mu\text{A}$. 如此下去,直至皮安计自动换至最灵敏的 ±5 nA 挡. 设在 $t=t_1$ 时发现 I_in 已衰减至稳定值 I_1,则由 I_1 和 U_0 可给出样品的直流电阻.

在 $t=t_1$ 时,由程序或键盘控制令皮安计回到最大量程即 ±5 mA 挡. 同时令 K_x 自动由接 U_0 改至接地,即在完成随机弛豫(充电)测量后自动转入自由弛豫(放电)测量,随后的过程中皮安计仍由大到小自动换挡. 至 $t=t_2$ 时发现 I_in 已衰减至接近零的值 I_2 并在附近摆动. 则放电测量完成,由键盘或程序控制停止测量. I_2 是仪器的零飘,I_in 在 I_2 附近的摆动表示噪声. 通常

$$|I_1|\gg|I_2|$$

故 I_1 中的零飘可以略去.

在仪器中自动测量开关 K_1、K_2、K_3 和 K_4 要用干簧继电器,不能用电子开关. 由晶体管电路构成的集成电路开关的两个接线点无法保证与地线之间有 ∞ 电阻而且不受驱动信号的干扰,干簧继电器的动作时间可小于 ms,所受电干扰能完全屏蔽,但其驱动讯号是电流,电流产生的磁干扰很难屏蔽,这要从元件相对位置和印刷电路板的布线技巧来避免,故自动皮安计的成败关键在于要由精通电子技术的物理学家来做有关的工艺设计. 同样的一个成功的电路,由水平较高的电子技术专

家来做工艺设计也不一定能够成功,因为他们的专业知识使他们离开基础物理较远了.磁干扰是个基础物理问题,还未发展到应用技术,电子线路教科书通常都不提及.

测量过程中样品出现的极化电流为

$$I(t) = I_{in}(t) - I_1, \quad 0 < t \leqslant t_1$$
$$I(t) = I_{in}(t) - I_2, \quad t_1 < t \leqslant t_2$$

如果

$$\int_0^{t_1} I(t)\delta t + \int_{t_1}^{t_2} I(t)\delta t = 0$$

则可认为体系由 $t=0$ 的原始态出发,在 $t=t_2$ 时又回到了极化的原始态.因为 $0 < t \leqslant t_1$ 时出现的传导电流 I_1 可以使体系的高级结构发生不可恢复的变化,一般地上述等式并不成立.

在用 7.4 节的式(7-4)、式(7-5)作谱分析时,式(7-4)中的 R 为

$$R = R_{in} + R'_{in} + R'_s$$

R'_s 为时域测量中的串联电路等效电阻,它不一定等于图 7.3 中的 R_s.后者和 ω 有关,前者和 ω 无关,时间标度测量中并不出现频率的概念,不过,一般地 $R_{in} \gg R'_s$,故 R'_s 可以略去.通常,充电和放电 $I(t)$ 拟合公式中给出的 N 值可以不相等.因为充电测量中的附加的传导电流 I_1 可以使 τ_n 相差不太大的两种极化机构互相耦合而只贡献一个项,使 N 值减小.但是,充电和放电解谱给出的第 $n=1$ 项的 C_1 应相等,因为它是体系一级结构的贡献. $|U_0|$ 值不太大时不会改变体系的一级结构.

上面以弛豫测量为例说明皮安计要有由大量程到小量程的硬件自动换挡装置.类似也要有由小量程到大量程的硬件自动换挡装置.在自动测量中,还可由键盘或程序设定使用挡次而不自动更换.电介质测量中常出现意外击穿,故皮安计还应有击穿保护装置.

由皮安计测出函数 $I(t)$,作积分

$$Q(t) = \int_0^t I(t)\delta t$$

即可得到 $t=0$ 以来电路流过的电荷 $Q(t)$,故仪器可作电荷计使用.在图 7.4 中,运算放大器和 P_2 点相连的接线脚只要有足够大的绝缘电阻使由 R_{in} 流入的微小电荷都不会流失.它就会通过电路的放大令 P_3 点产生反号的同等量电荷经 (R_3,R_2,R_1) 来作补偿.通常,这个接脚不用插座也不焊在印刷电路板上以减少漏电, P_2 点可以架空或固定在聚四氟乙烯支架上.电荷计可用于 TSC 和热释电弛豫研究.配以合适的热释电传感器用来测量温度,可以感觉出 $\pm 10^{-6}$ ℃的微小温度变化.

若令 $R_{in} \gg R'_{in}$,则图 7.4 的电路成为一个自动伏特计,可测量电压 $U_{in} = R_{in}I_{in}$. 这样的自动伏特计可用于图 7.1 的电压通道.也可用类似方法将图 7.1 的电流通道变成电压通道. I_{in} 的测量为 1 pA 起至 5.000 mA,若令 $R_{in} = 1.000$ MΩ,则 U_{in} 的测量为 1 μV ~ 5000 V.

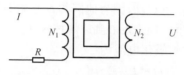

图 7.5　磁学测量

　　图 7.5 为铁磁性测量的例子. 样品为球状铁磁体, 截面积为 S, 环形闭合磁路平均长度为 l, 电流 I 通过 N 匝的激励绕组产生磁场

$$H = N_1 I / l$$

用图 7.1 的三角波电流 $I(t)$ 激励, 可在 N_2 匝的次级绕组产生电压 $U(t)$.

$$U = -N_2 S\, \mathrm{d}B / \mathrm{d}t$$

因为图 7.1 的函数 $I(t)$ 在时间

$$t_0 = 0, \quad t_1 = T/4, \quad t_2 = 3T/t, \quad t_3 = 5T/4, \quad \cdots$$

上出现奇导, 故在研究函数 $B(H)$ 关系时熟知的经典物理中使用的连续分析数学方法失败, 必须发展为改用统一分析中的 δ(左) 或 Δ(右) 微商.

$$U = N_2 S \frac{\delta B}{\delta H} = N_2 S \frac{\delta B}{\delta H} \frac{\delta H}{\delta t}$$

B 为样品中的磁感应强度. $\delta H / \delta t$ 比例于 $\delta I / \delta t$. $\delta B / \delta H$ 随 H 的变化曲线称为微分磁滞回线. 在图 7.1 的电流通道中令 $R_{in} = 1\mathrm{M\Omega}$, 用来测量图 7.5 的 $U(t)$ 即可得 $\delta B / \delta H$, 用电压通道测量图 7.5 中 R 上的压降即可得出 H. 从而得到微分磁滞回线, 再利用第 1 章和第 2 章的方法作数据处理, 就得到磁滞回线, t 经历了许多个周期后回线逐渐趋向于稳定的闭合回线.

　　在上述测量中, 两个通道均需选用固定挡次, 停止自动换挡功能, 在测量微分电滞回线时, 电压通道测量加在样品 C_x 上的三角波电压, 电流通道选用 $R_{in} = 0$ 至 $10^3\ \Omega$ 测量流过 C_x 的电流. 经过 $t > 10T$ 时间的测量, 将许多微分回线对 δt 积分, 就得到逐渐趋向闭合的电滞回线.

7.6　时间标度谱分析

　　经典物理中研究介电谱只限于讨论复介电常量随正弦式外电场频率的变化. 这种方法只对线性电介质才能应用. 对于凝聚态电介质, 在经典物理中并没有其结构分级的概念, 实际上研究对象只限于其一级结构的运动. 凝聚态物质中, 原子排列的规则的理想方式为一级结构. 一级结构的拓扑形变为二级结构, 多个二级结构的排列方式为三级结构, 这是有机和生命物质中结构分级概念的抽象化推广. 现在, 我们研究的对象已经和经典物理不同, 侧重研究二级和更高级结构的运动规律. 因此, 所用数学理论方法和实验观察方法也和经典物理有所区别. 实际上在第

1 章和第 2 章,我们是从电介质二级和更高级结构运动在实验上的表现来定义时间标度和统一分析数学中的 δ(左)或 Δ(右)微积分基本概念的.

电介质的时间标度谱研究中不再出现经典物理中正弦式频域介电谱概念的各种限制.因而效应和实验方法变得更为多样性.在理论解释方面,也不再有必要和可能性强求不同级别结构的运动有统一的规律.上节介绍的自由和随机弛豫是时间标度谱的典型例子,不同弛豫时间反映了不同级别结构的运动.1.10 节介绍的三角波电压作用下铁电体暂态过程的研究也是一种时间标度谱分析的例子.外电压 $U(t)$ 的奇异点 $(t_0, t_1, t_2, \cdots, t_n, \cdots)$ 中的 n 成为具有时间意义的断续变量,参见图 1.6 的套图.这时,谱分析研究函数 $Q(t; n)$ 随 n 的变化,动力学方程

$$\delta Q/\delta t = I_n(t)$$

在 n 不同时有不同的形式,即不能用统一的方程来描述一个动力学过程的规律.在 $0 < n < 10^2$ 时,n 的变化描述了体系的暂态过程. $n > 10^4$ 时,n 的变化描述的却是体系的疲劳过程,参见图 1.11 和图 1.12.

经典物理认为 $t = 0$ 时一个含介的电容器按严格工艺加工完成后,其函数 $Q(U)$ 关系是固定的;$\delta Q/\delta U = C$ 为和时间 t 无关的常数.但是,即使在外电压 $U(t) \equiv 0$ 的情况下,只要 t 不用秒的尺度而用月或年的尺度来计量,也会出现 C 随 t 改变的老化现象.老化也是一种时间标度谱研究对象.

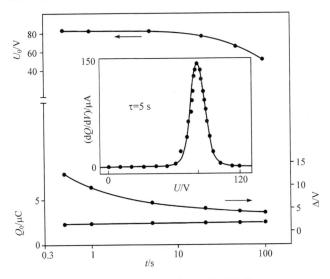

图 7.6　TGS 单晶微分回线谱参数

图 7.6 示出另一种时间标度谱分析.TGS 单晶样品厚 0.50 mm,面积 43 mm²,两面溅射 Au 电极.将样品两电极短路加热至 62 ℃保温半小时,再自由冷却至室温以建立 $t = 0$ 时的原始态.加上图 1.6 套图的三角波电压,其峰值为 U_p,周期为 τ.

在 $t_{20}<t\leqslant t_{21}$，微分回线 $\delta Q/\delta t$ 已趋稳定. 在 Q 中扣除电导的贡献 Q_σ 和顺电性极化的贡献 Q_p. 得到纯铁电微分回线在 $t_{20}<t\leqslant t_{21}$ 时的一支为

$$\frac{\delta Q_F}{\delta t}(t)=\frac{\delta Q}{\delta t}-\frac{\delta Q_\sigma}{\delta t}-\frac{\delta Q_p}{\delta t}$$

利用拟合公式

$$\frac{\delta Q_F}{\delta U}=Q_0\ \frac{1}{\sqrt{2\pi}\Delta}e^{-\left(\frac{U-U_0}{\sqrt{2}\Delta}\right)^2}$$

解谱得到参数 (Q_0,U_0,Δ). 在 $U_p=120$ V 时不同 τ 值的时间标度谱示于图 7.6. 图中的套图还给出 $\tau=5$ s 时的第 $n=21$ 支纯铁电微分回线 $\delta Q_F(U)/\delta U$，黑线是理论曲线，和实验点符合得很好.

　　图 7.6 表明在 $\tau\geqslant0.5$ s 时 Q_0 与 τ 无关，由此给出 TGS 的自发极化强度为 2.79 $\mu C/cm^2$，与公认值 2.8 $\mu C/cm^2$ 一致. 当 τ 增大时 Q_0 和 Δ 都减小. 因为 $1/\tau$ 就是三角波 $U(t)$ 的频率，故图 7.6 也可用 $1/\tau$ 为横坐标而称之为"频谱"图. 但现在涉及的是非线性效应，而 τ 本身就是时间间隔，故可称图 7.6 为时间标度谱. 实验中固定 $U_p=120$ V.

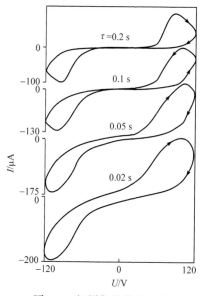

图 7.7　短周期的微分回线

　　图 7.7 示出 $\tau<0.5$ s 时的一些 $\delta Q(U)/\delta t$ 测量结果. 因为此时无法将 $\delta Q_\sigma/\delta t$ 和 $\delta Q_p/\delta t$ 分出去，故无法解谱. 比较图 1.8 可见，图 7.7 各 $\delta Q/\delta t$ 曲线在 $U=\pm U_p$ 的 $U(t)$ 的奇异点上没有跳变. 表明在 U 增大至 U_p 过程中激发表面屏蔽电荷形成的电畴因 τ 太小，$U(t)$ 变化太快，还来不及生长到贯穿晶片的整个厚度，在 $U(t)$ 由 U_p 下降但仍有 $U(t)>0$ 时，这些畴还继续生长提供正的 $\delta Q/\delta t(=I)$ 值. 上述实验表明 2.5 节的电滞回线理论对于 TGS 样品，只在 $\tau\geqslant0.5$ s 时才正确. 当 $\tau<0.5$ s 时，$U(t)$ 变化规律要用脉冲反转方法研究[1]. 这时，时间标度实验方法可以给出电畴的尺寸分布和电畴生长速度.

　　科学这个词的定义是它只研究可以重现的问题. 一个宏观体系从某个态出发，若热力学路径相同时对它的测量结果也相同，就可称这个态为原始态. 不可能完全限制得到原始态的方法. 在 TGS 微分回线研究中，用加热到超过居里点 49℃的处理方法得到原始态. 图 7.6 得到的光滑曲线表明测量结果是重现的. 也可以在居里点以下的室温，用 U_p 足够大的 $U(t)$ 令样品反复极化，同时缓慢地减小 U_p 直至 $U_p=0$，

从而退极化得到另一种原始态. 两种原始态是否有别尚待研究. 此外, 既可用新加工出来的 TGS 样品得到一种原始态, 也可用经过老化后的同一个样品得到另一种原始态, 两种原始态必定有别, 否则就没有老化, 这并不妨碍原始态的定义, 因为有无老化的样品经历的热力学路径并不相同. 图 7.6 和图 7.7 的样品是经过了充分老化的.

当计及高级结构时, 凝聚体系的态是不可能完全确定地描述的, 即使在有限个数原子组成的尺寸不大的一级结构完全确定的上述 TGS 晶片中, 其二级结构是电畴拓扑运动花样, 有限多个不同的花样. 经典物理只研究几何运动, 物理学还未研究过拓扑运动, 对于每一种畴花样, 晶片还可能有无限多种表面屏蔽微观状态(三级结构花样). 原始态只要求二级和三级结构是随机的, 从而处于退极化态. 上述电滞回线的高斯线型正是随机分布的反映. 随机分布就是不确定的花样分布, 虽然现在讨论的是宏观问题, 也出现了量子力学中分布概率的描述方法.

关于测量的重现性, 也只能理解为一定精度上的重现, 而且只限于个别, 例如 $Q(U)$ 关系的重现. 而不能要求任何测量都能重现. 对于同一个宏观样品, 存在许多不同的测量对象, 并不局限于热力学量的测量. 对于 $Q[U(t)]$, 客观上也不一定存在唯一的或统一的

$$f(t,Q,\delta Q/\delta t,\cdots)=0$$

类型的动力学方程. 例如存在理论上的动力学方程的话, 图 7.6 和图 7.7 表明在大 τ 和小 τ 值时的方程应有不同形式, 而在小 n 时过程趋向稳定和大 n 时体系逐渐疲劳也要求方程具有不同形式, 因为在不同情况下起主要作用的因素并不相同.

实数集的闭子集不一定是时间标度, 而时间标度一定是实数集的闭子集. 实数集有无限多个闭子集. 故可定义各种离散的或稠密的时间标度, 用来描述凝聚电介质的极化电荷 Q 的复杂的各种动力学行为, 例如上面得到的

$$\{\tau|0.02\leqslant\tau\leqslant0.04\}$$
$$\{\tau|0.5\leqslant\tau\leqslant100\}$$
$$\{n|n=1,2,\cdots,100\}$$
$$\{n|n\in N,0\leqslant\log n\leqslant20\}$$

为不同目的定义的时间标度可以有非空交集, 但在实验物理中时间标度不允许有含$\pm\infty$.

描述介电自由弛豫的函数 $Q(t)$ 定义在时间标度 $\{t|0\leqslant t\leqslant t_1\}$ 上, 在最简单的情况下体系只含有一个快极化机构和一个慢极化机构. 这时实验给出

$$Q(t)=Q_0[1-F_1e^{-t/\tau_1}-F_2e^{-\sqrt{t/\tau_2}}],\quad t\in[0,t_1]$$

其中, $F_1+F_2=1,\tau_1<\tau_2\ll t_1$. (F_1,τ_1) 为快极化项, 服从经典物理电磁定律, 为体系一级结构的贡献. (F_2,τ_2) 为慢极化项, 不服从经典物理电磁定律, 为体系二级及更高级结构的贡献. 实验直接测出的是极化电荷 $Q(t)$ 的动力学方程中的函数 $I(t)$.

$$Q^{\delta}(t) = \frac{\delta Q}{\delta t} = I(t), \quad t \in [0, t_1]$$

因为研究包括了一级和更高级结构的运动,故不能用连续分析而要用统一分析中的 δ(左)微分.

如果用连续分析中的普通微积分,则按数学定义动力学方程应改写为

$$Q'(t) = dQ/dt, \quad t \in [0, t_1]$$

这时,方程在 $t = 0$ 点应成立. 但 $Q'(0)$ 只在慢极化项不存在时(即 $F_2 = 0$)才有意义,即连续分析只适用于描述一级结构的运动,当高于一级的结构存在时,使 $F_2 \neq 0$ 得 $Q'(0) = \infty$. 但实验未发现 $I(t \to 0) \to \infty$ 的现象. 故连续分析只适用于经典物理,它只研究一级结构的运动.

如果改用 Δ 微积分,则动力学方程为

$$Q^{\Delta}(t) = \frac{\Delta Q}{\Delta t} = I(t), \quad t \in [0, t_1]$$

这时仍出现 $Q^{\Delta}(0) = \infty$ 的困难.

只有应用 δ 微积分,因为 $Q^{\delta}(t)$ 定义在半开区间 $(0, t]$,故 $Q^{\delta}(0)$ 在数学上没有意义,这就不能要求它等于实验测出的 $I(0)$ 值.

由 17 世纪开始,完成于 19 世纪的经典物理在研究宏观物质一级结构的运动规律方面是十分成功的. 不幸的是这些成功被夸大,推向极端而成为科学决定论的一种意识形态信仰,认为科学决定论适用于一切自然现象,甚至适用于人类社会活动. 20 世纪证明了即使在物理学范围,经典概念和定律对于微观运动并不正确. 同样地,经典物理理论对于宏观物质的高级结构运动也是不正确的. 从而,科学决定论的科学基础已不再存在,科学决定论成为一种不科学的信仰.

7.7　微分回线的变形

第 1 章详细介绍了如何用三角波外电压极化样品观测微分电滞回线,以得出可完全表征铁电体性质的各种参数,并讨论了用这些参数来描述老化和铁电反转的疲劳效应. 下面讨论这种方法的三个主要缺点,以及如何改进.

第一,在研究疲劳中用方波电压令铁电体的自发极化方向经历 n 次反转后,测出用三角波定义的材料参数随 n 的变化. N 值大到 $10^{10} \sim 10^{12}$,一个样品的疲劳研究经历的时间往往超过百天,产生极化反转的方波电压很高,而研究疲劳过程中经常出现样品电导增大甚至电击穿的情况,在连续工作这么长时间中如何保护方波发生器成为技术上的困难. 为了方波电压不致太高,这种方法只适用于薄膜样品. 改进方法是用工频正弦波代替方波电压产生极化反转,其过载能力较强,而且有许多通用的产品可提供过载保护.

　　第二,用方波引起极化反转而用三角波观测微分回线参数在计算反转次数 n 时出现困难,因为要得到一组接近稳定的参数,样品需在三角波电压作用下经历许多(超过二十)次极化反转.方波反转的过程是电畴在恒电场中的运动.三角波反转时外场是不恒定的.对于造成疲劳的效果,一次三角波反转和一次方波反转并不等价.因此,这样得出的一支微分回线相应的 n 值原则上是无法精确计算出来.如果用固定幅值的正弦电压令样品的极化反转,则任意第 $n(n=1,2,3,\cdots)$ 次反转的第 n 支微分回线都能测量出来.极化反转和微分回线测量可同时进行,不必更换外加电压的波形.

　　第三,用三角波测出的微分回线在数学上存在间断,影响数据处理的精度,下面将看到,用正弦电压测出的微分回线是连续的.

　　将 50 Hz 的正弦电压

$$U = U_0 \sin\omega t$$

加于铁电样品.可以测出随时间 t 变化的电流 I,参见图 7.8(b),流过样品的总电流可分为三种不同来源电流之和,

$$I = I_R + I_p + I_F$$

其中,I_R 是样品漏电阻 R 提供的电流,I_P 是样品的顺电性电容 C 所提供,I_F 来自样品的纯铁电性.若记样品的铁电屏蔽电荷为 Q,则

$$I_F = \mathrm{d}Q/\mathrm{d}t$$

这里将测量的 I_R、I_p、I_F 都看成时间 t 的函数.

$$I_R = (U_0/R)\sin\omega t$$

$$I_p = \omega C U_0 \cos\omega t$$

若设 t 可连续变化,则 $I_R(t)$ 和 $I_P(t)$ 都是连续函数.因为 50 Hz 的频率已足够低,铁电 $Q(t)$ 的变化完全跟得上外电压 $U(t)$.而在 $\omega t = \pi/4$ 之类的点上 $\mathrm{d}U/\mathrm{d}t = 0$,故在这类点上必有

$$I_F = \mathrm{d}Q/\mathrm{d}t = 0; \quad \omega t/\pi = -1/4, 1/4, 3/4, \cdots$$

故 $I_F(t)$ 也是连续函数,从而 $I(t)$ 不出现间断点.

　　对于一般可供应用的材料,都有

$$1/\omega \ll R$$

故样品的漏电电流 I_R 在 50 Hz 的测量中可以略去,从而有

$$I(t) = I_p(t) + I_F(t)$$

图 7.8(b)根据实验测出的 $I(t)$ 曲线用数据拟合方法给出了余弦函数 $I_P(t)$,用点线表示,从而由 $I_F(t) = I - I_P$ 得到的一支微分回线示于图 7.8(c).其峰高为 I_m,位于

$$U_m = U_0 \sin\omega t_m$$

峰的半高宽度

$$B=U_0\sin\omega t_2-U_0\sin\omega t_1$$

如果用和正弦电压同步的图 7.8(a) 中的三角波 U_A 为 x 轴，I_F 为 y 轴，可得图 7.8(d) 的无间断点的闭合微分回线.

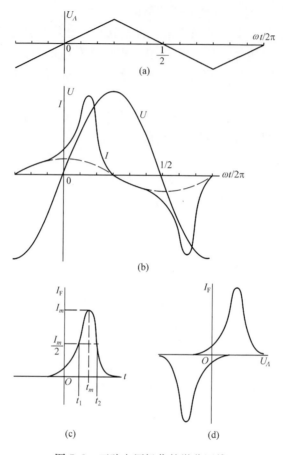

图 7.8　正弦电压极化的微分回线

参数 (C,U_m,B,I_m) 随 n 的变化描述了样品的疲劳.

在上述测量中也可用 $U(t)$ 为 x 轴，$I(t)$ 为 y 轴作图. 其结果为类似于图 4.6(d)，但在 y 轴上叠加了一个 I_P 形成的椭圆

$$x=U_0\sin\omega t$$

$$y=\omega CU_0\cos\omega t$$

在数据拟合中，这样做不如图 7.8 方便.

通常说的微分回线未规定自变量，本节用了与正弦电压 U 同步的 U_A 为自变量. 若像第 1 章用三角波电压 U 为自变量，则函数不是 $I_F(t)=\mathrm{d}Q/\mathrm{d}t$ 而是 $\mathrm{d}Q/\mathrm{d}U$.

$$I_{\mathrm{F}} = \frac{\mathrm{d}Q}{\mathrm{d}U} \cdot \frac{\mathrm{d}U}{\mathrm{d}t}$$

$$\frac{\mathrm{d}Q}{\mathrm{d}U} = I_{\mathrm{F}} / \omega U_0 \cos \omega t$$

从而微分回线在 $\cos \omega t = 0$ 上出现奇异.

当样品的绝缘性不够好时,在数据处理中还应扣除 R 引起的 I_{R},其方法参见 1.8 节的图 1.4 和 1.11 节的图 1.8.

在图 7.8(b)中,若横坐标轴改为 $U = U_0 \sin \omega t$,则 $I(U)$ 曲线成为图 7.9(a)形状. 这时,正弦曲线 $I_{\mathrm{P}}(t)$ 变为一个椭圆 $I_{\mathrm{P}}(U)$. 类似于图 7.8(c),可以拟合得到纯铁电微分回线,其形状有别于图 7.8(c),但两者是等价的,这相当于将图 7.8(c)的横坐标轴改为 U,注意曲线 $I_{\mathrm{F}}(U)$ 有别于图 7.8(d)的 $I_{\mathrm{P}}(U_\Lambda)$,因为函数 $U(t)$ 有别于 $U_\Lambda(t)$. 当 $t_m \ll 2\pi/\omega$ 时,要用图 7.9(a)代替图 7.8(b)的方法以得出参数 (C, U_m, B, I_m). 一般地,用图 7.8 的方法处理数据较为方便.

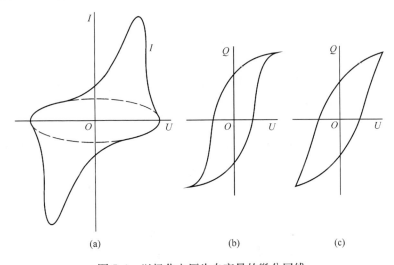

图 7.9　以极化电压为自变量的微分回线

在图 7.8(d)中,因为 U_Λ 和 t 有线性关系,故 $I_{\mathrm{F}}(U_\Lambda)$ 与 $I_{\mathrm{F}}(t)$ 曲线应有相同形状. 将 $I_{\mathrm{F}}(t)$ 曲线对 t 积分并将横坐标轴改为 U,便得到图 7.9(b)的纯铁电回线. 其特点为在回线的两个顶点上,函数 $Q(U)$ 的微商是连续的,并且 $\mathrm{d}Q/\mathrm{d}U = 0$,这是用正弦电压极化测量的结果.

第 1 章详细讨论了用三角波极化测出的电滞回线示于图 7.9(c). 其特点是在回线的两个顶点上,微商 $\mathrm{d}Q/\mathrm{d}U$ 是间断的. 只有三角波的周期值足够地大使极化达到完全饱和,在回线的两个顶点上才有 $\mathrm{d}Q/\mathrm{d}t = 0$.

图 7.9(b)和(c)两种回线的差别说明了相应微分回线的差别. 传统定义电滞

回线没有规定极化电压随时间变化的波形,故这种定义是不严格的. 不同波形电压给出不同形状的回线,原因和样品中的顺电性部分的非线性有关,即上面设定的 C 不是常数而和外电压 U 有关. 顺电非线性在测量中很难和铁电非线性分开. 两者之间甚至可以出现相互耦合作用. 在图 7.8(b) 和图 7.9(a) 中近似假设了 C 为常数,才能进行数据拟合以给出用点线表示的 I_p. 在用正弦波极化情况下的稳定微分回线,$\omega t=0$ 时有 $U=0$,这时

$$C=I_p/\omega U_0$$

但是,这个 C 值虽然接近于样品的低频电容,严格地并不相等,因为对于铁电体,通常的交流电路方程不再正确,不再存在频域电容的概念. 只能按时间标度理论称 C 为样品电容量中的第 1 个分量,记为 C_1.

在经典物理学中,Q 和 U 是一对共轭的热力学量. 但是,在图 7.9(b) 和 (c) 中,函数 $Q(U)$ 不是单值的. 时间标度理论研究已超出了经典物理学的范围,要计及历史记忆效应.

7.8　时间标度介电谱图算解谱法

时间标度介电谱的解谱工作类似于正电子寿命谱. 在正电子技术中,已用去卷积方法编制了国际公认的标准解谱程序. 可以用类似方法编制时间标度介电谱的解谱程序. 但是,下面将介绍已有数百年传统的图算法,将它用于介电谱的解谱. 图算法要用各种计算纸为工具,例如,mm 方格纸、单对数纸和双对数纸等. 下面介绍的图算法也可编成程序,以计算机为辅助工具来完成.

图 7.10 的套图说明了介电谱的测量原理. 含介质电容器 C 经恒定电压 U_s 极化达到稳定(约半小时)后,对时间 $t=0$ 利用开关 K 除去 U_s 并通过串联的电阻 $(r'+r)$ 自由放电. 在规定的数集 $\{t\}$ 上测出 r 上的分压 $U(t)$. $\{t\}$ 是实数集的闭子集,数学上称为"标度". 因为它是以秒为单位来描述时间的,故可更具体地称为时间标度. 开关 K 由干簧继电器组成,而不能用晶体管集成电路. 因为它不仅动作要快,而且电压 U_s 可正可负,其绝对值可超过百伏. 图 7.10 用了 $r=198\ \Omega,r'=814\ \Omega$.

上面得到的是放电介电谱. 也可以在 C 完全放电(至少经半小时)后,于时间 $t=0$ 利用开关 K 加上 U_s. 测出充电过程中 r 上的分压 $U(t)$. 这时得到的是充电介电谱,C 的标称值为 $10\ \mu\mathrm{F}$.

在放电或充电过程中,由 $t=0$ 起流过电路的总电荷均可写为

$$Q(t) = Q_0\Big[1 - \sum_n F_n\exp\{-(t/\tau_n)^{\alpha_n}\}\Big]$$

$$\sum_n F_n = 1, \quad Q(0) = 0$$

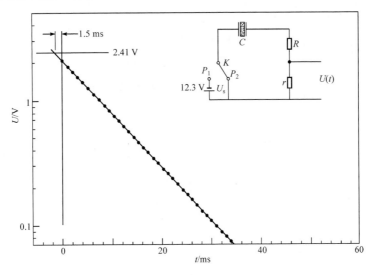

图 7.10 时间零点的确定

规定按响应时间 τ_n 由小到大标记为 $n=1,2,3,\cdots$. $n=1$ 的项称为快效应, $\alpha_1=1$. $n>1$ 的项称为慢效应;对于充电谱 $\alpha_m\equiv1$. 对于放电谱一般地有 $\alpha_n=1/2, n>1$,特殊情况下也会出现 $1/2<\alpha_n<1, n>1$. 当 t 足够大时,

$$Q(t\gg\tau_n)=Q_0$$

按最基本的原始定义,电容量

$$C=Q_0/U_s$$

记

$$C_n=F_n C$$

C_n 称为 C 的分量. 解谱的任务为由数组 $U(t)$ 解出 $(C, F_n, \tau_n, \alpha_n)$.

dQ/dt 为电路中的电流,它在 r 上产生的电压

$$U(t) = r\frac{dQ(t)}{dt}\sum_n U_n(t)$$

$$U_n(t) = \frac{\alpha_n F_n}{\tau_n} rQ_0 \left(\frac{t}{\tau_n}\right)^{\alpha_n^{-1}} e^{-(t/\tau_n)^{\alpha_n}}$$

在放电谱中 $\alpha_1=1$ 时,

$$U_1(t) = \frac{F_1}{\tau_1} rQ_0 e^{-t/\tau_1}$$

$$U_1(\tau) = F_1 rQ_0/e^{\tau_1}$$

放电谱中 $n>1$ 时 $\alpha_n=1/2$,此时

$$U_{n>1}(t) = \frac{F_n rQ_0}{2\tau_n} \cdot \frac{1}{\sqrt{t/\tau_n}} e^{-\sqrt{t/\tau_n}}$$

$$U_{n>1}(\tau_n) = F_n rQ_0/2e^{\tau_n}$$

图 7.11 用双对数纸作出了

$$Y=10e^{-x}\text{和}1000e^{-x}$$
$$Y=e^{-\sqrt{x}}/\sqrt{x}\text{和}100e^{-\sqrt{x}}/\sqrt{x}$$

的标准谱线. 可以将其描在描图纸上以供图算解谱之用. 其中, $x=1$ 相当于 $t=\tau_n$.

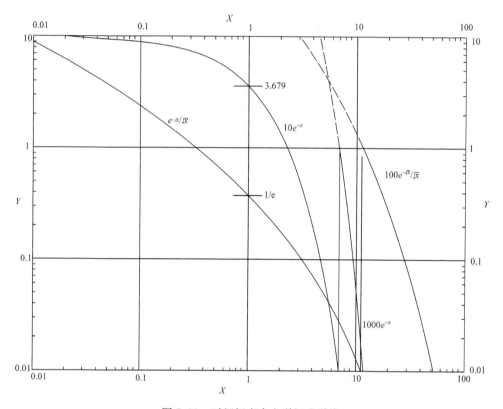

图 7.11 时间标度介电谱标准谱线

下面用一个聚丙烯电容为例, 说明放电谱解谱的具体图算方法, 这里用的双对数纸按国家标准精度为相对误差 $\pm 1\%$. 将描图纸置于双对数纸上, 以后者为坐标系用铅笔将 $U(t)$ 测点描于前者上面, 参见图 7.12 中的小黑点, 因为 U 值变化太大, 全部测点分三段作出. 每段的纵坐标比相邻一段上移了 100 倍, 和图 7.11 的标准谱线相一致. 这纯粹是为了保持必要的精度而又不使图纸太大. 解谱过程首先要对直接测出的图 7.12 的小黑点的横坐标和纵坐标分别作出修正. 伴随着这两种修正往往就可给出 $n=1$ 的快极化项和 n 最大的慢极化项.

测点横坐标修正的必要性出现于时间标度谱仪的设计中出现了两个不同的时间原点. 原理上要求图 7.10 套图中开关 K 接触到 P_2(放电)或 P_1(充电)点的瞬时为时间 $t=0$ 的原点. 但测量通道计算的时间原点 $t'=0$ 决定于 A/D 转换的时钟.

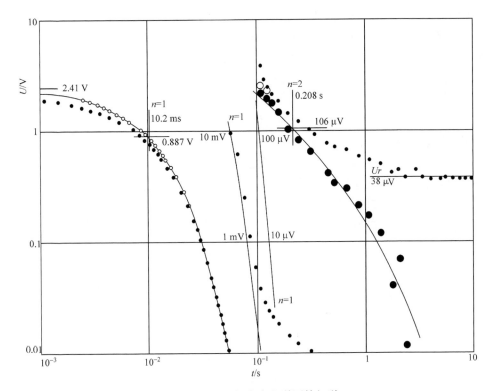

图 7.12　时间标度介电谱图算解谱

故测出的是 (t',U) 而不是 (t,U). $(t-t')$ 一般地为非零常数. 图 7.10 用单对数纸给出图算法中找寻 $(t-t')$ 值的方法. 图中小黑点是 (t',U) 的测点, t' 不太大的点组成了很好的一条直线, 它在 $t=0$ 时应和纵坐标交于电阻 r' 和 r 对 U_s 的分压 2.41 V 上. 从而由图中可读出 $(t-t')=1.5$ ms.

为消除系统误差 $(t-t')$, 图 7.12 的全部小黑点都要向 t 增大方向平移 1.5 ms, 结果得到小空点. 对于较大的 t 值, 小空点和小黑点在 $\pm 1\%$ 范围内重合. 将图 7.12 置标准谱线图上, 左右上下平移令小 t 值一边尽量多的小空点落在 $r=10\mathrm{e}^{-x}$ 的曲线上, 得到标准谱线中的第 $n=1$ 的项 $U_1(t)$. 图中的 $n=1$ 曲线也分成了三段作出. 由标准谱线 $x=1$ 的位置定出了快分量有

$$\tau_1 = 10.2 \text{ ms}, \quad U_1(\tau_1) = F_1 r Q_0 / \mathrm{e}^{\tau_1} = 0.887 \text{ V}$$
$$F_1 Q_0 = U_1(\tau_1) \mathrm{e}^{\tau_1} / r = 1.24 \times 10^{-4} \text{ C}$$
$$C_1 = F_1 Q_0 / U_s = 1.01 \times 10^{-5} \text{ F}$$

样品电容的标称值为 10 μF, 用低频测量得到的值为 9.92 μF. C_1 称为 C 的快电容分量. 差值 $[U(t)-U_1(t)]$ 描述的是 C 的慢电容分量引起的效应. 在对这个差值作数据处理时, 必须修正仪器造成纵坐标的系统误差. 在图 7.12 中, 当 t 很大时测点

在剩余电压 $U_r = 38\ \mu V$ 附近摆动. 这种摆动是仪器的噪声(μV 级)所造成. $U(t)$ 值的测量不可能达到噪声电平. U_r 则是仪器的失调电压. 电压测量通道由一个直流放大器组成. 在测量中, 放大器的电压增益由小至大经历了多次自动换挡的跳变. 不可能在每次自动换挡后都对电路调一次平衡. U_r 是最大增益挡的电路失调造成的. 其余各挡因增益不太大, 容易调至同时接近平衡.

差值 $[U(t) - U_1(t)]$ 在图 7.12 中用大空点表示, 在图中只画出两个大空点. 当 t 值更小时差值逐渐被 $U(r)$ 的测量误差所掩盖而不必考虑. 对于 t 值更小的大空点. 因细黑线描述的 $U_1(t)$ 下降很快, 使之和小黑点几乎同心而不必作出. 其实, 这些小黑点也和相应的小空点几乎同心, 将大空点的纵坐标下移 $U_r = 38\ \mu V$ 得到图中的大黑点, 它是实验测出的慢极化效应.

将图 7.12 的描图纸置图 7.11 的标准谱线上并上下左右平移. 令尽量多的大黑点最靠近

$$Y = e^{-\sqrt{x}} / \sqrt{x}$$

曲线. 将后者描在图 7.12 上, 如图中粗黑线所示. 它已拟合了全部大黑点. 故慢效应只有 $n = 2$ 的一个项. 由 $x = 1$ 位置定出

$$\tau_2 = 0.208\ s$$
$$U_2(\tau_2) = 106\ \mu V$$
$$F_2\,Q_0 = U_2(\tau_2) \times 2e^{\tau_2}/r = 0.605\ \mu C$$
$$C_2 = F_1 Q_0 / U_s = 49.2\ nF$$
$$Q_0 = F_1 Q_0 + F_2 Q_0 = 1.2461 \times 10^{-4}\ C$$
$$F_1 = 0.9951, \quad F_2 = 0.0049$$

通常, 标准谱线只能拟合 t 值最大的一些点而只拟合 n 最大的最慢项, 快项和最慢项之间还会出现其他慢项, 要用类似方法全部拟合出来. 这时, 决定最慢项的 U_r 值甚至快项都要略作调整, 使得能对全部测点有最佳的拟合.

当出现多于一个慢项时, 采用微分谱标准谱线图算解谱更为方便[1]. 这时不难分离出 $n = 1, 2, 3, 4, 5$ 共五个项. 微分谱解谱仍用双对数纸, 但纵坐标的 $U(t)$ 改为 $tU(t)$ 或

$$tI(t) = tU(t)/r$$

$I(t)$ 就是 $t \geqslant 0$ 时的放电电流, 微分谱理论公式可写为

$$tI(t) = \sum_n \alpha_n F_n Q_0\, g(t; \tau_n, \alpha_n)$$
$$g(t; \tau, \alpha) = (t/\tau)^\alpha \exp[-(t/\tau)^\alpha]$$

称 $g(t; \tau, \alpha)$ 为微分标准谱线. 它在 $t = \tau$ 时出现唯一的峰值. 因此, 在双对数纸上 $tI(t)$ 的测点给出的峰的个数便是解谱得出的项数. 当 $t \ll \tau_n$ 时, 谱线在双对数纸上的斜率给出 α_n 值.

图 7.12 的解谱方法在理论上存在一个缺点. 当 $\alpha_n < 1$ 时
$$U_n(t \to 0) \to \infty$$
虽然实际测量中不会出现发散困难,但有时也会引起麻烦. 微分谱方法回避了这个困难,因为
$$g(t \to 0; \tau, \alpha) \to 0$$
总是存在的.

时间标度介电谱要测量的是充放电电流 $I(t)$. 图 7.10 套图的方法为测量 r 上的分压 $U(t) = rI(t)$. 这只有在电压测量通道的输入电阻甚大(超过一百倍)于 r 才能得出正确结果. 早期研制的电压型谱仪的输入电阻大于 $100\ \mathrm{M\Omega}$.

在上面的具体例子中,电压通道的输入电阻约为 $50\ \mathrm{k\Omega}$,比 r 大 250 倍. 电压灵敏度受噪声限制约 $1\ \mu\mathrm{V}$. 故能测量到的最小电流为
$$1\ \mu V/r = 5 \times 10^{-9}\ \mathrm{A}$$
通常 r 值不能太大以免噪声增加,故即使增大电压通道的输入电阻使 r 可增大至 $100\ \mathrm{k\Omega}$,能测的最小电流也只是 10 pA. 但若用补偿式微电流计为电流通道,则不难测出 1 pA,使灵敏度提高一个数量级.

最后必须指出,图 7.12 的各种点画得很大,完全是为了方便解释解谱方法,一份学术论文插图中的点大小,要和相应的相对误差一致,其半径约表示误差的正负值.

7.9 微分介电谱解谱方法

用图 7.10 方法测出的
$$tI = \frac{tU}{r} = \sum_n \alpha_n F_n Q_0 \left(\frac{t}{\tau_n}\right)^{\alpha_n} \mathrm{e}^{-(t/\tau_n)^{\alpha_n}} \tag{7-6}$$
称为微分介电谱.
$$y = x^\alpha \exp(-x^\alpha)$$
称为微分谱标准谱线,α 为线型参数. 在充电谱中,$\alpha_n \equiv 1$,在放电谱中 $\alpha_1 = 1, \alpha_n = 1/2$,$n > 1$. 在少数特殊情况下可以出现其他 α_n 值,这在《电介质理论》中已有详细说明,下面用和上节相同的实验数据说明微分谱图算解谱方法.

代替图 7.11,微分标准谱线示于图 7.13,扣除系统误差 $t - t' = 1.5\ \mathrm{ms}$ 和 $U_r = 38\ \mu\mathrm{V}$ 后,图 7.12 的数据给出的 $tU(t)/r$ 谱有两个峰,故 $n = 1, 2$. 因为是放电谱,故
$$\alpha_1 = 1, \qquad \alpha_2 = 1/2$$
将描有实验点的描图纸置图 7.13 标准谱线上,上下左右平移,使最多的小 t 端的点落在 $\alpha = 1$ 的标准谱线上. 在描图纸上描出此谱线如图 7.14 的短划线所示. 从而

定出 $\tau(x=1)$ 值. 这个峰的高度就是 $F_1 Q_0 / 2e$. 最后得到的参数 $(Q_0, F_1, F_2, \tau_1, \tau_2)$ 和上节一致,用求得的这些参数代入式(7-6),由公式得出的理论曲线在图 7.14 中用黑线表示,和实验点符合得很好.

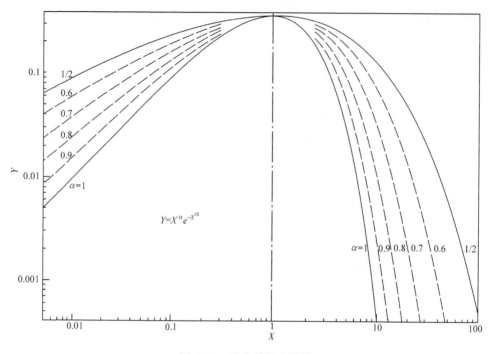

图 7.13 微分谱标准谱线

在图 7.14 中,当 $t > \tau_2$ 时实验点随机地分布在理论曲线两侧而不能与之重合. 因为此时 $U(t)$ 值已逐渐衰减小至接近仪器噪声的数量级. 图中还用点线给出了系统误差 tU_r / r 的值. 点线和坐标轴的交角为 45°. 若不扣除这个误差,则在 $t > 3$ s 时实验点将随机分布在点线两侧.

比较图 7.12 和图 7.14 两种解谱方法可以看出,微分谱解谱方法要方便和可靠得多了,在用电压通道测量的介电谱中,电流灵敏度约为

$$U/r = 10^{-6}/198 = 5 \times 10^{-9}(A)$$

同样的例子,若改用电流通道测量 $I(t)$,则电流灵敏度可提高至 10^{-12} A.

一个电介质样品在 $t=0$ 时其所受电压,应力和温度等作用经历一次阶跃式变化后,样品的响应随时间的变化关系 $Q(t)$ 称为介电谱、压电谱和热释电谱. Q 可代表电荷或应变位移等响应. 因为作者处理实验数据习惯于图算,而像图 7.12 之类的横坐标只能是 t 的对数 $\bar{t}$ 而不可能是 t. 这就出现一个几何问题,横坐标的尺度变量是 $\bar{t}$ 而不是 t. 若令 $\bar{t} = \ln t$ 则微商

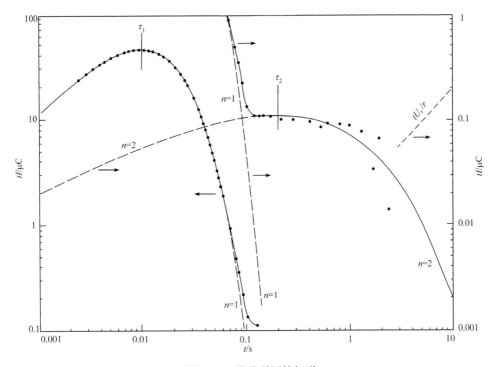

$$\frac{\mathrm{d}Q(t)}{\mathrm{d}\bar{t}} = \frac{\mathrm{d}Q(t)}{\mathrm{d}t} / \frac{\mathrm{d}t}{\mathrm{d}\bar{t}} = tI(t)$$

因此,在图 7.14 中称 $tI(t)$ 为微分介电谱.作者是在 1994 年研究压电谱时最先发现微分谱具有更高分辨率的[1].

实数集 $\{t\}$ 是一种时间标度,实数集 $\{\bar{t}\}$ 是另一种时间标度.如果用时间标度 $\{\bar{t}\}$ 来描述物理定律,则在 $t<0$ 时这种定律完全失去意义,因为负实数不存在对数.以式(7-6)为基础的图 7.14 本质上是在对数时间标度 $\{\bar{t}\}$ 研究介电谱的.

20 世纪 70 年代,技术应用引起了对电介质的热释电效应的注意.凭热释电荷 Q 可以在室温范围觉察到 $\pm 10^{-6}$ ℃的温度变化.热释电成为探测温度微小变化的最灵敏的方法.因此,1978 年作者提出了热释电谱 $Q(t)$ 的研究,从而在测量技术、物理原理和数学概念三个方面都碰到了新的有趣问题.

物理学发展的历史形成了对简谐运动方法的偏爱.特别在电磁理论中成功地用复数来描述角频率为 ω 的周期运动.从而长期地使人误解为:许多物理量描述为 ω 的函数即使不是唯一正确,至少也是等价正确的可行方法.例如将相对介电常量写成 ω 的复函数

$$\varepsilon(\omega) = \varepsilon'(\omega) - \mathrm{i}\varepsilon''(\omega)$$

传统称复 $\varepsilon(\omega)$ 为"介电谱". 20 世纪 60 年代,又进一步用类似方法引入了电介质的复压电常数 $d(\omega)$ 和压电谱的概念. 如果再引入复热释电常数 $p(\omega)$,就相当于承认用 ω 的方法可广泛描述热力学的动态平衡. 这时,热力学量将变成复数,热力学函数得成为复变函数.

在热力学中广义力电压(电场)和应力,以及广义位移电荷(电位移)都很适宜于描述为复数. 但将广义力温度和广义位移熵描述为复数,物理学难以接受. 在技术方面,原则上也不可能令样品整体均匀地温度随时间作正弦式的变化. 因此,只能在 $t=0$ 起将样品迅速从一个恒温器移至另一恒温器,用热释电荷随时间的变化 $Q(t)$ 来描述热释电谱. 为了直接测出 Q,专门研制的数字式电荷仪的灵敏度为 $\pm 2 \times 10^{-13}$ A,相对误差为 10^{-5} 级. 稳定度可保持一小时内不错过 ± 2 个数字. 用同一台仪器研究了大量样品的介电谱、压电谱和热释电谱 $Q(t)$. 综合各种实验结果得到了统一的经验公式

$$Q(t) = Q_0 \left\{ 1 - \sum_n F_n \exp\left[-\left(\frac{t}{\tau_n}\right)^{\alpha_n} \right] \right\} \tag{7-7}$$

公式的意义和有关理论在《电质理论》中已有详细介绍[1].

传统地在介电谱中复 $\varepsilon(\omega)$ 称为频域谱而函数 $Q(t)$ 称为时域谱,并且公认两者是等价(数学上可互相推导)的.

但是,热释电谱只有时域谱而无频域谱. 压电谱中虽有时域谱和频域谱,但从未有实验或理论证明过两者等价. 介电谱中时域和频域等价的理论证明所用数学方法很复杂,很少学者敢花时间去看明白. 因此一直未发现这种证明有一个未被明确指出的必要条件. 这就是,同一个样品的充电 $Q(t)$ 和放电 $Q(t)$ 必须相等. 可是所有实验都确证了两者并不相等. 理论上也可证明两者不相等[1]. 下面将指出,以上数学上的复杂性要求传统的连续分析发展为连续和断续的统一分析.

为明确起见,应用左(δ)微商的统一分析称为标度分析. 标度就是分析中自变量定义的数集,它是实数集的某个闭子集. $Q(t)$ 就是定义在这个标度上的,故不称之为时域谱而正确地称 $Q(t)$ 为时间标度谱. "域"和"标度"数学上有不同的定义. 式(7-7)表明介电、压电和热释电弛豫的统一的动力学方程可写为

$$\frac{\delta Q}{\delta \bar{t}} = \sum_n \alpha_n F_n Q_0 \left(\frac{t}{\tau_n}\right)^{\alpha_n} \mathrm{e}^{-(t/\tau_n)^{\alpha_n}}, \quad 0 < t \leqslant \infty \tag{7-8}$$

初条件为 $Q(t=0)=0$, $\bar{t}=\ln t$. 这里定义的标度为 t 的区间 $[0, +\infty]$,因为 $t=0$ 点没有 δ 微商. 理论物理中的时间反演对称只在应用连续分析时允许出现. 标度分析中不存在此种对称.

实际上,早期用 $Q(t)$ 或 $I(t)$ 描述的都是时间标度谱. 在引进对数时间标度后,用 $\delta Q / \delta \bar{t} = tI$ 描述的才称为微分谱,这时对函数 (tI) 作图的横坐标为 t 的对数. 在选择测量点 $t=0$ 和 $t=t_1, t_2, \cdots, t_s, \cdots, t_e$ 时,最佳方法为各 t_s 在 $\log t$ 横坐标上近似

等距的分布. $\langle t=t_s\rangle$ 组成了一个特殊的标度. 在 t 的每个数量级中,选定 $10\sim20$ 个不同的 t 值就已足够. 测量点太多不但无助于解谱,反而会增加许多麻烦. t_1 值的选取决定于技术条件. 在充放电介电谱中, t_1 值可取为整十至百微秒. 在热释电和压电谱中, t_1 值可取为百秒左右,太小的 t_1 值失去意义.

　　工业批量生产的电阻的标称值 R,组成了一个完全离散的标度,不同的 R 在 $\log R$ 尺度上有近似等距变化.

第 8 章　域和标度的意义

8.1　频域和时域

在介电谱研究中,频域和时域这两个名词已众所周知,许多学者还认为频域和时间域等价是 20 世纪理论研究的主要成果,而难以接受频域和时域不等价的大量实验证据.关键原因在于频域和时域中的"域"是抽象代数中的复杂名词,很少数学专业以外的学者所能理解.下面简单地说明域的基本概念.抽象数学是在 20 世纪和近代物理学并行地发展起来的.虽然抽象数学在物理学的最新发展中起了重要作用,但还远未能得到充分的应用,抽象代数是抽象数学的一个分支.

在抽象代数中,某些确定的对象的集体称为一个集合,或简称集.集合中包含的对象,称为这个集合的元素,给出一个集合,就相当于规定一个明确的判定标准,以判定任意对象在不在这个集合中,同时还足以区分集合中不同的元素,没有元素的集合称为空集,记为 $\varnothing$.一些常见的集合的记号在 1.5 节中已规定为:

R,全部实数组成的集合,称为实数集

$Y=\{0,\pm1,\pm2,\cdots\}$,称为整数集

$N=\{1,2,3,\cdots\}$,称自然数集

$N_0=\{0,1,2,\cdots\}$,称非负整数集

Q,全部有理数组成的集合

R/Q 为无理数集

以上的集合都是数集,其中的元素都是数.抽象代数的重要意义在于它研究的集合中的元素可以不是数.

设有非空集 G,若能规定某种法则 $\circ$,使对于 $a,b\in G$ 唯一确定 $a\circ b=c\in G$,则 $\circ$ 称为 G 的代数运算.按定义代数运算必须是封闭的,即 a 对 b 的运算记为 $a\circ b$,其结果记为 c,而 c 也是 G 中的元素.重要的是抽象代数中并没有规定 $\circ$ 代表的是什么法则,这种法则甚至可以是前人所未曾知道的.G 和规定的 $\circ$ 一起记为 $\langle G,\circ\rangle$.当 $G=R$ 而 $\circ$ 规定为算术除法运算时,这样的法则 $\circ$ 不是代数运算.因为例如 $1,0\in R$,但 $1\div0$ 没有确定的结果.或者说在 R 中不存在一个元素等于 $(1\div0)$,这种运算不是封闭的,故不是代数运算,又例如在非负整数集 N_0 中,算术减法不是代数运算;因为

$$1,2\in N_0,\quad 但(1-2)=-1\notin N$$

在 $\langle G,\circ\rangle$ 中,若对任意 $a,b\in G$ 都有

$$(a \circ b) \circ c = a \circ (b \circ c)，\qquad c \in G$$

则称代数运算 ○ 适合结合律. 在数集 G 中定义的代数运算, 若适合结合律, 则称 $\langle G, \circ \rangle$ 为半群, 或者称集合 G 对于代数运算 ○ 为半群. 当抽象代数运算为算术加法时记 ○ 为 ＋. 当抽象代数运算为算术乘法时记 ○ 为 ·. 也可略去记号, 半群的例子可举出如:

$$\langle R, + \rangle, \langle R, \cdot \rangle, \langle Y, + \rangle, \langle Y, \cdot \rangle$$

$$\langle N, + \rangle, \langle N, \cdot \rangle, \langle N_0, + \rangle, \langle N_0, \cdot \rangle, \langle Q, + \rangle, \langle Q, \cdot \rangle$$

注意我们在这里说的代数运算都是指抽象代数运算, 或称广义运算. 通常称一般的 $\langle G, \circ \rangle$ 为群胚.

在半群 $\langle G, \circ \rangle$ 中若有 $e_l \in G$ 对任意 $a \in G$ 均有

$$e_l \circ a = a$$

则 e_l 称为 G 的左单位元, 若有 $e_r \in G$ 对任意 $a \in G$ 均有 $a \circ e_r = a$, 则 e_r 称为右单位元, 若 $e_r = e_l$, 则记之为 e, 称为 G 的单位元. 在算术乘法半群中的单位元 $e = 1$. 例如, $\langle N, \cdot \rangle, \langle Y, \cdot \rangle, \langle Q, \cdot \rangle, \langle R, \cdot \rangle$. 在加法群 $\langle N, + \rangle, \langle Y, + \rangle, \langle Q, + \rangle, \langle R, + \rangle$ 中, 单位元 $e = 0$.

在半群 $\langle G, \circ \rangle$ 中若有 $o_l \in G$ 对任意 $a \in G$ 均有

$$o_l \circ a = o_l$$

则 o_l 称为 G 的左零元素, 若有 $o_r \in G$ 对任意 $a \in G$ 均有 $a \circ o_r = o_r$, 则 o_r 称为 G 的右零元素, 若 $o_l = o_r$ 则记之为 o, 称为 G 的零元素, 半群

$$\langle R, + \rangle, \langle Q, + \rangle, \langle Y, + \rangle, \langle N, + \rangle$$

没有左或右零元素. 半群

$$\langle R, \cdot \rangle, \langle Q, \cdot \rangle, \langle Y, \cdot \rangle, \langle N_0, \cdot \rangle$$

的零元素都是数 "0".

设半群 $\langle G, \circ \rangle$ 有单位元 e. 若对任意 $a \in G$ 有元素 $b \in G$ 使

$$b \circ a = e$$

则称 b 是 a 的左逆元, 若存在 $b \in G$ 使 $a \circ b = c$, 则称 b 是 a 的右逆元. 若对任意 $a \in G$ 存在的左和右逆元相等, 则可写为

$$a^{-1} \circ a = a \circ a^{-1} = e$$

a^{-1} 称为 a 的逆元. 在单元素半群的集合 $\{a\}$ 中, 单位元与零元都是 a,

$$a^- \circ a = a^{-1} \circ a = a^{-1} \circ a^{-1} = a \circ a^{-1} = a$$

在非单元素半群中, 零元素是不可逆元. 在半群中可逆元的逆元是唯一的.

有单位元 e 的半群 $\langle G, \circ \rangle$, 若每个元素都有逆元则称之为群. 例如半群 $\langle Y, + \rangle$ 是群, 其单位元是 $e = 0$. 任意 $a \in Y$ 的逆元为 $(-a) \in Y$. 但是半群 $\langle Y, \cdot \rangle$ 不是群, 因为例如 $a = 2 \in Y$, 但 $a^{-1} \notin Y$. 若在群 $\langle Y, \cdot \rangle$ 中对任意 $a, b \in G$ 都有

$$a \circ b = b \circ a$$

则称为可换群,也叫阿贝尔群. Abel(1802~1829)是挪威数学家.

设非空集 G 定义有两种代数运算,称为广义加法和广义乘法,记为＋和·. 若 $\langle G,+\rangle$ 是可换群而 $\langle G,\cdot\rangle$ 是半群,广义乘法对广义加法有分配律. 即 $a,b,c\in G$ 则

$$a\cdot(b+c)=a\cdot b+a\cdot c, \quad (b+c)\cdot a=b\cdot a+c\cdot a$$

则 G 称为环,记为 $\langle G,+,\cdot\rangle$. 注意这里的＋和·是广义的. 但在特殊情况下可以是算术加法和算术乘法,一些常见的环例如:

$$\langle Y,+,\cdot\rangle,\langle Q,+,\cdot\rangle,\langle R,+,\cdot\rangle,\langle C,+,\cdot\rangle$$

C 为所有复数组成的集合. 由数 0 组成的单元系集合 $\{0\}$ 对于算术加法和算术乘法可以组成环,称为零环.

在 $\langle G,+,\cdot\rangle$ 的集合 G 中除去零元素得到的集合记为 G^*. 一般地 G^* 对 $\langle G,+,\cdot\rangle$ 定义的广义乘法不是封闭的. 例如,当 G 中元素为由实数组成的 2×2 矩阵 m_2 时,由矩阵加法和乘法可组成环 $\langle m_2,+,\cdot\rangle$. 其零元素

$$0=\begin{bmatrix} 0 & 0 \\ 0 & 0 \end{bmatrix}\notin m_2^*$$

而

$$\begin{bmatrix} 1 & 0 \\ 0 & 0 \end{bmatrix}\neq0, \quad \begin{bmatrix} 0 & 0 \\ 0 & 1 \end{bmatrix}\neq0$$

均属于 m_2^*,但

$$\begin{bmatrix} 1 & 0 \\ 0 & 0 \end{bmatrix}\begin{bmatrix} 1 & 0 \\ 0 & 1 \end{bmatrix}=0 \quad \notin m_2^*$$

故 m_2^* 中元素对乘法不封闭.

设 a 是环 $\langle G,+,\cdot\rangle$ 的非零元,即 $a\in G^*$. 若存在 $b\neq0\in G^*$,使 $a\cdot b=0$ 则 a 称为环 G 的左零因子. 若存在 $b\in G^*$,使 $b\cdot a=0$ 则 a 称为环的右零因子. 对于可换环(其半群为乘法可对换),左右零因子相等,称为零因子. 注意环的零元素和零因子是不同的概念.

无零因子的有单位元的非零可换环,称为整环. 除零环外,环 $\langle R,+,\cdot\rangle$ 中的 $\langle R,\cdot\rangle$ 不可能成群,但 $\langle R^*,\cdot\rangle$ 可成为群. 例如环 $\langle Q,+,\cdot\rangle$ 中的 $\langle Q^*,\cdot\rangle$ 就是乘群.

若环 $\langle R,+,\cdot\rangle$ 中的 $\langle R^*,\cdot\rangle$ 是群,则称为体. 乘法可换的体 $\langle R,+,\cdot\rangle$ 称为域. 一个域 $\langle R,+,\cdot\rangle$ 中含一个可换群 $\langle R,+\rangle$ 和一个可换半群 $\langle R,\cdot\rangle$. 若 $R^*=R\backslash\{0\}$,则 $\langle R^*,\cdot\rangle$ 为可换群. 关于群、环和域,都各有许多复杂性质,这里没有必要论述. 我们关心的是说明域在数学上的明确定义,这个定义经常被非数学专业学者所忽视了.

现在就可以讨论电介质物理学中频域和时域两个常见名词中指的域是什么意义. 这个域是用来描述频率和时间的,从来未有人考虑过频域中的域和时域中的域

在数学上是否应该和是否必要相同. 认真分析近百年来证明频域和时域等价的各种理论,可以发现都没有明确指出但都默认了上述两个域都是$\langle R,+,\cdot\rangle$.

但是,近年在宇宙学的研究中发现,用复数域$\langle C,+,\cdot\rangle$描述时间似乎更加合适,如果将频率的描述也从实数域改用复数域,这是十分复杂的问题. 数学是用来描述人类在实验中见到的现象的. 人类能见到的现象总是要受到人的生命周期限制. 用实数域来描述时间 t,即令 $t\in R$. 域中的$\langle R,+\rangle$加群使得必然出现 $t=+\infty$ 和 $-\infty$ 两个奇异点. 这都是人类实验所不能见到的. 从而无法判断此时理论与实验的差别. 故这不一定是最好的方法. 用实数域描述频率有类似问题. 频域方法只是某个历史时期一定技术条件下的一种近似.

上面的讨论目的只在说明域和标度的区别,关于群、环和域的许多理论都没有提及. 下面将一般的标度记为 m. 按定义,实数集的闭子集 m 称为标度. 因为 $m\subset R$,特殊情况下可以令 $m=R$. 故关于标度的讨论并不和实数域矛盾,而是推广在标度 m 中,甚至没有定义代数运算. 但若 $a,b\in m$ 则 $a,b\in R$,故关于 a 和 b 的算术运算意义不变,但运算的结果却不一定属于 m. 这种不封闭的运算按定义不能称为代数运算. 前面已详细介绍,定义在标度上的微积分的确是定义在实数域上的普通微积分关于分析数学的推广.

后面将举出具体例子,说明从 R 中选出 m 的规则提供了用数学描述实验结果的许多有用方法.

8.2　实验中的时间标度

实验测量中选定自变量之后,就要对自变量定义一个标度,例如在研究电介质的自由弛豫时可选定图 8.1 的时间标度 m. m 中规定的时间 t 包含
$$t=t_a,\quad t\in[t_b,t_0],\quad t=t_1,t_2,\cdots,t_e$$
其中还规定了 $t_0=0$. 我们要测量的是 $t>t_0$ 时电路中流过的电荷 $Q(t)$. 按定义 $Q(t_0)=0$ 称为初条件,$t<0$ 时电路中流过了多少电荷无法得知,不必考虑. 测量点上的时间为 $t=t_1,t_2,\cdots,t_e$,记时间标度 $\bar{m}=\{t\,|\,t=t_1,t_2,\cdots,t_e\}$. 我们要研究的是 $Q(t)$ 动力学方程.
$$\frac{\delta Q}{\delta t}=Q^\delta(t)=f(t),\quad t\in\bar{m}_k=\bar{m}\backslash\{t_0=0\}$$
按定义,这个方程在 $t=t_0=0$ 点上是没有意义的. 因为 δ 微商是左微商,而在 $t<0$ 时我们并没有研究. 在 7.8 节和 7.9 节详细介绍了电介质自由弛豫测量的一个具体例子.

在 m 中定义了一个时间 $t=t_a$,称之为样品的原始态时间. 样品制造出来后,温度变至室温,结构和性质大致达到稳定的态称为原始态,原始态时样品不受外加作

图 8.1　自由弛豫中的时间标度

用. 时间$(t_b - t_a)$不太长, 故 $t_a \leqslant t \leqslant t_b$ 时样品仍可认为处于原始态. 时间 $t_b < t \leqslant t_0$ 中对样品的测量进行预处理. 处理的热力学路径是严格规定的. 例如, 7.8 节和 7.9 节中规定为样品在不受外力情况下加恒定电压

$$U(t) = U_0, \qquad t_b < t \leqslant t_0$$

而 $t > t_0 = 0$ 时除去外加电压.

在标度 m 中还定义了一个时间 $t = t_e$, 下标 e 的意义代表"end". t_e 的决定是使 $t \geqslant t_e$ 时电荷 $Q(t)$ 的变化不高于电路噪声电平, 故此时的函数不存在确定值使 $Q(t)$ 失去意义.

在科学决定论中的物理学为经典物理, 所用数学方法为连续分析. 应用传统的这种理论, 上述问题被描述为: 在介电弛豫中存在确定的规律, 可用动力学方程描述为

$$\frac{\mathrm{d}Q(t)}{\mathrm{d}t} = f(t), \quad t \in R$$

若 $t = 0$ 时的初条件 $Q(t=0)$ 值为已知, 则任意 $t \in R$ 时的 $Q(t)$ 值唯一确定. 近三十年来的大量实验已经证明[1], 科学决定论的这种认识是十分错误的. 将普通微商 $\mathrm{d}Q/\mathrm{d}t$ 发展改写为标度左微商 $\delta Q/\delta t$ 限定了实验只在 $t \in \bar{m}_k$ 上研究 $f(t)$.

实验表明 $t \in \bar{m}_k$ 上的测值 $Q(t)$ 不仅只决定于 $Q(t=0) = 0$ 的初条件, 还和 $t_b \leqslant t \leqslant t_0$ 时的热力学路径有关. 这个路径可描述为样品所受外力和外电压随 t 的变化关系. 此外, $(t_b - t_a)$ 不能太大, 在 $\bar{m}_k$ 上测出的 $Q(t)$ 值还和 $(t_b - t_a)$ 值有关. 这种关系描述了样品的老化. 在 $t_a \leqslant t \leqslant t_b$ 时样品没有受外加作用, 老化是样品内部运动所引起的.

同样地, 定义的时间 $t_0 - t_b$ 也不能太长. 在 $t_b \leqslant t \leqslant t_0$ 时存在外加作用, 故 $t_0 - t_b$ 值太大时会在 $\bar{m}_k$ 上得到不同的 $Q(t)$. 这种变化可用来说明样品的疲劳. 老化和疲劳是历史记忆效应. 科学决定论完全否定历史记忆效应是严重的错误. 定义了时间标度 m, 其中的 $t = t_a$ 和 $t_b \leqslant t \leqslant t_0$ 是用来说明历史的.

如果实验样品具铁电性, 在 $t_b < t < t_0$ 期间经历了 n 次极化反转出现疲劳, 即使设定 $Q(t_0) = 0$, $t > t_0$ 时的 Q 也和 n 有关, 而应写为 $Q(t, n)$, 这时若存在动力学方程, 则其中将可能出现 $\delta Q/\delta n$ 而不可能出现 $\mathrm{d}Q/\mathrm{d}n$ 或 $\partial Q/\partial n$. 从而要用连续和断续统一分析. 因为 n 只能断续地变化.

时间标度介电谱原则上也可研究快效应, 但主要是用来研究凝聚态物质中高级结构运动所产生的慢效应. 故 m 中的 t_1 值不宜定得太小, 合适的 t_1 在 $10 \sim 100~\mu s$

之间. 根据图 7.13, 在 t 值每变化一个数量级之间有 24 个测量点即足以外推给出精确的光滑曲线. 故可定义对数标度

$$
\begin{aligned}
L=\{l\,|\,l= &10.0,\quad 11.0,\quad 12.0,\quad 13.0,\quad 15.0,\\
&16.0,\quad 18.0,\quad 20.0,\quad 22.0,\quad 24.0,\\
&27.0,\quad 30.0,\quad 33.0,\quad 36.0,\quad 39.0,\\
&43.0,\quad 47.0,\quad 51.0,\quad 56.0,\quad 62.0,\\
&68.0,\quad 75.0,\quad 82.0,\quad 91.0\}
\end{aligned}
$$

L 中共 24 个不同的 l, 近似等距地分布在 $\log l$ 坐标轴上, $\bar{m}_k$ 中的 t 值可在数值 $l\times 10^n\ \mu s, n\in N_0$ 中选取依次相邻的 e 个, 对数标度在电阻电容的标称值中早已人所共知. 数学上标度概念的出现实在太晚了.

8.3　有机物分子的空间标度

实际上许多问题的描述并不必要也不可能用到实数集 R 中的绝大多数元素 (实数) 而只用到其中极少的有限个数部分. 从而出现标度 m, 在 m 中也不一定要定义代数运算而是讨论特定的 m 的其他数学性质以说明有关的实验现象. 例如 N 个原子组成一个分子. 为了区别, 可以给每个原子一个编码, 从而定义了一个标度

$$m=\{1,2,3,\cdots,N\}$$

每个编码代表了该原子占有的空间位置, 故可称 m 为空间标度, 由 m 可建立一个 $N\times N$ 矩阵

$$A=(A_{ij}),\quad i,j\in m$$

若原子 i 和原子 j 有化学键相联系, 则 $A_{ij}=1$, 否则 $A_{ij}=0$, 称 A 为连接矩阵. 在《电介质理论》[1] 第 4 章介绍了分子的谱和联接矩阵的本征值之间只差一个乘法物理常数. 例如, π 电子能谱和一维单原子晶体的晶格振动频谱.

下面用一个具体例子说明对有机分子定义一个空间标度 m 能说明什么问题. 石油是今天全世界都关心的问题. 石油产品中的正庚烷是汽油燃料使用效率的基准. 正庚烷的沸点为 98.4 ℃, 结构式为

$$CH_3-CH_2-CH_2-CH_2-CH_2-CH_2-CH_3$$

通常略去分子中的 H, 用黑点代表 C 原子, 用短线代表两个 C 原子之间的化学键而成为一个分子网络图. 正庚烷有 9 种同分异构体, 图 8.2 给出它们的分子网络图. 这些网络图中因为都没有环, 故都叫支化图. 现在有 $N=7$ 个 C, 故可定义空间标度

$$m=\{j\,|\,j=1,2,3,\cdots,7\}$$

图 8.2 中记号 $Z=17$ 的支化图中标出了各 C 原子位置 j 的编码, 从而立刻可写出它的连接矩阵

$$A = \begin{bmatrix} 0 & 1 & 0 & 0 & 0 & 0 & 0 \\ 1 & 0 & 1 & 0 & 0 & 1 & 0 \\ 0 & 1 & 0 & 1 & 0 & 0 & 1 \\ 0 & 0 & 1 & 0 & 1 & 0 & 0 \\ 0 & 0 & 0 & 1 & 0 & 0 & 0 \\ 0 & 1 & 0 & 0 & 0 & 0 & 0 \\ 0 & 0 & 1 & 0 & 0 & 0 & 0 \end{bmatrix}, \qquad Z = 17$$

Z 称为拓扑指数，图 8.2 中每个支化图的 Z 都不相同.

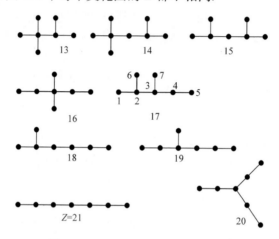

图 8.2　正庚烷的同分异构分子网络

关于 Z 值的决定，称一个支化图中 k 条不相邻的键的选择方法组合数 $r(k)$ 为非连接数；但规定

$$r(0) = 1$$

由定义知 $r(1)$ 就是支化图中键的总数目. 定义支化图的拓扑指数为[72]

$$Z = \sum_{k=0}^{m} r(k)$$

m 为 k 的可能的最大值. 例如图 8.2 中 $Z = 17$ 的支化图中，

$$r(0) = 1, \quad r(1) = 6, \quad r(2) = 8, \quad r(3) = 2$$

在这个支化图中找不到 $k \geqslant 4$ 条件不相邻的键，故 $m = 3$，而

$$\sum r(k) = 1 + 6 + 8 + 2 = 17$$

类似地可得到图 8.2 中每个支化图的 Z，从而定义一个空间标度

$$m_Z = \{ Z \mid Z = 13, 14, 15, \cdots, 21 \}$$

一个 $Z \in m_Z$ 标记了一个支化图中碳原子在空间排列的特征.

设 $i,j\in m$，一个支化图中由原子 i 沿相邻的键到达原子 j 所经过的键的数目 D_{ij} 称为这两个原子之间的距离. 以 D_{ij} 为元素组成的矩阵 $D(Z)$ 称为支化图 Z 的距离矩阵. 例如由图 8.2 可得

$$D(Z=17)=\begin{bmatrix} 0 & 1 & 2 & 3 & 4 & 2 & 3 \\ 1 & 0 & 1 & 2 & 3 & 1 & 2 \\ 2 & 1 & 0 & 1 & 2 & 2 & 1 \\ 3 & 2 & 1 & 0 & 1 & 3 & 2 \\ 4 & 3 & 2 & 1 & 0 & 4 & 3 \\ 2 & 1 & 2 & 3 & 4 & 0 & 3 \\ 3 & 2 & 1 & 2 & 3 & 3 & 0 \end{bmatrix}$$

对于相同的 Z，$A(Z)$ 和 $D(Z)$ 是一对一确定的. 称

$$W(Z) = \sum_{i>j} D_{ij}$$

为维纳数. 例如由 $D(Z=17)$ 可得 $W(Z)=46$. 对于固定的矩阵 $D(Z)$，其中 $D_{ij}=D_{ji}=3$ 的一对元素的对的数目 $P(Z)$ 称为三步数. 例如，$D(Z=17)=6$.

Z、W、P 称为一个支化图的拓扑参数. 由定义可以看出对于固定的一个支化图，只要 $j\in m$，改变图中各原子的编码方式并不改变图的拓扑参数. 对于饱和烃，拓扑参数描述了同分异构体的许多热力学性质，对于同一成分的饱和烃，整数 Z 代表了不同分子结构的拓扑性质. 在空间标度 m_z 中选定 Z 为自变量，就在 m_z 上定义了函数 $W(Z)$ 和 $P(Z)$. 饱和烃的沸点、燃烧热、异构化热、气态时的绝对熵等热力学量随 Z 的变化很类似于函数 $W(Z)$[72]. 饱和烃的液态密度、光折射率、临界密度、临界压力等物性参数随 Z 的变化很类似于 $P(Z)$. 对于正庚烷以外含有各种 N 值碳原子数目的饱和烃的同分异构体，上述论断是第二次世界大战以后数十年研究的实验结果. 在石油的各种成分中，碳和氢一起占了 $97\%\sim99\%$. 从石油中分离出来的产物主要是正烷烃，其分子式为 $CH_3(CH_2)_{N-2}CH_3$. 石蜡的 N 值可高达 30，是各种同份异构体的混合物，在《电介质理论》的第 7 章论述了石蜡的介电谱. 石油中还含有 N 值高于 30 的产物，这时的空间标度 m_z 将含有很多个不同的整数 Z. 对定义在 m_z 上的以 Z 为自变量的函数分析，只能应用 δ 微积分. 对于给定一个较大的 N，类似于图 8.2 找寻有多少个可能的支化图，从而定出相应的 Z 以确定空间标度 m_z 中的每个元素，成为拓扑学中的有趣问题.

8.4　晶体的空间标度

传统的晶体理论都是建立在实数域 R 上的，其本质是假设了可以"近似"认为晶体是无限大和没有边界的. 为达到此目的，20 世纪初玻恩学派提出了一个循环

边界条件,参见图 8.3(a).图中黑线示出一个晶体,其两个端面区别记为 A 和 B.在研究晶体中沿 x 方向的运动时,可以设想有无限多个具有同样运动的相同晶体首尾相接如图中短划线所示,并且认为在 $x=\infty$ 那个假想晶体的 B 面也和 $x=-\infty$ 那个晶体的 A 面相接.这种附加的假想没有改变实际晶体内部运动的性质,而只要数学上设 $x\in R$,并在计算结果中舍去 x 超出晶体范围的部分,这种建立在实数域上的理论,在半导体和电传问题上取得了巨大成功.这种成功决不是巧合,而是问题的物理本质造成的.图 8.3(b)描述了在晶体的 A 和 B 面之间的电场 E 引起的电流密度 $j=\sigma E$ 的过程.要产生一个电流,除晶体之外必须还有一个闭合的外电路.但电导率 σ 只决定于晶体内部的运动.故将图 8.3(b)的外电路用图 8.3(a)的循环边界条件来等效地简化完全合理,在研究晶体的 σ 时只需假设晶体中沿 x 方向存在外电场 E.

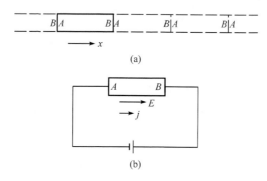

图 8.3　循环边界条件

但是将循环边界条件用到晶体的介电极化时,将得出荒唐的结果[1]:晶体的极化强度 P 不存在确定值,因此,在研究电介质时必须放弃循环边界条件.对于一维双原子链的振动,6.7 节引进了空间标度

$$m=\{\alpha|\alpha=1,2,\cdots,s\}$$

s 为偶数,比较了循环边界条件和改用自由边界条件的不同结果.

沿正交的 (x,y,z) 方向引进空间标度

$$m_x=\{\alpha|\alpha=1,2,\cdots,N_1\}$$
$$m_y=\{\beta|\beta=1,2,\cdots,N_2\}$$
$$m_z=\{\gamma|\gamma=1,2,\cdots,N_3\}$$

可以描述 $N_1\times N_2\times N_3$ 个相同或不完全相同的原子组成的晶体内部的近邻二体、三体和四体相互作用,并在自由边界条件下解出晶体中原子的简谐振动方程,建立了自由边界晶体中原子的简谐振动方程,从而建立了自由边界晶格动力学.因为 N_1、N_2、N_3 三个整数值原则上没有限制,故标度方法将晶体振动和分子振动问题统一了起来[1].三个标度给出的数组 (α,β,γ) 代表空间的一个点.它是一个原子作

热运动的平衡位置. 传统的玻恩学派的晶格动力学在数学方法上不能描述三体和四体相互作用.

应用标度方法建立的自由边界晶体振动理论结果和传统的晶格动力学有重大区别. 关于这些区别, 专门设计的许多实验都证明了新理论是正确的, 而传统的晶格动力学是错误的. 特别重要的物理图像的区别是新理论说明晶体中热运动的基元是简谐子而不是声子[1].

定义了标度 m_x, m_y, m_z, 就定义了一个自由边界的晶体. 晶体中的空位或杂质只能在 (α, β, γ) 确定的相邻点之间跳跃运动 (hopping), 而不能连续运动. 若讨论有关问题时采用位函数 $P(\alpha, \beta, \gamma)$ 的概念以代表空位或杂质在晶体的不同位置上的位能, 在关于 P 的场论中就会出现标度微商, 而且是标度偏微商. 目前, 国内外还未出现标度偏微商的概念和定义, 从连续分析到统一分析的发展还只限于单一自变量. 若在统一分析中再发展到多变量, 便可称为标度分析. 因为在标度数学方法中, 晶体理论采用了自由边界条件, 故理论中的晶体失去了平移对称. 位能 P 随 (α, β, γ) 而变是必然的. 一条受外力的楔形晶体, 其中的空位和缺陷必然走向应力中张力集中的位置, 形成疲劳或最后断裂. 因此, 位函数 $P(\alpha, \beta, \gamma)$ 是研究疲劳中很有用的函数.

传统将使用循环边界条件的理论称为晶格理论, 因为研究的是完全理想化只有作为数学名词才存在的晶格. 在标度方法中可以计入多体相互作用和使用自由边界条件的理论可以称为晶体理论, 因为现在研究的是物质世界存在的晶体.

所谓"实数集的非空闭子集", 被 Hilger 称为时间标度[12]. 但这个定义中并无涉及时间的意思, 所以我们除去时间二字而称为标度, 使之成为一个纯数学专业名词. Hilger 和 Bohner[13] 只在分析数学方面讨论标度问题. 但早在 Hilger 的博士论文 (1988 年) 之前, 在数学的其他分支和物理学[1], 工业技术上已大量用了标度方法. 可以将用了标度方法的数学称为标度数学.《电介质理论》一书按历史习惯在许多地方不确切地用了时域的名词, 在该书付印后作者才得知 Hilger 等数学家的工作. 按严格定义, 该书除第 3 章综述历史之外, 以后各章中出现的"时域"都应更正为"时间标度".

标度的应用是很广泛的. 例如在一个普通公式

$$Q = \sum_{\alpha=1}^{N} Q_\alpha$$

中, 就已定义了一个标度

$$m = \{\alpha \mid \alpha = 1, 2, 3, \cdots, N\}$$

此 m 满足 Hilger 关于"时间标度"的定义. 却和时间毫不相干, 也不必过问 Q 和 Q_α 代表什么具体意义. 只有在时间标度介电谱中, 令电荷 $Q(t)$ 为时间 t 的函数, 按响应时间由小至大顺序分解为 $Q_\alpha(t)$ 形式的 N 个项, 才能称 m 为时间标度. 这时的 α

还有特殊意义，$\alpha=1$ 代表快效应，其余 α 值代表慢效应项.

　　科学决定论认为，存在客观的规律，例如可用微分方程描述为：只要 $Q(t_0)$ 的初始条件为已知，则任意 $t \in R$ 的 $Q(t)$ 值可唯一地决定. 人类在 20 世纪的最大成就是用实践和理论全面证明了科学决定论对于自然哲学和社会哲学都是十分错误的.

　　为了改正科学决定论的错误，在介电谱测量中必须定义图 8.1 的时间标度 m. 这时，即使存在

$$\frac{\delta Q(t)}{\delta t} = \frac{\mathrm{d}Q}{\mathrm{d}t} = f(t), \quad t_0 < t \leqslant t_e$$

这个 $f(t)$ 也不是唯一确定的. $f(t)$ 和 $(t_b - t_a)$ 值有关，从而提供了描述老化的方法. $f(t)$ 还和 $t_b \leqslant t \leqslant t_0$ 期间的热力学路径有关，从而提供了研究疲劳的方法. 在所有各种测量中都可以假设为 $t_0 = 0$，和初条件 $Q(t_0) = 0$，这使得公式可以简单一点.

8.5　自　然　标　度

　　自然数集 N 的非空子集 N_e 称为自然标度. 因为自然数都是弥散的，故自然数集的任意一子集

$$N_e = \{n \mid n = 1, 2, 3, \cdots, N_e > 1\}$$

一定是闭子集. 自然标度通常用来描述没有量纲的量. 例如，烷烃 CH_3—$(CH_2)_{n-2}$—CH_3 分子中 C 原子的个数 n. 烷烃的性质和 n 有关，例如沸点 T_b 和熔点 T_p. 若视 n 为变量就可得出温度的函数 $T(n)$，图 8.4 的黑点示出烷烃的 T_b，空点为其 T_p. 这样的函数 $T(n)$ 就是定义在自然标度 N_e 之上.

　　可以写出 $T(n)$ 的分析形式. 例如对于 T_b，作为经验公式，可写为

$$T(n) = [An^{1/2} + Bn^{1/4} + Cn^{1/6}]T(1) \tag{8-1}$$

以图 8.4 中 $n=1, n=9$ 和 $n=19$ 的黑点的实验值，换算成绝对温度后，代入式(8-1)可以解出

$$A = 0.2703$$
$$B = 6.6876$$
$$C = -5.9579$$

在得到这个经验公式时，只需假设 n 可以沿用实数域的代数运算，并未对自然标度作其他要求. 如果附加设 n 在区间 $[1, 19]$ 连续可变. 则由式(8-1)可以得出图 8.4 中的细黑线. 曲线和实验点的接近程度说明以下事实：对于定义在自然标度上的烷烃的沸点 T_b，可近似为实数域上的连续函数 $T(n)$ 作连续分析数学处理. 但处理结果只有在 $n \in N_e$ 时 $T(n)$ 才有实际意义.

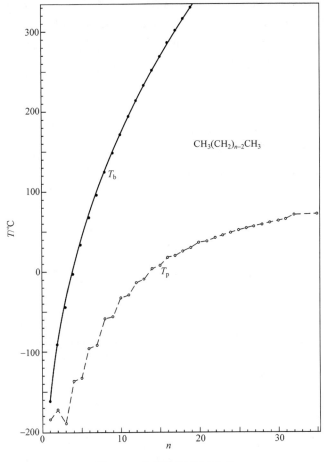

图 8.4　烷烃的熔点和沸点

　　关于烷轻的熔点 T_p，情况稍为复杂. 烷烃分子在 $n=1$（甲烷）时有立方对称，在固相下容易结晶. 其他 n 值的分子对称性较低，所组成的固相一般为非晶态. 故讨论烷烃的熔点时应将甲烷除外而定义自然标度

$$N_e = \{n \mid n = 2, 3, 4, \cdots, n_e\}$$

图 8.4 给出的实验数据为 $n_e = 35$.

　　可以类似于式(8-1)拟合出描述 T_p 的光滑曲线 $T(n > 1)$. 为使均方偏差最小，n 为偶数的实验值 T_p 将比 $T(n)$ 大，而奇数 n 的 T_p 将比 $T(n)$ 小. 对于不太大的 n，T_p 和 $T(n)$ 的差别是不能容忍的. 因此，更好的 $T(n)$ 应是在式(8-1)右边的三个项之外再加一个简单的修正项. 这个修正项随 n 的增大而绝对值迅速减小，但含有一个因子

$$(-1)^n = e^{in\pi}, \quad n \in N_0$$

对这样的函数作连续分析讨论,就会确认在 n 不是整数时 $T(n)$ 值有一个非零的虚数分量,即温度 T 此时成为复数.按数学意义可解释为:当 n 由某个正整数值连续地增大时,T 由图 8.4 的一个 T_p 测量点沿复 T 平面的连续曲线运动.在 n 连续增大到 $(n+1)$ 时,T 值到达近邻相应的另一个 T_p 测点.

我们已习惯了定义一个复介电常量

$$\varepsilon(\omega) = \varepsilon'(\omega) - \mathrm{i}\varepsilon''(\omega)$$

并且已经确认了复 ε 的实数 ε' 和虚部 ε'' 在实验测量中各自的意义.但是,这个定义只在用纯正弦波作实验时才正确.正统的介电常数定义为实数 ε'.复 ε 只在频域实验方法中使 ε' 外加了一项 $(-\mathrm{i}\varepsilon'')$,这是方法所造成的.幸而理论上还能说明其意义.

如果纯数学上定义一个复

$$T(n) = T_r(n) + \mathrm{i}T_i(n), \quad n \in R$$

并规定 $T_r(n)$ 在 $n \in N_e$ 时才代表测量得到的熔点 T_p,从而允许使用连续分析方法.这时只要不去过问计算过程中出现了什么,凭计算结果和实验的一致性也可允许使用这种方法.

不过,理论物理学家已经习惯于对数学方法过程中出现的每一个细节寻根问底,以图从中找到未知的自然规律.因此,为避免节外生枝,定义实

$$T(n) = T_r(n), \quad n \in N_0$$

从而在数学上发展比连续分析更广泛正确严密的标度分析(δ 微积分)方法成为必要.

图 8.4 中给出标度 N_e 中的 n_e 较小.在聚合物中每个分子含 C 原子个数可达 10^5.这时用到的自然标度中的 n_e 值就很大了.在硅有机物例如硅油中,其物性参数常表现为分子中含 Si 原子个数 n 的函数.这类函数也定义在自然标度 N_e 之上,其中 n_e 可超过 10^4.

8.6　数序和数量

数学家一般认为,对于数,如果不同时定义运算规则,数就完全失去意义.故传统数学是在域上研究数和函数的.域中定义了两种基本的封闭的代数运算方法.

在标度上研究数和函数,可以保持实数域上定义的代数运算方法,但允许运算结果不再是封闭的.此外,还允许定义现代数学尚未知道的新的运算规则,甚至根本不定义运算规则.因此,标度数学不失传统数学的严密性,但研究范围更广泛了.

其实,数有两种性质不同的意义.一个实数可描述同类研究对象的量的多少.一个实数还可描述许多同类研究对象的个性顺序.对于可以逐个区分的同类研究对象,由自然数集 N 构成的标度是最简单的描述方法.当实数被用来描述量的多

少时,量值既可以连续变化,也可以断续变化.标度数学要研究这些有关的所有问题,而不仅是研究标度分析.拓扑学是几何学的抽象.拓扑学中的点集拓扑早已展开了标度数学的研究.

传统地,数学过多地侧重数量方面的研究.其实,数用来描述序方面也存在许多有趣问题.一个矩阵的行和列的序数构成了一个标度 N_e.因为矩阵的许多性质都和序数的对换无关.在这个标度中不用定义运算,也没有什么值得研究.但是许多描述序的标度却是很复杂的,下面举出一个熟知例子.

化学家很早之前就定义了一个原子序 Z,为强调数 Z 的序的意义,特别地将它标记为 $\hat{Z}$,$\hat{Z}$ 不仅代表了一个数 Z,还代表了一个特殊种类的原子.化学定义了标度

$$N_Z = \{\hat{Z} \mid Z = 1, 2, 3, \cdots, 92\}$$

用来描述化学元素周期表,N_Z 定义出现的本身就是科学史上的十分重大的事件.于是我们可将化学原子 H,He,Li,$\cdots$,U 用标度数学语言写为 $\hat{1}, \hat{2}, \hat{3}, \cdots, \hat{92}, \hat{Z} \in N_Z$.化学家还定义了两种抽象数学运算方法来处理 $\hat{Z} \in N_Z$.称"混合"为抽象加法,记为"$+$".称"键合"为抽象乘法,记为"$\cdot$"或略去记号.化学知识给出了严密的数学运算规则,例如

$$\hat{2} + \hat{2} = 2 \cdot \hat{2}, \text{即 He} + \text{He} = 2\text{He}$$

$\hat{1} \cdot \hat{1} = \hat{1}^2$, $\hat{1}^2$ 即 H_2,代表一个氢分子.从而化学方程式

$$2H_2 + O_2 = 2H_2O + h$$

可写为数学公式

$$2(\hat{1}^2) + \hat{8}^2 = 2(\hat{1}^2 \cdot \hat{8}) + h$$

其中 h 为两个氢分子燃烧产生的热量.类似地,在 N_Z 上,许多化学知识都可用标度数学语言表达出来,但数学语言未必比化学语言更方便应用.

由原子 $\hat{Z}$ 组成的化学元素的许多化学和物理性质都是以 Z 为变数定义在 N_Z 上的函数 $F(Z)$.实验已确认了许多这样的函数.在理论上对不同的函数 $F(Z)$ 的计算有时十分容易,例如化学价,有时却非常困难,例如电离能.但是,以实数 Z 为自变量,对实函数 $F(Z)$ 作直接的标度分析(δ 微积分)研究是否有意义,还不清楚.无论如何,分析只是数学的一个分支,并非所有问题都能用分析数学解决,数学还有其他分支方法可用.具有讽刺意义的是:抽象代数趋向于尽可能用符号代表数和运算规律,标度数学却反过来用数代表研究对象.

在 8.3 节中间接地通过 N_e 定义的连接矩阵 A 和距离矩阵 D,从而得到拓扑指数组成的空间标度 M_Z,其中的每一个数都完全代表了分子的一种确定的性质而不能互换.维纳数 $W(Z)$ 和三步数 $P(Z)$ 作为 Z 的函数就要求在标度 M_Z 上必须定义某种抽象运算规律.拓扑指数 Z 原则上也是序.

在晶体的空间标度 M_x、M_y、M_z 中的 α, β, γ 其实也都是不同方向上的序.在自

由边界有限尺寸晶体振动问题中,我们定义的这些标度上的抽象运算结果无非要得出振动方程中一些项的下标符号[1].

化学元素周期表和原子序 Z 的概念约在 1869 年已经形成,Z 所代表的原子排列次序是不能更改的. 直到约 1881 年才出现电子二字,再过三四十年,在 20 世纪才知道 Z 就是原子中含有的电子和原子核中含有的质子的数目. 数用来描述序的意义由此可见. 从物理学数学角度看来,现代生命科学的基本问题无非是 DNA 中序的问题.

随着计算机技术的发展,20 世纪 70 年代初开始数学逐步形成了一个新分支,称为离散数学[73],它在计算机的数据结构、操作系统、编译理论、算法分析、逻辑设计、系统结构、容错诊断、机器定理证明等方面成为理论基础. 其中的数本质上都是数序,它作为实数集的闭子集中的元素,就是定义在标度上的.

参 考 文 献

[1] 李景德,沈韩,陈敏. 电介质理论. 北京:科学出版社,2003

[2] 李景德,邓人忠,陈敏,等. 绝缘液体中空间电荷的扩散和介电谱. 物理学报,1997,46(2):155~160

[3] 李智强,陈敏,沈文彬,等. 铁电极化子动力学理论. 物理学报,2001,50(12):2477~2480

[4] Dawber M,Scott J F. A model for fatigue in ferroeleclric perovskite thin films. Applied Physic Letter,2000,76(8):1060~1062

[5] 杨凯,辜承林. 形状记忆合金的研究与应用. 金属功能材料,2000,7(5):7~12

[6] Leclercg S,Lexcellent C. A general macrocopic description of the thermomechanical behavior of shape memory alloys. J. Mech. Phys. Solids,1996,44(6):953~980

[7] 方俊鑫,殷之文. 电介质物理学. 北京:科学出版社,1989

[8] 曹万强,王勇,李景德. 聚丙烯的动态和平衡态热刺激电流. 物理化学学报,1996,12(12):1990~1093

[9] 李景德,曹万强,刘俊刁,等. 聚合物结构转变中的介电信息. 物理学报,1998,47(9):1548~1554

[10] 李景德,李家宝,符史流,等. 自由和随机介电弛豫. 物理学报,1992,41(1):155~161

[11] 沈韩,土卫林,陈敏,等. 频域测量中的慢极化效应. 无机材料科学报,2003,18(5):1063~1068

[12] Hilger S. Analysis on measurechains—a unified approach to continuous and discriete calculus. Results Math. ,1990,18:18~56

[13] Bohner M,Peterson A. Dynamic equations on time scales:An introduction with applications. MA:Birkhauser Boston,2001

[14] Salamon M B. Physics of superionic conductors. New York:Springer,1979

[15] Funke K. Ion transport in fast ion conductors—spectra and models. Solid State Ionics,1997,94:27~33

[16] Groenink J A,Binsma H. Electrical conductivity and defect chemistry of $PbMoO_4$ and $PbWO_4$. J. of Solid State Chemistry,1979,29:227~236

[17] Mahesh Kumar M,Srinivas A,Kumer G S,et al. Investigation of the magnetoelectric effect in $BiFeO_3$-$BaTiO_3$ solid solutions. J Phys:Condens Matter,1999,11:8131~8139

[18] 殷之文. 电介质物理学. 2版. 北京:科学出版社,2003

[19] 阎鹏勋,谢亮. 在 ITO 上的 PZT 薄膜. 硅酸盐学报,2000,28(5):407~411

[20] Xang G S,Meng X L. PZT thin films. J Crystal Growth,2001,232:269~274

[21] Tagantse A K,Stolichnov I,Colla E L,et al. Polarization fatigue in ferroelectric films. J Appl Phys,2001,90(3):1387~1402

[22] Colla E L,Stolichnov I,Bradely P E,et al. Direc observationof inversely polarized frozen nanodomains in fatigued ferroelectric memory capcitors. Applied Physics Letters, 2003,82(10):1604~1606

[23] Qi X, Dho J, Blamire M. Epitaxial growth of BiFeO$_3$ thin films by LPe and sol=gel methods. J of Magnetism and Magnetic Materials, 2004, 283: 415~421

[24] Dawber M, Scott J F. A model for fatigue in ferroelectric perovskite thin films. Applied Physics Letters, 2000, 76(8): 1060~1062

[25] 李景德, 陈敏, 郑凤, 等. 慢响应的扩散理论. 中国科学, 1996, A26(11): 1044~1049

[26] 李景德, 李智强, 陆夏莲, 等. 铁电屏蔽理论. 物理学报, 2000, 49(1): 160~163

[27] Abragam A. Nuclear Magneclism. London: Clarendon Press. 1961

[28] Spedding V. Taming nature's numbers. New Scientist, 2003, 179(2404): 28~32

[29] Kronig R. J Opt Soc Amer, 1926, 12: 547

[30] Bottcher C J F, Bordewijk P. Dieletrics in Time-dependent Fileds. Amsterdam: Elsevier, 1978

[31] Degroot S R, Mazur P. Non-equilibrium Thermodynamics. Amsterdam: North-Holland, 1962

[32] Christiansen F B, Fenchel T M. Theories of Populations in Biological Communities. Berlin: Spring-Verlag, 1977, 7

[33] Hilger S. Special functions. Dynam. Systems Appl, 1999, 9(3-4): 471~488

[34] Bohner M, Eloe P W. Higher order dynamic equations on measure chains. J Math Anal Appl, 2000, 246: 639~656

[35] Erbe L, Mathsen R, Peterson A. Factoring linear differential operators on measure chains. J Inequal Appl, 2001

[36] Bohner M, Dosly O, Hilsher R. Linear Hamiltonian dynamic systems on time scales. Peprint submitted to Nonlinear Analysis, 2000

[37] Bezivin J P. Sur les equations fonctionnelles aux q-differences. Aequations Math, 1993, 43: 159~176

[38] Agarwal R P, Bohner M, O'Regan D, et al. Dynamic equations on time scales. J Comp Appl Math, 2002, 141: 1~26

[39] Kaymakcalan B, Lakshmikantham V, Sivasundaram S. Dynamic Systems on Measure Chains, Dordrecht: Kluwer Academic Publishers, 1996

[40] Derfel G, Romanenko E, Sharkovsky A. Long-time properies of solutions of simplest nonlinear g-difference equations. J. Differ. Equations Apple, 2000, 6(5): 485~511

[41] Agarwal R, Bohner M, Peterson A. Inequalities on time scales. Mathematical Inequalities and Applications, 2001, 4(4): 535~557

[42] Hilger S. Analysis on measure chains. Results Math, 1990, 18: 18~56

[43] Ahlbrandt C D, Bohner M, Ridenhour J. Hamiltonian systems on time scales. J Math Anal Appl, 2000, 250: 561~578

[44] Atici F M, Guseinov G Sh. On Greens functions and positive solutions for boundary value problems on time scales. J Comput Appl Math, 2001

[45] Zhang C. Sur la sommabilite des series entieres solutions d'equations aux 1-differences. ICR Acad Sci Paris Ser I Math, 1998, 327: 349~352

[46] Trijtzinsky W J. Analytic theory of linear g-difference equations. Acta Math,1933,61:1~38

[47] 符拉索夫. 多粒子理论. 宋玉升译. 北京:科学出版社,1959

[48] 李景德. 热电弛豫效应. 物理学报,1984,33(11):1563~1568

[49] Grimsehl E. A Textbook of Physics. Physics of the atom. Vol. V,1935

[50] 王竹溪. 统计物理学导论. 北京:高等教育出版社,1956

[51] Toda M,Kubo R,Saito N. Statistical Physics I,Equilibrium Statistical Mechanics. Berlin: Springer-Verlage,1983

[52] Kamers H A. Atti Congr. Fis. ,Como,1927:545

[53] Born M,Huang K. Dynamical Theory of Crystal Lattices. London:Oxford University Press, 1954

[54] Blinc R,Zeks B. Soft Modes in Ferroelectrics and Antiferroelectrics. Amsterdam:North-Holland,1974

[55] Li J. Three-body interactionin acoustic vibration of a finite lattice. Chinese Phys Letts,1985, 2(10):465~468

[56] Wilson E B,Decius J C,Cross P C. Molecular Vibrations. New York:Mcgraw-Hill,1955

[57] 李智强,陆夏莲,陈敏,等. 钙钛矿结构中的软模简谐子. 物理学报,2002,5(7):1581~1585

[58] Li J. Wave vector spectrum of the vibration modes in a finite lattice. Ferroelectrics,1990, 101:145~157

[59] Hertz G,Zeit F. Phys,1932,79:108;1933,82:589

[60] Tolman R C. The Principles of Statistical Mechanics. Oxford:Clarendon Press,1938

[61] Pople J A,Beveridge D L. Approximate Molecular Orbital Theory. New York:McGraw-Hill,1970

[62] Ducing J,de Martini F. Phys Rev Letters,1966,17:117

[63] Mitsui T,Tatsuzaki I,Nakamura E. An Introduction to the Physics of Ferroelectrics. New York:Gordon and Breach Science Poblishers,1976

[64] Seitz F. The Modern Theory of solids. New York:McGraw-Hill,1940

[65] 沈岩,李智强,罗锻斌,等. 自由边界双原子链的晶格振动. 大学物理,2002,21(3): 9~11

[66] Born M,Von Karman T. Über schwingungen in raumgittern. Physik Z. 1912,13:297~309

[67] Hawking S. A Brief History of Time. New York:Bantam Books,1998

[68] Magueijo J,Lee S. Lorentz invariance with an invariant energy scale. Phys Rev Letters, 2002,88(19):190403-1~4

[69] Luminet J P. Les trous noirs. Paris:Pierre Belfond,1995

[70] 沈韩,许华,陈敏,等. 钨酸铅单晶体中的极化子和导纳谱. 物理学报,2003,52(12): 3125~3129

[71] 沈韩,许华,陈敏,等. 超高介电常数非铁电单晶. 物理学报,2004,53(5):1529~1533

[72] 细矢治夫,丸山有成. 结构与物性. 方小钰译. 上海:上海科学技术出版社,1979

[73] Trembley J P,Manohar R. Discrete Mathematical Structures with Applications to Computer Science. New York:McGraw-hill Book Company,1975